风电场建设与管理创新研究丛书

大型风电机组设计、制造及安装

汪亚洲　蔡新 等　编著

中国水利水电出版社
www.waterpub.com.cn
·北京·

内 容 提 要

本书是《风电场建设与管理创新研究》丛书之一，详细介绍了风电机组的设计理论、设计方法，简要介绍了风电机组的生产制造及安装过程，主要内容包括：概述、风能与风力发电、风电机组总体设计、风电机组风轮系统设计、风电机组传动系统设计、风电机组支撑系统设计、风电机组辅助系统设计、风电机组控制系统设计、风电机组生产制造、风电机组安装与运维等。

本书可供从事风力发电技术领域科研、设计、施工及运行管理的工程技术人员阅读参考，也可作为高等院校相关专业师生的教学参考书。

图书在版编目（CIP）数据

大型风电机组设计、制造及安装 / 汪亚洲等编著
. -- 北京 : 中国水利水电出版社, 2021.10
（风电场建设与管理创新研究丛书）
ISBN 978-7-5226-0188-5

Ⅰ. ①大… Ⅱ. ①汪… Ⅲ. ①风力发电机－发电机组－设计②风力发电机－发电机组－制造③风力发电机－发电机组－安装 Ⅳ. ①TM315

中国版本图书馆CIP数据核字(2021)第215698号

	风电场建设与管理创新研究丛书
书　　名	**大型风电机组设计、制造及安装** DAXING FENGDIAN JIZU SHEJI ZHIZAO JI ANZHUANG
作　　者	汪亚洲　蔡　新　等 编著
出版发行	中国水利水电出版社 （北京市海淀区玉渊潭南路1号D座　100038） 网址：www.waterpub.com.cn E-mail：sales@waterpub.com.cn 电话：(010) 68367658（营销中心）
经　　售	北京科水图书销售中心（零售） 电话：(010) 88383994、63202643、68545874 全国各地新华书店和相关出版物销售网点
排　　版	中国水利水电出版社微机排版中心
印　　刷	天津嘉恒印务有限公司
规　　格	184mm×260mm　16开本　21印张　435千字
版　　次	2021年10月第1版　2021年10月第1次印刷
印　　数	0001—3000册
定　　价	**98.00**元

《风电场建设与管理创新研究》丛书

编　委　会

《风电场建设与管理创新研究》丛书

主 要 参 编 单 位

（排名不分先后）

河海大学
哈尔滨工程大学
扬州大学
南京工程学院
中国三峡新能源（集团）股份有限公司
中广核研究院有限公司
国家电投集团山东电力工程咨询院有限公司
国家电投集团五凌电力有限公司
华能江苏能源开发有限公司
中国电建集团水电水利规划设计总院
中国电建集团西北勘测设计研究院有限公司
中国电建集团北京勘测设计研究院有限公司
中国电建集团成都勘测设计研究院有限公司
中国电建集团昆明勘测设计研究院有限公司
中国电建集团贵阳勘测设计研究院有限公司
中国电建集团中南勘测设计研究院有限公司
中国电建集团华东勘测设计研究院有限公司
中国长江三峡集团公司上海勘测设计研究院有限公司
中国能源建设集团江苏省电力设计研究院有限公司
中国能源建设集团广东省电力设计研究院有限公司
中国能源建设集团湖南省电力设计院有限公司
广东科诺勘测工程有限公司

内蒙古电力（集团）有限责任公司
内蒙古电力经济技术研究院分公司
内蒙古电力勘测设计院有限责任公司
中国船舶重工集团海装风电股份有限公司
中建材南京新能源研究院
中国华能集团清洁能源技术研究院有限公司
北控清洁能源集团有限公司
国华（江苏）风电有限公司
西北水利水电工程有限责任公司
广东粤电阳江海上风电有限公司
江苏省风电机组结构工程研究中心
中国水利水电科学研究院

本书编委会

主　　编　汪亚洲　蔡　新

副 主 编　岳　勇　丁书桂　吴　安

参编人员　潘　虹　王哲睿　林世发　张洪建　史朝峰　周　军
黎　旋　苗　强　张艺良　黄　丹　郭兴文　许波峰
余天堂　刘庆辉　施新春　张华耀　程继平　朱泉生
冯永赵　傅德艳　余成华　徐　鹏　纪宁毅　杨建贵
李洪煊　赵小京

本书参编单位（排名不分先后）

河海大学
中建材南京新能源研究院
江苏省风电机组结构工程研究中心
新疆农业大学
江苏省可再生能源行业协会

丛书前言

随着世界性能源危机日益加剧和全球环境污染日趋严重，大力发展可再生能源产业，走低碳经济发展道路，已成为国际社会推动能源转型发展、应对全球气候变化的普遍共识和一致行动。

在第七十五届联合国大会上，中国承诺“将提高国家自主贡献力度，采取更加有力的政策和措施，二氧化碳排放力争于2030年前达到峰值，努力争取2060年前实现碳中和。”这一重大宣示标志着中国将进入一个全面的碳约束时代。2020年12月12日我国在“继往开来，开启全球应对气候变化新征程”气候雄心峰会上指出：到2030年，风电、太阳能发电总装机容量将达到12亿kW以上。进一步对我国可再生能源高质量快速发展提出了明确要求。

我国风电经过20多年的发展取得了举世瞩目的成就，累计和新增装机容量位居全球首位，是最大的风电市场。风电现已完成由补充能源向替代能源的转变，并向支柱能源过渡，在我国经济发展中起重要作用。依托“碳达峰、碳中和”国家发展战略，风电将迎来与之相适应的更大发展空间，风电产业进入“倍速阶段”。

我国风电开发建设起步较晚，技术水平与风电发达国家相比存在一定差距，风电开发和建设管理的标准化和规范化水平有待进一步提高，迫切需要对现有开发建设管理模式进行梳理总结，创新风电场建设与管理标准，建立风电场建设规范化流程，科学推进风电开发与建设发展。

在此背景下，《风电场建设与管理创新研究》丛书应运而生。丛书在总结归纳目前风电场工程建设管理成功经验的基础上，提出适合我国风电场建设发展与优化管理的理论和方法，为促进风电行业科技进步与产业发展，确保工程建设和运维管理进一步科学化、制度化、规范化、标准化，保障工程建设的工期、质量、安全和投资效益，提供技术支撑和解决方案。

《风电场建设与管理创新研究》丛书主要内容包括：风电场项目建设标准化管理，风电场安全生产管理，风电场项目采购与合同管理，陆上风电场工程施工与管理，风电场项目投资管理，风电场建设环境评价与管理，风电场建设项目计划与控制，海上风电场工程勘测技术，风电场工程后评估与风电机组状态评价，海上风电场运行与维护，海上风电场全生命周期降本增效途径与实践，大型风电机组设计、制造及安装，智慧海上风电场，风电机组支撑系统设计与施工，风电机组混凝土基础结构检测评估和修复加固等多个方面。丛书由数十家风电企业和高校院所的专家共同编写。参编单位承担了我国大部分风电场的规划论证、开发建设、技术攻关与标准制定工作，在风电领域经验丰富、成果显著，是引领我国风电规模化建设发展的排头兵，基本展示了我国风电行业建设与管理方面的现状水平。丛书力求反映国内风电场建设与管理的实用新技术，创建与推广风电中国模式和标准，并借助"一带一路"倡议走出国门，拓展中国风电全球路径。

丛书注重理论联系实际与工程应用，案例丰富，参考性、指导性强。希望丛书的出版，能够助推风电行业总结建设与管理经验，创新建设与管理理念，培养建设与管理人才，促进中国风电行业高质量快速发展！

2020 年 6 月

本书前言

随着世界各国对能源安全、生态环境、气候变化等问题日益重视，加快推进可再生能源的开发利用已是大势所趋。风电作为应用最广泛、发展最快的新能源发电技术，已在全球范围内实现大规模开发应用。截至2020年年底，全球风电累计装机容量已超过7亿kW，遍布100多个国家和地区，过去20年复合增长率超过了20%。据估计，未来全球风电累计装机容量仍将以每年10%左右的速度保持稳定增长。

2020年，我国正式宣布二氧化碳排放力争于2030年前达到峰值，努力争取2060年前实现碳中和。“碳达峰，碳中和”的国家战略迫切需要风电开发的创新性研究。风电机组发电能力及可靠性将直接决定风电项目的可行性，整机技术是风电开发的关键核心技术，一直是风力发电领域的研究热点。与此同时，我国风电开发已进入无补贴的平价时代，陆上风电开发形式的多样化，海上风电开发的加速推进，都对风电机组的设计开发提出了更高的要求。因此，研究大型风电机组的高效设计理论和方法，全面掌握风电机组设计、制造及安装的核心技术，提升整机效率和运行可靠性，将大大提高我国风电机组自主设计能力和国产化水平，推进风电行业高质量快速发展，为“碳达峰，碳中和”的国家战略做出“风电人”的贡献。

本书由汪亚洲、蔡新担任主编，汪亚洲统稿、定稿，参编人员主要来自高校、设计单位、业主单位、社会服务机构等。全书详细介绍了风电机组的设计理论、设计方法，简要介绍了风电机组的生产制造及安装过程等。书稿编写过程中，也得到了参编单位的大力支持。书稿的部分内容参考了行业内专家、学者的部分研究成果，在此对这些专家、学者的贡献表示感谢；本书编写过程中参阅与引用的资料已尽可能列入参考文献中，但仍难免疏漏，对引述相关材料而没能明确列出的作者一并表示感谢。

限于作者水平及研究深度，书中难免有不妥和谬误之处，恳请读者批评指正。

作者

2021 年 10 月

目 录

第1章 概 述

人类对风能的利用已经有数千年的历史，利用风能发电也已经超过一百年。风力机的发明及应用和风电行业的蓬勃发展，对于调整能源结构、减轻环境污染、解决能源危机等有着非常重要的意义。

本章主要介绍风能利用起源与发展、风电机组及其分类、水平轴风电机组的结构特征、水平轴风电机组设计基本内容。

1.1 风能利用起源与发展

地球表面各区域由于太阳辐射受热不均，引起大气层中压力分布不平衡，导致空气运动而形成风。地球的风能资源储量巨大，可利用的风能总量约为20TW，约为可利用水能容量的10倍。

人类对风能的利用已经有数千年的历史。早期，风能作为最基本的动力源，主要用于驱动帆船行驶以及水车灌田、排水，还被用来磨面、锯木等。到了19世纪，人们开始研究如何利用风能发电。1888年，美国的Charles F. Brush发明了第一台自动运行，用于发电的风电机组（图1-1），该风电机组用来给Charles F. Brush自家地窖里的蓄电池充电。1897年，丹麦气象学家Poul la Cour在丹麦Askov Folk高中建立了两台实验风电机组（图1-2），这两台风电机组用来电解产生氢气，供学校的瓦斯

图1-1 Charles F. Brush风电机组

图1-2 Poul la Cour风电机组

灯使用。此外，Poul la Cour 还建立了第一个用于风电机组实验的风洞，创立了风电工人协会，创办了世界上第一个风力发电期刊《Journal of Wind Electricity》。

20 世纪初期，德国物理学家 Albert Betz 基于军用和民用螺旋桨飞机机翼的设计经验，对风电机组风轮的气动性能进行了精确的计算，得出理想条件下风电机组的最大风能转化率为 59.3%的结论，这一关于风电机组风轮气动性能理论，直到现在依然被证明是正确的。1931 年，德国在 USSR 建立了第一个大型风电机组 WIMED-30，其额定功率为 100kW；1937 年，德国工程师 Franz Kleinhenz 发布了巨型风电机组研究计划，计划中的风轮直径为 130m，有 3 个或 4 个叶片，额定功率为 10MW。直到 1942 年，该项目还处于积极的筹备之中，但当世界大战爆发后，该项目实施计划破灭。1941 年，美国研制了 1 台 1250kW 的两叶片风电机组，命名为“伯能”，其风轮直径为 53.3m，额定输出功率为 1250kW，塔高为 35.6m，重 75t，叶片采用不锈钢材料制造，弦长恒定为 3.7m。到 1950 年，德国研制了 10～100kW 风电机组，其叶片采用了玻璃纤维复合材料，在保证叶片强度的基础上很大程度地减轻了叶片重量，为后来风电机组复合材料叶片的发展奠定了基础。

然而，由于当时的风电机组成本高、功率低、应用不便等原因，人们对风能的利用仅限于某些边远地区，为蓄电池充电提供电能，一旦电力网覆盖到这些边远地区，这些低功率风电机组就会被替代。此外，随着煤炭、石油、天然气的大规模开采，电力获取成本较低，风力发电技术进入缓慢发展时期。直到 1870 年石油危机后，风能作为清洁的可再生能源，又开始受到人们的关注，石油价格的上涨，促进了一系列重大的政府资助项目的研究与发展。美国开始建造一系列风电机组示范项目，如从 1975 年，直径 38m、功率 100kW 的 Mod-0 风电机组，到 1987 年，直径 97.5m、功率 2.5MW 的 Mod-5B 风电机组。类似的项目在英国、德国和瑞典也同样迅速发展，风力发电技术日趋成熟。

由于较高的石油价格，以及进一步应对气候变化，降低二氧化碳排放量的需求，世界各国制定了一系列政策措施鼓励利用风能。2007 年，欧盟提出一项政策，到 2020 年可再生能源提供的电力要占 20%，其中发电技术较成熟的风力发电占绝大部分。2016 年，我国风电发展“十三五”规划明确提出 2020 年和 2030 年非化石能源占一次能源消费比重 15%和 20%的目标。美国提出到 2030 年 20%的用电量由风电供应，丹麦、德国等把开发风电作为实现 2050 年高比例可再生能源发展目标的核心措施。

1.2 风电机组及其分类

风电机组通过风轮来捕获风能，利用风对叶片的作用力推动风轮绕主轴旋转，经过传动系统，进而驱动发电机发电，把吸收的风的动能转化为电能。风电机组的种类和型式很多，根据不同的划分方式可将风电机组划分为不同种类。从机组功率分类，一般将额定功率小于10kW的风电机组称为微型机；将额定功率在10～100kW之间的风电机组称为小型机；将额定功率在100～1000kW的风电机组称为中型机；额定功率在兆瓦以上的风电机组称为大型机。从风轮轴线与水平面相对位置分类，可分为垂直轴风电机组和水平轴风电机组。

1.2.1 垂直轴风电机组

垂直轴风电机组的旋转轴一般与叶片平行，与地面垂直，如图1-3所示，一般由叶片、支撑杆、轮毂组件、发电机、主轴、塔架、基础、刹车装置等部件组成。其优点是工作时不受风向改变的影响，无需偏航装置，刹车装置、齿轮箱（如有）与发电机等部件可安装在地面，结构稳定，便于维修。垂直轴风电机组的缺点主要在于运行过程中叶片在不同方位角产生的荷载波动较大，从而使得主轴并不完全绕其中心轴线转动，结构运行稳定性相对较差。

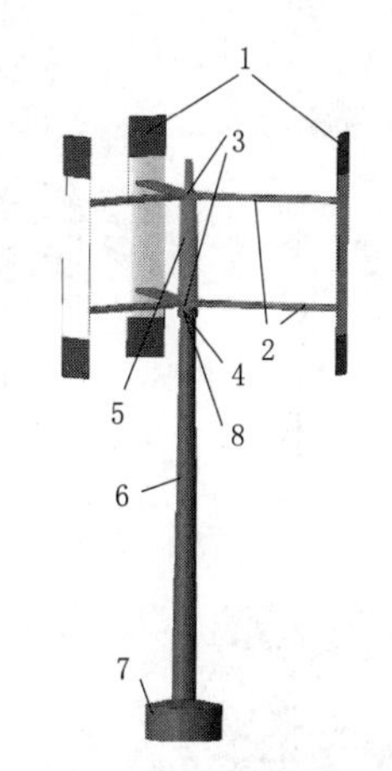

图1-3 垂直轴风电机组结构示意图
1—叶片；2—支撑杆；3—轮毂组件；4—发电机；5—主轴；6—塔架；7—基础；8—刹车装置

垂直轴风轮按形成转矩的机理可分为阻力型和升力型。阻力型垂直轴风电机组的风轮转矩是由中心轴两侧阻力不同形成的，其典型代表是风杯型及Savonius型（简称S型），如图1-4、图1-5所示。S型风电机组由芬兰工程师Savonius于1920年发明，该型式风电机组启动性能好，在低风速下即可运行，但其风能利用效率较升力型风电机组低，在风轮尺寸、重量和成本相近的情况下，发电功率较低。并且在部分角度范围内，其启动力矩与运行方向相反，这会导致风轮无法正常转动，甚至反向转动。为了解决这个问题，有研究者提出多个S型风电机组叠加的方式，将3个或多个S型风电机组纵向叠加成为三段型或2个螺旋型叶片，如图1-6所示，这样风电机组就具有良好的启动性和平稳的输出特性。

由于阻力型风电机组的风能利用效率小于升力型风电机组，故当前较大功率的垂直轴风电机组的风轮几乎全部为升力型。升力型垂直轴风电机组的风轮转矩由叶片的升力提供，风电机组还有抗风能力强、回转半径小、利用风速范围广、噪声低等优点，但其启动性能较差。升力型垂直轴风电机组有两种典型型式，即达里厄型垂直轴风电机组和直线翼型垂直轴风电机组，如图1-7、图1-8所示。达里厄型风电机组由法国工程师G. J. M. Darrieus在1927年发明，起初这种风电机组一直未被重视，直到1970年，其具有较高的风能利用效率的优点才被发现，达里厄型风电机组开始发展并逐步形成商业化生产。1980年之后，随着水平轴风电机组技术的成熟以及在风能利用效率等方面的优势，水平轴风电机组逐步成为商业化风电机组的主流机型，以达里厄型风电机组为代表的大型垂直轴风电机组逐渐淡出了人们的视野。

图1-4 风杯型垂直轴风电机组

图1-5 Savonius型垂直轴风电机组

图1-6 螺旋型垂直轴风电机组

图1-7 达里厄型垂直轴风电机组

图1-8 直线翼型垂直轴风电机组

目前，垂直轴风电机组在中小型风电机组市场上占有较大的比重，尤其是螺旋状风轮垂直轴风电机组（图1-9）的研究和应用，因其使用寿命长、结构紧凑、便于维护、启动风速较小、噪声较低的优点，受到了市场的广泛关注。此外，螺旋状风轮的风电机组叶片运行时的主导荷载是离心力，因此轴向力占主导，弯矩较小，这使其结构相对简单，重量较轻。

由于大型垂直轴风电机组与水平轴风电机组相比，效率及稳定性相对较差等原

因，已基本退出了大型风电机组市场。现今，商业化运行的风电场多采用兆瓦级大型水平轴风电机组，因此本书重点介绍水平轴风电机组。

图 1-9 螺旋状风轮垂直轴风电机组

1.2.2 水平轴风电机组

水平轴风电机组风轮轴线基本与地面平行（风电机组通常会设置一定的仰角），一般安装在垂直于地面的塔架上，是当前使用最广泛的机型。水平轴风电机组可根据叶片信息、功率控制方式、传动系统类型等特性进一步进行分类。

1.2.2.1 上、下风向风电机组

按风轮相对塔架的方位，水平轴风电机组可分为上风向及下风向两种机型。上风向机组其风轮面对风向，安置在塔架前方，需要主动调向机构以保证风轮能随时对准风向，如图 1-10 所示。下风向风电机组风轮位于塔架的后方，处于静平衡状态，可以被动对风，不需要主动调向机构，如图 1-11 所示。当风流过下风向风电机组时，由于塔架的阻塞作用引起塔架下风向区域风速降低（塔影效应），这不仅影响了风电机组的风能利用效率，同时也使得风电机组叶片疲劳载荷的幅值增大，对于相同的叶片，下风向机组叶片的疲劳寿命较上风向机组低，因此当前大型并网型水平轴风电机组多为上风向型。

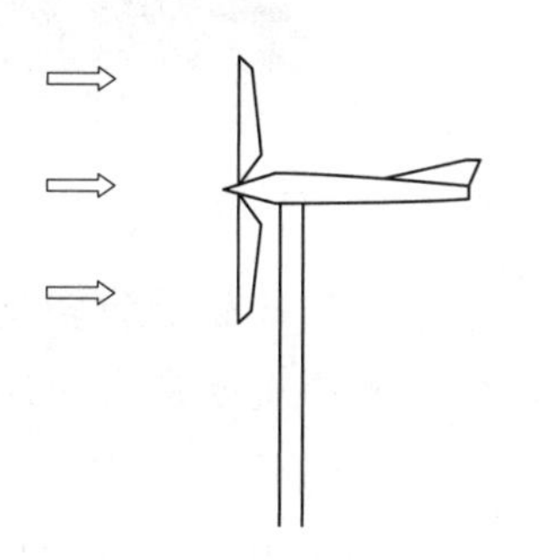

图 1-10 上风向风电机组

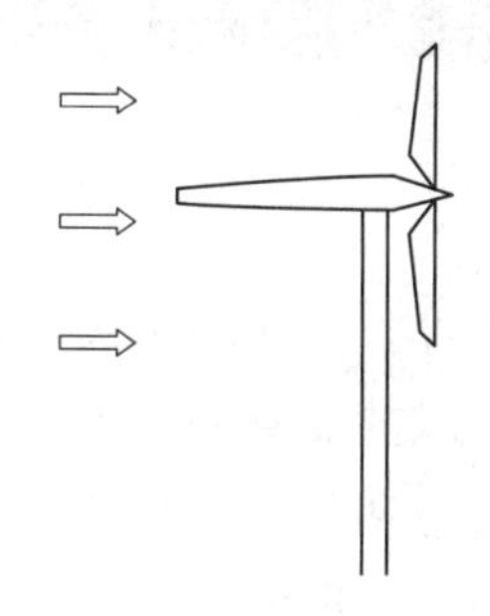

图 1-11 下风向风电机组

1.2.2.2 多叶片、三叶片、两叶片及单叶片风电机组

按叶片数量，风电机组可分为多叶片、三叶片、两叶片及单叶片风电机组。多叶片风电机组在风电机组发展初期及小型风电机组中比较常见；三叶片水平轴风电机组是当前大型风电机组的主流；两叶片风电机组产品也比较多见，此外还有单叶片风电机组，如图 1-12 所示。

风电机组叶片数量的选择由很多因素决定，包括风能利用效率、风轮实度、转

(a) 多叶片

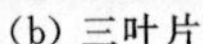
(b) 三叶片

(c) 两叶片

(d) 单叶片

图 1-12 多叶片、三叶片、两叶片及单叶片风电机组

速、成本及噪声等。风能利用效率，即风通过风轮后，被风轮吸收转化为机械能的部分与通过风轮前风的能量的比值，一般用 C_P 表示。风轮实度是指叶片在风轮旋转平面上投影面积的总和与风轮扫掠面积的比值。转速是指风轮旋转速度，与所选用的发电机的类型、噪声、风能利用效率等因素相关。早期的风电机组风轮直径较小，叶片多采用木材，可通过增加叶片数量适度地提高推动风轮转动的转矩，提高发电能力。但随着风电机组的大型化发展，风轮直径越来越大，叶片数量的选择需综合考虑效率、成本等多方面的因素，目前主流的风电机组风轮一般由三个叶片均布的方式构成。

图 1-13 给出了采用不同叶片数量的风轮的利用系数的对比，可以看出在风轮叶片几何外形相同的情况下，两叶片风轮和三叶片风轮的理论最大风能利用效率基本相同，但两叶片风轮需要更高的转速来达到最大风能利用效率，这就意味着对两叶片风

电机组的叶片寿命要求比三叶片风电机组的高，并且由于转速较快，叶片的叶尖速比 λ 高，风轮的噪声水平也相应提高，对周围的环境影响较大；与此同时，两叶片风电机组相对三叶片风电机组，风轮运行过程中的质量不平衡及气动力不平衡对于叶片方位角更为敏感，使得两叶片风电机组的功率和载荷波动相对于三叶片风电机组的较大。此外，就视觉效果而言，多数人认为三叶片风电机组比两叶片风电机组看起来更加平衡、美观。当然，两叶片风电机组也存在一些优点，叶片数量的减少，将直接带来风电机组制造成本的降低，如能将机组运行过程中的气动力不平衡控制在一定的范围内，在噪声要求不高的地区仍然有较好的应用前景。

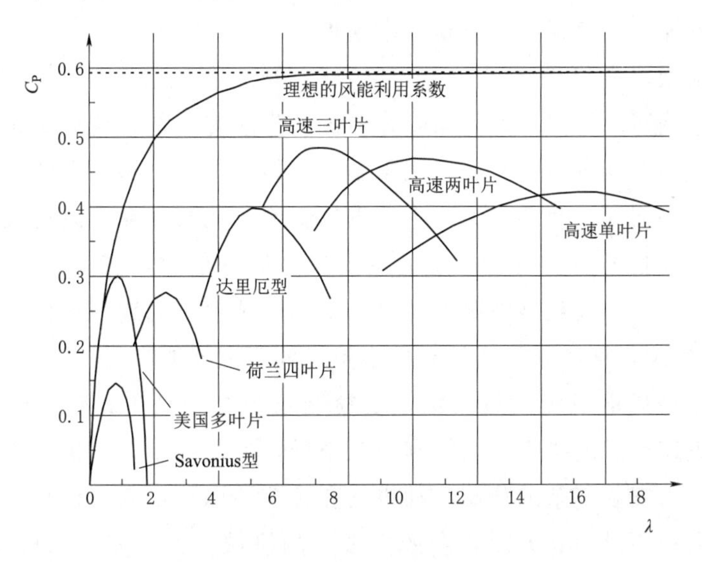

图 1-13 几种典型风轮的风能利用系数

对于单叶片风电机组，除了可以节省风轮本身的成本外，通过提高转速还可以降低传动系统的成本，但转速的提高也会造成噪声的增大。相对于两叶片和三叶片风电机组，必须设法保持单叶片风电机组运行时的平衡，消除由于离心载荷引起的转矩波动，减小机舱的摆动；相同风轮直径情况下，单叶片风电机组转速的增加，会导致叶尖损失增大，即转速的增加使叶尖处升力在切向上的分量变小，提供的转矩变小，风电机组发电量减少。因此，当前商用的单叶片风电机组比较罕见。

1.2.2.3 定桨距失速型、变桨型、主动失速型风电机组

风电机组按功率调节方式可分为定桨距失速型、变桨型、主动失速型等类型。

1. 定桨距失速型

定桨距失速型风电机组叶片与轮毂固定连接，叶片的桨距角不随风速变化而变化。当风绕过叶片时，叶片由于自身的翼型特点，产生气动力矩，驱动风轮转动，风速增大，叶片产生的气动力矩增大，风轮旋转加快，功率提高；当风速增大到一定值时，由于翼型的动态失速特性，叶片提供的气动力矩随风速的增大而降低，功率也随

之降低。也就是说，为了调节风电机组的输入功率，以避免风电机组在高风速时所受到的载荷过大，导致机组损坏，叶片被设计成具有当风速大于额定风速时，进入失速状态的性能，风电机组依靠这一性能保持输入功率基本恒定在额定值附近。由于材料及叶片制造工艺的限制，叶片失速特性的设计成为了定桨距风电机组的设计难点，1970年玻璃钢复合材料在叶片上的应用使叶片可以具有更良好气动性能的几何外形，满足风电机组对失速性能更高的设计要求。叶片失速过程一般设计成由叶根逐步向叶尖扩展，当叶片失速时，叶片根部先进入失速状态，随风速增大，失速部分向叶尖处扩展，原先已失速的部分，失速程度加深，失速部分使功率减少，未失速部分仍有功率增加，从而使输入功率保持在额定功率附近。

定桨距失速型风电机组还有一个需要关注的点，即运行中的风电机组在突甩负载（突然失去电网）的情况下，仅靠叶片的被动失速并不能使风电机组安全停机，这时需要启动机械刹车装置对风轮进行紧急制动，但是使用机械刹车装置进行紧急制动会对风电机组结构强度、疲劳寿命产生严重的影响，尤其是在大风情况下进行制动停机。这就要求叶片自身需要具备一定的主动失速制动能力，1982年叶尖扰流器的应用，很好地解决了在突甩负载情况下风电机组的安全停机问题，这使得定桨距失速型风电机组在21世纪初期的风能开发利用中始终处于主导地位。

定桨距失速型风电机组的最大优点是控制系统结构简单，制造成本低，可靠性高。但定桨距失速型风电机组的风能利用效率低，失速控制方式依赖于叶片独特的翼型结构，叶片上需安装复杂的液压传动机构和扰流器以保证安全停机，使得叶片制造成型工艺难度大；当风速跃升时，会产生很大的机械应力，需要比较大的安全系数；随着功率增大，叶片加长，所承受的气动推力大，叶片的刚度减弱，失速动态特性不易控制。

2. 变桨型

变桨距风电机组的叶片可以围绕叶片中心轴旋转，改变叶片的桨距角，使叶片攻角根据来流风速变化而在一定范围内（一般为0°～90°）变化，从而使风电机组在风速低于额定风速时，可以保证叶片在最佳攻角状态，以获得最大风能，具有较好的气动输出性能；在风速超过额定风速后，又可通过变桨距系统减小叶片攻角来降低叶片的气动性能，使风轮功率降低，达到调速限功、保证机组安全稳定运行的目的。

变桨距系统可以分为叶尖局部变距和全叶片变距。叶尖局部变距通常只变叶尖约1/4～1/3的桨距角，其余部分是定桨距。全叶片变距按照变桨方式又可以分为离心式变距（即利用叶片半身或附加重锤的质量在旋转时产生的离心力作为动力使叶片变距）和伺服机构驱动式变距（即通过电动或液压系统使叶片变距）。电动驱动变桨距系统具有结构简单、无泄漏等优点，便于实现独立变桨距控制，但随着机组容量的增大，电机惯量相应增大，使动态响应特性变差，而且桨距角的频繁调节，容易使电机

过热损坏；液压驱动变桨距系统具有响应快、转矩大、运行平稳，可与偏航、制动等系统共用油源便于集成化布置等优点，其主要缺点是油液的泄漏问题。

为了提高风能利用效率，稳定机组输出功率，变桨距风电机组通过变桨距系统调节叶片桨距角，根据变桨距系统所起的作用可以把风电机组运行状态分为启动状态、欠功率状态和额定功率状态三种。其中：启动状态（转速控制），此时变桨距风电机组的风轮从静止到启动，且发电机未并入电网，变桨距系统根据来流风速，调整桨距角至开桨状态；欠功率状态（不控制），这时风轮转速与发动机转速保持一定时间的同步，并且发电机并入电网，当风速低于额定风速时，不对桨距角进行控制；额定功率状态（功率控制），当风速大于额定风速时，风电机组就进入额定功率状态，变桨距系统根据反馈的功率信号与额定功率进行比较，当功率超过额定功率时，叶片桨距就向迎风面积减小的方向转动一个角度，反之则向迎风面积增大的方向转动一个角度。

变桨距风电机组由于叶片桨距角可以根据运行状态进行相应的控制，因此即使风速超过额定风速，其额定功率仍然具有较高的功率系数，功率曲线在额定风速后也相对平稳，保证了风电机组有稳定的输出功率和较高的发电量。而且当发电机与电网脱开时，一般先使叶片桨距向迎风面积减小的方向转动即顺桨，使发电机功率减小，在发电机与电网断开之前，功率减小至零，此时没有转矩作用于发电机，避免了在定桨距失速型风电机组上每次脱网时所要经历的突甩负载的过程，有效地减少了风电机组因风速的变化而造成的对电网的不良影响，更具优越性。变桨距风电机组的叶片一般叶片较窄，质量轻，使其启动性能较好。另外，在相同的额定功率点，变桨距风电机组的额定风速可以比定桨距风电机组的更低。

变桨距风电机组的缺点；①虽然不需要昂贵的刹车系统，但增加了一套变桨距装置，从而增加了变桨距风电机组故障发生的概率；②在处理变桨距机构叶片轴承故障时，难度较大，因此其安装、维护费用相对较高。

随着风电机组的大型化发展，风轮直径的增加，使风剪切作用、塔影效应和叶片质量对于风轮的影响愈发明显，成为风轮受到不平衡载荷作用的主要原因。风能的不稳定性使功率和桨距角随风速变化而频繁变化，造成风轮受到随机变化的不平衡载荷，叶片运行在不同的位置，有不同的受力状况，从而产生叶片的拍打振动，影响风电机组传动机构的机械应力及其疲劳寿命。因此，独立变桨距控制已成为当前大型风电机组控制技术研究的热点之一。

独立变桨距控制是指风电机组的变桨控制系统根据每个叶片的控制规律独立地调节桨距角，在实现发电机功率控制的同时，使整个风轮平面受力平衡。独立变桨距系统的控制策略主要有两种：一种是基于叶片加速度信号的独立变桨距控制；另一种是基于叶片方位角信号的独立变桨距控制。独立变桨距系统具有减小机组运行时受到的俯仰力矩的作用，减小塔架的振动，使输出功率基本恒定在额定功率附近，机组运行的稳定性和疲劳寿命都因此而得到改善。

3. 主动失速型

主动失速型风电机组将定桨距失速型与变桨距型两种风电机组技术相结合，充分吸取了被动失速和桨距调节的优点，叶片采用失速特性设计，调节系统采用变桨距调节。在风速低于额定风速时，主动失速型风电机组桨距角的调节与变桨距型类似，将叶片桨距角调节到可获取最大功率位置，优化机组功率的输出，在运行过程中，当输出功率小于额定功率时，桨距角保持在最大功率位置不变，不作任何调节；在风速超过额定风速，风电机组发出的功率超过额定功率时，与变桨型不同的是主动失速型风电机组变桨距系统将叶片桨距角主动向失速方向调节，限制风轮吸收功率增加，将功率调整在额定值以下，随着风速的不断变化，叶片仅需要微调维持失速状态；制动刹车时，主动失速型风电机组变桨距系统通过调节叶片失速进行气动刹车，很大程度上减少了机械刹车对传动系统的冲击。

1.2.2.4 恒速型、变速型风电机组

风电机组按发电机的转速变化形式可分为恒速型和变速型。

1. 恒速型风电机组

恒速型风电机组通常采用笼型异步发电机，工作转速保持在额定转速很窄的范围内，发电机通过变压器直接接入电网。并网运行时，异步发电机需要从电网吸收滞后的无功功率以产生旋转磁场，这恶化了电网的功率因数，易使电网无功容量不足，影响电压的稳定性。为此，一般在发电机组和电网之间配备适当容量的并联补偿电容器组以补偿无功容量。由于笼型异步发电机系统结构简单、成本低且可靠性高，在风力发电发展的初期，笼型异步发电机得到了广泛的应用，有力促进了风电产业的兴起。

随着风力发电应用的深入，恒速笼型异步发电机具有的一些固有缺点逐步显现出来，主要在于笼型异步发电机转速只能在额定转速之上 1%～5%范围内运行。而风电机组叶片的风能利用效率与叶尖速比密切相关，当叶尖速比达到某一值时，风能利用效率随着叶尖速比的增大而减小，这就意味着风电机组叶片在特定的叶尖速比下才能提供峰值功率。对于恒速型风电机组，除非风速正好符合最佳叶尖速比，否则，在其他风速下将以低于最佳效率的状态运行。将两台分别为高速和低速的笼型异步发电机组合使用，可在一定程度上缓解这个问题，在低风速情况下，风电机组采用较低功率和转速的发电机发电；当风速上升，达到低速发电机转速极限时，低速发电机断开连接，接入另一个高转速的发电机，从而可以充分利用中低风速的风能资源。另外，风速的波动使风电机组的气动转矩随之波动，由于发电机转速不变，风轮和发电机之间的轴承、齿轮箱将会承受较大的机械摩擦和疲劳应力。

2. 变速型风电机组

变速型风电机组所采用的发电机可以根据需要调节转速，一般同时配备变桨距功率调节方式。调速与功率调节装置首先保证风电机组运行、故障和过载荷时得到保护；其次，使风电机组能够在启动时顺利切入运行，并且保证电能质量符合公共电网要求。变速型风电机组的调节方法是：在启动阶段，通过调节变桨距系统控制发电机转速，将发电机转速保持在并网转速附近，寻找最佳并网时机然后平稳并网；在额定风速以下时，主要调节发电机扭矩使转速跟随风速变化，保持最佳叶尖速比以获得最大风能；在额定风速以上时，采用变速与叶片变桨距双重调节，通过变桨距系统调节桨距角限制风轮获取能量，保证发电机功率输出的稳定性，获取良好的动态特性；而变速调节主要用来响应快速变化的风速，减轻桨距调节的频繁动作，提高传动系统的柔性。

1.2.2.5 高速、直驱、半直驱风电机组

变速变桨风电机组的风能转换效率更高，能够有效降低风电机组的运行噪声，具有更好的电能质量，通过主动控制等技术能够大幅度降低风电机组的载荷，使得风电机组功率重量比提高，这些因素都促成了变速变桨技术成为当今风电机组的主流技术。

目前，市场上主流的变速变桨型风电机组按传动系统转速方式可分为高速、中速（半直驱）和低速（直驱）三种型式。高速传动方式即风轮与发电机连接的传动系统中采用了多级高速齿轮箱，齿轮箱把较低的风轮转速提升，与发电机转速同步配合，其优点是发电机极对数少、结构简单、体积小，缺点是传动系统结构复杂，齿轮箱设计、运行维护复杂，容易出故障。中速（半直驱）传动方式的风电机组传动系统中也有齿轮箱，但多采用2级或单级齿轮箱，其优点是齿轮箱结构简单、体积小、故障率低，同时也减少了发电机的极数即减少了发电机的体积，使得发电机较容易拆卸，可维护性好。低速（直驱）传动方式的风电机组，风轮与发电机直接耦合，去除了传动系统中的齿轮箱，其优点是结构简单，同时没有了齿轮箱所带来的噪声、故障率高和维护成本大等问题，提高了运行可靠性，缺点是发电机极对数较多，发电机体积大、结构复杂、成本高。

发电机主要可以分为异步发电机和同步发电机两种型式。异步发电机又分为笼型异步发电机和绕线式双馈异步发电机。笼型异步发电机转子为笼型，结构简单可靠、成本低、易于接入电网，在小、中型风电机组中广泛使用；绕线式双馈异步发电机，转子为线绕型，定子与电网直接连接输送电能，同时绕线式转子也经过变频器控制向电网输送有功功率或无功功率。同步发电机按其旋转磁场的磁极类型可分为电励磁同步发电机和永磁同步发电机。电励磁同步发电机转子为线绕凸极式磁极（结构简单，低速发电）或隐极式磁极（机械强度高，高速发电），通过外接直流电流激磁来产生磁场；永磁同步发电机转子为铁氧体材料制造的永磁体磁极，通常为低速多级式，无需外界激磁，简化了发电机结构。

传动方式和发电机类型进行组合形成了目前各种各样技术路线的风电机组。其中，主流的变速变桨恒频型风电机组有高速双馈风电机组、中速永磁风电机组和直驱永磁风电机组等几种类型。

1.3　水平轴风电机组的结构特征

常见的水平轴风电机组主要由风轮、机舱、支撑系统三大部分组成。

1.3.1　风轮

风轮通常由轮毂、叶片、变桨控制机构和导流罩等部件构成，风轮的主要作用是把风的动能转换为风轮旋转的机械能。叶片根部通常通过螺栓与轮毂连接，风电机组的空气动力学特性主要取决于叶片的数量及叶片的空气动力性能。轮毂作为风轮的动力枢纽，连接叶片与主轴，一方面为叶片提供支撑；另一方面把叶片吸收的动能传递到主轴上，再由主轴传递到发电机上。轮毂一般采用球墨铸铁铸造，三叶片风电机组轮毂的外形主要为三叉形和球形，如图1-14所示。风电机组的变桨控制机构一般也安装在轮毂上，通过控制连接机构转动叶片，来调整叶片的桨距角在一定范围内变化，改变气流对叶片的攻角，从而改变风电机组的空气动力学特性。导流罩一般采用轻质复合材料，扣在轮毂前端，可避免风沙雨水进入轮毂，同时可以减少风载荷对轮毂的作用，并使风轮整体更加美观。

(a) 三叉形

(b) 球形

图1-14　轮毂

叶片是风电机组的核心部件，占整个风电机组成本的15%～20%。叶片设计技术是风电机组设计中最关键的技术，其良好的设计、可靠的质量以及优越的性能是保证风电机组正常稳定运行的决定性因素。大型水平轴风电机组风轮叶片的结构主要由

梁、壳结构，由蒙皮、主梁、腹板等组成，中间有硬质泡沫夹层作为增强材料，如图1-15所示。根据设计的侧重不同，叶片又形成了强主梁叶片和弱主梁叶片两种主要结构型式。强主梁叶片主体一般采用硬质泡沫塑料夹芯结构，主梁作为叶片的主要承载部件，蒙皮较薄，主要保持翼型和承受叶片的扭转负载，这种叶片的特点是重量轻，叶片前缘强度和刚度较低，在运输过程中局部易于损坏，因而对叶片运输要求较高。同时这种叶片整体刚度较低，运行过程中叶片变形较大，必须选择高性能的结构胶，否则极易造成后缘开裂。弱主梁叶片壳体以复合材料蒙皮为主，为了减轻叶片后缘重量，提高叶片整体刚度，在叶片上下壳体后缘局部采用硬质泡沫夹芯结构，叶片上下壳体是其主要承载结构，叶片主梁设计相对较弱，为硬质泡沫夹芯结构，与壳体黏结后形成盒式结构，共同提供叶片的强度和刚度。改变后叶片的整体强度和刚度较大，运输、使用过程中安全性好，但叶片比较重，比同型号的轻型叶片重20%～30%，制造成本也相对较高。

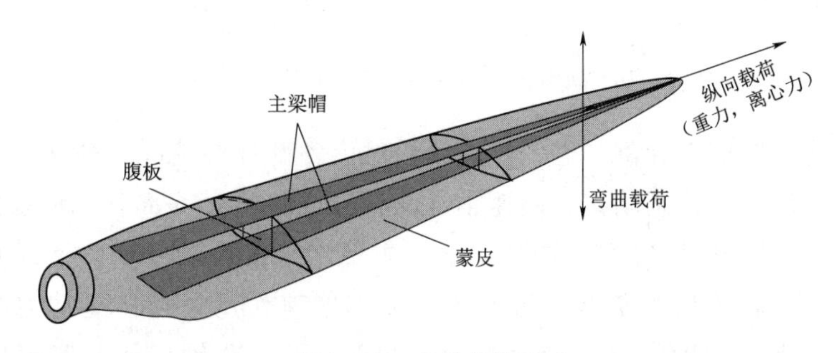

图1-15　叶片结构型式

叶片长期在复杂多变的环境中运行，主要承受由空气动力、重力、离心力造成的弯曲载荷、纵向载荷和扭转载荷等组合载荷。目前叶片多采用轻质高强、耐蚀性好的玻璃纤维增强复合材料作为主材，部分结构采用强度更高质量更轻的碳纤维增强复合材料，基体材料一般为聚酯树脂或环氧树脂，由复合材料制成的叶片具有承载能力好、结构性能可靠等优点。

1.3.2　机舱

机舱通常由机舱罩、传动系统、液压系统、电气控制系统和散热排风系统等部件组成，如图1-16所示。机舱罩是把塔架上方主要设备及附属部件密封起来的罩壳，使它们免受风沙、雨雪、冰雹以及盐雾的直接侵害，其设计一般要求质量小、刚度大、便于舱内安装检修，空间紧凑且满足通风散热需求，外形最好是流线型，可减少机舱所受风载荷；液压系统通常包括偏航制动系统、风轮锁定系统、变桨系统等部件，不同的风电机组产品可采用不同的配置方案；散热系统一般为齿轮箱、发电机、变流器等大功率部件提供散热，以保障此类部件的长期安全、稳定运行；风速仪及风

向标在机舱罩上方，用来测量风电机组前方的风速、风向。

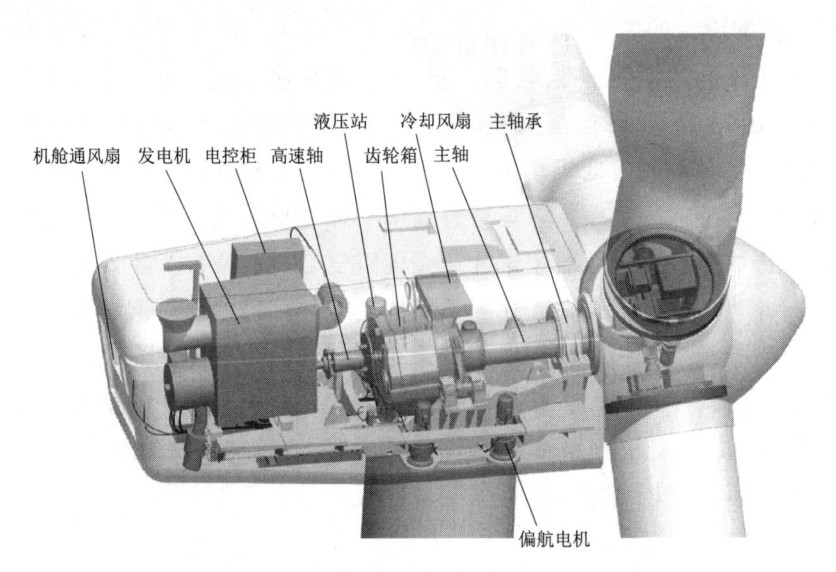

图1-16 机舱内各部件布置图（高速双馈机组）

本书以高速双馈机组为例，进一步介绍机舱内各部件的情况。高速双馈机组传动系统包含轴系、齿轮箱、制动器、高速轴、联轴器或胀紧套等部分。轴系由主轴（低速轴）、主轴承、轴承座和底座等构件组成，主要用来支撑轮毂和传递风轮所受的轴向力、剪力、弯矩和扭矩等负载。齿轮箱主要起增速作用，并传递动力给发电机发电，齿轮箱承受来自主轴的静、动力载荷和冲击载荷。联轴器或胀紧套用来连接主轴、齿轮箱、高速轴及发电机，以补偿轴与轴之间的平行偏差和角度误差。

电气控制系统包括发电机、电控柜和电子控制器等。控制系统包括变频控制系统、变桨控制系统、偏航控制系统、主控制系统等，主控制系统包括主控站（塔底站）、机舱站、以太网交换机、人机界面。主控站、机舱站与远程监控系统通过以太网进行通信，实现主控系统对风电机组整体的温度、压力、振动等信息的监控和报警。人机界面可安装于机组塔底或机舱内，用于完成系统运行状态控制和显示、风电机组参数设置、历史数据的查询和统计、故障记录的查询等工作。

1.3.3 支撑系统

风电机组支撑系统主要包括偏航系统、塔架和基础等。机舱底座与偏航机构法兰连接，偏航机构位于塔架顶部，支撑系统承受来自风轮和机舱的静、动力载荷。偏航系统主要由偏航轴承、偏航驱动装置、偏航制动器、偏航计数器、扭缆保护装置、偏航液压回路等组成。偏航系统与风电机组的控制系统相配合，使风电机组的风轮始终处于迎风状态，充分利用风能，提高风电机组效率；还可以提供必要的锁紧力矩以保障风电机组的安全运行。塔架为大高宽比的结构，常年工作在自然风场和高空重载环

境下，塔架的高度是塔架设计的主要参数，高度越高，风的湍流越小，风速越大，发电量越大，但成本越高，塔架高度的选择需要发电量与成本之间取得平衡。

塔架有多种结构型式，较为常见的有筒式塔架和格构式塔架。国内外绝大多数风电机组采用钢制筒式结构，如图 1－17（a）所示，这种结构的优点是构造简单、刚性好、造型美观，人员登塔安全，连接部分的螺栓与格构式塔架相比要少很多，因此后期维护工作量少，便于安装和调节，是目前大中型风电机组普遍采用的结构型式。格构式塔架采用类似电力塔的结构型式，如图 1－17（b）所示，这种结构风阻小，便于运输，但组装较为繁琐，通常需要每年对塔架的螺栓进行紧固，工作量大，而且冬季登塔的条件恶劣。在我国，这种结构的机型更适合南方海岛或者特殊地形使用，特别是阵风大、风向不稳定的风场，格构式塔架更能吸收机组运行时产生的转矩和振动。

(a) 筒式塔架风电机组

(b) 格构式塔架风电机组

图 1－17　塔架

塔架按其刚度可分为刚塔、半刚塔和柔塔。塔架的自振频率大于叶片穿越频率即运行频率（风轮转动频率乘叶片数）时称其为刚塔，塔架自振频率在风轮转动频率和叶片穿越频率之间时称其为半刚塔，塔架自振频率小于风轮转动频率时称其为柔塔。塔架的自振频率是风电机组塔架设计中的一个关键因素，塔架自振频率与叶片穿越频率一致时，塔架会发生共振。塔架的自振频率主要取决于塔架高度与风电机组风轮直径的比例，通常情况下比例越高，塔架越柔。筒式塔架按材料又可分为混凝土式塔架和钢塔架，混凝土式塔架主要有预制混凝土和现浇混凝土两种，有着良好的抗风、抗震、抗疲劳和耐久性。

风电机组的基础用于安装及支撑塔架、机舱、风轮等部件，基础结构型式根据风电机组类型及所安装区域工程地质条件等主要因素的差异而不同。基础的主要类型有重力式基础、桩基础、浮动式基础等。对于海上风电机组，海洋环境复杂多变，包括风和海浪荷载的区域差异、海域水深的变化、海床地质条件的不同等，所以采用的基础型式更为丰富。目前，国内外常用的海上风电机组基础主要有单桩基础、吸力式桶形基础、三脚架基础、多足吸力桶基础、群桩混凝土承台基础、导管架基础、半潜浮式基础、张力腿浮式基础等。

由于风电机组大型化发展趋势，风电机组功率增加的同时，支撑系统的体积、成本也逐渐增加，生产制造、运输、施工的限制，传统的钢制筒式塔架已显示出局限性。格构式塔架、混凝土塔架和钢混式塔架等新型支撑结构的研究再次受到行业的关注。

1.4　水平轴风电机组设计基本内容

1.4.1　设计流程和内容

风电机组设计的一般流程包括概念设计、总体设计和详细设计三个阶段。概念设计阶段首先要确定风电机组的技术路线，即确定在进行风电机组设计开发时所准备采取的技术手段、整机结构型式以及解决关键性问题的方法，以保证在规定时间内按要求完成风电机组的研发和制造。风电机组的技术路线选择需要考虑机组发电性能、成本、可靠性、产品的市场份额、产品战略、研发周期等多方面因素，从而确定风电机组的主要参数、整体布局和结构型式及相对应的设计文件，包括机组类型、各部件质量及成本、功率调节方式、传动系统的布置形式、发电机类型、支撑系统类型等方面的内容。设计文件需详细描述机组设计、制造、装配、运行维护过程的理念、标准、方法和技术要求。风电机组主要参数如下：

（1）风轮直径。风轮直径为叶尖旋转圆的直径，标志着机组能够在多大范围内捕获风能的能力。

（2）额定功率。额定功率为机组设计要达到的最大连续输出电功率。

（3）切入风速。切入风速为机组开始向电网输出功率时的风速。

（4）切出风速。切出风速为允许机组正常运行的最大风速。

（5）额定风速。额定风速为机组达到额定功率时规定的风速。

（6）生存风速。生存风速为机组能够承受的最大风速。

（7）转速范围。转速范围为机组正常运行时风轮的转速范围。

（8）额定转速。额定转速为与额定功率相对应的风轮转速。

总体设计主要目标是完成风电机组各个系统的设计，保证机组运行稳定、安全可靠。在此阶段，需要根据概念设计的资料进行机组载荷初步计算及分析；对风轮、传动系统、支撑系统等关键部件进行结构设计及校核；对电气控制与安全系统进行设计；并初步完成外购件的选配。

详细设计的主要目标是在总体设计的基础上对各个方案进行优化，减小成本的同时提高效益，并且完成风电机组的生产制造、安装运行等技术方案。

1.4.2 设计标准

国外的风力发电技术起步比国内早，相应的规范及标准相对而言也更为完善，我国在充分消化吸收国际风电机组相关标准的基础上，也针对性地提出了一系列符合我国实际国情的风电机组标准，在设计过程中须严格遵守。

我国针对风电机组的部分标准目录见表1-1。

表1-1 我国风电机组部分标准目录

标准编号	标准名称
GB/T 2900.53—2001	电工术语 风力发电机组
GB/T 25385—2019	风力发电机组 运行及维护要求
GB/T 35204—2017	风力发电机组 安全手册
GB/T 18451.2—2012	风力发电机组 功率特性测试
GB/T 19960.1—2005	风力发电机组 第1部分：通用技术条件
GB/T 19960.2—2005	风力发电机组 第2部分：通用试验方法
GB/T 20319—2017	风力发电机组 验收规范
GB/T 20320—2013	风力发电机组 电能质量测量和评估方法
GB/T 19568—2017	风力发电机组 装配和安装规范
GB/T 19069—2017	风力发电机组 控制器技术条件
GB/T 19070—2017	风力发电机组 控制器试验方法
GB/T 19071.1—2018	风力发电机组 异步发电机 第1部分：技术条件
GB/T 19071.2—2018	风力发电机组 异步发电机 第2部分：试验方法
GB/T 19073—2018	风力发电机组 齿轮箱设计要求
GB/T 19072—2010	风力发电机组 塔架
GB/T 33623—2017	滚动轴承 风力发电机组齿轮箱轴承
GB/T 29718—2013	滚动轴承 风力发电机组主轴轴承
GB/T 29717—2013	滚动轴承 风力发电机组偏航、变桨轴承
GB/T 31517—2015	海上风力发电机组 设计要求
GB/T 25383—2010	风力发电机组 风轮叶片
JB/T 10427—2004	风力发电机组 一般液压系统
JB/T 10425.1—2004	风力发电机组 偏航系统 第1部分：技术条件
JB/T 10425.2—2004	风力发电机组 偏航系统 第2部分：试验方法
JB/T 10426.1—2004	风力发电机组 制动系统 第1部分：技术条件
JB/T 10426.2—2004	风力发电机组 制动系统 第2部分：试验方法

国际电工委员会制定的风电机组部分标准目录见表1-2。

表1-2 国际电工委员会风电机组部分标准目录

标准编号	标准名称
IEC 61400-1：2019	Wind energy generation systems - Part 1：Design requirements
IEC 61400-3：2009	Wind turbines - Part 3：Design requirements for off shore wind turbines
IEC 61400-6：2020	Wind energy generation systems - Part 6：Tower and foundation design requirements
IEC 61400-11：2018	Wind turbines - Part 11：Acoustic noise measurement techniques
IEC 61400-12-1：2020	Corrigendum 2 - Wind energy generation systems - Part 12-1：Power performance measurements of electricity producing wind turbines
IEC 61400-13：2015	Wind turbines - Part 13：Measurement of mechanical loads
IEC 61400-21-1：2019	Wind energy generation systems - Part 21-1：Measurement and assessment of electrical characteristics - Wind turbines
IEC 61400-23：2014	Wind turbines - Part 23：Full-scale structural testing of rotor blades
IEC 61400-24：2019	Wind energy generation systems - Part 24：Lightning protection
IEC 61400-25-1：2017	Wind energy generation systems - Part 25-1：Communications for monitoring and control of wind power plants - Overall description of principles and models
IEC 61400-26-1：2019	Wind energy generation systems - Part 26-1：Availability for wind energy generation systems
IEC 61400-27-1：2015	Wind turbines - Part 27-1：Electrical simulation models - Wind turbines

常用的参考规范还有德国劳氏船级社出版的风电机组设计规范，如 Guideline for The Certification of Wind Turbines 2010 等。

1.4.3 技术现状和趋势

1.4.3.1 风电机组技术

风电机组功率调节方式目前主要有定桨距失速调节、变桨调节和主动失速调节三种方式。风电机组传动系统的布置型式主要有双轴承两点支撑、单轴承三点支撑和单轴承单点支撑（集成式）等三种，传动系统可以包含齿轮箱，也可以采用无齿轮箱的直驱型式。双轴承两点支撑是指主轴系上有前、后两个主轴承，可形成稳定的支撑。两个轴承通常被安装在两个分离的轴承座内，难以保证两轴承的同轴度，因此轴承一般选用具有调心功能的球面滚子轴承；也可以共用同一个轴承座，这种情况下主轴承一般选用双列圆锥滚子轴承和圆柱滚子轴承组合配置。单轴承三点支撑是指主轴系上靠风轮侧有一个固定的调心轴承，与主轴尾部齿轮箱两侧的弹性支撑扭力臂形成三个支撑点。这种传动系统的布置型式结构相对紧凑，可以承受一定的冲击载荷，齿轮箱除了承受转矩外，还承受额外的弯矩和轴向力，并且齿轮箱出现故障需要更换时，通常需要拆卸风轮。单轴承单点支撑（集成式）一般指主轴伸入齿轮箱内部，主轴承与齿轮箱集成在一起的型式，这种设计的优点是固定端轴承和浮动端轴承使用同一个箱

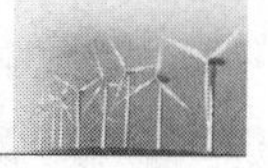

体，使得主轴与齿轮箱输入轴的同轴度更容易保持，并且传动系统结构紧凑，但也存在可维护性差、齿轮箱内主轴轴承过大、外购件依赖性大、单个轴承承载、工况恶劣等不利因素。常见的风电机组技术类型见表1-3。

表1-3 常见的风电机组技术类型

技术路线	技术特点	优缺点
高速双馈	有多级齿轮箱，无需全功率变流器，采用双馈异步发电机	优点：技术方案成熟；成本低；可维护较好。 缺点：齿轮箱增速比高，高速级可靠性较低，同时存在润滑油更换频繁、机械噪声、高速振动等问题；发电机有电刷和滑环，维护保养工作量大
高速永磁	有多级齿轮箱，需全功率变流器，采用永磁同步发电机	优点：风能利用效率较高；电能质量较好；发电机、齿轮箱等大部件易拆卸，可维护性较好；发电机体积较小，没有碳刷和滑环，可靠性高。 缺点：齿轮箱增速比高，高速级可靠性较低；永磁材料存在失磁风险
中速永磁	有小增速比齿轮箱，需全功率变流器，采用永磁同步发电机	优点：齿轮箱增速比小，可靠性较高；风能利用效率较高；电能质量好；发电机体积较小，没有碳刷和滑环，可靠性高。 缺点：永磁材料存在失磁风险
直驱永磁	无齿轮箱，需全功率变流器，采用多级永磁同步发电机	优点：传动系统无齿轮箱，可靠性高；发电机内部没有碳刷和滑环，维护工作量小；风能利用效率高；电能质量好。 缺点：电机体积与重量均较大，定子、转子加工需要大型设备；永磁材料存在失磁风险
直驱励磁	无齿轮箱，需全功率变流器，采用励磁同步发电机	优点：传动系统无齿轮箱，可靠性高；风能利用效率高；电能质量好。 缺点：电机体积与重量大，增加制造难度与成本，发电机的陆上运输比较困难；存在电刷和滑环，维护保养工作量大

1.4.3.2 陆上风电

据中国风能协会（CWEA）统计，2019年全国风电机组新增装机容量为2679万kW，同比增长26.7%；截至2019年年底，风电机组累计装机容量2.36亿kW，同比增长12.8%，如图1-18所示。

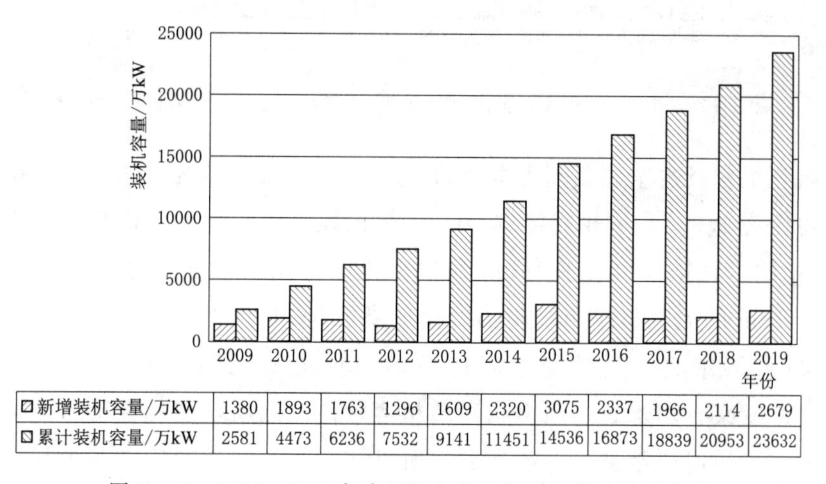

	2009	2010	2011	2012	2013	2014	2015	2016	2017	2018	2019
新增装机容量/万kW	1380	1893	1763	1296	1609	2320	3075	2337	1966	2114	2679
累计装机容量/万kW	2581	4473	6236	7532	9141	11451	14536	16873	18839	20953	23632

图1-18 2009—2019年全国风电机组新增和累计装机容量

2018年全国新增风电机组中，1.5～1.9MW风电机组新增装机市场容量占比为4.3%，2MW风电机组装机容量占全国新增装机容量的50.6%，2.1～2.9MW风电机组新增装机容量占比达31.9%，3.0～3.9MW风电机组新增装机容量占比达到7.1%，如图1-19所示。与2017年相比，2.1～2.9MW风电机组市场份额同比增长了5.8%；2MW风电机组市场份额同比下降了8.4%，如图1-19所示。

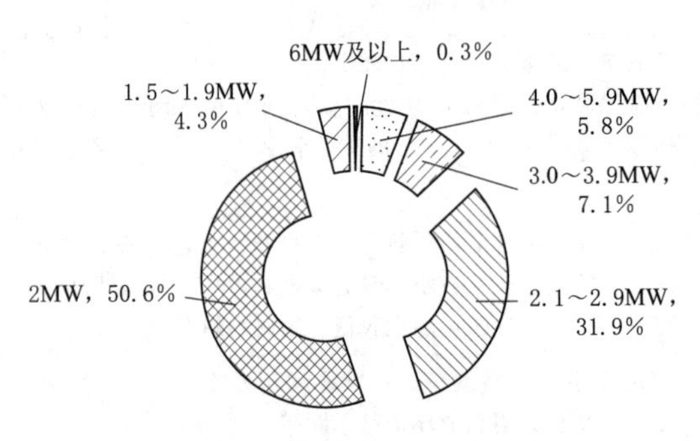

图1-19 2018年全国不同单机容量风电机组新增装机容量占比

截至2018年年底，全国风电累计装机容量中，2MW以下（不含2MW）风电机组累计装机容量占比达到48.1%，其中：1.5MW风电机组累计装机容量占总装机容量的41.6%，2MW风电机组累计装机容量占比上升至36.6%，同比上升1.6%。

2018年全国新增风电机组装机中，风轮直径大于110m的新增装机市场容量占比为92%，风轮直径在100～110m

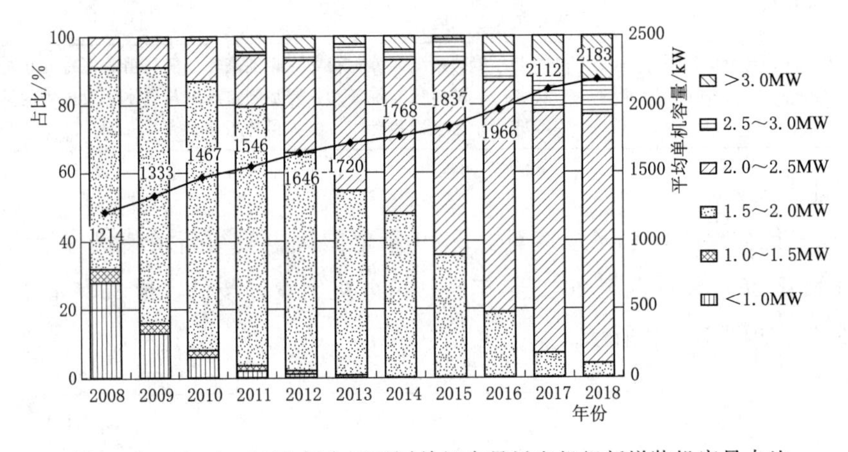

图1-20 2008—2018年全国不同单机容量风电机组新增装机容量占比

的风电机组装机容量占全国新增装机容量的4.5%，风轮直径90～100m机组的新增装机容量占比为1.9%，风轮直径在80～90m的风电机组新增装机容量占比为1.6%。与2017年相比，风轮直径大于110m的风电机组市场份额同比增长了16%；风轮直径在100～110m的风电机组市场份额同比下降了8%，如图1-21所示。

截至2018年年底，变速变桨高速双馈型风电机组新增装机市场容量占比为51.9%，变速变桨直驱永磁型风电机组装机容量占全国新增装机容量的35.8%，变速变桨中速永磁型风电机组新增装机容量占比为6.4%，变速变桨异步型风电机组（非高速双馈型风电机组）新增装机容量占比达到5.3%，变速变桨直驱电励磁型风电机

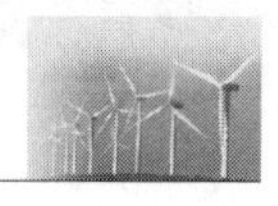

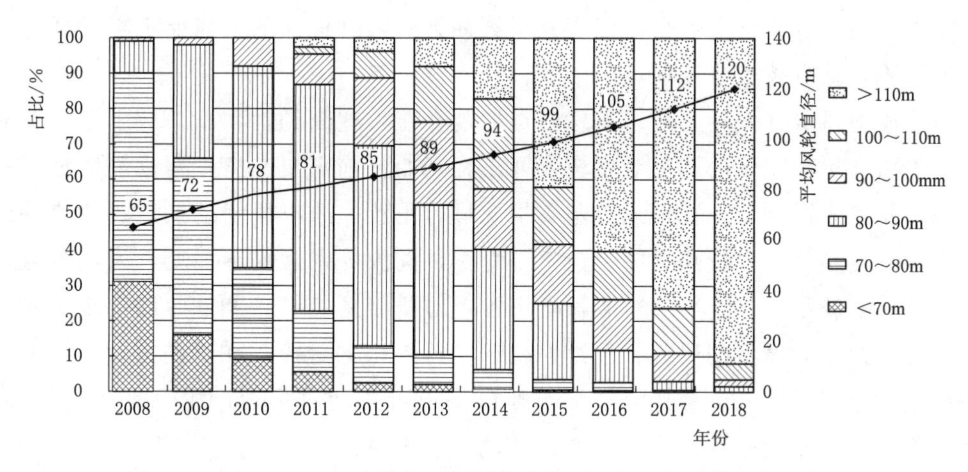

图 1-21　2008—2018 年全国不同风轮直径风电机组新增装机容量占比

组新增装机容量占比达 0.6%，如图 1-22 所示。

1.4.3.3　海上风电

20 世纪 90 年代，海上风电开始发展。1991 年第一个近海风电场在 Vindeby 建成，风电场距离海岸 3km，有 11 台 450kW 的风电机组。但整个 20 世纪 90 年代，只有少量的小型风电机组布置在近海，直到 2002 年 160MW 风电场在距离丹麦西海岸 20km 的近海海域建成，截至 2015 年全球共有 17 处离岸风电场投入运转，总发电容量为 3843.2MW，其中有 4 处风电场采用 5MW 以上风电机组，这 4 座风电场均位于欧洲，而亚洲地区海上风电场以 3～4MW 风电机组为主。根据世界海上风电论坛（WFO）发布的数据显示，2019 年全球共新建海上风电场 16 个并投入运行，共新增装机容量 5.2GW，主要分布在中国、英国、德国、丹麦、比利时等国家和地区。截至 2019 年年底，全球共有 23 个在建海上风电项目，共 7GW；其中中国在建海上风电项目达 13 个，占全球总容量的 56.5%。

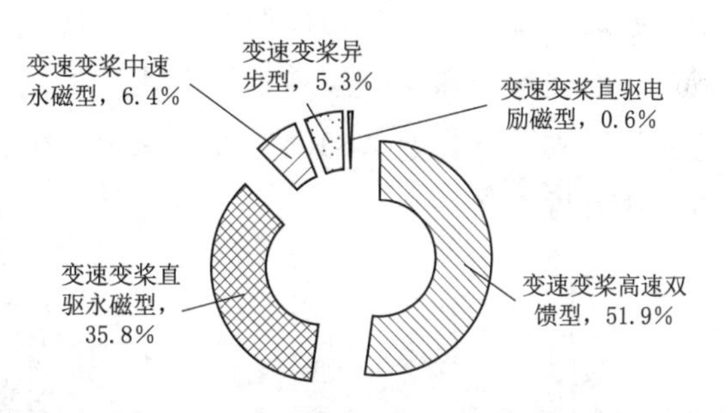

图 1-22　2018 年不同技术类型风电机组新增装机容量占比

相对于陆上风力发电，海上风力发电具有许多优势。海上风电场的建设可以减少对陆地土地资源的占用；海上具有大片连续空间，没有障碍物的影响；风速可比陆上风速高出 20%～100%，因此海上风电机组发电效率也会相应提高；并且海风切变相对较低，靠近海平面缓慢移动的风的边界层厚度很薄，可以通过降低塔架的高度，以降低成本；就我国而言，与陆上风电相比，海上风电靠近传统的电力负荷中心，利于电网的消纳，以及减少长距离输电带来的投资成本和电力损耗，因此海上风电成为东南沿海风力发电的主要方向。海上风电场也不必担心电磁波、噪声等对居民的影响，海上风力发电可以充分借鉴海洋工程开采石油天然气过程和陆上风能工程发展过程中积累的经验，减少技术研发成本。

虽然海上风电开发具有较多的优点，但也存在一些制约性因素，应引起足够的重视。海上风电机组安装的施工难度较大，工程开始之前需要在海上树立测风塔，并对海底地形及海床运动、工程地质等基本情况进行观测，风电机组的安装还需要特种船只，其过程复杂且成本较高；海上天气、海浪、潮汐等因素复杂多变，风电机组运行时面临着风、波浪、洋流等多重载荷的考验，对机组支撑结构和叶片的要求更高，并且需要考虑盐雾对设备的腐蚀，浮冰对机组支持结构的碰撞；在维护方面，海上风电设备的维护检修难度大，费用高；海上风电场也可能会对生态产生一定的负面影响，例如可能对鸟类迁徙路线和水下鱼类的活动产生影响。

海上风电相比于陆上风电，桩基的施工成本更为敏感，在相同的风电场总功率情况下，更倾向于采用数量少而单机功率大的大容量风机。海上风电机组支撑主要有底部固定式支撑和悬浮式支撑两类。底部固定式支撑有重力式基础、单桩基础、三脚架基础、多桩基础和导管架基础等型式，如图 1-23 所示。现今，海上风电机组主要是通过单桩或者导管架基础固定在海床上，但这两种技术一般都只能应用于水深不超过 50m 的海域。

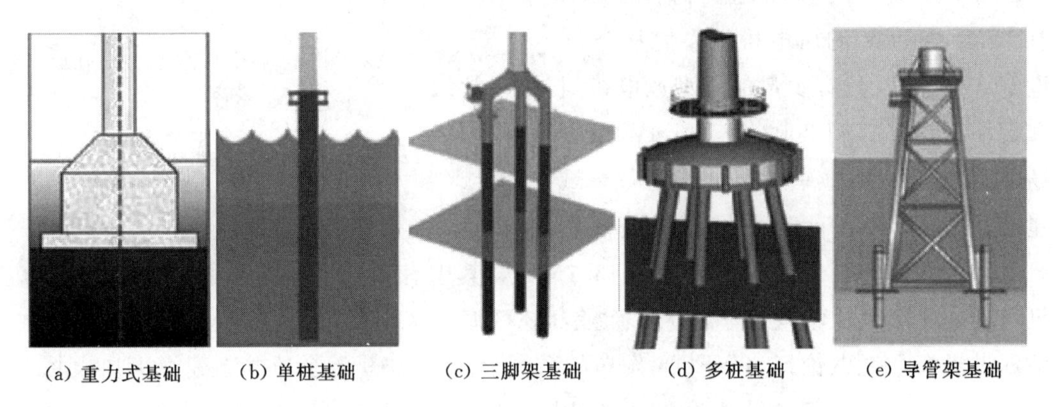

(a) 重力式基础　(b) 单桩基础　(c) 三脚架基础　(d) 多桩基础　(e) 导管架基础

图 1-23　海上风电机组底部固定式支撑基础

在水深超过 50m 的海域，风速更高。悬浮式基础可以不受水深限制，并且能够简化机组吊装过程，为水深超过 50m 海域的风能资源开发提供了较好的解决方案。悬浮式支撑基础主要分为 Spar 式（Spar-buoy）、半潜式（Semi-submersible）以及张力腿式（Tension Leg Platform）三类，如图 1-24 所示。目前，浮式海上风电项目开始受到各国的关注，截至 2019 年年底，全球共有 10 个浮式海上风电项目，其装机容量达到 1000.3MW，国际可再生能源机构（IRENA）预测浮式基础将在 2020 年到 2025 年之间实现大规模商业化应用。

海上风电开发正处于蓬勃发展时期，从近海走向远海，从浅海走向深海。海上风

图 1-24 海上风电机组悬浮式支撑基础

电机组的支撑系统方案也将更为丰富；海上风电机组的单机容量将继续向 10MW 以上的大功率发展，单个海上风电场的规模也将继续向 500MW 以上的大型风电场发展。

1.4.3.4 风电产业发展现状

1. 全球风电产业发展概况

全球风电产业发展迅速，在丹麦、西班牙和德国用电量中，风电的占比分别达到约 42%、19%和 13%。根据全球风能理事会（GWEC）统计，2019 年全球风电机组新增装机容量 60.4GW，累计装机容量增长至 650.6GW，如图 1-25 所示。

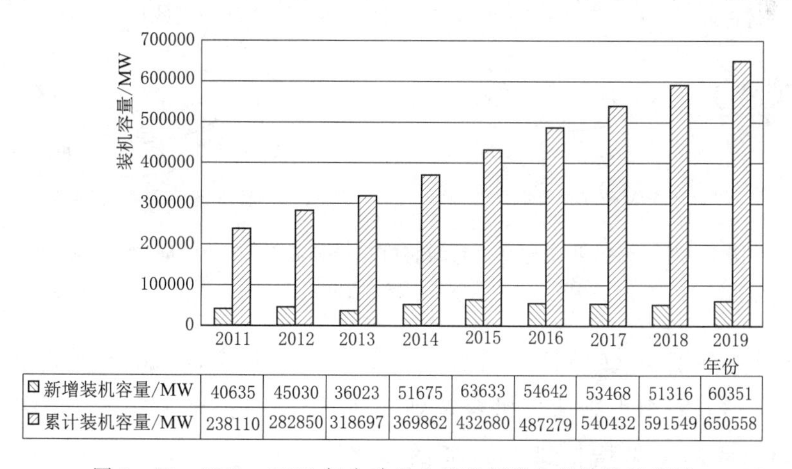

	2011	2012	2013	2014	2015	2016	2017	2018	2019
新增装机容量/MW	40635	45030	36023	51675	63633	54642	53468	51316	60351
累计装机容量/MW	238110	282850	318697	369862	432680	487279	540432	591549	650558

图 1-25 2011—2019 年全球风电机组新增和累计装机容量

如图 1-26 所示，2019 年全球新增装机容量前 5 家的市场装机容量之和约占当年全球新增装机总容量的 70%。中国新增装机容量约占全球新增装机容量的 43.3%，而累计装机容量于 2015 年已超过欧盟，截至 2019 年已达到全球累计装机容量的 36.4%，是全球风电装机容量最大的国家。

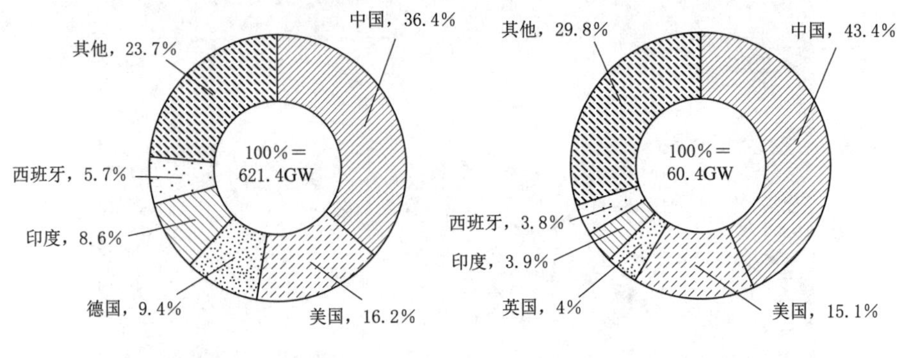

（a）截至2019年全球累计装机容量分布　（b）2019年全球新增装机容量分布

图 1-26　截至 2019 年全球累计装机容量和 2019 年全球新增装机容量分布

如图 1-27 所示，2019 年全球海上风电机组新增装机容量达 6.1GW，占新增装机容量的 10%，累计装机容量为 29.1GW。其中欧洲海上新增装机容量为 3.6GW，占全球海上新增装机容量的 59%；中国海上新增装机容量为 2.4GW，占全球海上新增装机容量的 38.9%。

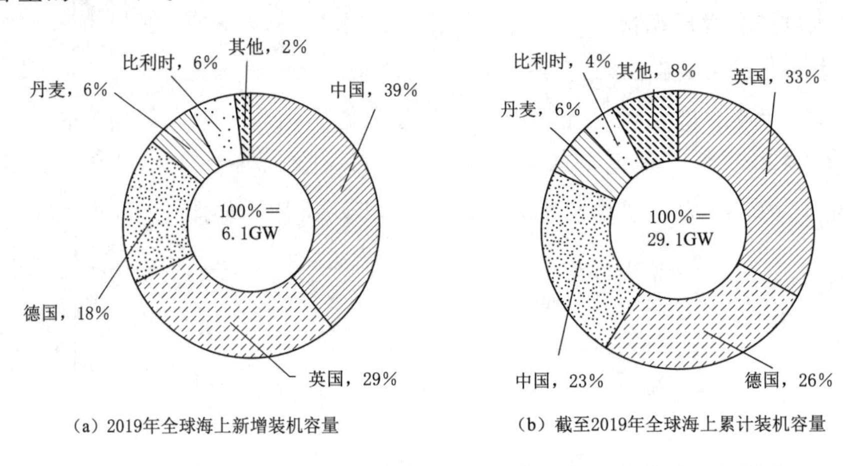

（a）2019年全球海上新增装机容量　（b）截至2019年全球海上累计装机容量

图 1-27　2019 年全球海上新增装机容量和截至 2019 年全球海上累计装机容量分布

据全球风能理事会（GWEC）预测，2020—2024 年全球风电新增装机容量将以平均每年 71GW 增长；海上新增装机容量到 2024 年将增长至 15GW，新增装机容量的占比将从 2019 年的 10%增长到 2024 年的 20%。

2. 中国风电产业发展概况

据中国风能协会（CWEA）统计，2018 年中国六大区域的风电新增装机容量占比分别为中南地区 28.3%、华北地区 25.8%、华东地区 23%、西北地区 14.2%、西南地区5.5%、东北地区3.2%，如图1-28所示。“三北”地区新增装机容量占比为43.2%，中东南部地区新增装机容量占比达到56.8%。与2017年相比，2018年中国中南地区增长较快，同比增长33.2%。中南地区主要增长的省份有河南、广西、广东。同时，东北、华北和华东地区装机容量均有增幅，分别同比增长29.9%、8.2%和9.3%；而西北和西南地区装机容量出现下降，西南地区同比下降33.8%，西北地区同比下降11.5%，如图1-29所示。

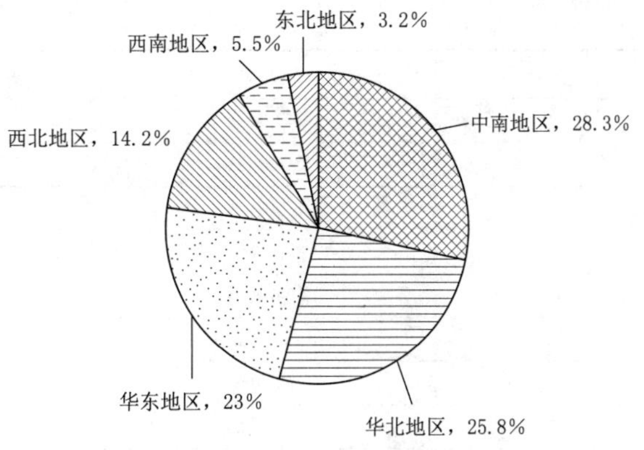

图1-28 2018年中国各区域新增风电装机容量占比情况

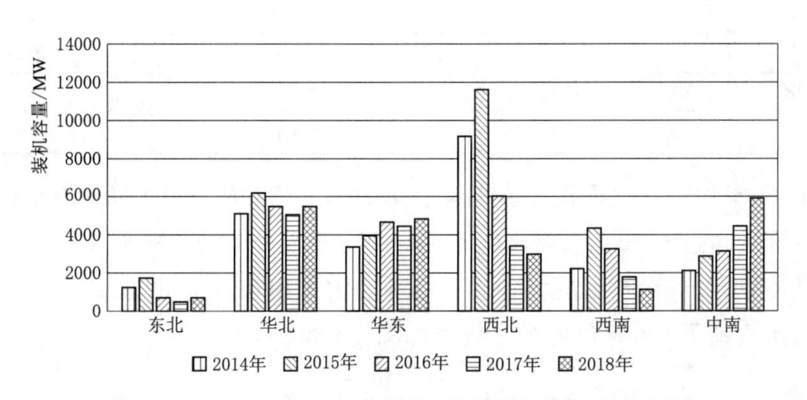

图1-29 2014—2018年中国各区域新增风电装机容量趋势

2018年，中国风电市场22家整机制造企业新增装机容量见表1-4，新增装机容量2114.30万kW，其中：金风科技新增装机容量达到670.72万kW，市场份额达到31.72%；其次为远景能源、明阳智能、联合动力和上海电气。这5家市场份额合计达到75.18%。

表1-4 2018年中国风电市场整机制造企业新增装机容量

序号	制造商	装机容量/万kW	装机容量占比
1	金风科技	670.72	31.72%
2	远景能源	418.05	19.77%
3	明阳智能	262.36	12.41%
4	联合动力	124.35	5.88%
5	上海电气	114.13	5.40%
6	运达风电	84.69	4.01%
7	中国海装	81.30	3.85%

续表

序号	制造商	装机容量/万 kW	装机容量占比
8	湘电风能	55.10	2.61%
9	Vestas	54.00	2.55%
10	东方电气	37.50	1.77%
11	中车风电	29.95	1.42%
12	南京风电	29.70	1.40%
13	Siemens Gamesa	27.69	1.31%
14	三一重能	25.40	1.20%
15	华仪风能	22.78	1.08%
16	GE	15.83	0.75%
17	航天万源	14.60	0.69%
18	华创风能	14.20	0.67%
19	许继风电	12.00	0.57%
20	中人能源	10.00	0.47%
21	太原重工	5.00	0.24%
22	华锐风电	4.95	0.23%
总计		2114.30	100%

截至2018年年底，全国累计装机容量达到2.1亿kW，有7家国内整机制造企业的累计装机容量超过1000万kW，这7家整机制造企业市场份额累计达到了68%。其中，金风科技累计装机容量超过4900万kW，占国内市场总量的23.6%，联合动力累计装机占比达到了9%，位居第二位，如图1-30所示。

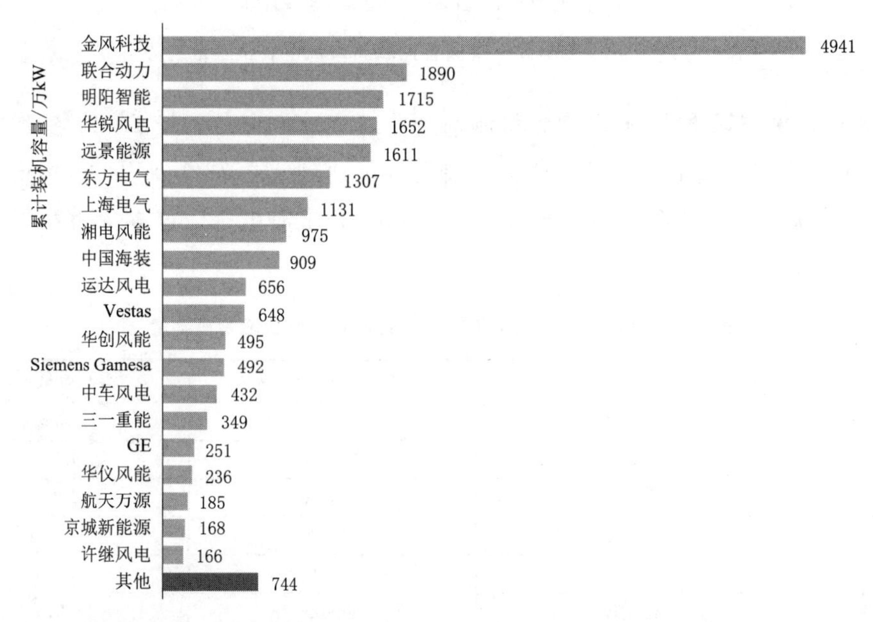

图1-30 截至2018年年底中国风电市场整机企业累计装机容量

第2章 风能与风力发电

风能通常指空气流动所产生的动能，是太阳能的一种转化形式。人类对风能的利用已有数千年的历史，自19世纪开始尝试使用风能发电，对风及风特性的研究，可为风能高效利用奠定基础。风电机组吸收的能量取决于来流风与叶片的交互作用，叶片作为风能转化的核心部件，其空气动力特性及结构特性是提高风能利用效率的关键。

本章介绍风的形成及特性、空气动力学的基本理论、叶片的结构、翼型几何参数、载荷计算的理论及方法等。

2.1 风能资源

2.1.1 风和风的特性

风是人类最熟悉的自然现象之一，无处不在。地球周围聚集着数千米厚的大气层，地球上的气候变化是由大气流动引起的。太阳辐射是大气流动的动力源，由于地球上各纬度所接收的太阳辐射强度不同，造成地球表面受热不均，引起大气层中压力分布不均。在不均匀的压力作用下，空气沿水平方向运动形成风。风能一般情况下指风具有的能量，即流动空气所具有的动能。风能实质上是太阳能的转化形式，是一种取之不尽、用之不竭、分布广泛、不污染环境、不破坏生态的绿色可再生能源。

2.1.1.1 风的形成和种类

1. 风形成的原因

受到地理纬度等因素的影响，地球表面接收到的太阳辐射是不均匀的，使得空气加热不均匀，从而产生了温度差和压力差。单位距离间的气压差叫做气压梯度，气压梯度力是由大气压差产生的力，并且方向始终指向低压区。在相同高度上，两点之间的大气压差是形成空气流动的主要原因。地球表面风的形成与风向如图2-1所示。

（1）由于地球自转的存在，空气还受到科氏力的作用，科氏力也称为地球偏旋转力。在科氏力的作用下，北半球气流向右侧偏转，而南半球的气流始终向左偏转。因此，风向并不是完全沿气压梯度力的方向，而是要发生一定的偏转。

（2）气压与风。各地的气压如果发生高低差异，两地之间存在气压梯度时，就会

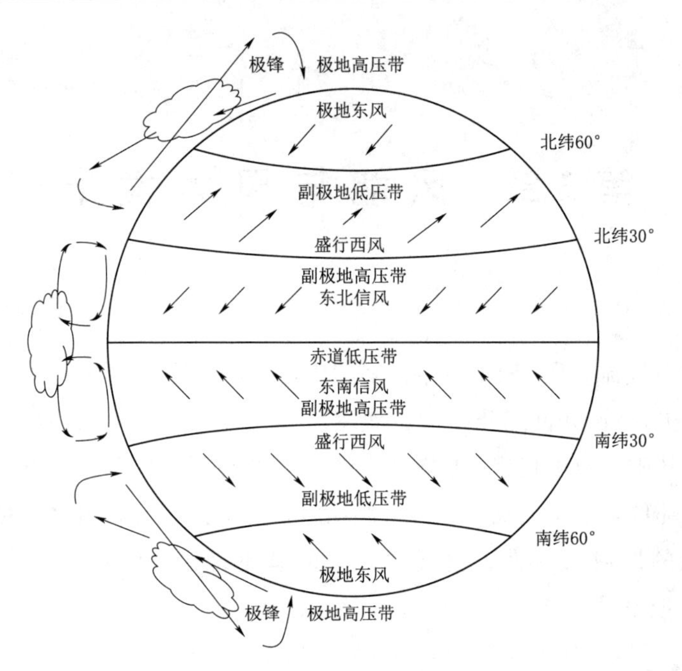

图 2-1 地球表面风的形成与风向

把两地间的空气从气压高的一边推向气压低的一边，于是空气流动产生风。气压梯度力是推动空气运动的力，两地间气压差越大，气压梯度越大，空气流动越快，风速越大。气压梯度力是由于大气压力不均匀而作用在空气质点上的压力，其方向由高压指向低压，垂直于等压面。气压梯度力也可以分解成水平气压梯度力和垂直气压梯度力，其大小和气压梯度成正比。

（3）温度变化。空气受热膨胀引起该区域空气密度减小，使得单位面积上承受的空气柱重量减小，气压降低。相反，地区空气受冷气压就升高。可见两地间如果发生了冷热差异，就会相应地引起气压的差异，冷热差异越大，气压差异也越大。两地间气压差加大，气压梯度力就增加，风也越大。冷空气和热空气的相对运动，通过气压高低最后又转化为风的流动，热分子运动转化成为风的运动。

（4）地球自转和风的偏向。前文已经介绍过，风在气压梯度力的作用下并不朝气压梯度力的方向从高压侧直接向低压侧，而是不断地偏转方向。在北半球向右偏转，在南半球则向左偏转。使风发生偏转的力就是地转偏向力。地转偏向力的方向与风向总是保持垂直，于是在偏转风向的同时，地转偏向力方向也正在不断向右偏转，朝向气压梯度力的反方向。当风向被偏转到和气压梯度力的反方向时，气压梯度力对风的作用最强。当风向被偏转到和气压梯度力垂直时，气压梯度力在风的方向上的有效分力为零，因此风不再受梯度力的作用加速，而是靠惯性等加速运动。

2. 风的种类

（1）海陆风。由于海洋的热容量大，海水温度随季节的变化较小。海洋地域平

坦，对气流流动阻力较小，因此海洋上的大气环流更接近于理论上的大气环流模型。大陆上气压季节性变化十分明显，陆地上的大气环流往往与理论大气环流模型相差较大。因此，在海、陆交替地区，风速和风向会受到昼夜和季节的影响。白昼时，大陆吸收了大部分的太阳辐射，导致大陆表面空气的升温速度较快，大陆表面的气流膨胀上升至高空，然后流向海洋，到海洋上空因冷却而下沉。大陆表面因气流上升而形成了低压区，海平面上的空气流下降而产生高压区，在压力梯度下，为补偿陆地附近的低气压，使得海平面上的空气向陆地流动，从而形成海风。夜间，风形成的过程刚好相反，海洋吸收太阳辐射而蕴藏了大量的热量，使海洋上的气流降温较慢，地面空气温度下降较快，从而使地表的空气从陆地流向海面，从而形成陆风。

(2) 季风。季风是由海陆分布、大气环流、大陆地形等因素造成的。季节的不同，太阳辐射造成的海洋与陆地之间的温度差异也不同。冬季，大陆比海洋温度低，大陆的气压比海洋高。底层气流由大陆吹向海洋，高层气流由海洋流向大陆，形成了与高空方向相反的气流，构成了冬季的季风环流。

夏季则相反，大陆增热比海洋剧烈，气压随高度变化小于海洋上空，因此到一定高度，就产生从大陆指向海洋的水平气压梯度，空气由大陆流向海洋，海上形成高压，大陆形成低压，空气从海上流向大陆，形成了与高空方向相反的气流，构成了夏季的季风环流。

(3) 山谷风。在山区，白天山坡受热较快，温度高于山谷中同高度的空气温度，坡地表面的空气受热后沿倾斜方向上升，谷底则被冷空气填补，从而形成谷风。夜间，山坡因辐射冷却，降温速度比山谷中同高度的空气快，因此气流从山坡吹向谷底，从而形成了山风。通常会生成很强的气流，进而形成强风。山风和谷风统称为山谷风，其形成原理与海陆风相似（图 2-2）。

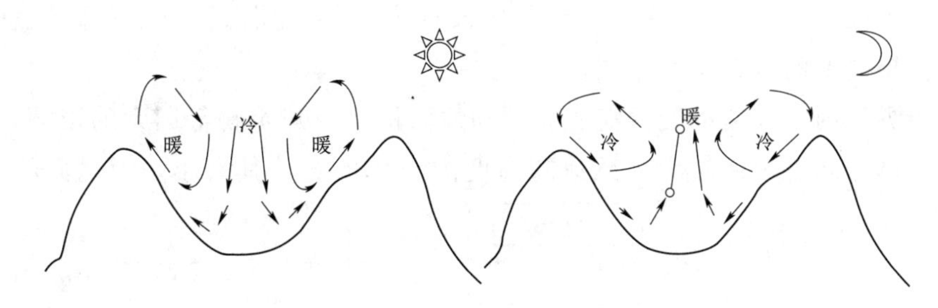

图 2-2　山谷风的形成

(4) 焚风。当气流跨越山脊，背风面产生一种热而干燥的风，称为焚风。这种风不像山风那样经常出现，而是在山岭两面气压不同的条件下发生的。

在山岭的一侧是高气压，另一侧是低气压时，空气会从高气压区向低气压区流动。但因受山体阻碍，空气被迫上升，气压降低，空气膨胀，温度随之降低。当空气上升到一定高度时，水汽遇冷凝结，形成雨水。空气到达山脊附近后，则变得稀薄干燥，然后翻过山脊，顺坡而下，空气在下降的过程中变得紧密且温度增高。因此，空气沿着高大的山岭沉降到山麓时，气温常会有大幅度地提升。迎风和背风两面的空气即使高度相同，背风面空气的温度也总是比迎风面高。每当背风山坡刮炎热干燥的焚风时，迎风山坡常常下雨或落雪。

3. 风的特性

风是一种矢量，它通常用风速与风向两个参数来表示。风具有随机性，表现在其速度和方向随时间不断地变化，能量和功率随之也发生变化。这种变化可能是短期内的波动，也可能是昼夜变化，或季节性变化。

风速表示空气在单位时间内流动距离，单位是 m/s，风速的大小通常用风速仪测量。由于风力变幻莫测，在实际应用中就有瞬时风速与平均风速这两个概念。前者可以用风速仪在较短时间（0.5～1.0s）内测得；后者是某一时间间隔内各瞬时风速的均值，因此产生了日平均风速、月平均风速、年平均风速等概念。

（1）风速随时间的变化，包括每日的变化和月的变化。在大气边界层中，平均风速有明显的日变化规律，通常一天之中风的强弱在某种程度上可以看作是周期性的。例如：地面上，夜间风弱，白天风强；高空中则与之相反，夜里风强，白天风弱。这个逆转的临界高度为 100～150m。

风速的月变化与季节的变化有关，太阳和地球的相对位置发生变化，使地球上存在季节性的温差，风向和风的强度就会发生季节性变化。我国大部分地区风的季节性变化情况是：春季最强，冬季次之，夏季最弱。也有部分例外，如沿海地区，夏季季风最强，春季季风最弱。

（2）风随高度的变化。从空气运动的角度，通常将不同高度的大气层分为三个区域（图 2-3）。离地面 2m 以内的区域称为底层；2～100m 的区域称为下部摩擦层，两者总称为地面境界层；100～1000m 的区段称为上部摩擦层，以上三区域总称为摩擦层。摩擦层之上的是自由大气层。

地面境界层内空气流动受涡流、黏性和地面植物及建筑物等因素的影响，风向基本不变，但越往高处风速越大。风速随高度的变化情况及其大小，因地面的平坦度、

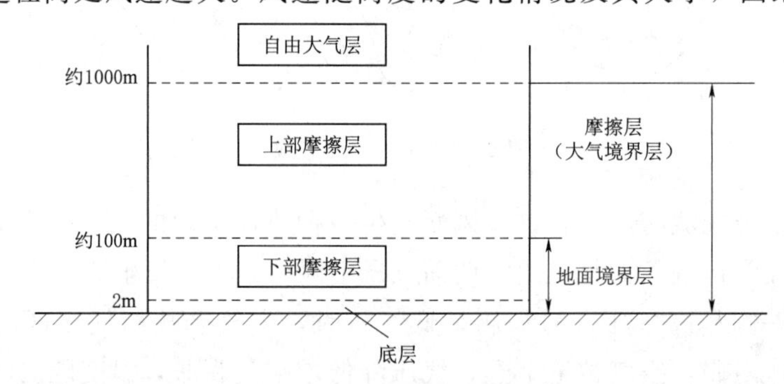

图 2-3　大气层的构成

地表粗糙度以及风通道上的气温变化情况的不同而有所差异。各种不同地面情况下，风速随高度的变化如图2-4所示。

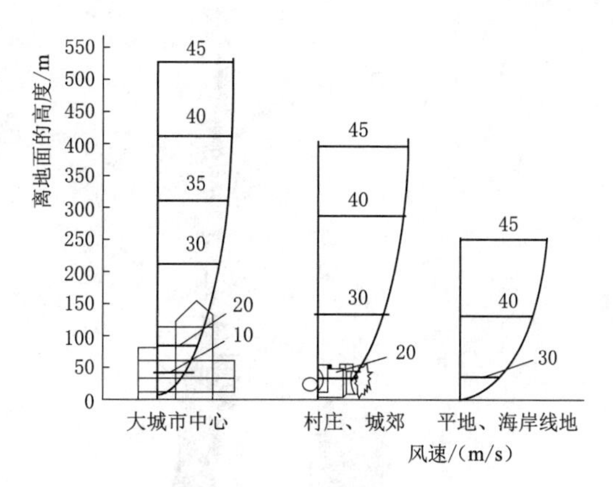

图2-4 不同地面风速随高度的变化

风速随高度而变化的经验公式很多，通常采用指数公式来表示，即

$$v=v_1\left(\frac{h}{h_1}\right)^{\alpha} \qquad (2-1)$$

式中 v——距离地面高度 h 处的风速；

v_1——高度为 h_1 处的风速；

α——风切变指数，它取决于大气稳定度和地面粗糙度，其值为1/8～1/2。

对于地面境界层，风速随高度的变化则主要取决于地面粗糙度，这时一般取地面粗糙度作为风切变指数。不同地面情况的地面粗糙度 α 见表2-1。

表2-1 不同地面情况的地面粗糙度 α

地面情况	α	地面情况	α
光滑地面，硬地面，海洋	0.10	树木多，建筑物极少	0.22～0.24
草地	0.14	森林，村庄	0.28～0.30
城市平地，有较高草地，树木极少	0.16	城市有高层建筑	0.40
高的农作物，篱笆，树木少	0.20		

（3）风速的测量。风速的测量可以使用旋转式风速仪、散热式风速计和声学风速仪等设备，多数情况下使用的是旋转式风速仪。

旋转式风速仪如图2-5所示，其感应部分是一个固定在转轴上的感应风的组件，常用的有风杯、螺旋叶片和平板叶片三种类型。风杯旋转轴垂直于风的来向，螺旋叶片和平板叶片的旋转轴平行于风的来向。

散热式风速仪如图2-6所示，利用被加热物体的散热速率与周围空气的流速有关的特性，进行风速测量。它主要适用于小风速测量，但不能测量风向。

图2-5 旋转式风速仪

声学风速仪如图2-7所示，利用声波在大气中的传播速度与风速间的函数关系来测定风速。声学风速仪没有转动部件，响应快，能测定沿任何指定方向的风速分量，但造价较高，因此一般测量风速还是使用旋转式风速仪。

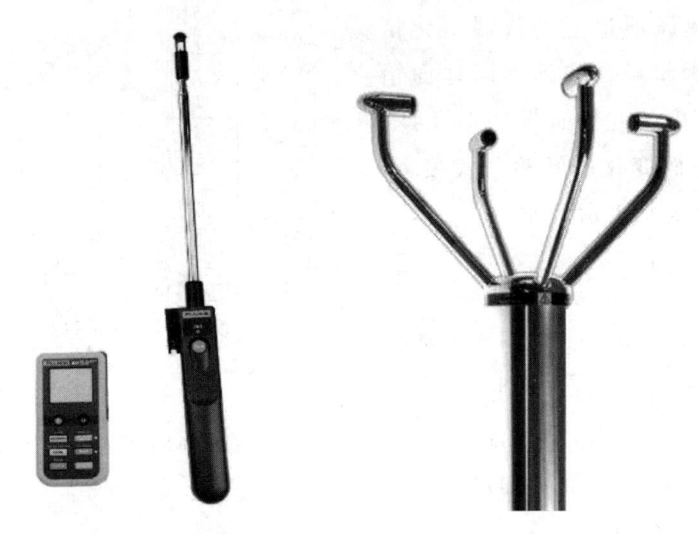

图 2-6　散热式风速仪　　　　图 2-7　声学风速仪

(4) 影响风速的主要因素。

1) 距离地面高度。由于风与地表面摩擦的结果，因此风速随着垂直高度的增加而增强，只有离地面 300m 以上的高空才不受地表面摩擦的影响。风速在垂直高度上的变化，可按式 (2-1) 求得。

2) 地形地貌。风速受地形地貌的影响，比如，山口风速比平地大多少，则要视风向与谷口轴线的夹角以及谷口前的阻挡距离而定；河谷风速的大小又与谷底的闭塞程度有关。又如，在同一山谷或盆地中，不同位置的风速也不尽相同，此时往往是地形与高度交错影响着风速，有时以前者为主，有时又以后者为主，要视具体地形而定。

3) 地理位置。由于地表摩擦阻力的作用，海面上的风通常比海岸上的大，而沿海的风通常比内陆大得多。比如，台风登陆后 100km，其风速几乎衰减了一半，在平均风速 4～6m/s 时，海岸线外 70km 处的风速要比海岸边的大 60%～70%。

4) 障碍物。当风穿过粗糙表面，像建筑物、树木、岩石等类似障碍物时，风速和风向迅速地发生改变，在障碍物附近，特别是后缘会产生很强的湍流，该湍流在下风方向远处逐渐减弱。气流湍流不仅会减小风电机组的有效功率，而且会增加风电机组的疲劳载荷。

湍流强度和延伸长度与障碍物的高度有关。在障碍物的迎风侧，湍流区的长度可达障碍物高度的 2 倍，背风侧湍流延伸长度可达障碍物高度的 10～20 倍。障碍物高宽比越小，湍流衰减越快；高宽比越大，湍流区越大。

(5) 风力等级。风力等级是根据风对地面或海面物体影响而引起的各种现象来描述的，按风力的强度等级来估计风力的大小。国际上一般采用英国人蒲福 (Francis

Beaufort，1774—1859 年）于 1805 年所拟定的等级，故又称为蒲福风力等级，把静风到飓风分成 13 级。自 1946 年以来风力等级修订至 17 级，见表 2-2。

表 2-2 蒲福风力等级表

风力等级	名称		相当于平地 10m 高处的风速/(m/s)		陆上地物特征	海面和渔船特征	海面大概波高/m	
	中文	英文	范围	中数			一般	最高
0	静风	Calm	0.0～0.2	0	静，烟直	海面平静	—	—
1	软风	Light air	0.3～1.5	1	烟能表示方向，树叶略有摇动	微波如鱼鳞状，没有浪花，一般渔船正好能使舵	0.1	0.1
2	轻风	Light breeze	1.6～3.3	2	人面感觉有风，树叶有微响；旗子开始飘动，高的草开始摇动	小波，波长尚短，但波形显著，波峰光亮，但不破裂；渔船张帆时，可随风移行 2～3km/h	0.2	0.3
3	微风	Gentle breeze	3.4～5.4	4	树叶及小枝摇动不息，旗子展开，高的草摇动不息	小波加大，波峰开始破裂；浪沫光亮，有时可有散见的白浪花；渔船开始波动，张帆随风移行 5～6km/h	0.6	1.0
4	和风	Moderate breeze	5.5～7.9	7	能吹起地面灰尘和纸张，树枝动摇，高的草波浪起伏	小浪，波长变长；白浪成群出现；渔船满帆时，可使船身倾于一侧	1.0	1.5
5	清劲风	Fresh breeze	8.0～10.7	9	有叶的小树摇摆，内陆的水面有小波，高的草波浪起伏明显	中浪，具有较显著的长波形状；许多白浪形成（偶有飞沫），渔船需缩帆一部分	2.0	2.5
6	强风	Strong breeze	10.8～13.8	12	大树枝摇动，有呼呼声，撑伞困难；高的草不时倾伏于地	轻度大浪开始形成；到处都有更大的白沫峰（有时有些飞沫），渔船缩帆大部分，并注意风险	3.0	4.0
7	疾风	Near gale	13.9～17.1	16	大树摇动，大树枝弯下来，迎风步行感觉不便	轻度大浪，碎浪而成白沫沿风向呈条状；渔船不再出港，在海者下锚	4.0	5.5
8	大风	Gale	17.2～20.7	18	可折断小树枝，人迎风前行感觉阻力甚大	有中度的大浪，波长较长，波峰边缘开始破碎成飞沫片；白沫沿风向呈明显的条带；所有近海渔船都要靠港，停留不出	5.5	7.5

续表

风力等级	名称		相当于平地10m高处的风速/(m/s)		陆上地物特征	海面和渔船特征	海面大概波高/m	
	中文	英文	范围	中数			一般	最高
9	烈风	Strong gale	20.8～24.4	23	草房遭受破坏，屋瓦被掀起，大树枝可折断	狂浪，沿风向白沫成浓密的条带状，波峰开始翻滚，飞沫可影响能见度；机帆船航行困难	7.0	10.0
10	狂风	Storm	24.5～28.4	26	树木可被吹倒，一般建筑物遭破坏	狂浪，波峰长而翻卷；白沫成片出现，沿风向呈白色浓密条带；整个海面呈白色；海面颠簸，能见度受影响，机帆船航行颇危险	9.0	12.5
11	暴风	Violent storm	28.5～32.6	31	大树可被吹倒，一般建筑物遭严重破坏	异常狂涛（中小船只可一时隐没在浪后）；海面完全被沿风向吹出的白沫片所掩盖；波浪到处破成泡沫；能见度低；机帆船航行极危险	11.5	16.0
12	飓风	Hurricane	>32.6	>33	陆上少见，其摧毁力极大	空中充满了白色的浪花和飞沫；海面完全变白，能见度极低	14.0	—
13	—	—	37.0～41.4	—	—	—	—	—
14	—	—	41.5～46.1	—	—	—	—	—
15	—	—	46.2～50.9	—	—	—	—	—
16	—	—	51.0～56.0	—	—	—	—	—
17	—	—	56.1～61.2	—	—	—	—	—

注 13～17级风力是当风速可以用仪器测定时使用的，故不列特征。

4. 风向

(1) 风向的测量。风向是指风吹来的方向。风向是描述风能特性的另一个重要参数。一般情况下，风向可以由风向标测得。从风向标相对于罗盘主方向固定臂的位置，可看出风的方向。气象中使用的风向标要求转动灵活，且要水平安装在四周空旷的地区，并高出地面10～20m。目前，国内使用的EL型风向仪，通过电缆把风向标的摆动信号接到室内记录仪上，每间隔2.5min，记录一次瞬时风向，这样在室内就可以观测和记录风向。

图2-8为一种典型的风向仪装置，由尾翼、指向杆、平衡锤以及旋转主轴4部分组成的首尾不对称平衡装置。风向仪一般安装在离地面10m以上高度的测风塔上，如果附近有障碍物，则至少要高出障碍物6m。

(2) 风向的表示。观测陆地上的风向，一般采用16个方位（观测海上的风向通常采用32个方位），即以正北为零，顺时针每转过22.5°为一个方位，表2-3列出16个方位的风向符号，图2-9为风向的16方位图。

图 2-8 风向仪

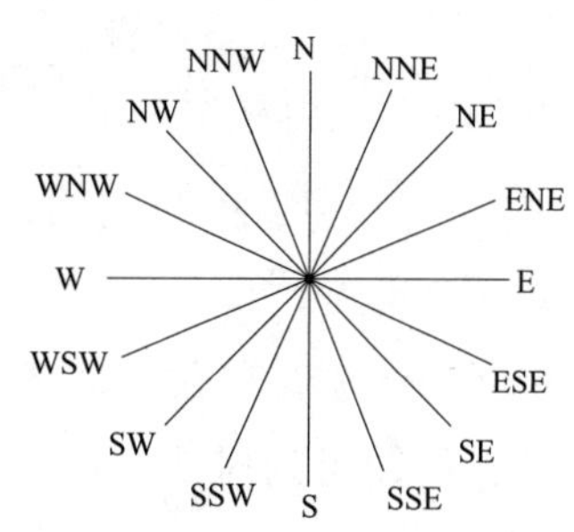

图 2-9 风向的 16 方位图

表 2-3 16 个方位的风向符号

风向	符号	角度/(°)	风向	符号	角度/(°)
北	N	360.0	东北	NE	45.0
东	E	90.0	东南	SE	135.0
南	S	180.0	西南	SW	225.0
西	W	270.0	西北	NW	315.0
东北偏北	NNE	22.5	东北偏东	ENE	67.5
东南偏东	ESE	112.5	东南偏南	SSE	157.5
西南偏南	SSW	202.5	西南偏西	WSW	247.5
西北偏西	WNW	292.5	西北偏北	NNW	337.5

2.1.1.2 风的计算

1. 风能

风能就是流动的气流所具有的动能。风能的利用就是将气流的动能转化为其他形式的能。假定气流是不可压缩的（这在风能利用的风速范围内是成立的），那么整个能量就可看成是纯动力的，根据力学原理，在时间 t 内，流过截面 A 的风具有的动能 E 为

$$E=\frac{1}{2}\rho v^3 At \tag{2-2}$$

式中 ρ——空气密度；

v——风速。

式（2-2）表示在 t 时间内，风所具有的能量公式，各参量的单位采用国际单位制。由式（2-2）可知，风能大小与气流通过的面积、空气密度和气流速度的立方成正比。因此，在风能计算中，最重要的是风速，风速取值准确与否对风能潜力估计有决定性作用。

2. 风功率

在单位时间内流过该截面的风能，即为风功率 W，其计算式为

$$W=\frac{1}{2}\rho v^3 A \tag{2-3}$$

式（2-3）即为常用的风能公式。

3. 平均风功率密度

风功率密度是气流在单位时间内垂直通过单位截面积的风能，将式（2-3）除以相应的面积 A，便能得到风功率密度 ω（也称风能密度公式），其计算公式为

$$\omega=\frac{1}{2}\rho v^3 \tag{2-4}$$

由于风速随时间的变化是随机的，通常无法用一个函数形式给出 $v(t)$ 的表达式，因此通过式（2-4）很难求出平均风功率密度。这时只能用观测的离散值近似地求出式（2-4）的值，即

$$\overline{\omega}=\frac{\rho}{2N}\sum N_i v_i^3 \tag{2-5}$$

式中 N——t 时间内进行的观测次数；

v_i——每次的观测值；

N_i——该风速等级在 t 时间内出现的次数。

4. 有效风功率密度

风电机组设计过程中，把风电机组开始运行做功时的风速称为“切入风速”或“启动风速”；当风达到某一风速时，风电机组功率调节装置将限制风轮功率在额定功率附近不再改变，以使风电机组出力稳定，这个风速称为额定风速；当风速再大到某一极限风速时，风电机组就有损坏的危险，必须停止运行，这一风速称为“切出风速”或“停机风速”。引入“有效风功率密度”的概念，即有效风力范围内的风功率密度为

$$\overline{\omega_i}=\int_{v_1}^{v_2}\frac{1}{2}\rho v^3 f'(v)\mathrm{d}v \tag{2-6}$$

其中

$$f'(v)=\frac{f(v)}{f(v_1\leqslant v\leqslant v_2)}=\frac{f(v)}{f(v\leqslant v_2)-f(v\leqslant v_1)} \tag{2-7}$$

式中 $\overline{\omega_i}$——有效风功率密度；

v_1——启动风速；

v_2——停机风速；

$f'(v)$——有效风速范围内的条件概率分布密度函数；

$f(v)$——风速分布密度函数。

2.1.2 风的统计特性

由于风能资源具有多变的特性，预先一段时间进行风速的预测很有必要。这种预测主要分为两类：一类是预测几秒或几分钟后短时间内的强烈风速变化；另一类是对几个小时或几天后的风速的长时间的预测。短期的预测需要利用统计学的方法，而长期的预测则需要采用气象分析的方法。

2.1.2.1 统计方法

统计方法是“持续”的预测方法。这种预测方法是将最后可用的测量数据作为对未来预测数据的输入部分，可表示为

$$\hat{y}_k = y_{k-1} \tag{2-8}$$

式中 $\hat{y}_k$——下一步的预测值；

y_{k-1}——第 $k-1$ 步的测量值。

一种更好的预测方法是采用最后 n 次测量值的某种线性组合作为下一次的测量值，可表示为

$$\hat{y}_k = \sum_{i=1}^{n} a_i y_{k-i} \tag{2-9}$$

定义第 k 步的误差为

$$e_k = \hat{y}_k - y_k \tag{2-10}$$

利用预测误差改进预测公式，即

$$\hat{y}_k = \sum_{i=1}^{n} a_i y_{k-i} + \sum_{i=1}^{n} b_i \mathrm{e}_{k-i} \tag{2-11}$$

2.1.2.2 气象分析方法

在预测时间尺度达到几个小时或几天时，使用气象预报比使用纯静态模型可以进行更多的预测。复杂的气象预报需要详细的大气仿真模型支持，包括气压、温度、风速等陆地和海洋的观察记录数据。

Landherg 描述了风电场预测模型的使用，通过模型来推断指定的风电场大规模的风力预测结果。自转风拖曳定律和对数风切变剖面被用来推断陆地级别的风力预报。由地形学对气流的结果进行修正。风电场周围的实际地理地形和地表粗糙度条件通过程序进行建模，最终形成了一个关联了包含有近期风电场周围测量数据的气象预报的静态模型。

2.1.2.3 风速的概率分布

由于实测的风速数据极为复杂，且统计整理的工作量很大，于是人们寻找到能以适当的精度描述风速分布情况的数学表达式，如瑞利分布和威布尔分布。

1. 瑞利分布模型

得到某一特定地点一年甚至更长时间内的风速数据后，瑞利分布能够以适当的精

度来描述风速的分布情况。这时所需要的最重要的参数是风速的平均值。因此，对只有平均风速的地点，可使用瑞利分布进行风速频率分布的估计。

瑞利分布可表达为

$$f(v)=\frac{v}{\sigma^2}e^{-\frac{v^2}{2\sigma^2}} \tag{2-12}$$

式中　v——风速；

σ——风速的标准偏差。

令 $\sigma^2=\frac{2\overline{v}^2}{\pi}$，则有

$$h(v)=8760\times\frac{\pi}{2}\frac{v}{\overline{v}^2}e^{-k} \tag{2-13}$$

式中　$h(v)$——不同风速下的小时数；

v——风速；

$\overline{v}$——风速平均值。

2. 威布尔分布模型

威布尔分布是一种单峰的、两参数的分布函数法。其概率密度函数可表达为

$$f(v)=\frac{k}{c}\left(\frac{v}{c}\right)^{k-1}\exp\left[-\left(\frac{v}{c}\right)^k\right] \tag{2-14}$$

式中　k——形状参数；

c——尺度参数。

当 $c=1$ 时称为标准威布尔分布。形状参数 k 的改变对分布曲线形式有很大影响。

2.1.3　湍流

2.1.3.1　湍流特性

湍流是指短时间内的风速波动。把风速看作是由平均风速和湍流的波动叠加构成的，将会有利于分析。湍流产生的原因主要有：①当气流流动时，由于地形差异造成的与地表的摩擦；②由于空气密度差异和气温变化的热效应空气团产生的垂直运动。

湍流的形成是一个复杂的过程，不能用简单明确的方程来表示，但其的活动规律遵循一定的物理定律，如质量、动量和能量定律。不过如果用这些定律描述湍流，就必须在三维空间中考虑温度、压力、密度、湿度以及空气本身的运动等因素，这样才可以建立一系列微分方程来描述这一过程，并以一定的初始条件和边界条件，通过对这些方程进行积分来预测湍流。这种方法计算量较大，并且很小的初始条件或边界条件的差异可能会导致巨大的预测差异。因此，研究湍流的统计特性变得更加现实。

一般湍流密度用于描述湍流总体水平，可定义为

$$I=\frac{\sigma}{\overline{U}} \tag{2-15}$$

式中 $\overline{U}$——平均风速；

σ——风速相对于 $\overline{U}$ 的标准方差，通常在 10min～1h 的时间内进行定义。

湍流风速基本上是一个高斯函数，即风速变动相对于 $\overline{U}$ 服从正态分布，标准方差是 σ。

2.1.3.2 湍流强度

影响湍流强度的主要因素为地表粗糙度，对纵向分量来，标准偏差 σ_0 对于高度是恒定的，因此湍流强度随着高度而减小。横向（V）和纵向（W）的湍流强度计算公式为

$$I_V=\frac{\sigma_V}{\overline{U}}=I\left(1-0.22\cos^4\frac{\pi z}{2h}\right) \tag{2-16}$$

$$I_W=\frac{\sigma_W}{\overline{U}}=I\left(1-0.45\cos^4\frac{\pi z}{2h}\right) \tag{2-17}$$

用于设计计算的湍流强度的值可以由其他一些用于风电机组设计计算的标准来进行规定，其结果可能与上述式子不同，比如丹麦标准的湍流强度表达式为

$$I=\frac{1}{\ln\frac{z}{z_0}} \tag{2-18}$$

且 $I_V=0.8I$，$I_W=0.5I$。

2.1.3.3 湍流谱

湍流谱是描述风速变化的频谱。描述湍流纵向分量的谱通常有两种表达方式，分别为卡曼谱和冯·卡门谱，具体如下：

卡曼谱为

$$\frac{nS_\mu(n)}{\sigma_\mu^2}=\frac{4nL_{1\mu}/\overline{U}}{(1+6nL_{1\mu}/\overline{U})^{5/3}} \tag{2-19}$$

冯·卡门谱为

$$\frac{nS_\mu(n)}{\sigma_\mu^2}=\frac{4nL_{2\mu}/\overline{U}}{(1+70.8L_{2\mu}/\overline{U})^{5/6}} \tag{2-20}$$

式中 $S_\mu(n)$——纵向自谱密度函数；

$L_{1\mu}$、$L_{2\mu}$——长度尺度。

卡曼谱与经验观测的大气湍流十分相符，可以很好地描述湍流；而冯·卡门谱通常用于相关的分析表达式，可以很好地描述在 150m 以上的大气湍流，但在一些较低的高度还有一些不足。

2.1.4 极端风况

风电机组的设计必须能够抵抗极端风速，也要能够在上面所描述的更加典型的条件下正常工作。极端风况可能发生在机组运行、停机或者待机的状态下，包括没有各种类型的故障，或者电网掉电的待机状态下。如停机事件发生时，极端风况需要有一个重复周期来定义其特征：例如，50年一遇的阵风是相当剧烈的，通常希望它每隔50年才发生一次。

当阵风发生时，经常会由于某一个故障使风电机组停机。如果故障削弱了风电机组应对阵风的能力，比如，如果偏航系统已经损坏而风电机组停在偏离风向角度上，风电机组可能不得不承受更大的载荷。

IEC标准定义了大量的瞬时事件，这些事件是风电机组必须承受的，其包括以下内容：

(1) 极端运行阵风（EOG）：风速下降，接着陡然上升，又陡然下降，然后上升到初始值。阵风幅值和持续时间随着重复周期的变化而变化。

(2) 极端方向变化（EDC）：指风向按余弦曲线形状的持续变化，其幅值和持续时间也依赖于重复周期的变化。

(3) 极端相干阵风（ECG）：指风速按余弦曲线形状的持续变化，其幅值和持续时间也依赖于重复周期的变化。

(4) 带方向变化的极端相干阵风（ECD）：与EDC、ECG同时发生、速度和方向的瞬时变化。

(5) 极端风切变（EWS）：在风轮周围水平和竖直方向风的梯度的瞬时变化。梯度首先增加，接着下降到初始水平，按余弦曲线进行变化。

2.1.5 风能资源分布

2.1.5.1 中国风能资源分布

在大气活动和地形的影响下，中国风能资源显现出明显的地域性。为了便于了解各地风能资源的差异性，以便合理地开发利用，将按以下标准划分。

标准级区划以年有效风能密度和年风速不小于3m/s风的累计小时数的多少，即风能资源多少为指标（测量高度为10m），将全国分为4个区，见表2-4。

表2-4 风能区划标准

项目	风能资源丰富区	风能资源较丰富区	风能资源可利用区	风能资源贫乏区
年有效风功率密度/(W/m^2)	≥200	200～150	150～50	≤50
风速不小于3m/s的年小时数/h	≥5000	5000～4000	4000～2000	≤2000
占全国面积/%	8	18	50	24

1. 风能资源丰富区

风能资源丰富区主要分布在东南沿海、山东半岛和辽东半岛沿海区，三北地区以及松花江地区。

（1）东南沿海、山东半岛和辽东半岛沿海区。由于邻近海洋，风力较大，越向内陆，风速越小。在我国，除了高山气象站——长白山、天池、五台山、贺兰山等外，全国气象站（地面气象站风速测量高度一般为10m）风速大于7m/s的地方都集中在东南沿海，这主要是由于东南沿海为台风高发地区。福建省平潭县年平均风速为8.7m/s，是全国平地上风能最大的区域。该区有效风功率密度在200W/m² 以上，海岛上可达300W/m² 以上。风速大于3m/s的时间在6000h以上，风速大于6m/s的小时数在3500h以上。此地区风能资源丰富的主要原因是，由于海平面平坦阻力小，而陆地表面较为复杂，摩擦阻力较大，在相同的气压梯度下，海平面的风力要比陆地大。风能的季节分配，山东、辽东半岛春季最大，冬季次之，这里30年一遇10min平均最大风速为35～40m/s，瞬时风速可达50～60m/s。而东南沿海、台湾及南海诸岛都是秋季风能最大，冬季次之，这与秋季台风活动频繁有关。

（2）三北地区。三北地区是内陆风能资源最好的区域，年平均风功率密度在200W/m² 以上，个别区域达到了300W/m²。风速大于3m/s的时间每年有5000～6000h，每年风速大于6m/s的时间在3000h以上。三北地区受蒙古高压控制，每次冷空气南下都造成较强风力，而且地面平坦，风速梯度较小，春季风能最大，冬季次之。

（3）松花江地区。松花江下游区风功率在200W/m² 以上，风速大于3m/s的时间每年有5000h，风速处于6～20m/s的时间每年在3000h以上。这一区域的大风速多数是由东北低压造成的。东北低压春季最易发展，秋季次之，所以春季风力最大，秋季次之。同时，这一区域又位于峡谷中，北为小兴安岭，南有长白山，处于喇叭口处，风速因而增加。

2. 风能资源较丰富区

风能资源较丰富区主要分布在东南沿海内陆和渤海沿海区，以及三北的南部区和青藏高原区。

（1）东南沿海内陆和渤海沿海区。东南沿海内陆和渤海沿海区是指从汕头沿海岸向北，沿东南沿海经江苏、山东、辽宁沿海到东北丹东，该区域实际上是风能资源丰富区向内陆的扩展。这一区域的风功率密度为150～200W/m²，风速大于3m/s的时间每年有4000～4500h，每年风速大于6m/s的时间有2000～3500h。长江口以南，大致秋季风能大，冬季次之；长江口以北，大致春季风能最大，冬季次之。30年一遇10min平均风速为30m/s左右，瞬时风速为50m/s。

（2）三北的南部区。三北的南部区是指从东北图们江口向西，沿燕山北麓经河套

穿河西走廊，过天山到新疆阿拉山口南，横穿三北中北部。这一区域的风功率密度为 150～200W/m^2，每年风速大于 3m/s 的时间有 4000～4500h，这一区域的东部也是丰富区向南、向东扩展的地区。在西部北疆是冷空气的通道，风速较大也形成了风能较丰富区域。30 年一遇 10min 平均最大风速为 30～32m/s，瞬时风速为 45～50m/s。

(3) 青藏高原区。青藏高原区的风功率密度达 150W/m^2 以上，个别地区可达到 180W/m^2。这一区域每年风速在 3～20m/s 的时间在 5000h 以上。但是由于该区域海拔在 5000.00m 以上，空气密度较小，在风速相同的情况下，这里风能较海拔低的地区为小。青藏高原海拔较高，离高空西风带较近，春季随着地面增热，对流加强，上下冷热空气交换，西风急流动量下降，风力变大，故这一地区春季风能最大，夏季次之。这是由于此区域夏季转为东风急流控制，西南季风爆发，雨季来临，但由于热力作用强大，对流活动频繁且旺盛，因此风力也较大。30 年一遇 10min 平均风速为 30m/s，虽然这里极端风速可达 11～12 级，但由于空气密度小，风压相当于平原的 10 级。

3. 风能资源可利用区

风能资源可利用区包括两广沿海区，大、小兴安岭地区及中部地区。

(1) 两广沿海区。两广沿海区在南岭以南，包括福建沿岸向内陆 50～100km 的地带。风功率密度为 50～100W/m^2，每年风速大于 3m/s 的时间为 2000～4000h，基本上从东到西逐渐减小。这一区域位于大陆南端，但冬季仍有强大的冷空气南下，其冷风可越过本区到达南海，使这一区域风力增大。因此，这一区域冬季风最大；秋季受台风的影响，风力次之。由广东沿海的阳江以西沿海，包括雷州半岛，春季风能最大。这里由于冷空气在春季被南岭山地阻挡，一股股冷空气沿漓江南下，这时由于冷空气的春季风力变大，秋季台风对这里虽有影响，但台风西行路径仅占所有台风的 19%，台风影响不如冬季冷空气影响的次数多，故这一区域的风能较秋季为大。30 年一遇 10min 平均风速可达 37m/s，瞬时风速可达 58m/s。

(2) 大、小兴安岭地区。大、小兴安岭地区风功率密度在 100W/m^2 左右，每年风速大于 3m/s 的时间为 3000～4000h，冷空气只有偏北时才能影响到这里，这一区域的风力主要受东北低压影响较大，故春、秋季风能最大。

(3) 中部地区。中部地区指东北长白山开始向西过华北平原，经西北到中国最西端，贯穿中国东西的广大地区。这一区域有风能欠缺区，即以四川为中心的地区在中间隔开，包括西北各省的一部分、川西和青藏高原的东部和西部。风功率密度为 100～150W/m^2，每年风速大于 3m/s 的时间有 4000h 左右。这一区域春季风能最大，夏季次之。黄河和长江中下游，风力主要是冷空气南下造成的，每当冷空气过境，风速明显加大，因此这一区域的春、冬季风能大。由于冷空气南移过程中，地面气温较高，冷空气很快变性分裂，很少有明显的冷空气到达长江以南。但这时台风活跃，因

此这里秋季风能相对较大，春季次之。

4. 风能资源贫乏区

风能资源贫乏区主要位于云南、贵州、四川和南岭山地区、雅鲁藏布江和昌都地区、塔里木盆地西部区。

(1) 云南、贵州、四川和南岭山地区。云南、贵州、四川和南岭山地区以四川为中心，西为青藏高原，北为秦岭，南为大娄山，东面为巫山和武陵山等。这一地区冬半年（秋季10月经冬季到春季3月）处于高空西风带内，四周被高山环绕，湿冷空气很难入侵。夏半年（春分至秋分）台风也很难影响到这里，因此这一地区为全国最小风能区，风功率密度在50W/m^{2}以下。成都的仅为35W/m^{2}左右，每年风速大于3m/s的时间在2000h以下，成都每年仅有400h。南岭山地区风能欠缺，由于春、秋季冷空气南下，受南岭阻挡，冷空气往往停留在这里，冬季弱空气到此也形成南岭准静止风，故风力较小。南岭北侧受冷空气影响相对比较明显，因此冬、春季风力最大。南岭南侧多受台风影响，故风力最大的在冬、秋两季。30年一遇10min平均最大风速20～25m/s，瞬时风速可达30～38m/s。

(2) 雅鲁藏布江和昌都地区。雅鲁藏布江河谷两侧为高山，昌都地区也在横断山脉河谷中。这两个地区由于山脉屏障，冷暖空气都很难侵入，因此风力很小。有效风能密度在50W/m^{2}以下，风速大于3m/s的时间1年在2000h以下。雅鲁藏布江风能是春季最大，冬季次之，而昌都地区是冬季最大，夏季次之。30年一遇10min平均最大风速25m/s，瞬时风速38m/s。

(3) 塔里木盆地西部区。这一区域四面为高山环抱，冷空气偶尔越过天山，但为数不多，因此风力较小。塔里木盆地东部有一马蹄形开口，冷空气可以从东灌入，风力较大，因此盆地东部属可利用区。30年一遇10min平均最大风速25～28m/s，瞬时风速40m/s。

2.1.5.2 世界风能资源分布

高风速从海面向陆地吹，陆地的粗糙度使风速逐步降低。在沿海地区，风能资源很丰富，向陆地不断延伸，因而风能资源最丰富的地区分布在大陆的沿海地带。风能资源最好的地区主要如下：

(1) 欧洲。英国、荷兰、俄罗斯、葡萄牙、希腊等。

(2) 非洲。摩洛哥、毛里塔尼亚、南非、索马里、马达加斯加及塞内加尔西北海岸等。

(3) 美洲。巴西东南海岸、阿根廷、智利、加拿大及美国沿海地区。

(4) 亚洲。印度、日本、中国及越南的沿海地区等。

2.1.5.3 风场选址

风电场选址主要包括宏观选址和微观选址两个方面。宏观选址的优劣对风电开发项目的经济可行性起主要作用，决定一个场址经济潜力的主要因素之一是风能资源的特性。在近地层，风的特性十分复杂，在空间分布上是分散的，在时间分布上是不连续和不稳定的。风速对当地气候十分敏感，同时，风速的大小又受到风场地形、地貌特征的影响，因此要选择风能资源丰富的有利地形进行分析、加以筛选。另外，还要结合征地价格、工程投资、交通、通信、接网条件、环保要求等因素进行经济和社会效益的综合评价，最后确定最佳场址。

微观选址是指风电机组具体安装位置的选择。作为风电场选址工作的组成部分，需要充分了解和评价特定的场址地形、地貌和风况特征后，再匹配于风力发电机组的性能进行发电经济效益和载荷分析计算。

进行风电场宏观选址时，主要考虑以下指标：

（1）平均风速。一般来说平均风速越大越好，拟选场址在风轮中心高度处的年平均风速一般应大于5.5m/s，有效风速小时数8000h左右，且测风塔在整个风场中所处位置具有代表性。

（2）风功率密度。风功率密度与所在地的空气密度和风速大小有关，风功率密度一般应大于200W/m^2。高原地区因为空气稀薄，风大但风功率密度不一定大。

（3）主要风向分布。这一参数决定了风电机组在风电场中的最佳排列方式。虽然可以调整风电机组的方向，但密集排列的风电机组间的湍流影响是不容忽视的。利用实测风玫瑰图可以表示出风向的分布情况，主导风向占30%以上就可以认为该地区有比较稳定的风向。

（4）年风能可利用时间。一般指风速在3～25m/s的时间，每年大于2000h，即为风能可利用区。

世界气象组织给出了风力发电机组微观选址的总体规则：首先确定盛行风向；其次地形归类，可以分为平坦地形和复杂地形。在平坦地形中主要是地面粗糙度的影响；复杂地形除了地面粗糙度的影响，还要考虑地形特征。

除此之外，建设风电场时，风电机组之间存在相互干扰的问题，受风电机组尾流中产生的气动干扰的影响，下游风轮所在位置的风能平均能量和风速持续时间将会减少，从而造成发电量下降。此外，由于尾流中存在的风剪切和湍流作用，使风轮受到脉动的气动载荷，风轮结构发生振动，增加了疲劳损伤度。

实际上将各风电机组安装间距扩展到完全没有尾流的影响是不现实的，因此，在进行多台风电机组安装间距选择之前，必须要参考风向及风速分布数据，同时也要考虑风电场长远发展的整体规划、征地、设备、运输安装投资费用、风电机组尾流作用、环境影响等综合因素。现实的选择是：安装间距要满足风场总体效益最大化的目标，同时满足适当的条件限制。通过对国内外风电场多年建设经验的分析，风电机组安装间距在盛行风向上选择为5～7倍风轮直径，在垂直盛行风向上选择

为 3～5 倍的风轮直径较为理想，但是根据近些年风场实际建设的数据统计，安装间距往往达不到理想数值，这种情况下，就需要通过精确的数值仿真，评估尾流的实际影响程度。

另外，风电机组布局方式可根据场址的具体地形条件进行规划，假如场址是在山脊上，布局就顺着山脊的走势排列。场址是平坦的，就可以采用较为规则的几何形状排列。

2.2 空气动力学原理及叶片

风轮通过叶片的旋转，将风能转化为机械能。气动设计的基本理论大致可分为动量理论、叶素理论和涡流理论等，相关的模型也较多，主要有萨比宁（Sabinin）模型、徐特儿（Hutter）模型、葛劳渥（Glauert）模型等。尽管这些设计理论和模型是基于小型风电机组的气动分析发展起来的，但目前仍是大型风电机组气动设计的基础。

2.2.1 翼型的几何定义

翼型指的是垂直于叶片长度方向，叶片剖面的截面形状。叶片的气动性能与翼型外形直接有关翼型受力分析，如图 2-10 所示。

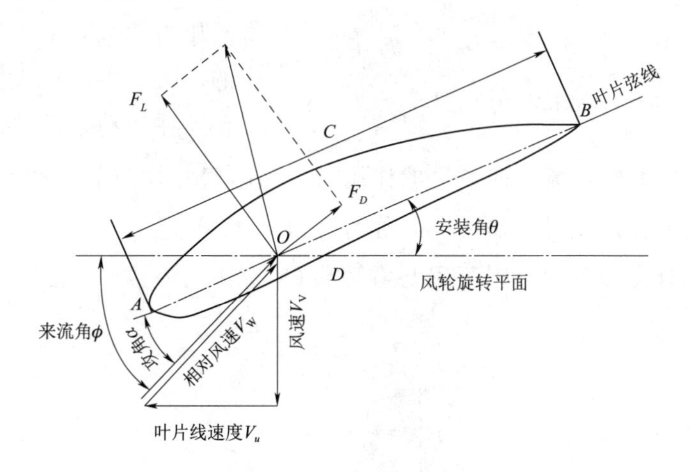

图 2-10 翼型受力分析图

通常，翼型外形由下列几何参数决定。空气动力 F，升力 F_L，阻力 F_D。

翼型前缘 A：翼型前部 A 为圆头，翼型中弧线的最前点为翼型前缘。

翼型前缘 B：翼型尾部 B 为尖型，翼型中弧线的最后点为翼型后缘。

翼弦 C：翼型前缘 A 与后缘 B 的连线为翼弦。

翼的上表面：翼弦上面的弧面。

翼的下表面：翼弦下面的弧面。

前缘半径：翼型前缘处内切圆的半径称为翼型前缘半径，前缘半径与弦长的比值称为相对前缘半径。

后缘角：位于翼型后缘处，上下两弧线之间的夹角称为翼型后缘角。

翼展：叶片旋转半径，即风轮转动直径。

叶片安装角 θ：风轮旋转平面与叶片各剖面的翼弦所成的角，又称扭转角、倾角、桨距角，在扭曲叶片中，沿翼展方向不同位置叶片的安装角各不相同，用 θ_i 表示。

攻角 α：翼弦与相对风速所成的角，又称迎角。

展弦比：翼展的平方与翼的面积之比，即风轮半径的平方与叶片面积之比。

来流角 ϕ：旋转平面与相对风速所成的角，又称相对风向角。

最大厚度 t 与最大相对厚度 $\bar{t}$：同一坐标系内上下翼面点距为翼型的厚度，称为翼型最大厚度。最大厚度与弦长之比称为最大相对厚度。

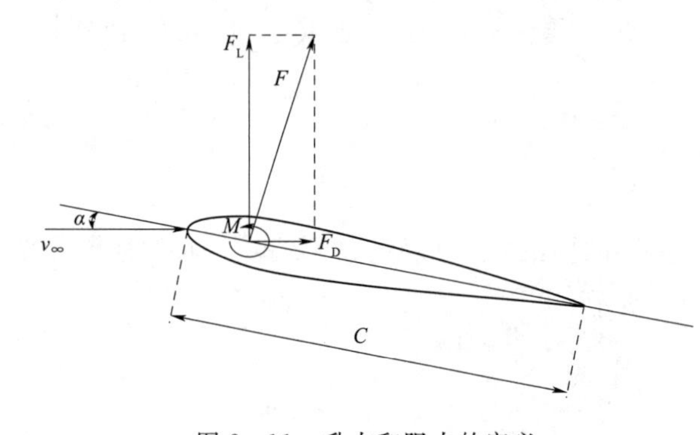

图 2－11 升力和阻力的定义

弯度与弯度分布：翼型中弧线与翼弦间的高度称为翼型的弯度，弧高沿翼弦的变化称为弯度分布。

图 2－11 所示为叶片在空气流动中运动的受力分析，从图中可以看出，空气流作用于叶片下表面产生的压力较高，而在叶片上表面产生的压力较低。因为上下表面的压力差，在运动过程中对叶片产生阻力和升力，其中沿着空气流反向产生的作用力，因阻碍叶片向前运动，称为阻力 F_D，垂直于空气流动方向产生另一作用力，称为升力 F_L。

叶片产生的升力和阻力分别可用升力系数 C_L 和阻力系数 C_D 表示，即

$$F_L=\frac{1}{2}C_L\rho v_\infty^2 c \tag{2-21}$$

$$F_D=\frac{1}{2}C_D\rho v_\infty^2 c \tag{2-22}$$

式中 v_∞——无限远处风速；

c——叶片弦长；

ρ——空气密度。

则升力系数 C_L 和阻力系数 C_D 分别定义为

$$C_L=\frac{L}{1/2\rho v_\infty^2 c} \tag{2-23}$$

$$C_D=\frac{D}{1/2\rho v_\infty^2 c} \tag{2-24}$$

式（2-23）和式（2-24）中升力和阻力的单位是单位长度的受力（以 N/m 表示）。为了完整地描述叶片中的各种力，还需要知道围绕某一点的力矩 M。这一点通常位于距离前缘 $c/4$ 的弦长线上。如图 2-11 所示，如果力矩使翼型顺时针方向旋转，使翼型抬头，则该力矩为正值。力矩系数定义为

$$C_m=\frac{M}{1/2\rho v_\infty^2 c^2} \tag{2-25}$$

产生升力的物理解释是，翼型的形状迫使流线沿翼型几何形状弯曲。从流体力学得知，需要产生压力梯度$\partial p/\partial r=\rho v^2/r$ 来使流线弯曲，此处 r 是流线曲率，v 是速度。由于在翼型的无穷远处存在大气压力 P_0，这样在翼型的上表面的压力一定小于大气压力，而在翼型的下表面的压力一定大于大气压力，这种压力之差就是翼型产生的升力。当翼型与流动方向一致时，翼型表面附有边界层，而阻力主要是与空气的摩擦产生的。

升力系数 C_L、阻力系数 C_D 和力矩系数 C_m 都是 α、Re 和 Ma 的函数。α 是攻角，定义为弦长线和无穷远来流速度 v_∞ 的夹角；Re 是基于弦长和速度 v_∞ 的雷诺数，即 $Re=cv_\infty/\upsilon$，这里 υ 是运动黏性系数；Ma 表示马赫数，是 v_∞ 和当地声速的比值。对风电机组而言，升力系数、阻力系数和力矩系数只是 α 和 Re 的函数，与 Ma 无关。

2.2.2 叶片空气动力学

2.2.2.1 叶片无限长的受力分析

风轮叶片由许多叶片微段构成，研究叶片的空气动力学特性，必须要了解叶片微段的空气动力学特性。处于流动空气中的风轮叶片绕风轮轴线转动，设 n 为风轮转速，则它的角速度为

$$\omega=\frac{2\pi n}{60} \tag{2-26}$$

风轮旋转半径处质点线速度为半径与角速度的乘积，因此叶素上气流的切速度为

$$u=r\omega \tag{2-27}$$

若空气流以速度 v_W 沿风轮轴向通过风轮。若叶片以速度 u 旋转，则相对风速 v_r 是风速 v_W 与切速度 u 的合矢量，即

$$v_W=v_r+u \tag{2-28}$$

气流以相对速度 v_r 流经叶素时，将产生空气动力 dF，它可以分解为垂直于 v_r 的升力 dF_L 及平行于 v_r 的 dF_D。

不同截面形状的翼型的升力和阻力特性差异很大，影响翼型升力、阻力特性的外形因素主要如下：

（1）弯度的影响。翼型弯度加大后，上下弧流速差加大，从而使压力差加大，故升力增加；与此同时，上弧流速加大，摩擦阻力上升，并且由于迎流面积加大，故压差阻力也加大，导致阻力上升。因此，同一攻角时随着弯度增加，其升力、阻力都将显著增加，但阻力比升力增加得更快，使升阻比有所下降。

（2）厚度的影响。翼型厚度增加后，其影响与弯度相似。同一弯度的翼型，采用较厚的翼型时，对应于同一攻角的升力有所提高，但对应于同一升力的阻力也较大，且阻力增大得更快，使升阻比有所下降。

（3）前缘的影响。实验表明，当翼型的前缘抬高时，在负攻角情况下阻力变化不大。前缘低垂时，则在负攻角时会导致阻力迅速增加。

（4）表面粗糙度和雷诺数的影响。表面粗糙度和雷诺数对翼型表面边界层的影响很大，因此对翼型空气动力也有重要的影响。当叶片在运行中出现失速后，噪声常常突然增加，引起风电机组的振动和运行不稳定等现象。在选择升力系数时，不能将失速点作为设计点。

2.2.2.2　有限翼展长度的影响

当气流以正攻角流过翼型时，叶片上表面形成低压区，下表面形成高压区，产生向上的合力，并垂直于气流方向。在无限长叶片情形下，叶片两端都延伸到无限远处，纵然有上述趋势，空气也无法从下表面流入上表面。而对于有限长叶片，则在上下表面压力差作用下，空气要从下表面绕过叶尖翻转到上表面，结果在叶片下表面产生向外的横向速度分量，在上表面则正好相反，产生向内的横向速度分量。因此，在这种自然平衡条件下，在叶梢处的上、下表面的压力差被平衡为零，这使有限长叶片下表面的压力形成了中间高而向两侧逐渐降低的分布；在上表面则与此相反，压力由两端最高处向中心处降低。因此，上下叶片面的压力差和升力沿长度的分布是变化的，由中间的最大值向两端逐渐降低，在叶尖处为零，这和无限长叶片升力均匀分布的情形很不相同。空气流从叶片下表面流向上表面，结果在叶尖和叶根处产生漩涡，叶片上漩涡系的简化模型如图2-12所示。

在叶片中部的对称面两边的漩涡具有不同的旋转方向，并且在离开叶片后面不远的地方翻卷成两个孤立的大漩涡。随漩涡不断地形成以及叶片运动参数的变化，它们所需的能量供给必然减少气流对叶片所做的功，因此这些漩涡引起的后果就是使阻力增加，由此产生的部分阻力被称为诱导阻力 D_i。诱导阻力系数 C_{D_i} 的定义为

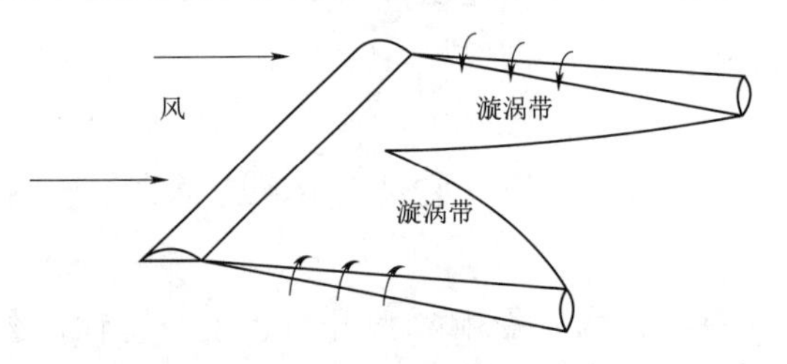

图2-12　叶片上漩涡系的简化模型

$$C_{D_i}=\frac{D_i}{\frac{1}{2}\rho v^2 s} \tag{2-29}$$

诱导阻力与原阻力相加，可得出有

限长叶片阻力系数，即

$$C_{D}=C_{D_0}+C_{D_i} \tag{2-30}$$

式中 C_{D_0}——无限叶长叶片的阻力系数。

若想得到相同升力，攻角需要额外增加一个量 φ，新的攻角为

$$\alpha=\alpha_0+\varphi \tag{2-31}$$

式中 α_0——初始攻角。

2.2.3 致动盘概念

风电机组是一种从风中吸取动能的装置。通过动能的转移，风速会下降，只有那些通过风轮圆盘的空气才会受到影响。假设将受到影响的空气从那些没有经过风轮圆盘、没有减速的空气中分离，则可以画出一个包含受到影响的空气团的边界面，该边界面分别向上游和下游延伸，从而形成一个横截面为圆形的长气流管。如果没有空气横穿边界面，那么对于所有的沿气流管流向位置的空气质量流量都相等。但是因为流管内的空气减速，而没有被压缩，流管的横截面积就要膨胀以适应减速的空气，如图 2-13 所示。

风电机组的存在导致上游剖面接近风轮的空气速度降低以至于当空气到达风轮圆盘时其速度已经低于自由流风速。风速的降低导致了流管膨胀，气体的静压将上升以吸收其动能的减少。

当空气经过风轮时有静压存在，导致空气离开风轮时压力会小于大气压力。气流就会以减小的速度和静压向下游流动——这个气流域被称为尾流。为了保持平衡，下游远端尾流的静压要与大气压保持一致。动能的消耗使静压增加，从而导致风速进一步降低。因此，在上游剖面远端和尾流远端之间，静压没有发生变化，但是动能减少了。

将叶片有效扫掠面积看作一个圆盘，称作“致动盘”，如图 2-14 所示。

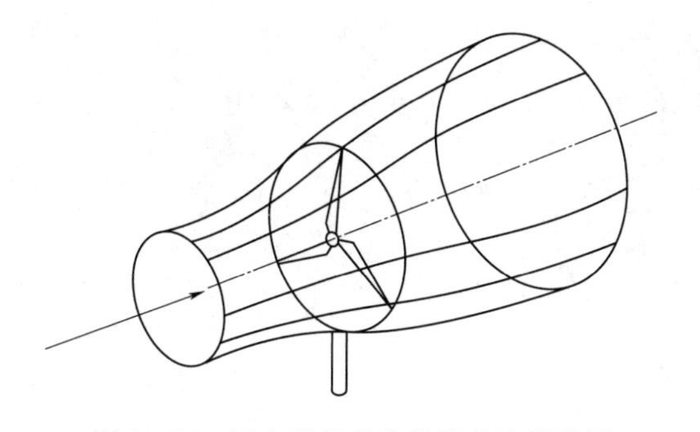

图 2-13 风电机组吸收能量的流管装置

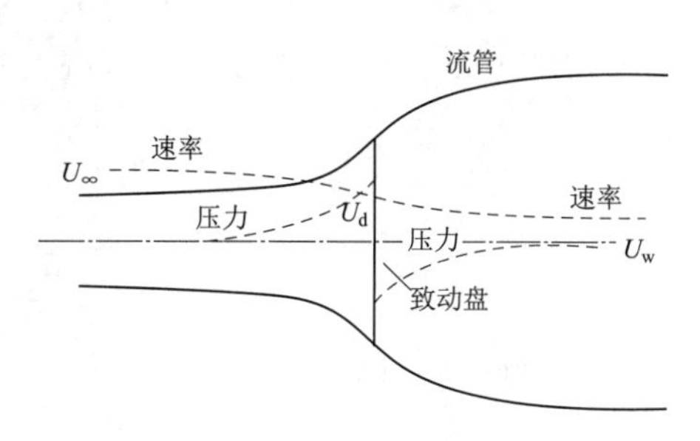

图 2-14 来自致动盘和流管的能量

圆盘上游剖面管横截面积比圆盘面积小，而下游则比圆盘面积大。流管膨胀是因为要保证每处的质量流量相等。单位时间内通过特定截面的空气质量为 ρAU，其中：ρ 为空气密度；A 为横截面积；U 为流体速度。沿流管方向的质量流量处处相等，因

此有

$$\rho A_{\infty}U_{\infty}=\rho A_{d}U_{d}=\rho A_{\omega}U_{\omega} \tag{2-32}$$

式中 下标∞——上游无穷远处；

d——圆盘处；

w——尾流远端。

致动盘导致速度发生变化，该速度变化将叠加到自由流速率上。该诱导气流在气流方向的分量为$-aU_{\infty}$，其中 a 为轴向诱导因子，盘面处气流流速为

$$U_{d}=U_{\infty}(1-a) \tag{2-33}$$

动量理论研究经过风轮的风能有多少转化为机械能。德国物理学家 Albert Betz 在 1922—1925 年发表了 Betz 基础动量理论。Betz 理论认为在通过风轮扫风面的空气流所携带的能量，仅有部分能量被风轮所吸收，并对此进行了论证，提出了 Betz 理想风轮。

Betz 理论主要考虑风电机组轴向的动量变化，用来描述作用在风轮上的力与来流速度之间的关系，估算风电机组的理想功率和流速。Betz 理论定义了一个通过风轮平面的理想流管，并假设：

(1) 气流是不可压缩的均匀定常流。

(2) 风轮简化成一个轮盘。

(3) 轮盘上没有摩擦力。

(4) 风轮流动模型简化成一个单元流管。

(5) 风轮前后远方的气流静压相等。

(6) 轴向力沿轮盘均匀分布。

流过致动盘的压力差引起动量变化，因为是流管而不是四周的空气压力，所以其合力为零，因此

$$(p_{D}^{+}-p_{D}^{-})A_{D}=(U_{\infty}-U_{W})\rho A_{d}U_{\infty}(1-a) \tag{2-34}$$

假设气体是不可压缩的（$\rho_{\infty}=\rho_{D}$）和水平（$h_{\infty}=h_{D}$）的，那么有

$$\frac{1}{2}\rho U_{\infty}^{2}+p_{\infty}=\frac{1}{2}\rho_{D}U_{D}^{2}+p_{D}^{+} \tag{2-35}$$

$$\frac{1}{2}\rho U_{W}^{2}+p_{\infty}=\frac{1}{2}\rho_{D}U_{D}^{2}+p_{D}^{-} \tag{2-36}$$

两式相减代入得

$$\frac{1}{2}\rho(U_{\infty}^{2}-U_{W}^{2})A_{D}=(U_{\infty}-U_{W})\rho A_{D}U_{\infty}(1-a) \tag{2-37}$$

因此

$$U_{W}=(1-2a)U_{\infty} \tag{2-38}$$

流管内轴向流速度的损失一半发生在致动盘的上游剖面；另一半发生在致动盘的

下游剖面。

风能利用系数定义为

$$C_P=\frac{P}{\frac{1}{2}\rho U_\infty^3 A_D} \tag{2-39}$$

其中，分母表示通过风轮旋转面在无致动量情况下，空气提供的全部风能，因此有

$$C_P=4a(1-a)^2 \tag{2-40}$$

从而可得最大风能系数为

$$C_{P_{max}}=\frac{16}{27}\approx 0.593 \tag{2-41}$$

风能利用系数所能达到的最大值就是 Betz 极限。Betz 理论实际上是提出了风轮的最大转化率，即使是在无能量损失和理想空气流的条件下，风轮的风能利用系数也仅有 0.593，也就是说最大仅有 59.3%的风能能够被风轮转化为机械能。

由压力降产生的作用于致动盘的作用力被无量纲化后给出的推力系数 C_T 为

$$C_T=\frac{P}{\frac{1}{2}\rho U_\infty^2 A_D} \tag{2-42}$$

2.2.4 叶素动量理论

2.2.4.1 叶素理论

叶素理论将叶片沿展向分成许多半径为 r、长度为 δr 的微段。作用在叶素上的气动升力（和阻力）是由通过叶素扫过的圆环的气体轴向动量变化率和角动量变化率产生的。假定不考虑沿叶片展向方向相邻叶素间的干扰；作用于每个叶素上的力仅有叶素的翼型气动性能决定。

假设在每个叶素上的流动相互之间没有干扰，即将叶素看成二维翼型，这时将作用在每个叶素上的力和力矩沿展向积分，就可以求得作用在风轮上的力和力矩。

在叶片某一径向位置上的速度分量用风速来表示，攻角的大小由流动因子和旋转速度来确定。知道了翼型特征系数 C_L 和 C_D 随攻角的变化情况，可以利用给定的轴向诱导因子 a 和周向诱导因子 a' 求出作用于叶片的力。

对于任意一个 N 叶片风力机、叶尖半径为 R、弦长为 c、桨距角（圆盘平面与翼型零升力线间的夹角）为 β，弦长和桨距角都沿着叶片轴线变化。令叶片旋转角速度为 Ω，来流风速为 U_∞。叶素切向速度 Ωr 与尾流切向速度 $a'\Omega r$ 之和为经过叶素的净切向流速度 $(1+a')\Omega r$。图 2-15 为叶素扫出的圆环，图 2-16 为叶素的速度和作用力。

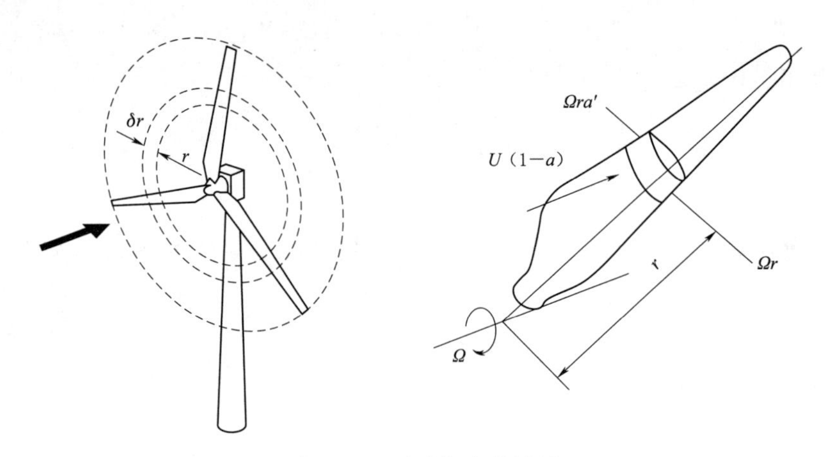

图 2-15　叶素扫出的圆环

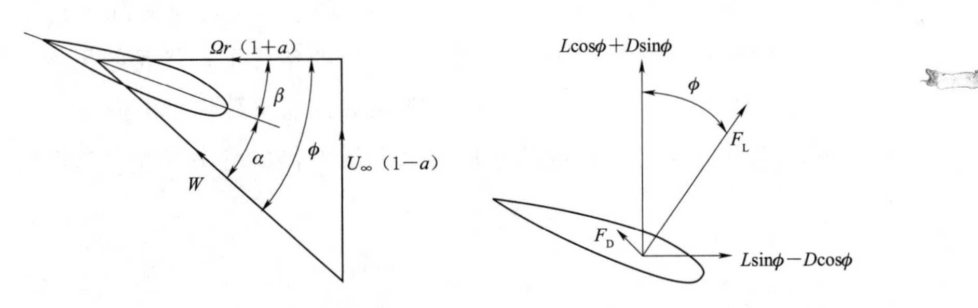

图 2-16　叶素的速度和作用力

叶片在顺翼展方向长度为 δr 的，垂直于方向 W 的升力为

$$\delta F_{\mathrm{L}}=\frac{1}{2}\rho W^2 cC_{\mathrm{L}}\delta r \tag{2-43}$$

平行于 W 的阻力为

$$\delta F_{\mathrm{D}}=\frac{1}{2}\rho W^2 cC_{\mathrm{D}}r\delta r \tag{2-44}$$

叶素理论把气流流经风电机组的三维流动简化为各个互不干扰的二维翼型上的二维流动，它忽略了叶素间气流的相互作用，而实际上由于风轮旋转，在科氏力的作用下，叶片展向会出现流动，尤其在叶尖、轮毂部分。

2.2.4.2　叶素动量（BEM）定理

叶素动量（BEM）定理的基本假定是：作用于叶素的力仅与通过叶素扫过的圆环的气体的动量变化有关。因此，假定通过相邻圆环的气流之间不发生相互作用。

N 个叶素上的空气动力分量在轴向上分解为

$$\delta F_{\mathrm{L}}\cos\phi+\delta F_{\mathrm{D}}\sin\phi=\frac{1}{2}\rho W^2 Nc(C_{\mathrm{L}}\cos\phi+C_{\mathrm{D}}\sin\phi)\delta r \tag{2-45}$$

通过扫掠圆环面的空气的轴向变化率为

$$\rho U_{\infty}(1-a)2\pi r\delta r 2aU_{\infty}=4\pi\rho U_{\infty}^{2}a(1-a)r\delta r \tag{2-46}$$

因此在圆环上附加的轴向力为

$$\frac{W^2}{U_{\infty}^{2}}N\frac{c}{R}(C_{\mathrm{L}}\cos\phi+C_{\mathrm{D}}\sin\phi)=8\pi[a(1-a)+(a'\lambda\mu)^2]\mu \tag{2-47}$$

由叶素上的空气动力产生的轴向风轮转矩为

$$\frac{W^2}{U_{\infty}^{2}}N\frac{c}{R}(C_{\mathrm{L}}\sin\phi-C_{\mathrm{D}}\cos\phi)=8\pi\lambda\mu^2a'(1-a) \tag{2-48}$$

其中

$$\mu=\frac{r}{R}$$

叶片实度σ定义为叶片总面积除以风轮盘的面积，它是决定风轮性能的主要参数。弦长实度σ_{r}定义为给定半径下的总叶片弦长除以该半径的周长，即

$$\sigma_{\mathrm{r}}=\frac{N}{2\pi}\frac{c}{r}=\frac{N}{2\pi\mu}\frac{c}{R} \tag{2-49}$$

只有叶片具有均匀的环量，叶素动量理论才适用。至于非均匀的环量情况，则存在径向相互作用，并在气流通过相邻的叶素环时存在动量交换。

2.2.4.3 叶片梢部损失和根部损失修正

当气流绕风轮叶片剖面流动时，剖面上下表面产生压力差，则在风轮叶片的梢部和根部产生绕流。这就意味着在叶片的梢部和根部的环量减少，从而导致转矩减小，必然影响到风轮性能。因此，要进行梢部和根部修正，即

$$F=F_{\mathrm{t}}F_{\mathrm{r}} \tag{2-50}$$

$$F_{\mathrm{t}}=\frac{2}{\pi\arccos(\mathrm{e}^{-f_{\mathrm{t}}})} \tag{2-51}$$

$$f_{\mathrm{t}}=\frac{N}{2(R-r)/R\sin\varphi} \tag{2-52}$$

$$F_{\mathrm{r}}=\frac{2}{\pi\arccos(\mathrm{e}^{-f_{\mathrm{r}}})} \tag{2-53}$$

$$f_{\mathrm{r}}=\frac{N}{2(r-r_n)/r_n\sin\varphi} \tag{2-54}$$

式中 F——损失修正因子；

F_{t}——梢部损失修正因子；

F_{r}——根部损失修正因子；

r_{n}——轮毂半径。

则推力和转矩可以表示为

$$\mathrm{d}T=4\pi r\rho v_1^2a(1-a)F\mathrm{d}r \tag{2-55}$$

$$dM = 4\pi r^3 \rho v_1 a(1-a) b\Omega F dr \tag{2-56}$$

并有

$$\frac{a}{1-a} = \frac{\sigma C_n}{4F\sin^2\varphi} \tag{2-57}$$

$$\frac{b}{1+b} = \frac{\sigma C_t}{4F\sin\varphi\cos\varphi} \tag{2-58}$$

2.2.4.4 塔影效应

筒形塔架比桁架式塔架塔影效果更严重，气流在塔架处分离，造成速度损失，下风向机组尤其严重，采用位流理论模拟筒形塔架气流效果，得到气流表达式为

$$U = U_\infty \left[1 - \frac{(D/2)^2(x^2-y^2)}{(x^2+y^2)^2}\right] \tag{2-59}$$

式中 D——塔架直径；

x、y——轴向和侧向相对于塔架中心的坐标。

括号中的第二项为气流减少量，把塔影效果引起的流速减少量化到风速诱导因子中去，即 $U_\infty(1-a)$，然后应用叶素动量理论。

2.2.4.5 涡流理论

对于有限长的叶片，风轮叶片的下游存在着尾迹涡，如图 2-17 所示。当风轮旋转时，通过每个叶片尖部的气流的轨迹构成一个螺线形。在轮毂附近存在同样的情况，每个叶片都对轮毂涡流的形成产生一定的作用。此外，为了确定速度场，可将各叶片的作用通过一个边界涡代替。由涡流引起的风速可看成是由下列 3 个涡流系统叠加的结果：①中心涡集中在转轴上；②每个叶片的附着涡；③每个叶片尖部形成的叶尖涡。

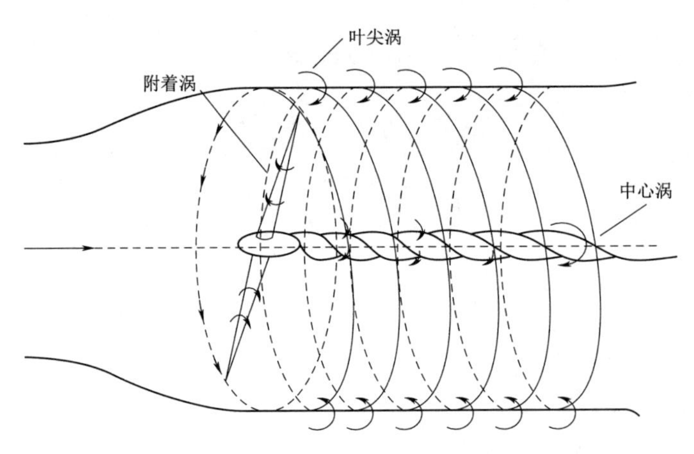

图 2-17 风电机组后的漩涡系示意图

设 $\overline{v}$ 为风电机组后方漩涡系统产生的轴向诱导速度，其方向与来流速度 v_1 相反。在风轮旋转面内的轴向诱导速度为 $\overline{v}/2$，通过风轮时气流绝对速度 v、风轮后方速度

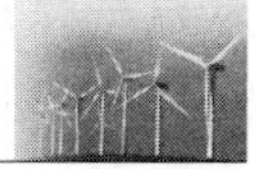

v_2 分别为

$$v=v_1-\frac{\overline{v}}{2} \tag{2-60}$$

$$v_2=v_1-\overline{v} \tag{2-61}$$

$$v=\frac{v_1+v_2}{2} \tag{2-62}$$

设 Ω 和 ω 分别为气流和风轮的旋转角速度，则风轮下游的气流旋转角速度相对于叶片变成 $\Omega+\omega$。令 $\Omega+\omega=h\omega$，b 为周向速度因子，则 $\Omega=(b-1)\omega$。

由于气流是以一个与叶片旋转方向相反的方向绕自身轴旋转，在风轮上游，其值为零，在风轮平面内，其值为下游的 1/2，故风轮平面内的气流角速度可以表示为

$$\frac{\Omega}{2}+\omega=\frac{1+b}{2}\omega \tag{2-63}$$

在旋转半径 $[r, r+\mathrm{d}r]$ 处，相应的圆周速度 u' 为

$$u'=\frac{1+b}{2}\omega r \tag{2-64}$$

设 $v_2=kv_1$，该叶素内气流的相对速度 v_r 和倾角 θ 为

$$v_{\mathrm{r}}=\frac{v_1(1+k)}{2\sin\theta}=\frac{\omega r(1+b)}{2\cos\theta} \tag{2-65}$$

$$\cot\theta=\frac{\omega r}{v_1}\times\frac{1+b}{1+k}=\lambda_{\mathrm{r}}\times\frac{1+b}{1+k} \tag{2-66}$$

其中

$$\lambda_r=\frac{\omega r}{v_1}$$

叶片数为 B 的风轮，在 $[r, r+\mathrm{d}r]$ 区间内叶片叶素产生的轴向推力 $\mathrm{d}T$ 为

$$\mathrm{d}T=\frac{1}{2}\rho v_{\mathrm{r}}^2 Bt\,\mathrm{d}r(C_{\mathrm{L}}\cos\theta+C_{\mathrm{D}}\sin\theta) \tag{2-67}$$

在该区间叶素产生的转矩 $\mathrm{d}M$ 为

$$\mathrm{d}M=\frac{1}{2}\rho v_{\mathrm{r}}^2 Bt\,\mathrm{d}r(C_{\mathrm{L}}\sin\theta-C_{\mathrm{D}}\cos\theta) \tag{2-68}$$

空气流过风轮 $[r, r+\mathrm{d}r]$ 环形区间时，风轮处的功率为

$$\mathrm{d}P_{\mathrm{U}}=\omega\mathrm{d}M=\rho\pi r^3\mathrm{d}r\omega^2 v_1(1+k)(b-1) \tag{2-69}$$

对于不存在或忽略阻力、无叶片数的影响，并且可全部接受流动空气因其动量改变而给予它能量的理想风轮，其环形部位风能利用系数达到最大值时，若能给出 λ_{r} 值和 k、h、C_{L}、B、t、θ 等参数存在的关系，就可以据此进行各叶素气动参数设计。

将风能利用系数 C_{P} 用 λ_{r}、k 表示，即

$$C_{\mathrm{P}}=\lambda_{\mathrm{r}}^2(1+k)\left(\sqrt{1+\frac{1-k^2}{\lambda_{\mathrm{r}}^2}}-1\right) \tag{2-70}$$

对于给定的 λ_r 值，C_P 取得极大值的条件是 $dC_P/dk=0$，由此可得

$$\lambda_r^2=\frac{1-3k+4k^3}{3k-1} \tag{2-71}$$

设 $k=\cos\varphi\sqrt{\lambda_r^2+1}$，并将其代入式（2-71），可以得到

$$\varphi=\frac{1}{3}\arccos\frac{1}{\sqrt{\lambda_r^2+1}}+\frac{\pi}{3}=\frac{1}{3}\arctan\lambda_r+\frac{\pi}{3} \tag{2-72}$$

对于不存在阻力、可全部接受流动空气给予它能量的理想风轮，对应于每个 λ_r 值，都可以确定 φ、k 以及风能利用系数的最大值等参数。

而不忽略阻力的非理想风轮 $[r, r+dr]$ 环状区可达到的风能利用系数为

$$C_P=\frac{\omega dM}{\rho\pi r dr v_1^3} \tag{2-73}$$

设 $\tan\varepsilon=C_D/C_L$，注意到 $v_r=\frac{v_1(1+k)}{2\sin\theta}$，$\omega_r=\frac{v_1(1+k)}{b+1}\cot\theta$，可以得到

$$C_P=\frac{(1+k)(1-k^2)}{1+b}\frac{1-\tan\varepsilon\tan\theta}{1+\tan\varepsilon\tan\theta} \tag{2-74}$$

2.2.5　叶片设计

2.2.5.1　叶片设计理论

叶片设计包括气动设计和结构设计两部分。气动设计考虑叶片的额定设计风速、风能利用效率、外形尺寸和气动载荷等因素。结构设计是根据气动设计时的计算载荷，并考虑机组实际运行环境参数的影响，使叶片具有足够的强度和刚度。保证叶片在规定的使用环境条件下，在其使用寿命期内不发生损坏。另外，要求叶片重量尽可能轻，并考虑叶片间的相互平衡。

气动设计是整个风电机组设计的基础，为使风电机组获得最大的气动效率，所设计的叶片在弦长和扭角分布上一般采取曲线型式。目前叶片设计主要以叶素动量理论为基础，结合其他优化算法实现叶片气动性能、强度、内部结构、外形及发电量等各项性能的综合优化。

气动设计首先建立理论概念风轮，假设其性能属性，预估风轮的风能利用效率，计算出风轮的直径，确定叶片的几何和启动参数；然后通过对风轮结构性能的计算，检验风轮性能和设计值之间的误差。通常计算结果与设计值不能较好吻合，可通过反复多次的计算和风洞试验，来分析和优化风轮的关键参数值，从而适当地修正和改善设计。若初步结果与设计概念风轮相差甚远，可对概念风轮进行适当的调整。风电机组设计流程如图 2-18 所示。

2.2.5.2　叶片外形设计

叶片外形设计主要是确定风轮直径、叶片数、叶片各截面的弦长 C、叶片安装角

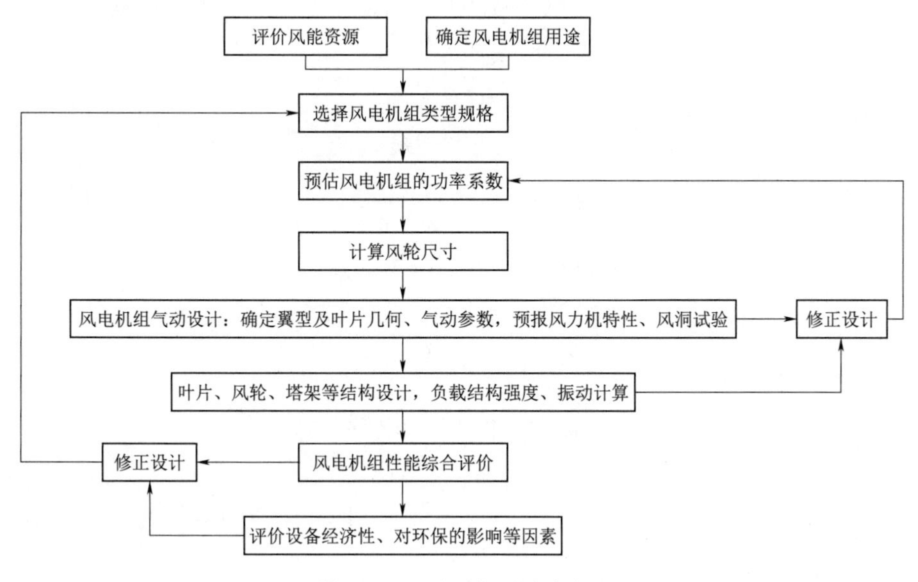

图 2-18 风电机组设计流程

β 以及选取叶片翼型等。

风电机组功率与风轮直径、风速、风能利用系数的关系为

$$P=\frac{1}{2}\rho\pi V^3\left(\frac{D}{2}\right)^2 C_P \tag{2-75}$$

由此推得风轮直径 D 为

$$D=\sqrt{\frac{8P}{\rho\pi V^3 C_P}} \tag{2-76}$$

式中 P——风电机组输出功率；

V——设计的额定风速；

ρ——空气密度；

C_P——风能利用系数。

设计转速 n_0 可以利用叶尖速比确定，即

$$n_0=\frac{60v\lambda_0}{2\pi r_0} \tag{2-77}$$

式中 λ_0——叶尖速比，高叶尖速比风电机组虽然会带来风能利用效率的提升，但也会带来很多不足，这一点在后文中会提到。一般三叶片风轮叶尖速比取 $\lambda_0\approx10$；

r_0——风轮半径。

采用 Wilson 理论计算弦长 C、安装角 θ。Wilson 理论引入了叶尖损失，考虑了叶片翼型阻力对叶片最佳性能的影响，即

$$F=\frac{2}{\pi}\arctan e^{-f} \tag{2-78}$$

$$f=\frac{B(R-r)}{2R\sin\phi} \tag{2-79}$$

$$\tan\phi=\frac{v}{v'}=\frac{1}{\lambda}\frac{1-a}{1+a'} \tag{2-80}$$

$$a(1-aF)=a'(1+a')\lambda^2 \tag{2-81}$$

$$\frac{BCC_L\cos\phi}{8\pi r\sin^2\phi}=\frac{(1-aF)aF}{(1-a)^2} \tag{2-82}$$

$$\frac{dC_P}{d\lambda}=\frac{8}{\lambda_0^2}a'(1-a)F\lambda^3 \tag{2-83}$$

$$\theta=\phi-\alpha \tag{2-84}$$

式中　F——叶尖损失；

f——叶尖损失系数；

a——轴向诱导系数；

a'——周向诱导系数；

ϕ——相对风速来流角；

α——翼型最佳攻角；

θ——安装角；

C_L——升力系数；

B——叶片数；

C——叶片截面弦长；

v——风速；

v'——切向风速；

λ——速比系数；

λ_0——叶尖速比；

R——叶尖半径。

由式（2-83）可知，要使 C_P 最大，必须使 $dC_P/d\lambda$ 达到最大。最终叶片设计可归结为以式（2-83）为目标函数，以约束条件的最优化问题求解 a、a'、F，进而优化计算出各截面弦长 C、安装角 θ。

2.2.5.3　叶片结构构成

Betz 理论基于风轮扫风面的二维流场，提出了流经风轮扫风面的风能转化为机械能的量。实际上，旋转风轮的尾流产生旋转动量，为了维持角动量，尾流旋转力矩必然与风轮力矩相反。旋转尾流削减了风轮有用功，从而使风轮的风能转化率低于 Betz 理论值。

引入叶片结构是从风轮结构到空气动力学理论非常关键的一步，也是找出风轮结构与其空气动力学性能内在联系的唯一途径，最常用的模型为叶素动量理论模型。叶素为叶片在风轮任意半径 r 处翼型剖面延伸厚度 dr 而形成的基本单元。叶素理论确定了任意半径 r 处的空气动力，假设各叶素是沿轴旋转的同心圆薄片，且叶素与叶素之间不存在空气动力流场的相互干扰。

叶片上表面和下表面的压力差导致叶尖自由漩涡的产生。相对阻力也被称为诱导阻力，是升力系数和叶片长细比的函数。叶片长细比越高，叶片越长，诱导阻力越小。叶尖漩涡被认为是额外的阻力部分，与中心漩涡一样，均造成了有用功的损失。

风电机组叶片的结构型式设计往往取决于气动载荷。虽然世界上各大风电机组叶片制造厂商所生产的叶片的长度与外形各不相同，但是叶片的基本结构不变，均是由蒙皮和主梁构成。蒙皮的主要功能是维持叶片的气动外形，并承受部分弯曲载荷和大部分剪切载荷。主梁是叶片的主要承载结构，承受叶片大部分的弯曲和纵向载荷。

2.2.5.4 风轮设计参数

1. 叶片数

风轮叶片数是风轮最显著的外形特征。理论上讲，风能利用效率随着叶片数的增加会继续增加。但实际情况下，叶片密实度非常高的情况下，气体流动条件非常复杂，无法利用理论模型概念加以解释。

从图 2-19 可以看出，随着风轮叶片数的增加，最佳叶尖速比减小。如三叶片风轮最佳叶尖速比为 7～8，两叶片最佳叶尖速比为 10，单叶片最佳叶尖速比为 15。这是因为，叶片数增加而额外产生的能量和电量，不足以抵消风轮叶片的额外成本。叶片数的具体选择要考虑以下因素：

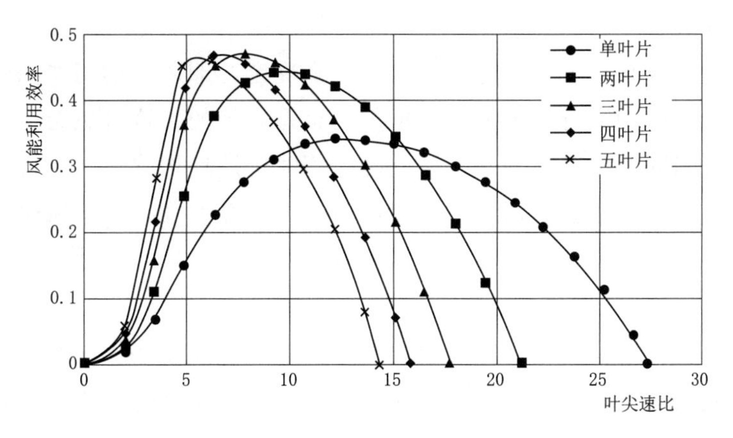

图 2-19 叶片数对风能利用效率的影响

（1）转速越高，叶片数越少。高转速可使齿轮箱的转速比减小，降低齿轮箱的费用。

（2）减少叶片的数量，则可以降低风轮的成本。

（3）叶片叶素的弦长与叶片数成反比。

（4）风轮转动质量的动平衡，振动控制的难易，风轮运转噪声的大小。

三叶片风轮的叶片成120°夹角，转子的动平衡比较简单。三叶片的质量对风轮—塔架轴线成均匀对称分布，该质量分布与叶片在风轮旋转时所处的角度无关。因而，在风轮—塔架轴线上具有较好的动平衡性，对风轮的运转不产生干扰。

单叶片和两叶片成本较低，但两叶片风轮的叶片对风轮—塔架轴线的质量矩最小；当叶片转到水平位置时，质量矩相对塔架平行且很大，风轮会产生干扰力。与三叶片风轮相比，两叶片风轮更容易偏离正常风向，产生摇摆运动，且当叶片上下的启动力不平衡，或受到风脉动等干扰时，会对塔架产生不良影响。

单叶片可以进一步提高风轮转速，但其动态不平衡尤为突出，使得风轮机舱、塔架产生振动等问题，致使风电机组产生更强的摆动和偏航运动。因此，单叶片风轮又必须在平衡转子的动平衡和控制振动方面额外增加费用。气动性能对称的三叶片风轮产生高的动态载荷，这会增加风电机组其他部件的复杂性。而具有高叶尖速比的两叶片或单叶片风轮，会产生强烈的噪声，这在大部分场合是难以接受的。从旋转的视觉效果看，两叶片或单叶片通常感觉是从不停止的，三叶片风轮则没有。这些原因导致现有商业化风电机组几乎全部采用三叶片风轮。而随着风轮尺寸增大，近海风电场又出现了部分两叶片风电机组。因此，选择风轮最佳叶片数时，不仅要考虑气动功率的差别，还需要综合考虑风电机组的使用环境。

2. 叶片扭角

为尽可能获得高的风轮效率，希望叶片各微段叶素安装角都为最佳值，从而得到最佳的叶片形状。

通常，叶片理想扭角大小仅通过叶尖速比来确定，即风轮的工作点，且为额定工作点。因此，在所有的运行条件下，扭角未必总是最佳的，这难免会造成风轮有用功的损失。例如，当叶片扭角为某一工作点设计值时，风速增加后，不可避免地导致靠近轮毂叶片的气流分离面积的增加，有用功的损失也在增加。由于风轮根部叶片相对流动速度较低，做功能力较弱，因此为了制造方便，靠近根部的叶片经常不会强烈追求扭角。

在实际设计情况下，扭角特征受流经叶片的有效速度影响。在某一风速下，可以利用扭角去影响流动分离现象。因此，定桨角风轮在靠近轮毂的叶片不是线性扭曲，而是更大幅度地扭转到20°左右，但叶片叶尖不扭转。叶片扭角变化不仅影响了叶片的失速特征，也影响了风轮的启动特性。

决定风轮最理想扭角需要多方面考虑，在功率控制方面，如变桨距调节或失速调节，风轮的运行特征及翼型的选择也影响着风轮扭角。

3. 叶片厚度

叶片厚度选择时，其气动性能和叶片强度是一对矛盾。空气动力学家努力设计出最薄的叶片，以利用其高气动性能。而叶片结构设计要求有足够的厚度来承担载荷。叶片最大厚度由内腹板高度决定，决定了腹板或腹板断面模数。最大厚度也是决定叶片在低重量条件下满足强度要求的关键参数。因此，高气动性能与高强度之间存在矛盾。通常牺牲结构重量来补偿能量输出。

4. 叶尖速比

叶尖速比是风电机组设计的重要参数，其对风轮的气动特性具有以下重要影响：

（1）努力提高风轮的转速。经过数十年的发展，齿轮箱技术已经相对成熟，齿轮箱成本在整个系统所占的比例逐渐减小，越来越多的风电机组采用变速齿轮箱。这样，高叶尖速比风轮设计的必要性大大减小。但是，高叶尖速比意味着风轮的转速较高，在低力矩时产生理想输出，齿轮箱的重量大大减轻。

（2）随着叶尖速比设计值的增加，风轮密实度迅速降低。风轮密实度降低意味着所需要的材料减少，成本降低。但实际设计中，高叶尖速比风轮需采用价格昂贵的高强度材料来满足叶片强度和受力要求。因此，在设计高叶尖速比风轮时，在实度不变的条件下，可以减少风轮的叶片数，增大单个叶片的结构尺寸而满足叶片的强度要求。

（3）叶尖速比对风轮风能利用效率的影响程度。对于叶尖速比为5～15的高转速风轮，最大风能利用效率差别甚微。因此，从能量输出角度而言，没有必要追求高叶尖速比。

（4）选择叶尖速比时必须考虑风轮的噪声输出，叶尖速比越高，气动噪声越大。这也成为是否选择高转速风轮的一个重要因素。

2.2.5.5 叶片截面形式

随着叶片尺寸和设计功率的增加，叶片截面形式也在发生变化。早期风机功率较小，叶片长度较短。当时叶片往往是由整根木头经过切割打磨而成，截面为实心；之后随着铝合金和轻金属材料被应用于风电机组叶片的制造中，人们将一些轻质泡沫与木屑填充进金属叶片中，以保持叶片的气动外形；随着风电机组叶片尺寸的大型化，叶片截面形式主要采用空心薄壁复合构造。叶片蒙皮可选用双向玻纤织物。叶片主梁的结构需要满足强度和刚度要求，因此主梁可选用单向玻纤织物。

根据设计侧重的不同，空心薄壁复合结构叶片又分为两种主要结构型式，即弱主梁叶片和强主梁叶片（图2-20）。弱主梁叶片主要以采用复合材料层合板的蒙皮作为其主要承载结构，为减轻后缘重量并提高整体刚度，在叶片蒙皮后缘局部采用硬质泡

沫夹芯结构。与壳体黏结后形成盒式结构，其优点是叶片整体强度和刚度较大，抗屈曲能力强，但叶片比较重，成本较高。强主梁形式叶片以箱型和工字梁为主要承载结构，蒙皮采用较薄的夹芯层合板，主要作用是保持翼型和承受叶片扭转载荷。这种叶片重量较轻，但叶片前缘强度和刚度较低。

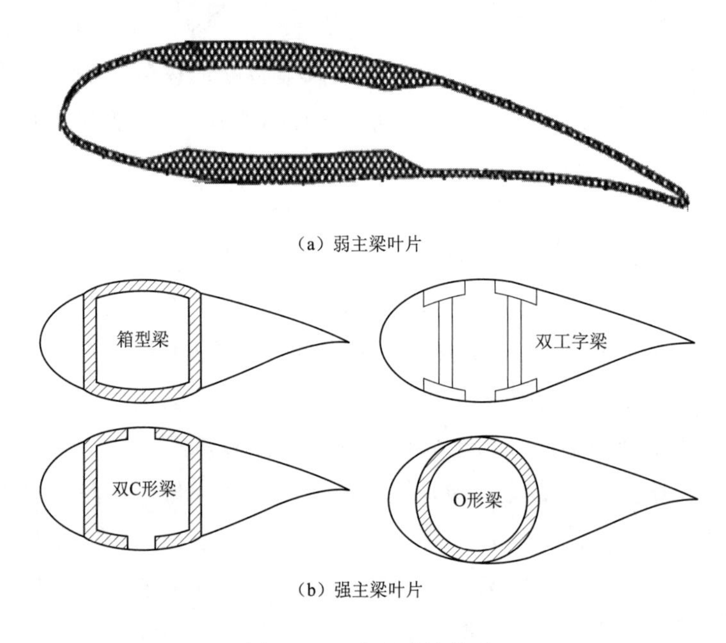

(a) 弱主梁叶片

(b) 强主梁叶片

图 2-20 典型叶片截面

2.2.5.6 叶片材料

叶片材料从20世纪七八十年代主要使用的钢材、铝材或木材，发展到目前的玻璃纤维和碳纤维这两种材料。每种材料各自有其使用范围和优势与不足。

(1) 木制叶片及布蒙皮叶片。早期的微型风电机组、小型风电机组采用木制叶片，有一定强度，但加工时间长，不易制作成扭曲型，适合微型风电机组、小型单套叶片的生产。大型、中型风电机组很少用木制叶片，采用木制叶片的也是用强度很好的整体木方作叶片纵梁来承担叶片工作时必须承担的力和力矩。

(2) 钢梁玻璃纤维蒙皮叶片。近代叶片采用钢管或“D”形钢作纵梁，钢板作肋梁，内填泡沫塑料外覆玻璃钢蒙皮的结构型式，一般在较大型风电机组上使用。叶片纵梁的钢管及“D”形钢从叶根至叶尖的截面逐渐变小，以满足扭曲叶片的要求并减轻叶片重量。

(3) 铝合金等弦长挤压成型叶片。用铝合金挤压成型的等弦长叶片易于制造，可连续生产，又可按设计要求的扭曲进行扭曲加工，叶根与轮毂连接的轴及法兰可通过焊接或螺栓连接来实现。铝合金叶片重量轻、易于加工，但不易用于从叶根至叶尖的渐缩的叶片形式。

(4) 玻璃钢叶片。玻璃钢是环氧树脂、不饱和树脂等塑料掺入不同长度的玻璃纤维而做成的增强塑料。增强塑料强度高、重量轻、耐老化，表面可再缠玻璃纤维及涂环氧树脂，其他部分填充泡沫塑料。玻璃纤维的质量还可以通过表面改性、上浆和涂覆加以改进。

(5) 玻璃钢复合叶片。20 世纪末，发达国家大中型风电机组均采用型钢纵梁、夹层玻璃钢肋梁及叶根与轮毂连接用金属结构的复合材料制作叶片。目前最普遍的是玻璃纤维增强聚酯树脂、玻璃纤维增强环氧树脂和碳纤维增强环氧树脂，这种材料的拉伸刚度以及疲劳寿命可以达到碳纤维水平，并降低纤维间的微振磨损。

(6) 碳纤维复合叶片。碳纤维复合材料叶片的刚度是玻璃钢复合叶片的 2～3 倍。相同功率的风电机组，使用碳纤维复合材料可以使叶片重量大幅下降。虽然碳纤维复合材料的性能大大优于玻璃纤维复合材料，但其价格较高，影响了它在风力发电上的大范围应用。

具体选用叶片材料时应主要考虑 4 个原则：①材料必须有足够的强度与寿命，疲劳强度要高，静强度要适当；②必须有良好的可成型性与可加工性；③密度低，硬度适中，重量轻；④材料来源充足，运输方便，成本低。

复合材料促进了叶片材料向低成本、高性能、轻量化、多翼型、柔性化的方向发展。此外，根据风电机组风轮叶片长度的不同，叶片所选用的复合材料也有所不同。实验研究表明，5MW 以上风电机组叶片大多以玻璃钢为主，在横梁和叶片端部等载荷较大的部位少量选用碳纤维，这样加工出来的叶片性价比较好。

2.2.6 叶片复合铺层设计

铺层设计的理论基础是经典层压板理论，根据层压板所承受载荷来确定，一般包括总体铺层设计和局部细节设计，前者要满足总体静、动强度和气动弹性要求，后者则应满足局部强度、刚度和其他功能要求。

2.2.6.1 叶片铺层设计一般原则

1. 层压板中各铺层铺设角的设计原则

(1) 为了最大限度地利用纤维轴向的高性能，应用 0°铺层承受轴向载荷；±45°、90°铺层用来承受剪切载荷，即将剪切载荷分解为拉、压分量来布置纤维承载；90°铺层用来承受横向载荷，以避免树脂直接受载，并控制泊松比。

(2) 为提高叶片的抗屈曲性能，对轴压的构件，如梁、肋的凸缘位置以及需承受轴压的蒙皮，除布置较大比例的 0°铺层外，也要布置一定数量的±45°铺层，以提高结构受压稳定性，对受剪切载荷的构件，如腹板等，主要布置±45°铺层，但也应布置少量的 90°铺层，以提高剪切失稳临界载荷。

(3) 建议构件中宜同时包含 4 种铺层，一般在 0°、±45°、90°层压板中必须有

6%～10%的90°铺层，构成正交各向异性板，即采用均衡对称层压板，以避免固化时或受载后因耦合失效引起翘曲。

2. 层压板中各铺层铺设顺序的设计原则

(1) 同一铺设角的铺层沿铺设层压板方向应尽量均匀分布，或者说使每一铺层组中的单层数尽可能少，一般不超过4层，以减少铺层组层间分层的可能性。

(2) 层压板的面内刚度只与层数比和铺设角有关，与铺设顺序无关。但当层压板结构的性能与弯曲刚度有关时，则弯曲刚度与铺设顺序相关。

(3) 若含有45°铺层，一般要±45°成双铺设，以减少铺层之间的剪应力。同时，尽量使±45°层位于层合板的外表面，以改善层合板的受压稳定性、抗冲击性能和连接孔的强度。

(4) 若要设计成变厚度层合板，应使板外表面铺层保持不变，而变更其内部铺层。为避免层间剪切破坏，各层台阶宽度应相等。为防止铺层边缘剥离，用一层内铺层覆盖在台阶上。

2.2.6.2 层压板设计方法

层压板设计方法是指在层压板中的铺设角组合大致选定后，如何确定各铺设角铺层的层数比和层数的方法。其数值应根据对层压板的设计要求综合考虑，一般可采用等代设计法、准网络设计法、卡彼特曲线设计法等。

(1) 等代设计法。该方法将准同性的复合材料层压板等刚度地替换原来的各向同性的铝合金板。由于复合材料的比强度、比刚度很高，因此能取得5%～10%的减重效益。这种方法在设计时不考虑复合材料单层力学性能设计，而是使用层合板的力学性能参数来确定构件的结构型式，以简化设计过程。为保证设计结果安全可靠，由此方法取得的设计结果需进行强度及刚度校核。

(2) 准网络设计法。该方法根据在设计中铺层纤维方向与所受载荷方向的一致性要求，设计时假设只考虑复合材料中纤维的承载能力，忽略基体的刚度和强度，直接按平面内主应力 σ_x、σ_y、τ_{xy} 的大小来分配各铺设方向铺层中的纤维数量，由此确定各铺设方向铺层组的层数比。

(3) 卡彼特曲线设计法。此方法也称为毯式曲线设计法，为普遍采用的复合材料层压板的初步设计方法。用于以0°、±45°、90°为铺设角的层压板，是一种用图例来确定层压板中铺层比的近似方法。该方法首先根据经典层压板理论，经计算机编程计算，建立起所选用的复合材料层压板的模量、强度或其他性能与各铺设角的百分比的关系曲线。

2.2.7 叶片根部连接设计

将叶片根部如何固定到轮毂上是叶片设计中的关键问题，因为钢轮毂和制作叶片

的材料一般为玻璃纤维增强塑料（GFRP）或木材，它们之间的相关刚度数量级之差妨碍载荷的平滑传递。通常用螺栓进行连接，螺栓可以沿轴向嵌入叶片的材料中或沿半径方向穿过叶片壳体，这两种情况下应力集中都是不可避免的。

叶片结构在根部通常是圆柱壳，此情况下双头螺柱或螺栓通常按圆形排列，图2-21（a）为萝卜头形接头，它是层压木制叶片的标准安装形式。接头由带有圆锥形部分的碳/环氧复合材料胶浆和与轮毂或变桨轴承连接的螺柱一起组成。胶浆注入叶片末端钻制的台阶型孔中。连接件是由高强度钢机械加工的，或是用球墨铸铁铸造的。通常是圆锥形的，用于玻璃纤维增强塑料（GFRP）叶片。

图2-21（b）～图2-21（d）为另外三种用于GFRP叶片的固定装置。T形螺栓接头，如图2-21（b）所示，由插到叶片壳体纵向孔内的钢螺柱，与在横向孔内的圆柱形螺母连接，螺栓预加载荷以降低疲劳载荷。图2-21（c）中的针孔法兰盘布置在叶片和钢之间，使用同样的载荷传递方法，但是接合面不适于预加载荷。此外，如果固定法兰盘和轴承的螺栓相对于叶片壳体是偏心的，这样法兰盘也必须承受由此引起的弯矩。图2-21（d）为喇叭形法兰盘，叶根向外张开似喇叭嘴样，通过一圈连接法兰盘到轮毂上的螺栓将其夹在内外法兰之间。这些螺栓穿过叶片的壳体为叶根提供有效的加固。法兰盘承受由法兰盘上固定螺栓对叶片壳体偏心引起的弯矩。真空法兰盘和喇叭形法兰盘装置很少用于大型叶片。

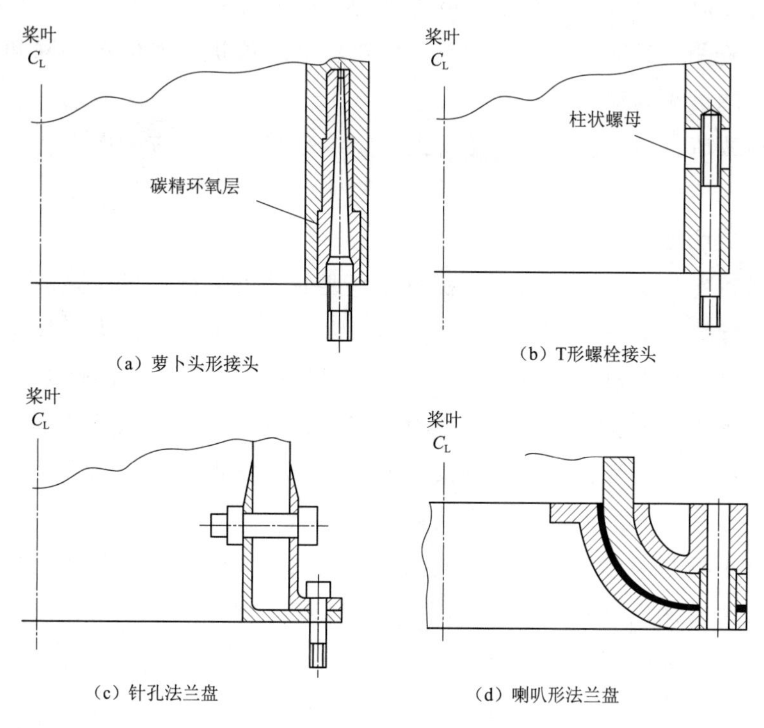

图2-21　4种不同叶根安装段的形式

2.3 载荷计算

风电机组运行在复杂的自然环境中，所受载荷也相对复杂。载荷是设备结构设计的依据，其分析计算在设计过程中非常关键。载荷分析不准确，可能导致结构强度不足问题，过于保守则造成风电机组的总体成本增加。因此，载荷设计应考虑两方面：首先，保证部件能够承受极限载荷，即能够承受可能遇到的最大风速；其次，保证风电机组20～30年的使用寿命。然而，极限载荷产生的应力相对容易估计，而疲劳寿命预测则相对困难。

2.3.1 载荷类型

在风电机组设计中，需要考虑的载荷源较多。按载荷源可划分如下：

(1) 空气动力载荷。空气动力载荷是由空气流与风电机组上固定与运动的零部件相互作用引起的静态和动态载荷。其取决于作用于风轮的风况条件、风电机组气动特性、结构特性和运行条件等因素。

(2) 惯性力和重力载荷。惯性力和重力是作用在风电机组上的静态和动态载荷，它们是由振动、旋转、重力及地震等作用产生的。

(3) 运行载荷。运行载荷是由风电机组的运行和控制产生的，与风电机组转速控制和转矩控制有关。其他运行载荷为风电机组启动和停机、发电机并网和脱网、偏航运动期间出现的机械制动和瞬变载荷等。

(4) 其他载荷。如尾流载荷、冲击载荷、结冰载荷等，应考虑安装地点的特殊环境条件。

2.3.1.1 空气动力载荷

作用在风轮上的空气动力是风电机组最主要的动力来源，风轮是风电机组最主要的承载部件，计算风电机组载荷前需计算作用在叶片上的空气动力，根据叶素动量定理，在整个叶片长度上对载荷进行积分，可以得到作用在叶片上的推力 T 和转矩 M。

切向载荷提供了风轮旋转力矩，推力载荷分布提供了整个风轮的推力。在变桨距控制风轮中，风轮力矩和推力增加到某一值后下降，使得风轮控制系统将捕获的风能控制在额定功率附近。因此，在额定功率点风轮推力最大。

在无变桨距控制的风轮中，靠气动失速来限制功率输出，因此风轮在到达额定功率后，推力继续增加，或者保持在一个恒定的水平。因此，无变桨控制的风轮在同样的风况下承受着更高的空气动力载荷。

另外，偏航气流、风轮轴倾角、风切变、塔影等其他因素也对叶片的气动力载荷产生一定影响。

2.3.1.2 离心力载荷

离心力是叶片旋转时产生的一种惯性力。其方向是从旋转轴向外，而同时又垂直于旋转轴。离心力可分解成纵向分力和横向分力。纵向分力沿着叶展轴线作用，使叶片产生离心转矩，它顺着叶片的自然扭转方向作用，有将叶片扭向旋转平面的趋势，使叶片的攻角减小，与气动转矩的方向相反。

单位长度的离心力可以分解为沿叶片轴向的离心力 q_R 和沿展向的离心力 q_Y，即

$$q_R = mr\Omega^2 = \rho_0 \Omega^2 F_0 r \tag{2-85}$$

$$q_Y = mr\Omega^2 = \rho_0 \Omega^2 F_0 Y_G \tag{2-86}$$

式中 F_0——剖面折算面积；

ρ_0——剖面折算密度；

Ω——风轮旋转角速度；

r——叶根到断面距离；

Y_G——中心位置的 Y 坐标。

沿叶片轴向的离心拉力 P_R 和沿 Y 轴方向的离心剪力 Q_Y 为

$$P_R = \int_r^R q_R \mathrm{d}r_0 = \int_r^R \rho_0 \Omega^2 F_0 r_0 \mathrm{d}r_0 \tag{2-87}$$

$$Q_Y = \int_r^R q_R \mathrm{d}r_0 = \int_r^R \rho_0 \Omega^2 F_0 r_0 \mathrm{d}r_0 \tag{2-88}$$

离心力弯矩可分解为沿 X 轴方向的弯矩 M_X 与沿 Y 轴方向的弯矩 M_Y，即

$$M_X = Q_Y(r_0 - r) = \int_r^R (r_0 - r)\rho_0 \Omega^2 F_0 Y_G(r_0) \mathrm{d}r_0 \tag{2-89}$$

$$M_Y = P_R[Y_G(r_0) - Y_G(r)] = \int_r^R [Y_G(r_0) - Y_G(r)]\rho_0 \Omega^2 Y_G r_0 \mathrm{d}r_0 \tag{2-90}$$

离心力转矩 M_K 为

$$M_K = -\Omega^2 \left\{\int_r^R [Y_G(r) - Y_G(r_0)]\rho_0 F_0 X_G(r_0)\mathrm{d}r_0 + \int_r^R [X_G(r) - X_G(r_0)]\rho_0 F_0 Y_G(r_0)\mathrm{d}r_0\right\} \tag{2-91}$$

回转载荷以及风电机组制动过程中由于叶片减速作用产生的惯性力在风轮旋转平面内引起弯曲力矩变化的制动载荷。

2.3.1.3 重力载荷

风电机组所有部件的重力必须考虑。在风电机组中，风轮叶片重量对叶片本身和下游部件均非常重要。重力方向垂直指向地面，其大小与叶片材料密度属性有关。在旋转一周中，风轮叶片重量沿叶片长度交替产生张力和压力，从而交替产生弯曲力矩。重力载荷的重要性从叶尖到叶根逐渐增加。

因此，结合风湍流，重力是影响风轮叶片疲劳强度的关键因素。风轮越大，重力的影响力也越大。正如其他结构一样，随着尺寸的增加，重力变成了强度的重要影响

因素。对于水平轴风轮而言，静载荷造成交替载荷，加剧了这一问题。

单位长度的重力可以分为沿轴向的重力 q_{RT} 和沿 Y 轴方向的重力 q_{YT}，即

$$q_{RT}=-\rho_0 F_0 g\cos\psi \tag{2-92}$$

$$q_{YT}=-\rho_0 F_0 g\sin\psi \tag{2-93}$$

重力产生的拉（压）力 P_{RT} 与剪力 Q_{YT} 为

$$P_{RT}=\int_r^R q_{RT}\mathrm{d}r_0=-\int_r^R \rho_0 g F_0\sin\psi\mathrm{d}r_0 \tag{2-94}$$

$$Q_{YT}=-\left(\int_r^R \rho_0 g F_0\mathrm{d}r_0\right)\cos\Phi \tag{2-95}$$

式中　Φ——轴倾角。

重力弯矩与转矩为

$$M_{XT}=Q_{YT}(r_0-r)=-\left[\int_r^R (r_0-r)\rho_0 g F_0\mathrm{d}r_0\right]\cos\Phi \tag{2-96}$$

$$M_{KT}=M(X_T-X_C)=\int_r^R \rho_0 g F_0(X_T-X_C)\mathrm{d}r_0 \tag{2-97}$$

式中　X_T——叶片重心；

X_C——叶片扭转中心。

部分水平轴风轮设计者在风轮叶片根部安装铰链来补偿交替的弯曲力矩。然而，在实际中这并不成功。一方面，该系统比较昂贵；另一方面，产生了附加的动态问题。

2.3.2 设计工况和载荷状态

2.3.2.1 设计工况

风电机组寿命计算包含风电机组可能要经受的、全部设计工况载荷。确定风电机组结构完整性的设计核算，载荷有以下组合形式：

（1）正常设计工况和正常外部条件的载荷。

（2）正常设计工况和极端外部条件的载荷。

（3）故障设计工况和相应的外部条件的载荷。

（4）运输、安装和维护设计工况及相应外部条件的载荷。

如果风电机组可能运行的极端外部条件与故障设计条件之间存在某种联系，设计过程中还应考虑有关的载荷状态。

2.3.2.2 载荷状态

为方便设计，针对风电机组可能经历的内、外部条件，根据 IEC 61400 规范中的要求将设计工况分为 8 种，载荷状况按照设计工况给出，同时参照风况、电网和其他

外部条件的规定。每种设计工况对应几个不同的载荷状况。

正常外部条件的复现周期为1年，而极端外部条件的复现周期为50年。对正常转速范围内的每种设计工况，应考虑若干设计载荷状态，以验证风电机组零部件的结构完整性，至少应考虑表2-5的设计载荷状态。通过风力、电气和其他外部条件的说明，规定每种设计工况的设计载荷情况。

表2-5 设计载荷状态

设计工况	DLC	风况	其他条件	分析类型	安全系数
发电	1.0	NWP$V_{in}\leqslant V_{hub}\leqslant V_{out}$		U	N
	1.1	NTM$V_{in}\leqslant V_{hub}\leqslant V_{out}$		U	N
	1.2	NTM$V_{in}\leqslant V_{hub}\leqslant V_{out}$		F	*
	1.3	ECD$V_{in}\leqslant V_{hub}\leqslant V_{r}$		U	N
	1.4	NWP$V_{in}\leqslant V_{hub}\leqslant V_{out}$	外部电气故障	U	N
	1.5	$EOG_1 V_{in}\leqslant V_{hub}\leqslant V_{out}$	电网损失	U	N
	1.6	$EOG_{50} V_{in}\leqslant V_{hub}\leqslant V_{out}$		U	N
	1.7	EWS$V_{in}\leqslant V_{hub}\leqslant V_{out}$		U	N
	1.8	$EDC_{50} V_{in}\leqslant V_{hub}\leqslant V_{out}$		U	N
	1.9	ECG$V_{in}\leqslant V_{hub}\leqslant V_{r}$		U	N
	1.10	NWP$V_{in}\leqslant V_{hub}\leqslant V_{out}$	结冰	F/U	*/N
	1.11	NWP$V_{hub}=V_r$ 或 V_{out}	温度影响	U	N
	1.12	NWP$V_{hub}=V_r$ 或 V_{out}	地震	U	E
	1.13	NWP$V_{hub}=V_r$ 或 V_{out}	电网损失	F	*
发电兼有故障	2.1	NWP$V_{in}\leqslant V_{hub}\leqslant V_{out}$	控制系统故障	U	N
	2.2	NWP$V_{in}\leqslant V_{hub}\leqslant V_{out}$	保护系统或内部电气故障	U	A
	2.3	NTM$V_{in}\leqslant V_{hub}\leqslant V_{out}$	控制（保护）系统故障	F	*
启动	3.1	NWP$V_{in}\leqslant V_{hub}\leqslant V_{out}$		F	D
	3.2	$EOG_1 V_{in}\leqslant V_{hub}\leqslant V_{out}$		U	N
	3.3	$EOG_1 V_{in}\leqslant V_{hub}\leqslant V_{out}$		U	N
正常停机	4.1	NWP$V_{in}\leqslant V_{hub}\leqslant V_{out}$		F	*
	4.2	$EOG_1 V_{in}\leqslant V_{hub}\leqslant V_{out}$		U	N
紧急停机	5.1	NWP$V_{in}\leqslant V_{hub}\leqslant V_{out}$		U	N
停机（静止或空转）	6.0	NWP$V_{hub}<0.8V_{ref}$	可能的地震	U	N/E
	6.1	EWM 50年一遇		U	N
	6.2	EWM 50年一遇	电网损失	U	A
	6.3	EWM 50年一遇	极端倾斜来流	U	N
	6.4	NTM$V_{hub}<0.7V_{ref}$		F	*
	6.5	$EDC_{50} V_{hub}=V_{ref}$	结冰	U	N
	6.6	NWP$V_{hub}=0.8V_{ref}$	温度影响	U	N

续表

设计工况	DLC	风况	其他条件	分析类型	安全系数
停机兼有故障	7.1	EWM 1年一遇		U	A
运输、安装、维护和修理	8.1	EOG_1 $V_{hub}=V_T$	需制造厂商规定	U	T
	8.2	EWM 1年一遇	锁紧状态	U	A

注 DLC表示设计载荷状态；*表示疲劳局部安全系数；E表示地震的安全系数；F表示疲劳分析；U表示极端分析；N表示正常安全系数；A表示非正常安全系数；T表示运输、安装、装配和维护安全系数。

当风速范围在表2-5中列出的范围内时，应考虑风速导致的最不利的风轮设计条件。对于极限强度的分析，至少应在风速范围 $V_{in}\leqslant V_{hub}\leqslant V_{out}$ 内研究风速 V_r 和 V_{out}，并至少在风速范围 $V_{in}\leqslant V_{hub}\leqslant V_r$ 内研究 V_r。对于疲劳强度的分析范围可以分成许多的子范围，并对每个子范围分配相应的风电机组寿命百分比。

1. 发电

该设计工况下，设计载荷需要考虑风轮不平衡的影响，设计计算中应考虑转子制造时的最大质量和气动不平衡，分析运行载荷时还应考虑偏航偏差、控制系统以及跟踪误差。

2. 发电兼有故障

该设计工况包括故障或脱网触发的瞬间事件，应充分考虑影响载荷较大的控制系统、保护系统故障以及电气系统内部故障。

3. 启动

该设计工况包括机组从静止到空转到发电状态的瞬时载荷产生的所有事件。根据控制系统的行为来估计发生时间的频数。

4. 正常停机

该设计工况包括机组从发电状态到静止或空转状态的瞬间使载荷产生的所有事件。根据控制系统的行为来估计发生事件的频数。

5. 紧急停机

应考虑紧急停机所产生的载荷。

6. 停机（静止或空转）

该设计工况下处于停机或空转状态。

7. 停机兼有故障

该设计工况下要对停机机组的正常行为和电网或机组本身造成的故障进行分析。

8. 运输、安装、维护和修理

制造商一般规定了所有风况以及包括风电机组的运输、安装、维护和维修的设计工况，载荷设计时对于最大风况的分析要考虑上述工况的影响，也包括了所有持续时间超过一周的运输安装、维护和维修，同时也包括无机舱和叶片的情况。

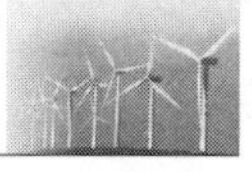

2.3.3 载荷计算

针对每种设计载荷状况，风电机组载荷的分析过程，除了考虑各种载荷外，还要考虑下面一些影响。

1. 一般影响

(1) 由风电机组本身引起的流场扰动（尾流诱导速度、塔影效应、塔架迎风效应等）。

(2) 三维流动对叶片气动特性的影响（如三维失速和叶尖气动损失）。

(3) 气流对翼型的动态失速影响。

(4) 不稳定空气动力影响。

(5) 气动弹性影响。

(6) 气动不对称性影响。通过风轮叶片的生产或安装误差产生，一般取叶片攻角的偏差为±0.3°（即对三叶片装置：叶片1在0°，叶片2在－0.3°，叶片3在＋0.3°）。

(7) 结构动力学和振动模态的耦合。应考虑叶片、传动链和发电机的弹性以及塔架的弯曲，如果机器的弹性安装、振动阻尼、塔架的扭转刚度和基础的影响不能忽略，则它们也应包括在内。

2. 运行影响

(1) 静态与载荷相关的轴承摩擦力矩（特别是叶片变桨轴承、偏航轴承）。

(2) 风电机组控制和安全系统的特性。

(3) 在塔架的共振区域内运行。设计时，应尽可能使风电机组运行频率避开塔架的自振频率，以防止共振现象的发生。

载荷计算一般采用相关的理论模型，借助工具软件进行。分析过程取轮毂高度的风速为计算值，计算的平均时间应不小于60min。计算某些载荷状况，需要考虑湍流风输入，并要求载荷数据的总周期足够长，以确保计算载荷统计数值的可靠性。

在许多情况下，风电机组部件一些关键部位的局部应力和应变可能处于瞬时多种载荷状态。对此，需要使用仿真输出的正交载荷时间序列定义设计载荷。采用这种正交载荷分量的时间序列进行疲劳和极限载荷计算时，应同时保存载荷的幅值和相位分量。

2.3.4 载荷安全系数

极限状态分析中的载荷安全系数。极限状态下，对所有零部件，应使用的载荷安全系数 $\gamma_F=1.0$。

强度极限状态分析中的载荷安全系数，见表2-6。

不同原因的载荷如可相互独立地确定，载荷的安全系数应取表2-6中的最小值。

表 2-6 载荷安全系数 γ_F

载荷源	非良性载荷			良性载荷
	设计工况类型			所有设计工况
	N（正常和极限）	A（非正常）	T（运输、安装）	
气动	1.35	1.1	1.5	0.9
运行	1.35	1.1	1.5	0.9
重力	1.1/1.35	1.1	1.25	0.9
其他惯性力	1.25	1.1	1.3	0.9
热影响	1.35	—	—	—

许多情形零部件动力影响不能相互独立地确定，载荷的安全系数 γ_F 应采用表2-6中设计工况的最高安全系数。

疲劳强度分析中的载荷安全系数。对所有正常和异常的设计工况，载荷的安全系数 $\gamma_F=1.0$。

挠度分析中的载荷安全系数。应验证在表 2-6 中所列设计条件下没有危害风电机组安全性的挠度发生，最重要的是，叶片和塔架之间不允许出现接触，应确定载荷沿最不利方向的最大弹性挠度。

2.3.5 疲劳强度分析

疲劳破坏是机械零件和结构件的主要失效形式之一，主要发生在循环变量载荷和随机载荷作用的条件之下，由于循环载荷作用，在零部件局部应力最大且最弱的部位出现微裂纹，并逐渐发展成宏观裂纹。

一般来说，结构强度设计的基本原则是保证静载荷产生的应力不超过材料容许应力，避免发生过载破坏，对于变载荷情况，可以通过增加容许安全系数来解决。疲劳失效与静载荷破坏不同。首先在零部件的危险点附近产生疲劳裂纹，然后扩展直至发生断裂失效。因此，应设法降低危险点的应力或提高危险点的强度，提高疲劳强度并延长寿命。

设计中不仅要考虑多重循环载荷的作用，还需要考虑随机载荷等的影响。

2.3.5.1 疲劳强度设计基本方法

疲劳强度设计一般以实验为基础，通过相应的力学试验获得某种构件的疲劳强度极限数据。为降低实验成本并简化试验过程，通常采用结构简单、造价较低的标准试样。试验过程通常对试样施加不同幅值的零均值循环应力，并记录试样在循环应力条件达到破坏的循环次数或寿命 N。通过对一组试样施加不同应力载荷的试验，可得到系列试验数据。经过数据处理后，以循环应力次数为横坐标，循环应力为纵坐标，可以作出相应构件的循环应力—寿命曲线，通常称为 $S—N$ 曲线。

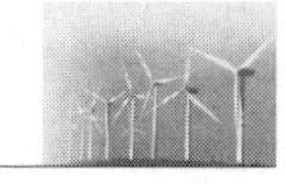

图 2-22 表示疲劳强度的 $S—N$ 曲线基本形式。曲线由三段折线组成，采用双对数坐标。

第一段为平行于纵坐标的直线，一般对应材料的静载荷强度 σ_S。

第二段为斜线，其基本关系为

$$\sigma_i^m N_i = C \tag{2-98}$$

式中 m、C——与试件材料有关的常数；

N_i、σ_i——斜线上的任一点坐标。

第三段与第二段交点的横坐标 N_0 一般称为循环基数，对应的纵坐标 σ_D 称为疲劳极限。

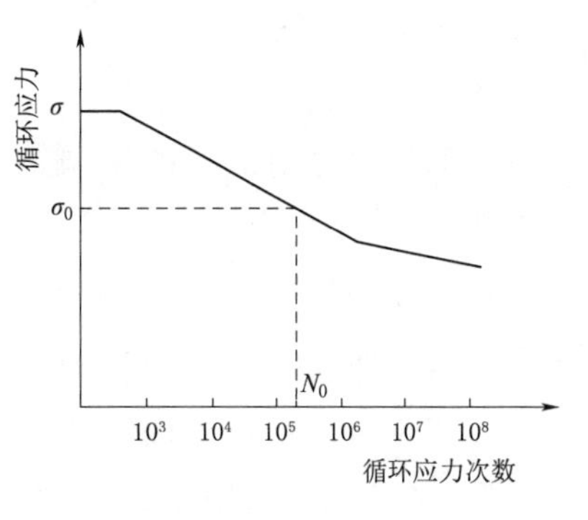

图 2-22 循环应力—寿命曲线（$S—N$）

当循环应力幅值低于 σ_0 及试验循环次数超过 N_0 时，若试件不发生损坏，则认为在 σ_0 应力作用下，可以无限次循环不出现疲劳失效，称为 Miner 准则。

实际情况中，材料不可能承受无限次循环应力，对于风电机组等要求设计寿命较长的设备，特别是对于其中一些需要承受更高周次循环载荷的构件而言，仅采用 Miner 准则对应的低应力范围进行疲劳评估往往不够。

影响结构疲劳强度的因素很多，主要涉及材料、零件状态和工作条件等方面。

（1）材料方面。材料方面是指化学成分、金相组织、纤维方向、内部缺陷等。

（2）零件状态。零件状态是指应力集中系数、尺寸系数、表面加工状态、表面强化处理状态。

（3）工作条件。工作条件是指载荷特性、环境介质、使用温度等。

2.3.5.2 疲劳强度设计需考虑的问题

分析风电机组疲劳必须首先确定合理的载荷谱。对风电机组载荷状况的详细分析和评估是确定载荷谱的基本依据。载荷谱的确定要考虑对风电机组结构可能造成损伤的所有疲劳载荷。在初始设计阶段，可假设风电机组的最低设计寿命为 20 年，采用简化计算载荷谱进行结构疲劳分析。

疲劳强度的设计载荷谱，应包括风电机组在设计风速范围的典型循环载荷，循环次数与各种风速条件下风电机组运行的时间成正比。同时，需要考虑风电机组启动和停机过程的载荷循环。

计算载荷谱时需要考虑以下因素的影响：

（1）构件重量载荷。

（2）旋转部件偏心引起的不平衡载荷。

（3）尾流效应的影响。

（4）叶片的制作与安装误差。叶片的加工和安装可能会造成风轮气动载荷的不对称。应考虑实际允许误差，可设叶片的相对安装角偏差为±0.3°。

（5）正常风梯度。

（6）风向变化。

（7）偏航操作对载荷的影响。一般认为偏航操作的工作时间约占风电机组运行寿命的10%。

（8）启动与停机。当风轮转速通过塔架共振区时，将产生动态载荷的放大效应。可设风电机组每年在切入风速下启动1000次，在切出风速下停机50次。

（9）按正常湍流模型确定的风扰动。

（10）平均风速的偏差。

2.3.5.3　风电机组气动部件的简化载荷谱

设计中往往难以获得气动部件的载荷谱，初步设计时可采用简化载荷谱。简化载荷谱的最大幅值通常取平均气动载荷的1.5倍；对于最大循环的次数，则需根据风电机组寿命期内在额定风速条件下连续运行的假设，并考虑具体的设计和运行参数导出。

对于叶片及其连接件，确定循环载荷数时应考虑风轮转速、叶片通过频率等参数，同时假定风电机组在整个寿命期内均在额定风速条件下运行。

对于叶片重力等载荷与启动载荷叠加引起的振动，可假设气动力的相位关系与垂直风梯度引起的载荷相位一致。

作为对载荷谱的进一步简化，疲劳分析过程也可采用“损伤等载荷谱”。所用的$S—N$曲线中的幂指数$m=3\sim9$，载荷循环次数一般取上述载荷循环次数的75%。

2.3.5.4　疲劳失效评估方法

风电机组构件产生的疲劳损伤可根据Miner准则进行评估。同时应参照有关风电机组的设计标准，考虑疲劳安全系数，使其设计寿命期内的累积损伤满足

$$D=\sum\frac{n_i}{N_i(\gamma_m\gamma_n\gamma_f\sigma_i)}\leqslant 1.0 \tag{2-99}$$

式中　n_i——典型载荷谱的第i级载荷的计算疲劳载荷次数；

σ_i——与第i级载荷计算循环次数对应的应力，包括平均应力和循环顺序的影响；

N_i——疲劳破坏对应的循环次数，是以应力为自变量的函数；

γ_m、γ_n、γ_f——对应的材料、失效影响和载荷局部安全系数。

对于采用无限寿命设计原则设计的零部件，应保证其发生疲劳破坏的概率极小；对于采用安全寿命设计原则设计的零部件，应保证其在给定的风电机组使用寿命期内发生疲劳破坏的概率极小；对于采用损伤容限设计原则设计的零部件，应根据零部件的失效—安全等级，同时综合考虑构件的材料、应力水平和结构型式，尽量减少因未发现的缺陷、裂纹或损伤扩展对风电机组产生的影响。

第3章 风电机组总体设计

风电机组设计包括总体设计、子系统设计、制造安装工艺设计。总体设计是风电机组设计的基础，主要包括总体基本运行参数设计和总体的结构概念设计。总体设计完成以后，风电机组的主要性能指标及设计成本基本上随之确定。

本章主要介绍风电机组的基本运行参数设计、总体结构概念设计。

3.1 基本运行参数设计

基本运行参数设计是指气动设计前必须首先确定的风电机组的一些指标，如设计等级、额定风速、切入切出风速、风轮几何参数、风轮运行参数、功率曲线、塔架的固有频率等，参数设计的基本要求是发电成本低、机组载荷最小，发电量高、电能品质好。

3.1.1 设计等级

3.1.1.1 国内风资源情况

通过对全国14个主要省级行政区的近60个风场进行年平均风速的统计，并将年平均风速统一折算至距地面10m高处，可大致了解国内主要区域的风资源情况，其折算公式为

$$V=V_0\left(\frac{H}{H_0}\right)^{\alpha} \tag{3-1}$$

其中 V——折算到所需高度处的年平均风速；

V_0——测风塔高度处年平均风速；

H——折算处的高度，取10m；

H_0——测风塔所处高度；

α——风剪切系数，此处取0.16。

将折算后的年平均风速进行统计分析，可以得出国内风场年平均风速统计结果，如图3-1所示，国内超过70%的风场年平均风速为5～7m/s。因此，风电机组的设

计必须考虑这一客观因素，使得设计出来的产品定位清晰，并尽可能地满足在多数风场运行的要求。

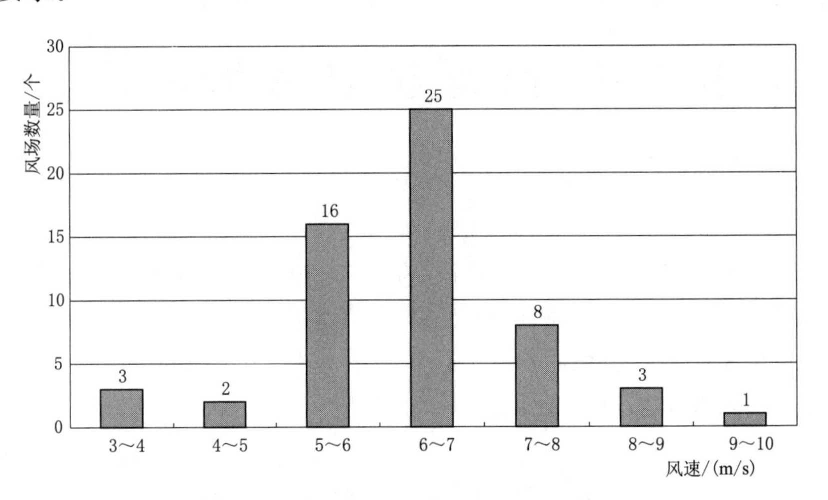

图 3-1 国内风场年平均风速统计结果

3.1.1.2 风电机组设计等级

风电机组的设计需要考虑其安装区域的外部条件，IEC 61400-1—2019 将风电机组的设计等级分为Ⅰ级、Ⅱ级、Ⅲ级和S级，湍流强度分为$A+$、A、B和C，风速和湍流参数代表了大部分的区域。风电机组的不同设计等级都有与之对应的风速和湍流参数，见表 3-1。

表 3-1 风电机组设计等级分类

<table>
<tr><th colspan="2">风电机组等级</th><th>Ⅰ级</th><th>Ⅱ级</th><th>Ⅲ级</th><th>S级</th></tr>
<tr><td colspan="2">V_{ref}/(m/s)</td><td>50</td><td>42.5</td><td>37.5</td><td rowspan="2">由设计者自行确定</td></tr>
<tr><td colspan="2">V_{ave}/(m/s)</td><td>10</td><td>8.5</td><td>7.5</td></tr>
<tr><td>$A+$</td><td>I_{ref}(—)</td><td colspan="3">0.18</td><td rowspan="4"></td></tr>
<tr><td>A</td><td>I_{ref}(—)</td><td colspan="3">0.16</td></tr>
<tr><td>B</td><td>I_{ref}(—)</td><td colspan="3">0.14</td></tr>
<tr><td>C</td><td>I_{ref}(—)</td><td colspan="3">0.12</td></tr>
</table>

注 V_{ave}表示年平均风速；V_{ref}表示平均 10min 参考风速；$A+$表示超高湍流等级类别；A 表示高湍流等级类别；B 表示中湍流等级类别；C 表示低湍流等级类别；I_{ref}表示湍流强度参考值。

3.1.2 额定风速、切入切出风速

3.1.2.1 额定风速

风电机组额定风速的选择主要取决于风电机组的应用场合、风轮直径以及机组额定转速。设计的目标是确定一个合理的额定风速值，这里存在一个涉及多方面因素的优化问题，其中风电场的收益因素是需要优先考虑的。如果选取的额定值太高，机组

很少能达到额定功率，总发电量偏低，以至于成本相对发电量来说就不合理；如果额定值取在最优值以下，相对于发电量，风轮及其支撑的成本偏高，也是不合理的。有学者研究了额定风速和年平均风速的关系，认为优化的额定风速与年平均风速比值应该在1.7左右，而美国国家可再生能源实验室（NREL）得出的结论认为在1.5左右较为合适。根据NREL报告推荐的1.5倍，并取年平均风速8.5m/s，则可得到风电机组的设计额定风速约为12m/s。表3-2给出了国外部分机型额定风速的设计取值，其主要为12～15m/s。

表3-2　国外部分3MW机组设计风速

机构	Vestas	Winwind		GE	An/Bonus
机型	V100	WWD-3D90	WWD-3D100	GE3.6sl	An/Bonus3.6
功率/MW	2.75	3		3.6	3.6
切入风速/(m/s)	4	4	4	3.5	3.5
额定风速/(m/s)	15	13	12	14	12～14
切出风速/(m/s)	25	25	20	27	25

3.1.2.2　切入切出风速

切入风速是风电机组开始发电时轮毂高度处的最低风速，切入风速越低，风轮在低风速段捕获的能量越多，但如果切入风速定得过低，会导致风电机组发出来的电能小于自身的损耗，这种情况就得不偿失了，应避免发生。据统计，当前国内风电机组整机厂商一般将切入风速定在3m/s左右。

切出风速是机组正常发电时的轮毂高度处的最大风速，切出风速的确定，需要综合考虑风电机组的发电能力及载荷大小的平衡，世界知名叶片开发公司艾尔姆风能（LM）给出的切出风速设计参考值一般为25m/s。切出风速的确定还应考虑风电场所在区域的风频分布情况，例如，以我国中东南部区域为代表的低风速区域，出现大风的情况很少，根据风速分布统计来看，风速超过20m/s的时间占比非常低，因此针对中东南部低风速区域设计的低风速风电机组常常会降低切出风速，如取20m/s；而以三北区域为代表的高风速区域，大风的比例明显增多，这时就需要尽可能地提高切出风速（如25m/s），以便获取更多的发电量。

3.1.3　风轮几何参数

3.1.3.1　风轮直径

为达到设计功率的要求，风轮直径D的估算公式为

$$D=\sqrt{\frac{8P_{\mathrm{N}}}{C_{\mathrm{P}}\eta_{\mathrm{DT}}\rho\pi V_{\mathrm{N}}^{3}}} \tag{3-2}$$

式中　P_{N}——额定输出电功率，此处以$P_{\mathrm{N}}=3000\mathrm{kW}$为例，推算风轮直径的大小；

ρ——空气密度，取海平面标准空气密度 1.225kg/m^3；

C_P——额定功率下风能利用系数，考虑叶片实际的工作情况，按经验估计 $C_P=0.42$；

η_{DT}——传动系统效率，其损耗主要为齿轮箱、电机和变流系统三者之和，其中齿轮箱效率 $\eta_B>97\%$，电机效率 $\eta_G>97.5\%$，变流系统效率 $\eta_C>95\%$，因此整体效率 $\eta_{DT}=\eta_B\times\eta_G\times\eta_C>90\%$，此处 $\eta_{DT}=0.9$；

V_N——额定风速，初选 $V_N=12$m/s。

根据以上公式和参数可得出风轮直径约为 98m。

同时，风轮直径直接影响到风轮的重量，风轮的重量（也就是成本）大致与风轮直径的三次方成正比，风轮吸收的功率与直径的平方成正比，风轮直径增加后，塔架高度也相应增加，由于风剪切效应，轮毂处平均风速增加，因此应综合考虑风轮直径、成本和发电收益之间的关系。有专家初步统计了 75 台风电机组的风轮直径，结果表明单位扫风面积的功率大致为 405W/m^2，按该方法计算所得风轮直径为 97m，同以上所推导结果基本吻合。

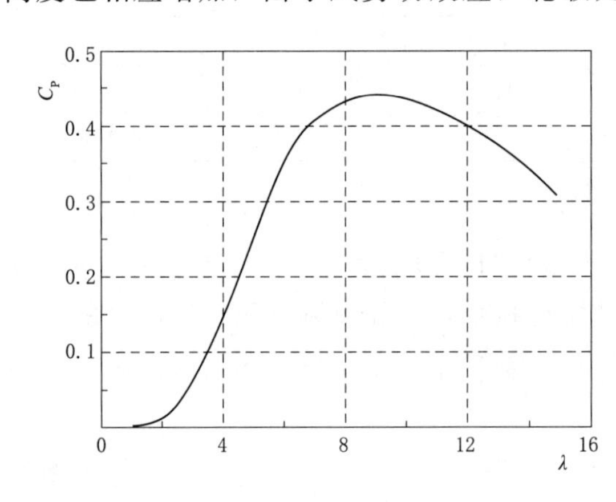

图 3－2　某 3MW 机组的 C_P—λ 曲线

3.1.3.2　C_P—λ 曲线

由第 2 章可知，C_P—λ 曲线将直接影响风电机组的发电效率。在进行风电机组的总体设计时，应重点关注 C_P—λ 的确定，可以用“更高，更宽，更平”三个指标，衡量 C_P—λ 曲线的优劣。图 3－2 为某 3MW 机组的 C_P—λ 曲线，在 $\lambda=6.8\sim12$ 的范围内，$C_P\geqslant0.4$，最大值可以达到 0.44，那么在风电机组设计时，应保持对 C_P 的追踪，使风电机组长期运行在该区域。

3.1.3.3　风轮锥角、倾角及悬伸量

图 3－3 是三叶片水平轴风电机组风轮倾角、锥角和悬伸量的几何关系。一方面要确保风电机组生命周期内，在任何设计工况下，叶片与塔架之间都可以保持足够的安全距离；另一方面又要兼顾发电量与载荷等因素。因此，风电机组风轮倾角、风轮锥角、风轮悬伸量的确定往往不是一成不变的，而是根据风电机组其他设计参数的不同，在兼顾各方面因素的情况下，针对性地综合比选确定的。

风轮倾角、锥角、悬伸量的确定需要满足叶尖与塔架的距离保持在 12m 以上（当前已经有完整的规范，对叶尖与塔架的距离做出明确要求），如考虑叶片预弯量为 3m，此时的约束方程为

$$\frac{D}{2}\times\sin(\alpha+\beta)+L-r_t\geqslant 12-3 \tag{3-3}$$

式中 D——风轮直径，根据前面计算取 100m；

α——倾角，根据经验假设为 4°；

β——锥角，根据经验假设为 3°；

L——风轮悬伸量；

r_t——叶尖处塔架半径，根据经验假设为 1.6m。

根据式（3-3）可以求出风轮悬伸量 $L\geqslant 4.5$m。

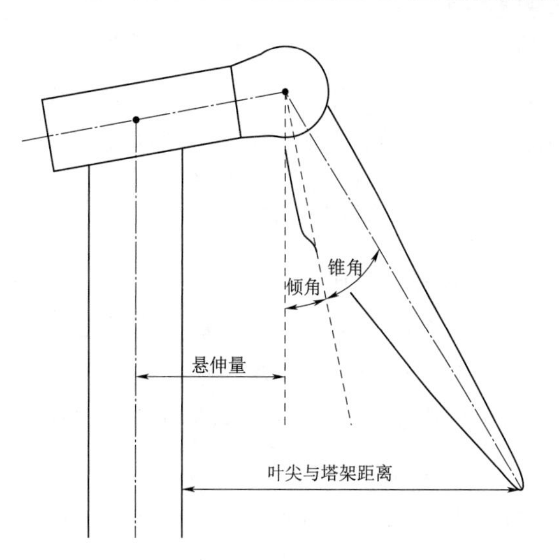

图 3-3 风轮倾角、锥角和悬伸量的几何关系（三叶片水平轴风电机组）

一般情况下，风轮倾角、锥角、悬伸量的确定还要满足顺桨时叶片最大弦长处与塔壁距离大于 1m 的约束条件为

$$L\geqslant c_{max}(1-c_r)(1-\sin\beta)+r_y+1 \tag{3-4}$$

式中 c_{max}——叶片最大弦长，以 3.85m 为例；

c_r——最大弦长处翼形前沿到变桨轴线的距离与弦长的比率，取 $c_r=0.34$；

r_y——偏航轴承外径，以 1.8m 为例。

根据上述方程可得，$L\geqslant 4.9$m。

综合两个约束方程，以 LM48.3P 型叶片为例进行风电机组的风轮设计，最后确定风轮倾角、锥角和悬伸量的初步设计结果（表 3-3）。

表 3-3 风轮倾角、锥角和悬伸量初步设计结果

叶片型号	LM48.3P	叶片型号	LM48.3P
风轮直径/m	100	设计倾角/(°)	4
推荐叶尖与塔架最小间距①/m	12	设计锥角/(°)	3
叶片预弯量①/m	3	叶尖与塔架设计间距/m	12.3
设计悬伸量/m	4.9		

① 表示该参数由 LM 公司提供。

3.1.3.4 轮毂中心高度

轮毂中心高度对于风电机组发电性能影响较大，轮毂中心高度主要取决于塔架的高度。根据经验，塔架高度每增加 1m，年发电量将增加 1%。因此，在条件允许的情况下，塔架越高发电量越高。对于塔架高度的设计，欧洲某些地区对机组总高度有低于 100m 的限制，因此欧洲地区的机组设计一般采用较低的塔架高度以满足此要求，

而我国目前并无此限制，可选择更高的塔架高度以增加机组的发电量；与设计切出风速的情况类似，塔架高度的提升也必然带来塔架成本的增加。因此，需要根据不同建设条件，在发电量提升与成本增加之间寻求平衡。

3.1.4 风轮运行参数

3.1.4.1 额定转速

风轮系统是由叶片、轮毂、变桨轴承、变桨系统等组成的。通常希望风轮在额定风速以下尽可能多地吸收风能，而在额定风速以上时限制转速在额定转速附近、转矩在额定转矩附近，通过控制电机转矩和桨距角尽可能减少风电机组系统的载荷和疲劳。对于兆瓦级大型风电机组，风轮最大转速的限制主要来自叶尖的许可速度，美国一般要求风电机组的叶尖速度不大于 85m/s，欧洲一般要求风电机组的叶尖速度控制在 76m/s 以内。叶尖速度主要对环境噪声有较大影响，所以国内可以根据风场的地理环境进行确定。由于存在叶尖许可速度限制，导致很多大型叶片在额定功率以前其转速已经达到了叶尖许可速度限制所对应的风轮转速，而风轮的最低转速则受到塔架频率的限制。在许可的条件下最低转速越低，也就是机组的运行范围越宽，机组在低风速段的最优 C_P 值跟踪性能就会越好，能够吸收更多的风能。此外，最低转速还可能受到电机许可的最低转速的限制。国外部分 3MW 机组设计转速范围见表 3-4。

表 3-4 国外部分 3MW 机组设计转速范围

制造厂商	Vestas		Winwind		GE	An/Bonus
机型	V90	V100	WWD-3		GE3.6sl	An/Bonus3.6
功率/MW	3	3	3		3.6	3.6
风轮直径/m	90	100	90	100	111	107
设计转速/(r/min)	x～16.1	6.7～13.4	5～16	5～15	x～15.3	5～13
最大叶尖速/(m/s)	75.9	70.2	75.4	78.5	88.9	72.8

从表 3-4 可以看出，除美国 GE 公司的 GE3.6sl 机型的最大叶尖速为 88.9m/s 外，其他风电机组制造厂商基本都将最大叶尖速控制在 76m/s 以下。

3.1.4.2 最高运行转速、过速停机转速、设计最大转速

当风电机组在额定功率、额定转速下正常运行时，由于受到阵风的影响，会使风电机组的转速加快，但控制系统具有一定的时间延迟，这会使风电机组瞬时过载和过转速，这时风电机组允许达到的转速为最高运行转速，其值一般为额定转速的 1.1 倍。

当在最高运行转速时发生负荷跌落，使得风轮转速进一步增大 10%，该转速为过速停机转速，其值一般为额定转速的 1.2 倍。

当机组在最高运行转速时，3 个独立的变桨系统中一个发生故障，会导致风轮转速在最高运行转速的基础上增大额定转速的 15%，该转速为设计最大转速，其值一般

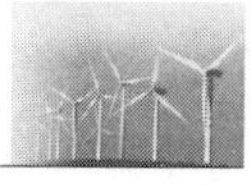

为额定转速的1.25倍。

3.1.5 功率曲线

为了跟踪最大 C_P 值，在额定风速以前使用变速控制，目前普遍采用平方转速的转矩控制方案，对于大型风电机组来说，一般变速控制所能达到的最大转速已经接近额定转速，然而这时的功率却可能远远小于额定功率，从这时开始至达到额定功率将使用变矩控制（几乎是恒速），达到额定功率之后控制系统开始使用变桨控制（恒转速、恒扭矩），以保持机组功率在额定值。可见，机组存在3种不同控制策略的切换调度。根据机组实际运行功率，可绘制出机组的功率曲线，上述控制策略过程如图3-4所示。

3.1.6 塔架的固有频率

风轮转动及其产生的塔影效应，会成为塔架的外部激励，如果塔架的固有频率与风轮转速的 $1P$ 或 $3P$ 相同，则塔架会产生共振。某机组的坎贝尔图如图3-5所示，当塔架频率位于大于0.705Hz、大于0.2417Hz且小于0.25Hz、小于0.083Hz 3个范围内时，塔架不会产生共振。

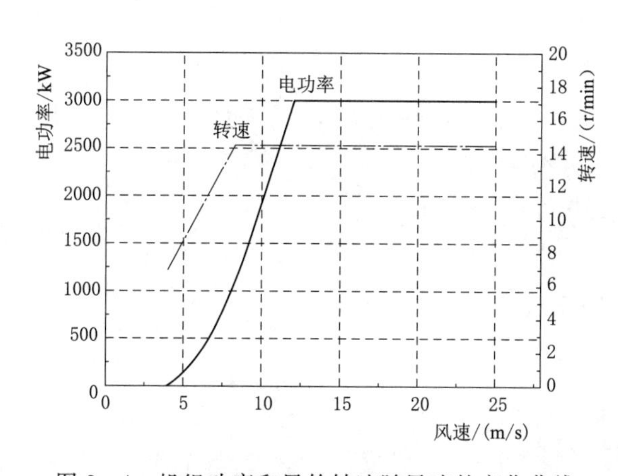

图3-4 机组功率和风轮转速随风速的变化曲线

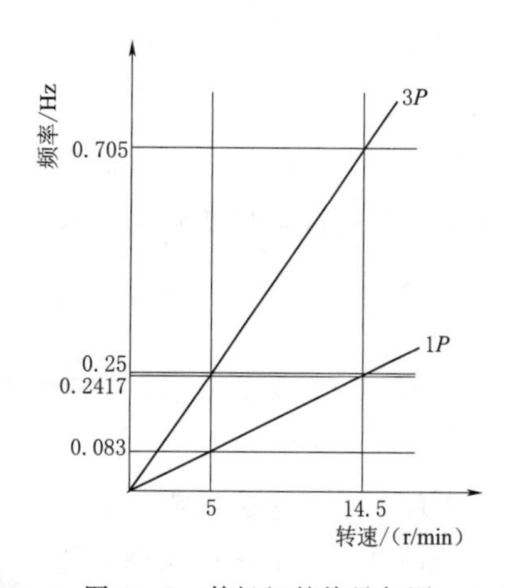

图3-5 某机组的坎贝尔图

叶片在低转速的情况下通过塔架时，挥舞摆振的气动阻力相对较大，对塔架的激励相对于高转速时要小得多，而且可以通过控制策略来减小叶片对塔架的影响，因此塔架所允许的固有频率范围上限可以适当放宽。

3.2 总体结构概念设计

风电机组总体结构概念设计是指气动设计方案，整机各部件、子系统、附件和设备等的布局方案，结构承力件、传动系统的布局，以及对各部件和子系统的要求、组成、原理分析、结构型式、参数及附件的选择等。

3.2.1　传动系统方案设计

3.2.1.1　设计原则

传动系统方案设计的目的是确定传动系统的技术路线，并在拟采用的技术路线下，完成传动系统主要部件（如主轴、主轴承、齿轮箱和发电机）的布局及各部件间的连接方式。传动系统方案设计在风电机组概念设计阶段非常重要，它将决定整个风电机组的性能及结构布局，应充分考虑技术性、经济性、可靠性、可维护性、制造工艺性和其他原则来进行设计。这些原则可能会在一定程度上发生交叉和冲突，必须综合权衡并有所侧重地来进行传动系统方案设计。

3.2.1.2　技术路线

技术路线的选择至关重要，某种程度上决定了机组的性能。采取的技术路线要求尽可能采用可靠的技术、材料、工艺，同时产品设计还需要有一定的前瞻性，以保证新机组的研发在技术上的成熟性和新颖性。此外，应尽可能采用简单的设计，以减小传动系统上各部件的设计难度和设计周期。技术成熟度和技术新颖性可能是一对矛盾的统一体，实际评估时需要综合考虑。

3.2.1.3　经济性

经济性要求传动系统的制造成本、运行成本及维护成本尽可能低。经济性指标可以由传动系统的度电成本来度量，其计算公式为

$$COE=\frac{(FCR\times ICC+AOM)}{AEP} \tag{3-5}$$

式中　COE——度电成本，美分/(kW·h)；

FCR——固定费率，1；

ICC——初始投资，美分；

AOM——年运行和维护成本，美分；

AEP——年发电量，kW·h。

美国可再生能源实验室（NREL）的传动系统研究报告（Global Energy Concepts，LLC 编写）如图 3-6 所示，其估算了各种传动系统的度电成本，其中 750kW 和 3MW 风电机组的度电成本由 1.5MW 风电机组的度电成本比例缩放而得到。由于估算过程进行了较多的假设和简化，其研究结论曾受到质疑和争议，但是在还没有做初步设计不能对传动系统度电成本估算的前提下，依据他们的研究结果作初步分析还是有意义的。按照其研究结果，在直驱机组、半直驱机组和传统机组中，直驱（Direct drive）机组的传动系统度电成本最高并且随容量的增加而增加，传统（Baseline）机组的传动系统度电成本居中，而带有一级齿轮箱的半直驱（Single

PM）机组的传动系统度电成本最低。

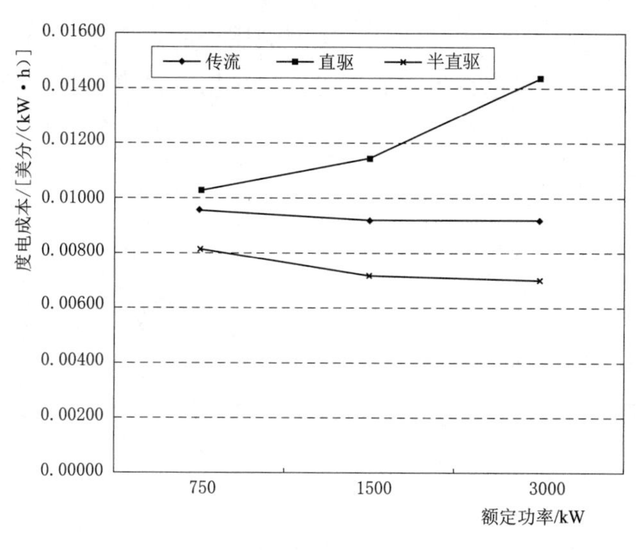

图 3-6 NREL 对各种传动系统度电成本的估算

但 NREL 的另一份研究报告（由 Northern Power Systems 编写）得出的结论与上述结论有所不同。在传动系统方面，其认为半直驱的传动系统成本比传统传动系统高 1%，而直驱式传动系统的成本比传统传动系统高 14%。度电成本方面，直驱机组与传统机组相当［3.42 美分/(kW·h)］，而半直驱机组在三者中最低［3.39 美分/(kW·h)］，具体见表 3-5 和表 3-6。

表 3-5 3MW 机组传动系统度电成本比较

传动系统	传统传动系统	直驱传动系统	半直驱传动系统
传动系统成本百分比/%	100	114	101
风电机组成本百分比/%	100	105	100

表 3-6 3MW 整机度电成本比较

机组	传统机组	直驱机组	半直驱机组
生产成本/美分	1932264	2029018	1937357
利润率/%	15	15	15
购买价格/美分	2222104	2333371	2227961
基本配置/美分	495000	495000	495000
初始资本成本/美分	2717104	2828371	2722961
固定费率/%	10.56	10.56	10.56
年度运行维护成本/美分	46872	41485	46255
年发电量/(kW·h)	9764952	9950531	9841388
度电成本/[美分/(kW·h)]	3.42	3.42	3.39

3.2.1.4 可靠性

可靠性是风电机组基本的质量标志，是产品质量的重要组成部分。风电机组的可靠性属于广义可靠性，是风电机组固有可靠性和使用管理可靠性的综合度量，以机组运行可利用率来度量，即

$$A=\frac{T_t-(T_{cum}-T_s-T_p-A_{LDT})}{T_t} \tag{3-6}$$

式中 T_{cum}——累计停机时间，h；

T_p——计划维修时间，h；

T_s——维护人员操作失误造成的停机时间，h；

T_t——总时间，h；

A_{LDT}——非维修时间，h，指电网故障、自然灾害或气候限制导致的停机时间。

从式（3-6）可以看出，可靠性要求非人为失误、非计划维修和非维修时间以外的停机时间应尽可能少，即因机组自身故障而导致的停机时间尽可能少。可以从固有可靠性和可维护性的角度来分析传动系统的可靠性。

1. 固有可靠性

传动系统的固有可靠性可以用串联模型来衡量，即传动系统可利用率等于各部件的可利用率的乘积。从这个意义上讲，传动链越长，传动系统上部件越多，发生故障的概率也越高，风电机组固有可靠性越差；反之，传动链越短，风电机组固有可靠性越好。因此，可以认为在上述3种传动系统中直驱机组的固有可靠性最好，半直驱机组次之，传统机组最差。

2. 可维护性

可维护性是广义可靠性的一部分，良好的可维护性可缩短累计停机时间，从而增加风电机组的可利用率，在一定程度上弥补风电机组固有可靠性的不足，这正是传统风电机组在风电史上一直占有重要席位的原因之一。可维护性要求风电机组传动系统易于维护，能够在尽可能短的时间内完成故障零部件的修复和失效零部件的更换，也就是要求传动系统上各部件间应有充足的维修空间和便于拆卸的连接方式。

3.2.1.5 工艺性

工艺性要求风电机组传动系统易于制造和装配，各零部件应有良好的工艺性，包括铸造工艺性、焊接工艺性、机加工工艺性、热处理工艺性、装配工艺性等。国内制造业的技术水平和生产设备与国外发达国家有一定差距，为保证机组国产化率，制造工艺性是传动系统方案设计时必须考虑的因素之一，也是风电机组能否产业化的关键。

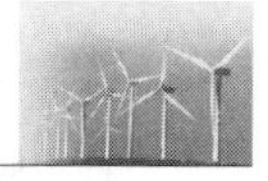

3.2.1.6 其他原则

传动系统上各零部件及机舱应易于运输，在尺寸上尽可能小。对传统机组和半直驱机组而言，运输问题并不突出。

3.2.2 主轴系概念设计

3.2.2.1 主轴系支撑方式选择

主轴系分为采用单轴承和多轴承两类方案。

1. 单轴承方式

单轴承方式是指用一个主轴承支撑风轮主轴的方式。这种主轴承一般为双列圆锥滚子轴承，采用背对背布置的方式，接触角约45°，这种轴承尺寸大，可承受径向力、双向轴向力，承载方式相当于回转支撑轴承。这种双列圆锥滚子轴承的制造和研制费用较高，供货周期长，价格昂贵，仅在传动系统非常紧凑的场合下才会予以应用，目前已经在 Multibrid M5000、Winwind－3、Vestas V90－3.0 等风电机组上得到应用。FAG、SKF 单轴承结构如图 3－7 所示。

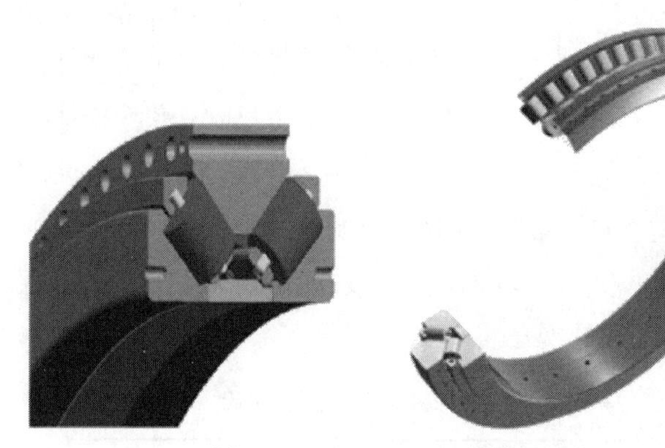

图 3－7 FAG、SKF 单轴承结构

2. 多轴承方式

多轴承方式可分为三点支撑方式、双轴承方式和多轴承集成在齿轮箱内的方式等3种。

(1) 三点支撑方式。三点支撑方式通常是指一个球面滚子轴承作为主轴承，主轴胀紧套联接齿轮箱第一级行星架，齿轮箱壳体外两点弹性支撑。实际上第一级行星架上的轴承与前面的球面滚子轴承共同支撑主轴，如图 3－8 所示。

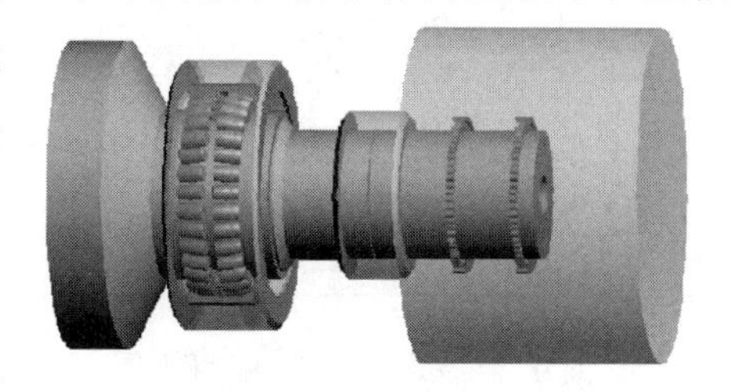

图 3－8 三点支撑方式示意图

(2) 双轴承方式。双轴承方式是指两个主轴承共同支撑主轴形成稳定的支撑，按轴承是否具有调心能力可分为挠性轴承支撑和刚性轴承支撑两种，如图 3-9 所示。

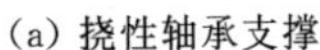
(a) 挠性轴承支撑

(b) 刚性轴承支撑

图 3-9 双轴承方式示意图

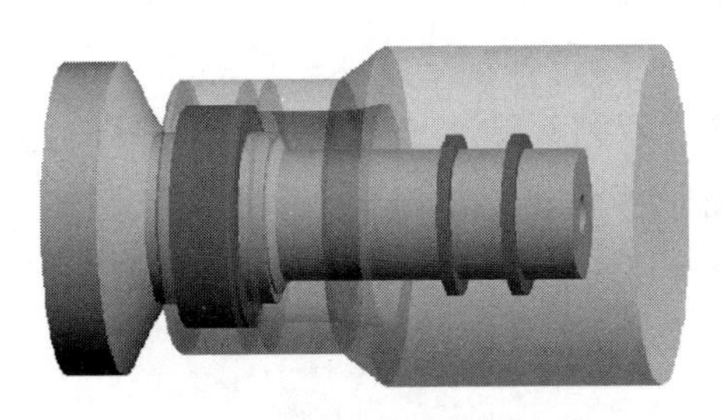
图 3-10 多轴承集成在齿轮箱内的方式示意图

（3）多轴承集成在齿轮箱内的方式。多轴承集成在齿轮箱内的方式是指主轴和主轴承完全和齿轮箱集成在一起，如图 3-10 所示。另外还有双轴承及主轴集成在齿轮箱内的方式。

3.2.2.2 支撑方式的可行性分析

与普通的轴承相比，单轴承是一种新产品，应用时间较短，可靠性尚未得到证实，单轴承的未来市场还不是很清晰。多轴承方式使用普通轴承，普通轴承的设计和制造方法非常成熟，供货周期短，易于批量生产。

综上所述，单轴承成本高，供货周期长，还存在无法预知也无法保证的产能问题，所以该方案存在一定的争议。多轴承的方式成本较低，轴承容易获得，可作为选择方案，3 种多轴承方式的对比见表 3-7。

表 3-7 3 种多轴承方式的对比

支撑方式	应　用	优　点	缺　点
三点支撑	Vestas V82-1.65，GE1.5 系列，GE3.6，Repower 除 5MW 以外的，Nordex，Siemens 除 3.6MW 以外的 Suzlon，Dewind 机组等	三点支撑风轮，传统的静定结构，弹性支撑简单	齿轮箱输入端承受除扭矩以外的附加载荷，即附加的弯矩和轴向力，可靠性难保证
双轴承	Siemens 3.6，Vestas 的 V52-850 和 2MW 系列，Gamesa 2.0 系列，Gamesa 850 系列，Acciona 1.5MW，GE2.x 系列和 Repower 5MW 机组等	齿轮箱只承受扭矩，可靠性好	主轴承 2 点与弹性支撑 2 点形成过静定支撑，不可沿用传统弹性支撑，需定制弹性支撑
多轴承集成在齿轮箱内	Wintec 2MW，FL1000，FL1500（华锐的机组）	结构紧凑，重量稍轻	齿轮箱的维护性差，需特制弹性支撑

多轴承集成在齿轮箱内的方式可靠性没有明显优势，维护性较差，没有足够多的应用业绩，通常不建议作为候选方案。三点支撑方式结构简单，应用时间较长，但缺

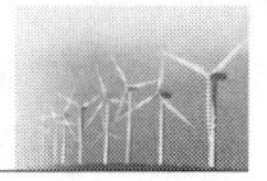

点也比较明显，即增加了齿轮箱的负担，使齿轮箱的可靠性降低。由于双轴承方式的可靠性较高，以前采用传统三点支撑方式的一些风电机组制造商（如 Repower，Siemens 和 GE）在大容量机组上开始使用双轴承支撑的方式，双轴承方式已经成为风电机组轴系支撑的主要方式，两点支撑的典型应用及优缺点见表 3-8。

表 3-8 两点支撑的典型应用及优缺点

分类	前轴承	后轴承	允许的角度偏差	案例	轴系特点	装配特点
挠性轴承	SRB	SRB	SRB：1.5°～3.5°	Siemens 3.6 Gamesa 2.0 Vestas 2.0	大跨距，细长主轴，对轴刚度要求低	轴承的内外圈不可分离，需整体装配。 每个轴承有自己的轴承座，装配到主轴之前，轴承先装配到轴承座内
	CARB	SRB	CARB：0.5° SRB：1.5°～3.5°	Repower 5/6	中等跨距，短粗主轴，对轴刚度有一定要求	
刚性轴承	CRB	TDI	CRB：3′～4′ TDI：2′～4′	GE 2.5 GW 1.5/2.0/2.x Enercon EP2/EP4	更小的跨距，短粗主轴，需仔细计算轴系的刚度	轴承的内外圈可分离，共用一个轴承座也很容易装配。 共用轴承座可减小轴承座的不对中误差
	TRB	TRB	TR：2′～4′	V164 Enercon EP1/EP3 GE 6/12		

注 SRB 表示球面滚子轴承；CARB 表示圆环滚子轴承；TDI 表示面对面布置的双列圆锥滚子轴承；CRB 表示圆柱滚子轴承。

3.2.2.3 轴承间距的选择

轴承间距决定着轴承径向力大小，从而决定主轴承的成本。轮毂中心到第一轴承的距离为 L_1，轴承间距为 L_2。在轴承最小安全系数相同的情况下，为降低轴承成本，L_1 和 L_2 都是可以调整的变量。分析载荷工况表可知产生最大轴承径向力的载荷为弯矩最大工况，为减小每个轴承上的径向力，增大轴承间距是一个比较好的选择。

当 $L_1=1.8\text{m}$，$L_2=0.5\sim2.0\text{m}$ 时，轴承最大径向力的关系如图 3-11 所示。当 $L_2=1.0\text{m}$，$L_1=0.5\sim2.0\text{m}$ 时，轮毂中心到第一轴承最大径向力的关系如图 3-12 所示。

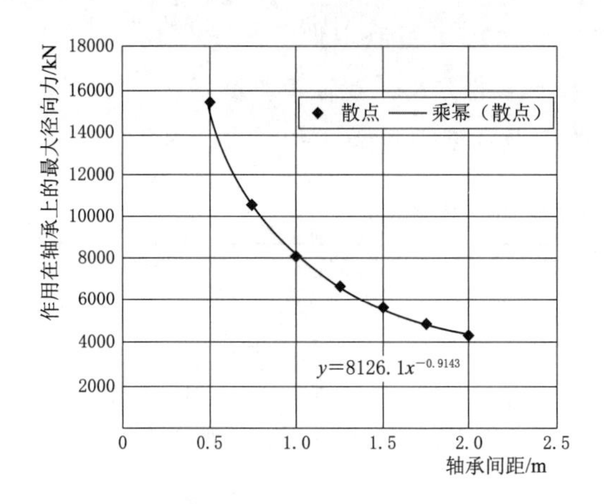

图3-11 轴承间距与轴承上径向力的关系

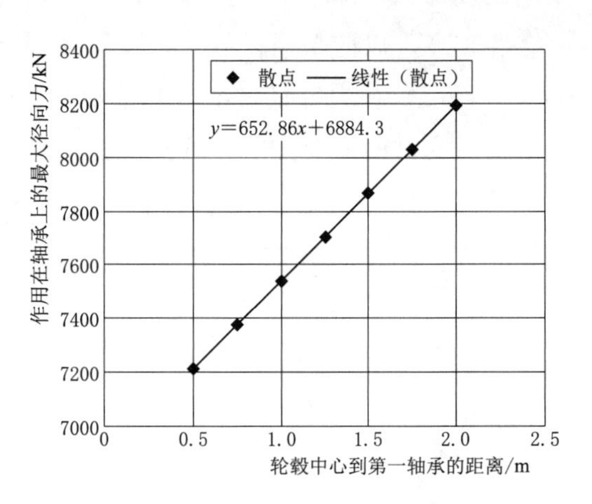

图3-12 轮毂中心到第一轴承间距与轴承上径向力的关系

根据图3-11、图3-12可知，减小 L_1 或增大 L_2 都可以降低作用在轴承上的径向力，减小 L_1 最大径向力减小得并不显著，但增大 L_2 可使最大径向力减小数倍。

轴承间距与单个轴承价格的关系如图3-13所示，从降低轴承成本的角度出发，轴承间距越大，轴承成本越低。但是，轴承间距过大会导致轴承内径过小，与之装配的主轴的强度和刚度不足。因此，还需结合强度分析，最后确定轴承间距。

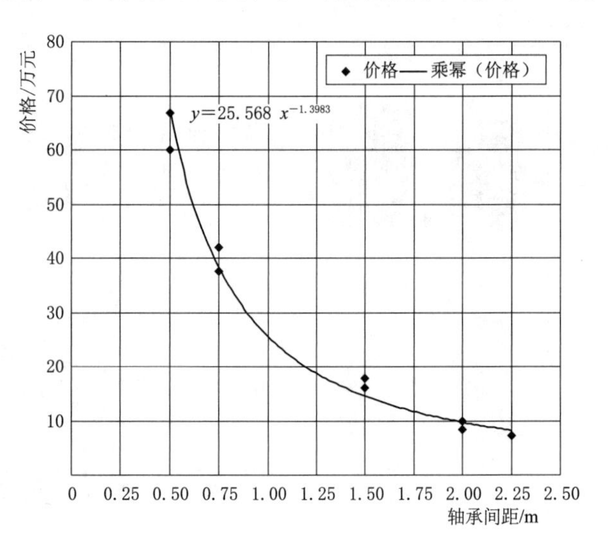

图3-13 估计的轴承间距与单个轴承价格的关系（$S_0 \geqslant 3$）

3.2.3 轴承座与底座概念设计

3.2.3.1 分离与集成方案

在双轴承刚性支撑方案中，轴承座与底座的设计主要有两种方案：①轴承座与底座分离设计；②轴承座与底座集成设计，分别如图3-14、图3-15所示。

3.2.3.2 重量、刚度和成本对比

某3MW风电机组分离与集成方案重量和刚度对比见表3-9，可以看出在安全系数相近的情况下，两种方案的重量差异很小，集成式方案的主要优势是变形量相对较小。

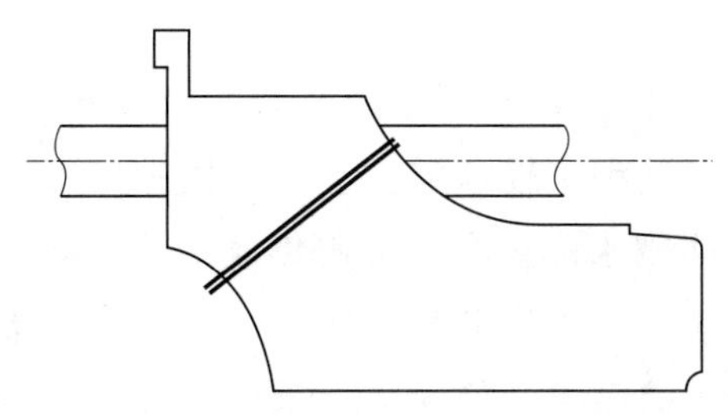

图 3-14 轴承座与底座分离设计示意图

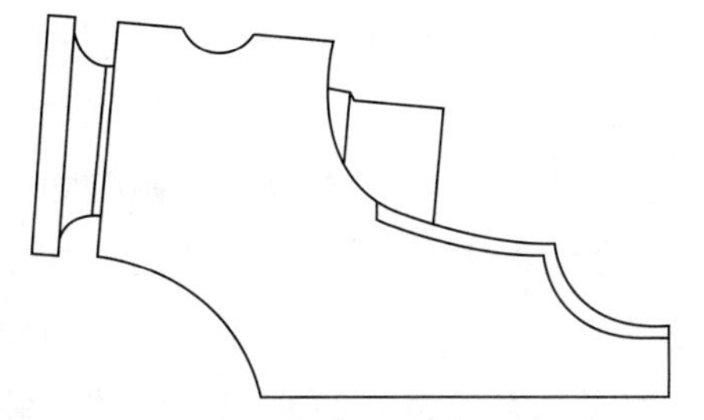

图 3-15 轴承座与底座集成设计示意图

表 3-9 某 3MW 风电机组分离与集成方案重量和刚度对比

方 案	剖 面 图	重量/t	最小安全系数	最大径向变形/mm
竖直法兰分离		20.12	1.19	4.45
倾斜面联接（结构近似集成式）		20.06	1.12	3.78

对含有齿轮箱的风电机组而言，变形量大意味着齿轮箱在工作过程中的浮动量会更大些。齿轮箱核算寿命时应考虑扭矩力臂处的位移和支反力，当使用液压弹性支撑时，弹性支撑在竖直方向的支撑刚度很小（通常是扭转方向的 1/10），水平方向只有摩擦阻力，齿轮箱的疲劳寿命主要取决于风轮扭矩和自重。轴系末端的变形不是主导因素，因而轴承座与底座分离对齿轮箱的设计基本没有影响。

在重量相同的情况下，分离轴承座虽然增加了机加工面积，但减小了单个零部件的尺寸，综合成本略有优势。分离式与集成式方案的成本构成见表 3-10，表中以集成式方案的成本作为 100%。

表 3-10 分离式与集成式方案的成本构成 %

方 案		铸件毛坯	机加工	喷漆包装	运费	合计
集成式		62.18	27.11	7.95	2.75	100.00
分离式	底座	45.55	12.65	2.35	1.81	62.36
	轴承座	24.40	3.62	1.08	1.08	30.19
	合计	69.96	16.27	3.43	2.89	92.55

3.2.3.3　装配工艺性对比

双轴承刚性方案中，CRB＋TDI 的方案可以实现水平装配，采用集成式方案时，安装主轴承不需要底座翻身。但偏航轴承的安装和主轴承的安装是在同一个工位进行的，不利于并行开展。TR＋TR 的方案不能实现水平装配，采用集成式方案时，底座需要翻身至少 5 次，给装配带来较多的额外工序，如图 3－16 所示。分离式方案相比集成式方案具有非常好的装配工艺性，装配工艺简单，偏航与主轴承的装配可并行操作，如图 3－17 所示。

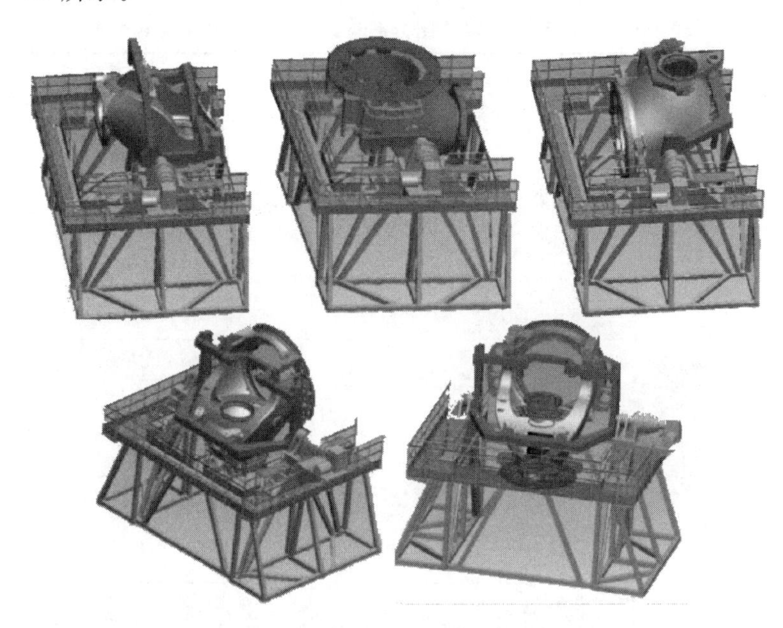

图 3－16　集成式方案装配示意图

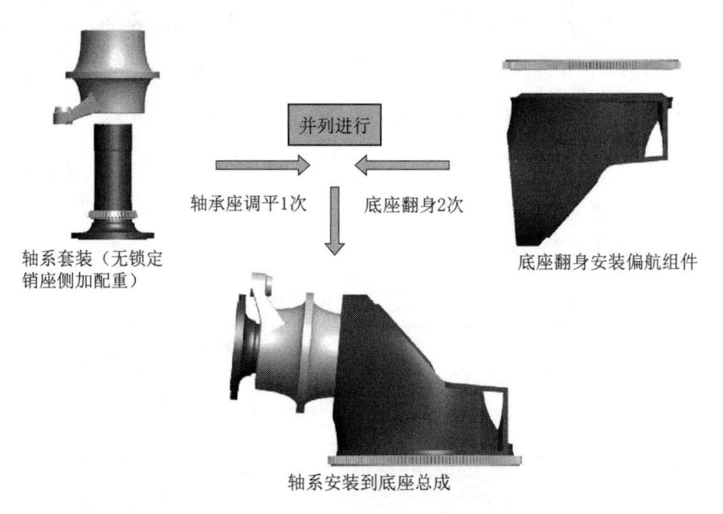

图 3－17　分离式方案装配示意图

分离式方案与集成式方案工艺性定性对比见表 3-11。

表 3-11 分离式方案与集成式方案工艺性定性对比

方　案	偏航与主轴承并行装配	底座翻身次数	半自动底座翻转工装	工艺性
分离式	是	2	否	好
集成式 CRB+TRB 主轴承	否	2	否	较好
集成式 TR+TR 主轴承	否	≥5	是	差

综上所述，分离式方案更容易装配，当采用 TR+TR 主轴承方案时应该优先采用分离式方案。

3.2.3.4 运输和吊装工艺性对比

从运输和吊装工艺角度讲，主要是运输单元的重量与尺寸影响所采用的运输工具和吊车型号。对大功率风电机组而言，分体运输和分体吊装是降低运输和吊装费用的主要手段，更小的运输和吊装重量更容易获得相应的运输和吊装资源。

3.2.4 齿轮箱概念设计

3.2.4.1 滑动轴承

轴承是风电齿轮箱的关键部件，对齿轮箱的整体可靠性有重大影响。在齿轮箱中引入滑动轴承是风电齿轮箱技术的一个里程碑，随着滑动轴承在其他几个重工业中应用的优势得到证明，例如：齿轮箱生产厂商 Winergy 率先在 2010 年开发该技术，目标是将滑动轴承替代滚动轴承，首台样机 2013 年 3 月起投入运行，在两年半的试验期间，滑动轴承能够按预期运行，滑动轴承在运行和空转中没有磨损，运行可靠；2011 年以来，采埃孚风电也开始开发滑动轴承方案，与 Winergy 一样，目前也具备批量生产能力；国内南京高速齿轮制造有限公司也进行了跟踪研究，但当前滑动轴承的验证尚不充分，未能提供滑动行星轮解决方案；齿轮箱生产厂商 Moventas 针对 5MW 级别风电机组，推荐前后两级都使用滑动行星轮方案；齿轮箱生产厂商 ZF 则在第一级使用滑动行星轮；Winergy 提供过两级行星滚动轴承方案，也推荐过三级行星滑动轴承方案。

滑动行星轮的主要优势有：①几乎没有磨损，产品可靠性高；②降低噪声和振动水平；③提高传动效率；④低成本和高扭矩密度。

此外，滑动行星轮本身相当于借用轴和齿轮当作轴承的内外圈，节省了很大空间，也为采用更多行星轮的设计方案提供了设计空间。滑动轴承技术需要匹配相适应的润滑系统，保证风电机组断电、待机、启动时，对轴承的润滑需求。

3.2.4.2 多行星轮及柔性销技术

行星传动齿轮箱的第一级始终是安全系数最低且成本最高的一级。为了不增加尺寸和重量，可通过优化行星轮数量来提高齿轮箱的传扭能力。多行星轮方案成为一种

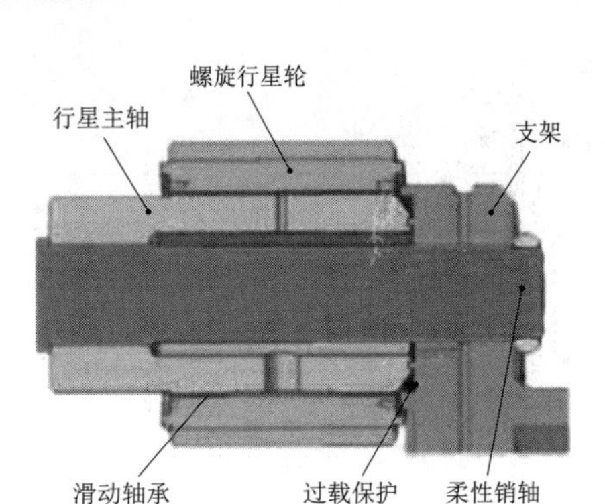

图 3-18　柔性销轴滑动行星轮示意图

选择，超过3个行星轮后需引入均载系数来表征载荷在行星轮不均匀分配的程度。柔性行星轮销轴正是为了降低均载系数而诞生的，目前已在国内外一些多行星轮的齿轮箱上得到应用。Moventas称使用柔性双面支撑挠性销轴可以实现负载均匀分布和最佳轮齿接触，广东明阳风电产业集团公司生产的半直驱风电机组齿轮箱采用了行星轮柔性销技术，柔性销轴滑动行星轮如图3-18所示。国内自主开发的齿轮箱使用多行星轮的较少，目前主要是4行星轮和3行星轮方案。

在大齿圈的外径不增加的情况下，更多行星轮会影响第一级传动的速比，通常行星轮越多速比越小。当采用两级行星传动时，为了达到较高的速比，通常第一级设计成4个行星轮，第二级设计成3个行星轮。当采用三级行星传动时，速比可以重新分配，通常第一级最多（5～7个），第二级次之（4～5个），第三级最少（3个）。

3.2.4.3　差动行星

为了降低齿轮箱的总重量和尺寸，国外一些齿轮箱制造商采用了差动行星传动的齿轮箱。差动行星传动是指输入轴同时和多个行星级传递载荷，然后多个行星级再汇合扭矩与转速，最终由单一输出轴输出扭矩和转速，如图3-19所示。差动行星方案与NGW（N：啮合，G：外啮合公用行星齿轮，W：外啮合）行星方案相比，功率不是串联式传递而是并行传递，即多排行星轮系分担低速轴的扭矩，其优点是每排的行星轮系的载荷得到显著降低，齿轮和齿圈的尺寸比起NGW行星小很多。该技术也解决了制造方面的难题，使得在不增加生产设备投入的情况下，就可制造更大扭矩的齿轮箱，这样设计的齿轮箱总重量会低15%～20%。这一技术在Vestas的3～10MW的风电机组上应用较多，目前掌握在国外少数齿轮箱制造商手中，如Bosch Rexroth等。

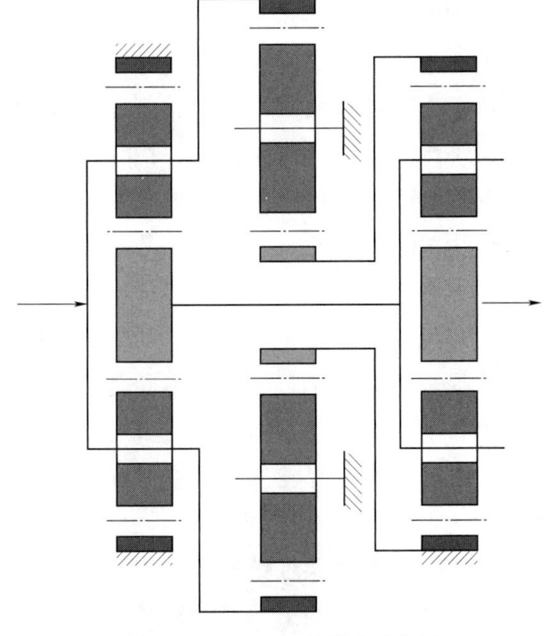
图 3-19　差动行星传动示意图

3.2.4.4 齿轮和结构件优化

齿轮和结构件优化目的是降低成本、提高效率和可靠性，这些技术手段主要包括：①通过测试验证，精确控制设计安全裕度，避免冗余设计；②引入高保真的仿真分析手段，精确计算；③拓扑优化减轻箱体和行星架的重量；④使用力学性能更高的材料，减轻齿轮重量；⑤改善工艺提高原有材料性能，如喷丸强化工艺提高了齿根的弯曲疲劳性能；⑥提高加工制造精度，提升齿轮啮合效率，改善接触疲劳性能。

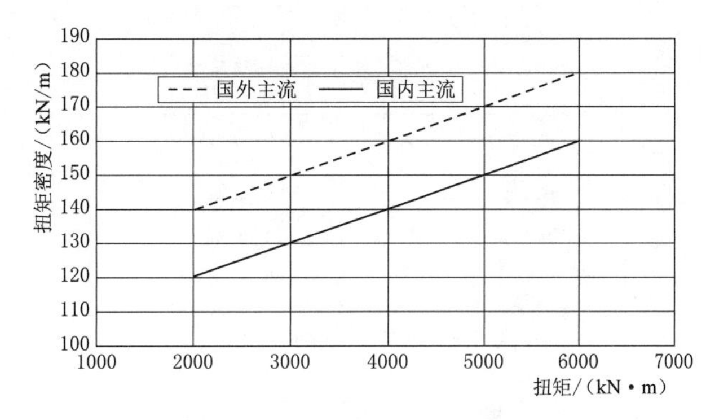

图 3-20 齿轮箱扭矩密度趋势

滑动行星轮、多行星轮结合以上技术手段的综合效果就是提高齿轮箱的扭矩密度，对比分析齿轮箱技术先进性时通常都参考扭矩密度这个指标。不同制造厂商风电机组的扭矩密度有一定差异，当前齿轮箱的扭矩密度趋势如图 3-20 所示。

3.2.4.5 齿轮箱的其他配置设计

1. *冷却方式*

在小功率的风电机组上油空自然冷却方案曾被采用，这种方案将油空散热器放置在机舱外，省去了散热器的风扇和电机，是一种性价比较高的方案。但在大功率风电机组上，这种方案遇到了瓶颈，原因如下：

（1）油空自然冷却用油量大，油箱体积要增加，除了增加齿轮箱的重量，还需要增加后续运维换油的费用。

（2）油的黏度较大，油空自然冷却管管路较长，压力损失大；油的黏度随温度变化很大，考虑外置芯体温度较低的情况，油泵的选型困难。

（3）油空自然冷却的低温环境适应性差，散热器外置，缺少机舱的保温，低温启动困难。

目前，大功率风电机组的齿轮箱润滑冷却方式主要有油空强制风冷方式和油水空自然风冷方式两种，其特点见表 3-12。可以看出，强制风冷方式物料成本低，机舱设计简单，环境适应性差；自然风冷方式物料成本高，机舱设计复杂，运输、吊装环节较多，环境适应性强。

2. *旁路精滤*

齿轮箱润滑系统过滤精度一般为 10μm，旁路精滤器过滤精度可达到 3μm，理论上能够实现对齿轮箱润滑油杂质更好地过滤。由于风场换油周期越来越长，更多的主

表 3-12 齿轮箱的润滑冷却方式对比

项目	油空强制风冷	油水空自然风冷
冷却结构	散热器有风扇和电机，风扇一般固定在齿轮箱上；油泵系统实现油的循环	外置散热器没有风扇与电机，固定在机舱顶部；但齿轮箱要增加油水换热器，油泵系统实现油的循环；机舱内要增加一套水泵系统以实现水的循环
机舱设计	机舱透风，设置进风口，散热器热端设置出风道	机舱密封，不设齿轮箱散热风道；机舱顶部有足够的强度承受重力和风载；水管要通过机舱罩
优点	机舱的结构较简单；安装吊装方便	外置散热器，无噪声产生，基本免维护；环境适应性强，可适用于低温、高湿和海上气候
缺点	风扇强制吸风，有噪声；风扇电机寿命期内要更换多次；环境适应性差，仅适用于内陆	机舱结构相对复杂，机舱的运输、安装和吊装工艺复杂；两套流体系统，泵的数量增加，管路布局复杂
成本	物料成本低，运维成本高	物料成本高，运维免去了风扇电机但增加了水循环系统的维护，运维成本无显著改善

机厂家和业主希望在齿轮箱上增加旁路精滤器。但是暂时没有数据或统计表明旁路精滤器能够明显改善齿轮齿面失效，或者齿面点蚀等失效与未使用旁路精滤器有关。

总体考虑，旁路精滤器能够更好地控制齿轮箱润滑油中杂质颗粒的大小，可以为齿轮啮合提供更好的润滑条件。从齿轮箱和用户的角度，希望使用旁路精滤器，然而，从整机商的角度，不希望增加配置而不提高售价。

3. 油箱

齿轮箱的油箱分别为：①油箱集成在箱体上，即浸油润滑；②齿轮箱上没有油箱，基本不存油，即干式润滑，两种方案的对比见表 3-13。

表 3-13 油箱方案对比

项目	干式润滑	浸油润滑
结构	齿轮箱中基本不存油，润滑油在箱体，底部汇流后全部回流至外置油箱中	齿轮箱中存一定高度（不高过行星架轴承和出轴轴承）与体积的润滑油，无外置油箱
优点	齿轮箱无搅油损失，传动效率高；采用外置油箱，齿轮箱本体重量较轻	齿轮箱箱体作为油箱，无外置油箱，成本低，系统结构简单；管路少，安装和维护工作少；低温启动情况下齿轮搅油，温升快，启动较快；风电机组断电时进行搅油，甩油润滑
缺点	无飞溅润滑，对强制供油系统要求高；风电机组断电期间需要考虑齿轮、轴承润滑方式，润滑系统稍复杂；管路更多，安装和维护工作更多；外置油箱成本较高	齿轮箱存在搅油损失，影响效率；设置油箱后，齿轮箱空间占用大，重量增加

大部分齿轮箱供方提供的解决方案都是浸油润滑，干式润滑主要应用在 Vestas 的机型上。综合以上分析可得，干式润滑总体上传动效率高，润滑系统本身复杂且成本高；浸油润滑技术成熟且成本低，是性价比较高的方案。

3.2.5 偏航系统概念设计

3.2.5.1 偏航系统功能定义

偏航系统的主要功能是对风和解缆。偏航系统主要结构部件有偏航电机、偏航减速器、偏航轴承、偏航制动器等；辅助部件有液压站、润滑系统等，控制部件有凸轮计数器等。偏航系统控制流程框图，如图 3-21 所示。

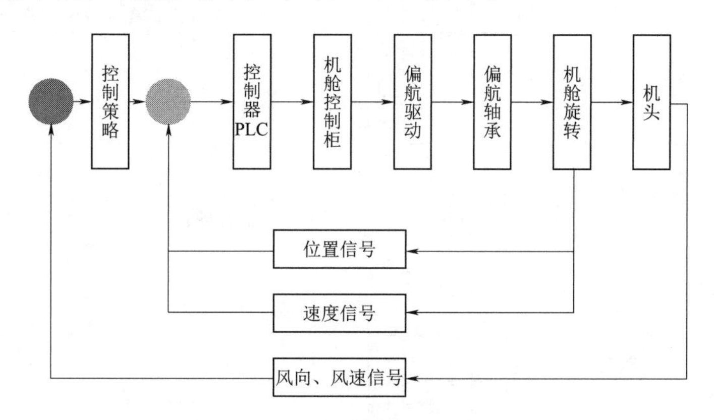

图 3-21 偏航系统控制流程框图

3.2.5.2 偏航电机启动方式

偏航电机启动方式通常有直接启动、星三角启动、软启动器启动、变频器启动共 4 种。采用直接启动电机对偏航齿及减速器冲击载荷最大，采用软启动器和变频器启动可以有效减少偏航电机启动和停止时间、偏航驱动和制动机构上的冲击载荷。偏航电机启动方式对比见表 3-14。

表 3-14 偏航电机启动方式对比

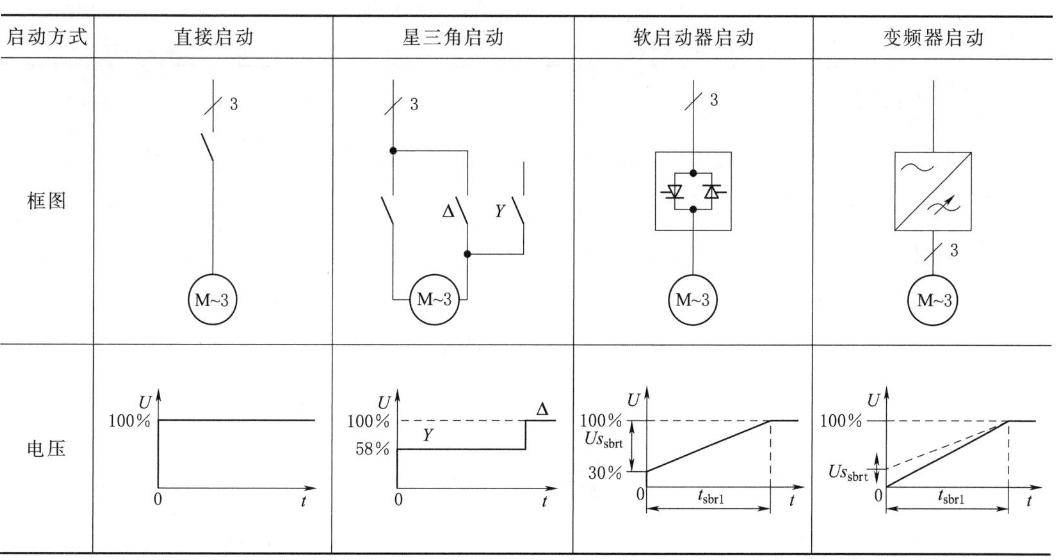

启动方式	直接启动	星三角启动	软启动器启动	变频器启动
框图	3; M~3	3; Δ; Y; M~3	3; M~3	3; M~3
电压	U; 100%; 0; t	U; 100%; 58%; Y; Δ; 0; t	U; 100%; Us_{sbrt}; 30%; 0; t_{sbr1}; t	U; 100%; Us_{sbrt}; 0; t_{sbr1}; t

续表

启动方式	直接启动	星三角启动	软启动器启动	变频器启动
电网负荷	高	中	低	低
启动电流曲线	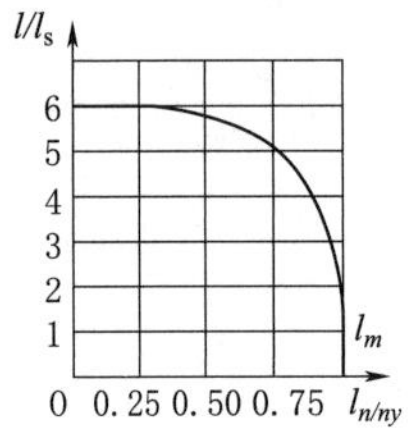	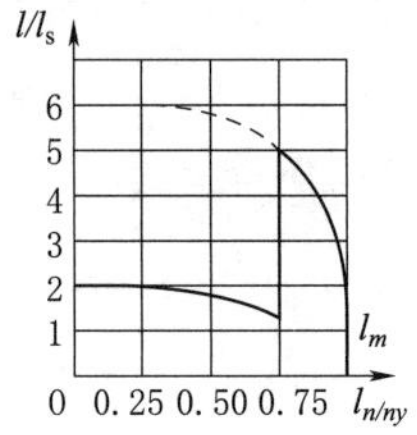	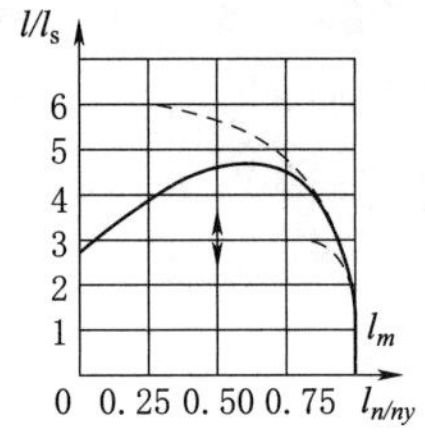	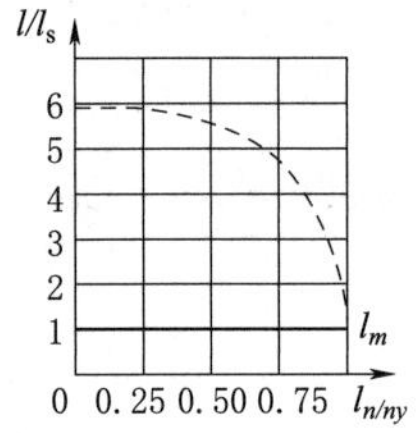
启动电流和额定电流关系	6～8	2.31	2～6 （与设定电压相关）	≤1 （与设定相关）
启动扭矩特性曲线	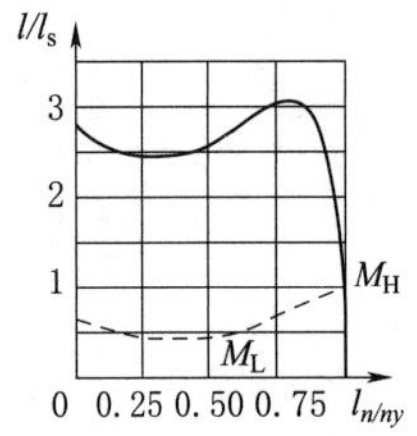	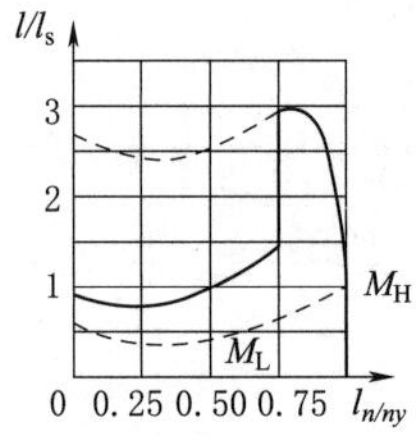	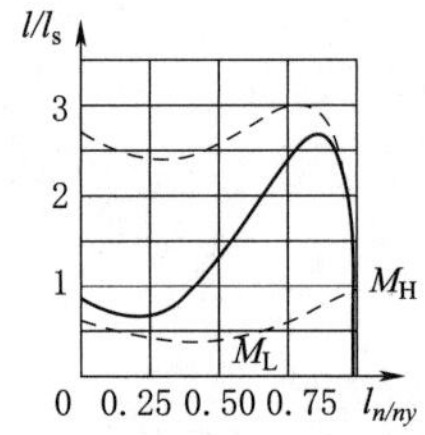	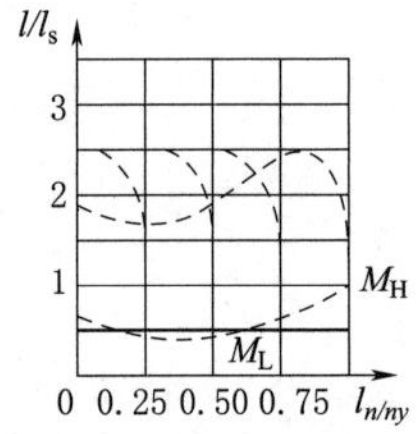
启动扭矩和额定扭矩关系	1.5～3.0Mn （与电机电磁设计相关）	0.5～1.0Mn	0.1～1.0Mn （与电压设定相关）	0.1～2.0Mn （与设定相关）
特点	大启动电流和高加速度；机械元件负载大	在切换时产生尖峰电流，对设备有冲击	启动特性可以灵活调整	大扭矩低电流；启动特性灵活调整
应用工况	功率小于11kW的小电动机；不频繁启停	需要降低启动电流；适用于空载或者极轻载工况	大容量电机（大于132kW）	大小功率的电机都可以；对速度控制有需求

3.2.5.3　偏航结构

偏航系统包括偏航驱动系统、偏航制动系统、偏航润滑系统和偏航液压系统共4种。偏航轴承目前主要有滚球轴承和滑动轴承两种，由于滚球轴承的成本越来越低，采用滚球轴承偏航方案的厂家也越来越多，国内的大多数厂家均采用滚球轴承方案。但是歌美飒、Vestas、西门子等欧洲风电机组整机制造商仍采用滑动轴承方案，主要原因在于其技术成熟度较高且成本相对较低，特别是6MW以上机型，成本降低更加明显。

1. 主动偏航

主动偏航系统由偏航电机、偏航减速器、液压制动器、刹车盘组成，如图3-22所示。大多数国内风电机组制造商都采用这种结构，如国电联合动力技术有限公司、新疆金风科技股份有限公司、明阳智慧能源集团股份公司、中国东方电气集团有限公司、上海电气集团、浙江运达风电股份有限公司等。这种偏航系统结构的优点在于，偏航制动力矩在启动、停止或者解缆时可以通过调整液压系统压力进行调整。缺点是制动器有漏油的风险，滚动轴承的制造难度和要求较高。

偏航系统简图如图 3-23 所示，以新疆金风科技股份有限公司为代表，包括华锐风电科技（集团）股份有限公司、国电联合动力技术有限公司、上海电气集团、西门子股份公司、明阳智慧能源集团股份公司等厂商大部分风电机组均采用此结构，偏航减速器和偏航制动器均放在底座内，这种结构的优点是能够减少机舱宽度。但是缺点也比较明显：一是减速器漏油会直接影响制动器工作；二是内部空间拥挤，维护不方便。

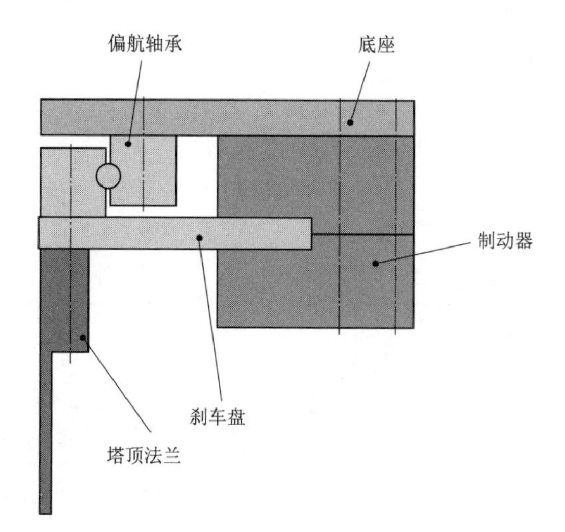

图 3-22 主动偏航系统结构型式

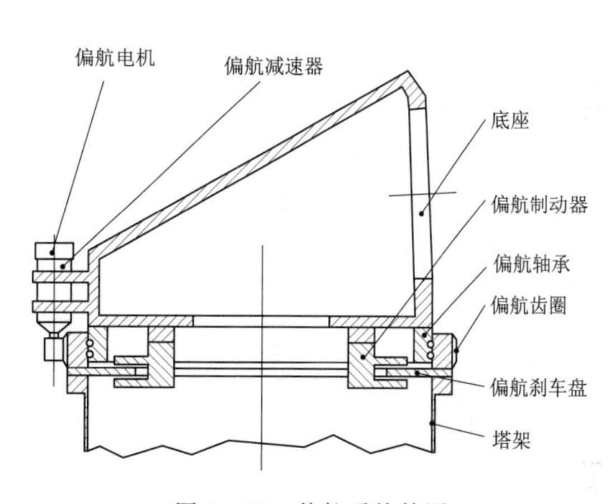

图 3-23 偏航系统简图

2. 被动偏航

(1) 结构一（滑动轴承方案），如图 3-24 所示。该方案的优势是成本较低，无液压油泄露的风险；缺点是偏航制动力矩在偏航过程中无法根据工况进行调整，需要较大的偏航驱动力矩。

(2) 结构二，如图 3-25 所示。其优势是结构简单，无独立的偏航刹车盘，成本低；缺点是偏航过程中压力无法调整，提高偏航制动力矩的同时，偏航驱动载荷也同步增加，适用于小型风电机组。

(3) 结构三，跟结构一类似，如图 3-26 所示，将完全由碟簧组成的制动器结构改

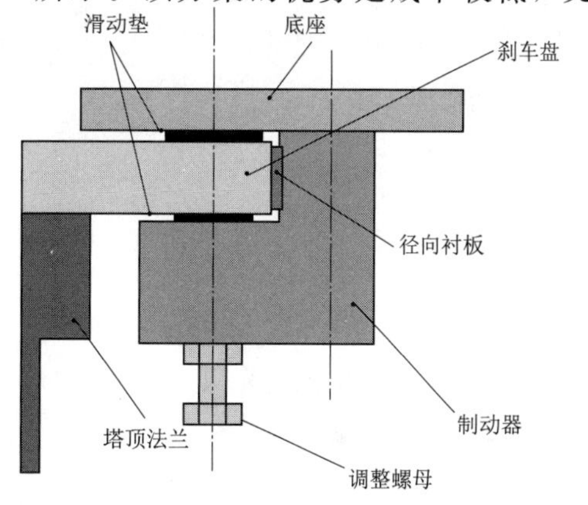

图 3-24 被动偏航结构一

为液压+碟簧结构。这样就结合了液压制动（压力可调）和碟簧（压力恒定，价格便宜）的优点，Gamesa公司所有风电机组均采用这种偏航制动器结构。

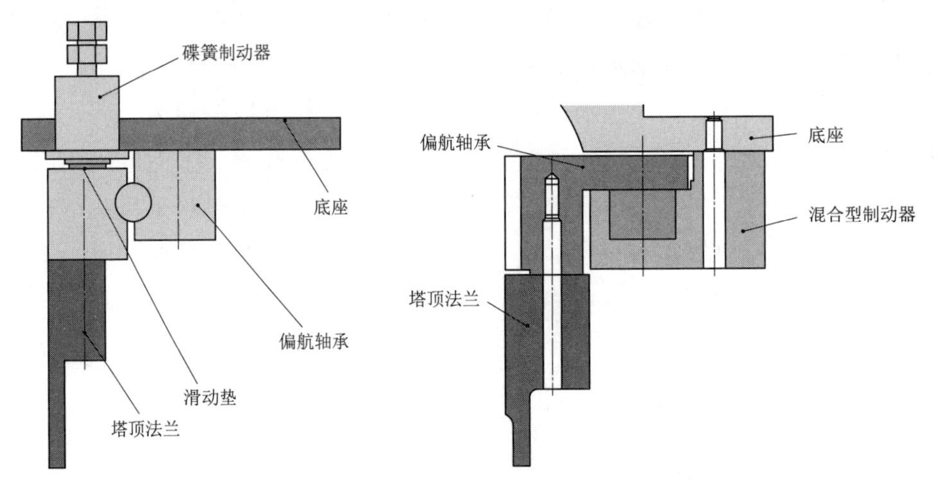

图3-25　被动偏航结构二　　　　图3-26　被动偏航结构三

制动器主动偏航和被动偏航方案优劣势对比见表3-15。

表3-15　制动器主动偏航和被动偏航方案优劣势对比

偏航类型	结构组成	优势和劣势	应用机型
主动偏航	滚动轴承+主动制动器	优势：液压制动力矩可以根据偏航和不偏航状态动态调整，减少电机启动时冲击载荷； 劣势：漏油风险	西门子：G4平台产品； 金风&Vensys：全系产品； 国电联合动力、明阳、GE2MW及以上
被动偏航	滑动轴承+被动制动器	优势：无刹车盘，零部件少，无漏油风险； 劣势：上部滑动垫更换困难，更换时需要将机舱顶起	西门子：D3/D4/D6/D7平台； 远景能源：全系； Vestas：V90/2.0MW； 华锐：1.5MW
	滚动轴承+被动制动器	优势：无刹车盘，零部件少，无漏油风险，成本低； 劣势：制动力矩小，制动力矩无法动态调整	GE 1.6MW
	滑动轴承+主动制动器	优势：刹车力矩可以动态调整，电机启动冲击载荷小； 劣势：上部滑动垫更换困难，更换时需要将机舱顶起	Gamesa全系产品

总体说来，对于陆地机型主动和被动偏航制动器方案成本相差不大，混合制动器方案，如能解决摩擦片的更换问题，可能是当前比较有竞争力的偏航系统解决方案。

3.2.5.4　发展趋势

目前应用最为普遍的是滑动轴承偏航方案和滚动轴承偏航方案。在国内，后一种方案是主流设计方案，零部件集成化程度高，设计校核方法成熟，成本和滑动轴承式

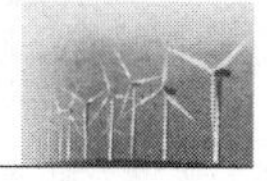

偏航系统相当，是新机型开发的首选方案。大容量风电机组的开发，滑动轴承越来越具有成本优势，其应用发展情况如图 3-27 所示。

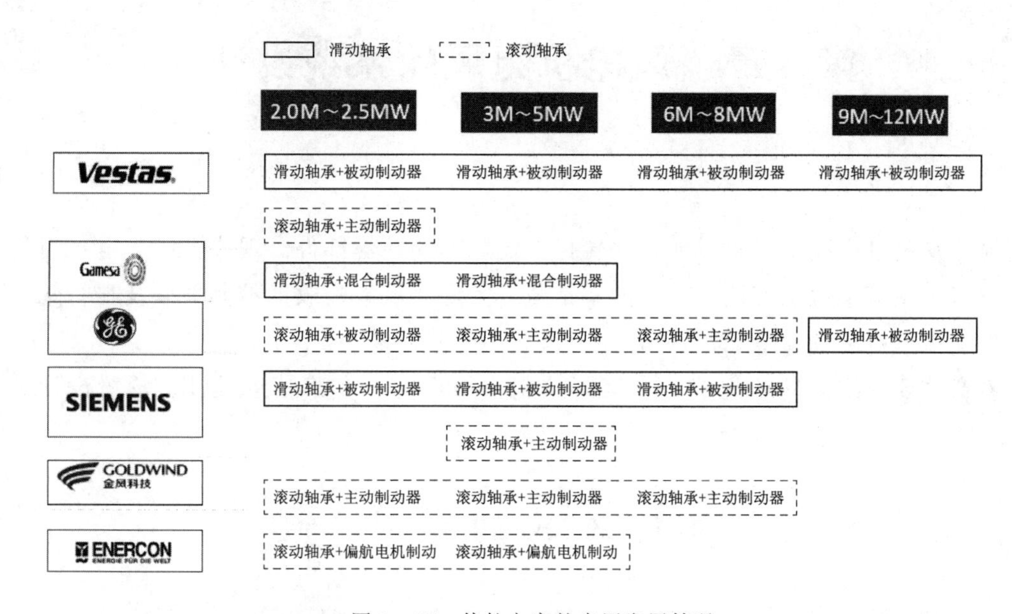

图 3-27 偏航方案的应用发展情况

第 4 章　风电机组风轮系统设计

风轮是风电机组中吸收风能，并转化为机械能的关键部件。现代大型风电机组的风轮大多采用变桨距系统调节叶片的桨距角，实现对风能吸收的控制，以及在特殊工况下保护风电机组的安全。

本章主要介绍风轮的组成、变桨距控制系统设计、变桨轴承设计、轮毂设计的方法。

4.1 风轮的组成

风轮的转动是风作用在叶片上产生的升力导致。风轮是叶片安装到轮毂上的总称，它由一个或者多个叶片以及轮毂组成，目前广泛使用的大型风电机组多为三叶片水平轴风电机组。风轮通常由叶片、变桨距系统、轮毂和导流罩（辅助系统）组成，如图 4-1 所示。叶片是风电机组最核心的部件，大型风电机组通常采用三叶片、上风向的布置型式，叶片的结构主要由主梁、腹板、壳结构蒙皮等组成，中间有硬质泡沫夹层作为增强材料；叶片根部有金属法兰边，与轮毂用螺栓进行连接，用以传递载荷；叶片配备雷电保护系统，当遭遇雷击时，通过间隙放电器将叶片上的雷电经由塔架导入地下。

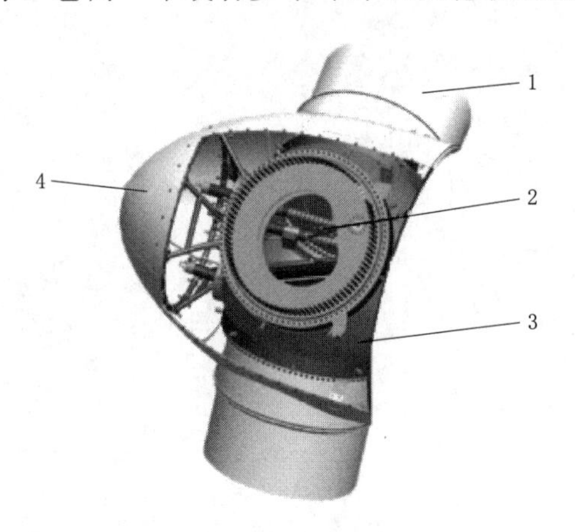

图 4-1　风轮各部件布置图
1—叶片；2—变桨距系统；
3—轮毂；4—导流罩

每一个叶片上有一个变桨轴承，变桨轴承连接叶片和轮毂。变桨控制机构一般也安装在轮毂上，通过控制连接在变桨轴承的机构转动叶片，来调整叶片的桨距角在一定范围内变化，改变气流对叶片的攻角，从而改变风电机组的空气动力学特性。轮毂是风轮的动力枢纽，连接叶片与主轴，把叶片吸收的动能传递到主轴上，再由主轴传递到发电机上，轮毂一般采用球墨铸铁铸造。导流罩一般采用轻质复合

材料，固定在整个轮毂上，可避免风沙雨水进入轮毂，且可以减少风载荷对轮毂的作用，使风轮整体美观。

4.2　变桨距控制系统设计

目前，全球范围内风电机组的主要功率调节方式分为定桨距失速型、变桨距型、主动失速型等3种。据不完全统计，随着风电机组单机容量大型化的趋势，几乎所有商业运行的兆瓦级水平轴风电机组都将采用变桨距控制技术，变桨距控制风力发电技术因其高效性和实用性，正受到越来越多的重视。

4.2.1　变桨距控制系统的作用

变桨距控制系统能够通过主控控制发电机转速，使其跟踪风速变化，时刻跟踪风能利用效率，通过对变桨距控制系统的控制可以对机组输出转矩和输出功率进行控制，从而保持最佳功率曲线。

变桨距控制系统通过控制连接在变桨轴承的机构转动叶片，来调整叶片的桨距角在一定范围内变化，从而改变气流对叶片的攻角，使风电机组在风速低于额定风速时，可以保证叶片在最佳攻角状态，以获得最大风能，具有较好的气动输出性能；而在风速超过额定风速后，又可通过变桨距系统减小叶片攻角来降低叶片的气动性能，使风轮功率降低，达到调速限功、保证风电机组安全稳定运行的目的，所以控制叶片的桨距角是变桨距控制系统的关键。变桨距调速的功率曲线如图4-2所示。

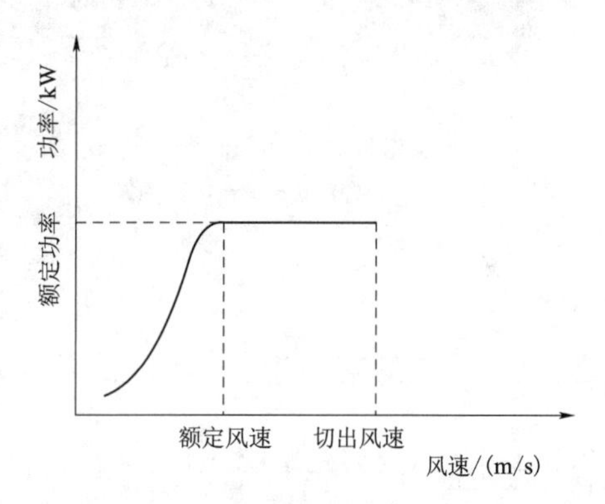

图4-2　变桨距调速功率曲线

随着风电机组功率不断增加，大型风电机组的单个叶片长度也在不断增长，这使得叶片本身的重量达到了数吨甚至是几十吨重，操纵这样既长又重的巨大惯性体，并且要完成响应变桨距的速度跟上风速的变化会相当困难。实际上，如果没有其他措施，变桨距风电机组的功率调节对高频风速的变化仍然无能为力。因此，近年来设计的变桨距风电机组除了对叶片进行桨距控制外，还通过控制发电机转子电流来控制发电机转差率，使得发电机转速在一定范围内能够快速响应风速的变化以吸收瞬变的风能，使输出的功率曲线更加平稳。

变桨距控制与变频技术结合，使风电机组在任何工况下都能最佳地捕捉风能，提高了风电机组的风能利用效率，变桨距控制与变频技术一起构成了风电机组的核心控制技术。

4.2.2　变桨距系统型式

目前主流的变桨距的驱动方式根据变桨执行机构的动力形式可以分为两种：一种是由液压油缸驱动连杆机构的电—液伺服变桨；另一种是用减速机驱动叶根变桨轴承齿轮的电动伺服变桨。它们都是使叶片转动以改变叶片攻角，使叶片接收不同的风能从而达到改变风轮转速的目的。典型的电—液伺服变桨距系统结构型式如图4-3（a）所示，典型的电动伺服变桨结构型式如图4-3（b）所示。

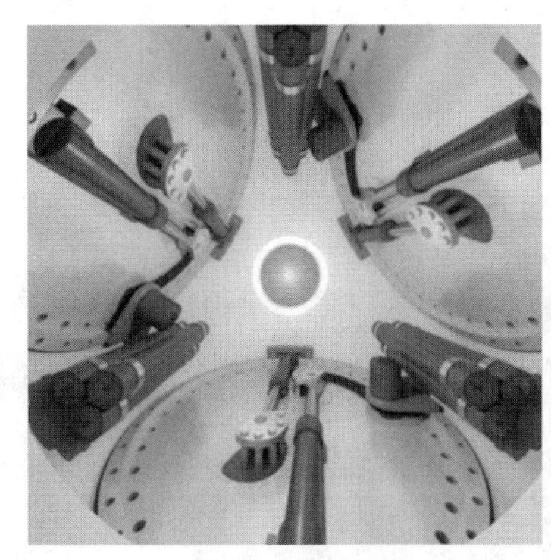
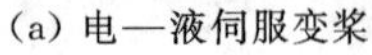
（a）电—液伺服变桨

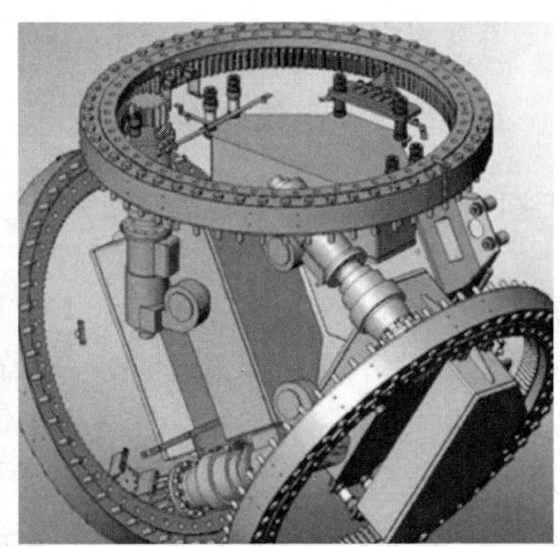
（b）电动伺服变桨

图4-3　变桨距系统的型式

4.2.3　变桨距系统设计

4.2.3.1　液压变桨距系统设计

1. 电液比例控制技术

电液比例控制技术是电子、液压、机械三方面进行信号放大和转换的技术，其具有如下优点：①系统装有反馈装置，控制精度高；②通过液压阀进行控制，结构紧凑且易于装配；③泵站过滤系统强大，可以在恶劣环境下工作。

电液比例控制技术因其优越的性能，在风电机组设备上得到越来越广泛的应用。比例阀作为电液比例控制技术的核心，可根据输入信号的动态变化来实时调节压力和流量。比例阀在使用时通常需要加入放大单元，放大单元将输入信号放大后传入比例阀，比例阀根据输入信号与预设定值比较的结果输出命令给比例阀电磁铁，比例阀电磁铁上的集成芯片根据输入信号控制比例阀阀芯移动。这样，随着输入信号的动态变化，阀芯也处于动态移动中并控制比例阀输出的流量和压力。

电液比例控制系统能根据输入的模拟信号或者数字信号，将输入信号按比例关系转化成输出流量和压力，虽然不同厂商生产的比例阀块不完全相同，但其组成单元基本大同小异。如图4-4所示，控制系统包含输入单元、转换单元、执行单元和反馈单元。其中反馈单元对控制精度的影响较大，有了反馈单元，控制系统输入信号可以与反馈信号进行比较，把差值作为比例阀的输入大大加强了控制精度。如果比例阀本身存在内反馈，也可以在内部形成一个反馈系统，与外反馈构成双闭环控制系统。

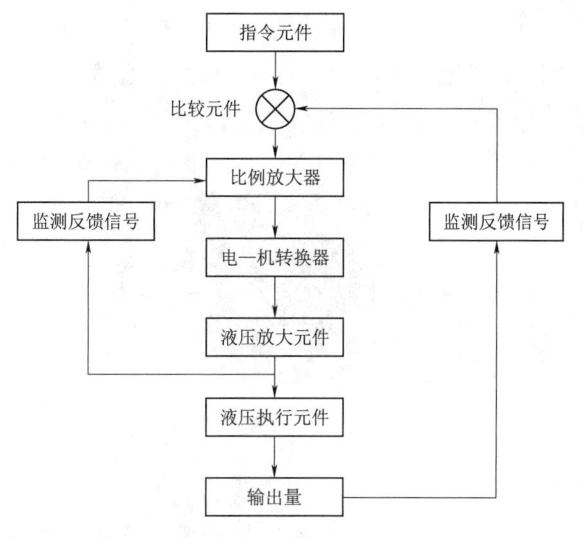

图4-4　电液比例控制系统框图

电液比例控制系统有以下基本元件：

(1) 指令元件。指令元件是指系统控制信号的产生与输入的元件，是信号的发生装置或过程控制器，也就是比例阀。它将风电机组桨距角变化的需求信息转化成电信号并输入给液压元件，在控制系统工作过程中，系统的反馈单元会与指令元件产生相同形式的信号，并在比较单元进行比较后产生输出信号给比例放大器。有两种方式可以设定指令元件的信号，分别是手动设置和用程序开通，一般采用提前手动设置，然后用程序开通。

(2) 比较元件。把输入信号和反馈信号做比较，得到偏差信号并将其作为控制器的输入量，只有同类的信号才能比较。例如，指令元件的信号为电压，则反馈量也应该转化为同类型的电压，若两者的信号类型不一致，需要对信号类型进行转化，比如加入A/D或D/A转换机、电转换装置等。

(3) 电控器。电控器即比例放大器，如图4-5 (a) 所示。比例阀内电磁铁需要的控制电流较大，而指令元件与反馈元件两者的信号差值较小，因此需要采用比例放

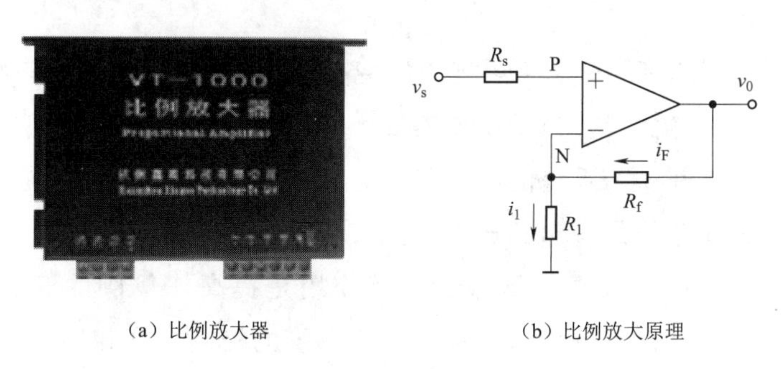

(a) 比例放大器　　(b) 比例放大原理

图4-5　比例放大器及比例放大原理示意图

大器进行功率放大，使其达到电—机转换装置的控制要求。有时差值信号在形式上与比例阀内部控制信号不一致，或者差值信号有时会出现失真，这时就需要电控器对差值信号进行整形，比例放大原理如图 4-5（b）所示。

图 4-6 比例阀

（4）电—机转换器。电—机转换器的输入是比例放大器的输出电信号或电压信号，电—机转换器的输出为机械力或位移信号，并以此控制液压阀内部阀芯推动上面的弹簧压缩，导致液压放大器的控制液阻发生改变并传递到液压执行机构，进而实现液压系统压力、流量等参数比例控制。

（5）液压放大器。液压放大器是将检测装置、传感器等反馈的弱电信号放大为液压阀控制电信号，这个过程以很小的电输入信号驱动到系数放大数以万倍的系统负载，实现液压阀功能动作控制，这个过程称为系统功率放大，一般配合电液比例阀和伺服阀使用。

（6）液压执行元件。液压执行元件是液压系统的转换装置，把液压能转换为机械能驱动负载实现直线或回转运动，主要包括液压油缸和液压马达，如图 4-7 所示。

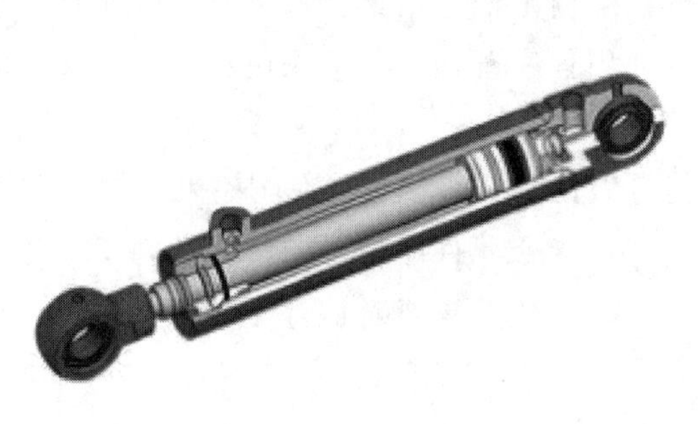

(a) 液压油缸

(b) 液压马达

图 4-7 液压执行元件

（7）检测元件。闭环控制系统中必须具备检测元件，检测元件有加速度传感器、位移传感器、压力传感器等。根据系统需要，检测元件对被控制量或中间变量进行检测获得其数值，并将其作为系统的反馈信号。它产生的反馈信号与输入信号通过比较单元进行比较，将偏差信号输出到放大单元。

部分比例阀内装有内反馈检测单元，其作用是提高比例阀的静态特性、动态特性；外环检测单元通过检测输出量来提高整个系统的控制精度和性能。

（8）液压变桨距系统。液压变桨距系统是由变桨液压站作为工作动力，液压油作

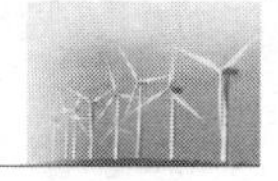

为传递介质，电磁阀作为控制单元，通过将油缸活塞杆的径向运动变成叶片的圆周运动来实现叶片的变桨距。电-液伺服变桨距系统配备有变桨执行器和蓄能器，变桨执行器和蓄能器安装在轮毂内部，它们通过管路连接到轮毂内的油液分配器，该分配器与位于机舱的传动系统末端的液压滑环连接。液压滑环通过进油管、回油管和渗油管与变桨液压站连接。

液压变桨距系统的变桨传动装置通常有一个变桨伺服控制系统，采用控制柜控制伺服，PLC 模块由 CPU、数字量输入输出和模拟量输入输出模块组成，叶片液压变桨执行器控制，伺服系统包含执行器、比例阀、位移传感器以及蓄能器等。液压变桨原理框图如图 4-8 所示。

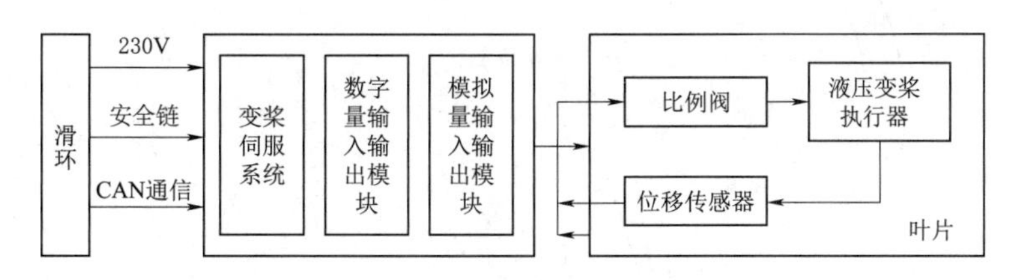

图 4-8 液压变桨原理框图

2. 液压变桨距系统选型

(1) 液压站。液压站通常包括油箱、泵、电机、蓄能器、散热器、加热装置以及过滤器等部分，如图 4-9 所示。最大变桨速度决定了液压站输出的流量，若变桨速度十分迅速，那么叶片桨距角的变化响应就快。若变桨速度过快，液压站流量就会变大，功率消耗也相应变大。

液压站流量计算公式为

$$Q=\frac{2\pi D^2}{4}v \tag{4-1}$$

式中 D——活塞杆直径；

v——活塞移动速度。

液压站的压力计算公式为

$$P=\frac{F}{S} \tag{4-2}$$

液压泵的最高工作压力为

$$P_1=\frac{PQ}{6\times 10^7\eta} \tag{4-3}$$

式中 P_1——液压泵的最高工作压力；

Q——液压泵的流量；

η——液压泵的总效率。

图 4-9 变桨液压站示意图

（2）变桨执行器。变桨执行器的作用是通过阀组控制油液的工作方式，实现执行器的动作，以满足各变桨工况的需要。执行器通常包含油缸、集成阀块、控制阀、管路等。变桨执行器可以完成独立变桨、同步变桨、紧急停车等变桨动作。液压变桨距系统中最重要的部件是液压油缸，它与轮毂和叶片耦合，通过改变液压油缸的长度来推动叶片变桨，如图 4-10 所示。

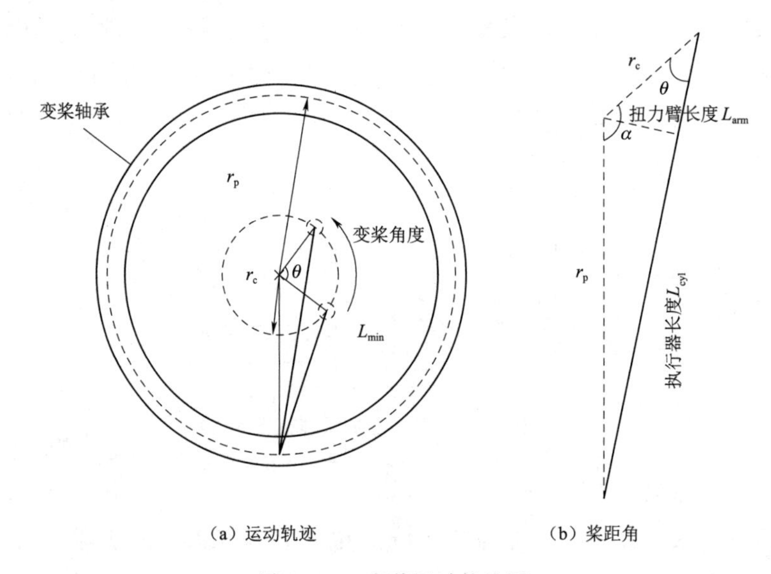

图 4-10　变桨运动轨迹图

根据余弦定理，桨距角和位移之间的关系为

$$\theta=\arccos\frac{r_p^2+r_c^2-(y+L_{min})^2}{2r_pr_c}-\arccos\frac{r_p^2+r_c^2-L_{min}^2}{2r_pr_c} \tag{4-4}$$

式中　θ——桨距角；

r_p——变桨半径；

r_c——曲柄半径；

y——活塞缸移动位移；

L_{min}——执行器最小长度。

桨距角转换成活塞位移，利用反函数求解，即

$$y=\sqrt{r_p^2+r_c^2-2r_pr_c\cos\left(\theta+\arccos\frac{r_p^2+r_c^2-L_{min}^2}{2r_pr_c}\right)}-L_{min} \tag{4-5}$$

通过输出的桨距角作微分处理得到速率，还有一种处理方式是直接从当前的活塞位置和活塞速率上求得，这种方法减少了中间变量的转换，计算公式为

$$\omega[s(t)]=\frac{d\theta[s(t)]}{dt}=\frac{d\theta[s(t)]}{ds}\frac{d[s(t)]}{dt} \tag{4-6}$$

带集成放大器和阀芯位移传感器的比例方向阀的作用为：①可以实现油液方向的切换，以控制油缸伸出或者缩回；②能够无级调节油液的流量，以控制油缸的运动速度，实现油缸缓冲动作；③在液压系统中，比例阀是实现电气闭环控制的核心元件；④集成比例阀放大器，可以直接实现控制信号的功率放大，以直接控制阀芯动作；⑤可以实现远程精确控制。

流量与活塞速率之间的关系式为

$$V=\frac{Q}{A} \tag{4-7}$$

式中 V——活塞速率；

Q——流量；

A——活塞面积。

活塞速率与油流量成正比，而流量的控制通过比例阀来实现，流量的计算公式为

$$Q=Ku\sqrt{P_{sys}-P_{load}} \tag{4-8}$$

式中 K——恒定常数；

u——比例阀电压；

P_{sys}——系统压力；

P_{load}——作用在叶片上的载荷。

系统的变桨速率、活塞速率、扭力臂间的关系式为

$$\omega=VL_{arm} \tag{4-9}$$

式中 ω——系统的变桨速率；

L_{arm}——扭力臂长度。

可以看出，系统的变桨速率与活塞速率成正比，同样也正比于扭力臂，扭力臂由系统几何确定，如图4-11所示。

扭力臂与变桨半径的关系式为

$$L_{arm}=r_c\sin\theta \tag{4-10}$$

$$\sin\theta=\frac{r_p\sin\alpha}{\sqrt{r_p^2+r_c^2-2r_pr_c\cos\alpha}} \tag{4-11}$$

作用在叶片上的转矩 T 与作用在活塞上的力 F 和扭力臂有关，关系式为

$$\tau=F\cdot L_{arm} \tag{4-12}$$

扭力臂的计算过程同上，执行器上的力由作用在活塞上的力之和决定，是一个活塞运动方向的函数关系式，如图4-12所示。

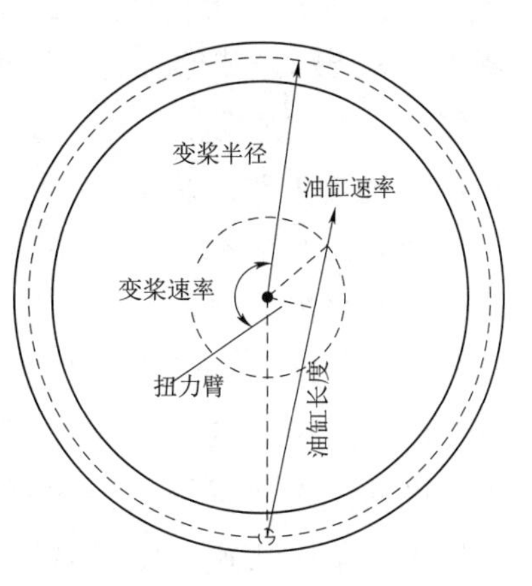

图4-11 扭力臂

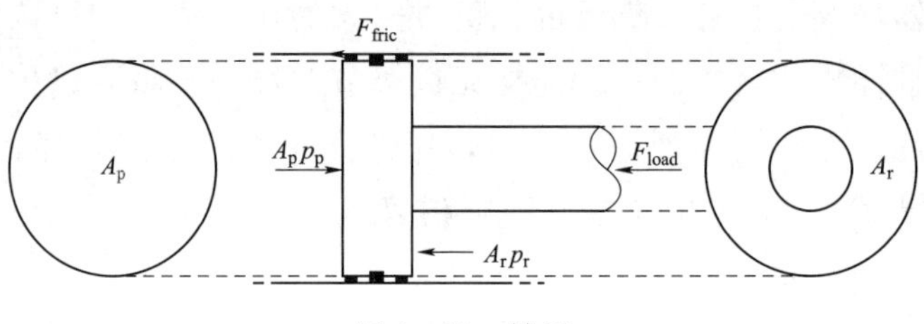

图4-12 转矩

3. 蓄能器

蓄能器是液压变桨距系统的备用动力源。蓄能器中有对于快速执行非常重要的液压油，能够提供电网掉电保护动作和紧急停车动作，为执行器工作、保压、补偿泄漏提供直接能量来源，同时风轮内部的蓄能器是机组紧急制动全部的能量来源。

以皮囊式蓄能器为例，皮囊式蓄能器包括一个预充气体室和一个液体室，两室被囊状体、活塞和弹性膜片隔开，其中液体室与液压系统连接。

波义耳定律计算公式为

$$P_0V_0^n=P_1V_1^n=P_2V_2^n=C \tag{4-13}$$

式中 P_0——充氮气的压力；

P_1——允许的最低压力；

P_2——允许的最高压力；

V_0——氮气的体积；

V_1——压力等于 P_1 时氮气体积；

V_2——压力等于 P_2 时氮气体积；

C——常数；

n——多变指数。

根据系统要求的不同，对蓄能器的容量要求也不同。为了便于扩展和安装，通用的设计方式是采用蓄能器组，如图4-13所示。其优点是：①蓄能器型号选择更加灵活；②蓄能器安装更加简便快捷；③蓄能器简便易维护。

4.2.3.2 电动变桨距系统设计

1. 电动变桨距系统

电动变桨距系统是用电动机作为变桨动力，通过伺服驱动器控制电机带动减速机的齿轮旋转，齿轮与叶片根部的变桨轴承的齿轮啮合，带动桨叶变桨，并跟随有角度传感器。电动变桨距系统主要包括驱动电机、变桨驱动器、变桨轴承、减速装置、传感器、限位开关和变桨控制器等部件。

图4-13 活塞式蓄能器实物

电动变桨距系统采用电机配合减速器对叶片进行单独控制，具有更为快捷的速度响应，其结构简单，易于施加各种控制，使用更为可靠。电动变桨控制系统的原理框图如图 4-14 所示。

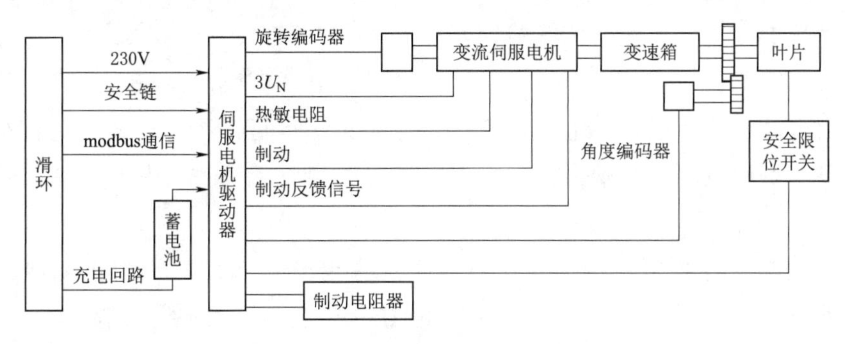

图 4-14 电动变桨控制系统原理框图

2. 电动变桨距系统选型

电动变桨距系统主要由伺服驱动器、伺服电机、变桨控制器、备用电源及编码器等组成。为保证风电机组安全、可靠地运行，电动变桨控制系统需具有可靠性高、使用寿命长、实用性强及控制精度高等要求，即能够在高温、低温、高湿、风沙、高海拔等一些恶劣工况下长期运行，因此核心部件选型时，需要充分考虑以上因素。

(1) 伺服电机。伺服电机是变桨执行的动力单元，其额定转矩及额定转速需满足正常变桨和紧急顺桨的要求，风电机组在正常运行时，电机的转矩值比较平稳且较小，在受到极端阵风或紧急故障顺桨停机时，短时间内电机的转矩值增大。因此，对于伺服电机的选型，首先要确定电机的额定转矩和最大转矩，然后计算满足紧急情况下电机的最大转速和额定功率，另外还要考虑转动惯量及响应速度等参数。伺服电机如图 4-15 所示。

伺服电机额定转矩计算公式为

$$T_{\mathrm{n}}=T_{\mathrm{pmax}}/R_{\mathrm{atio}} \tag{4-14}$$

式中 T_{n}——伺服电机额定转矩；

T_{pmax}——最大转矩；

R_{atio}——所选电机的减速比。

伺服电机额定转速计算公式为

$$N=R_{\mathrm{atio}}V_n \tag{4-15}$$

式中 V_n——变桨速度。

伺服电机额定功率计算公式为

$$P_n=T_nN \tag{4-16}$$

伺服电机最大转矩计算公式为

图 4-15 伺服电机

$$T_{p\max}=T_{j\max}/R_{\text{atio}} \tag{4-17}$$

（2）伺服驱动器。电动变桨距系统中驱动器控制的对象是伺服电机，伺服驱动器的额定功率需大于伺服电机的额定功率，一般情况下取1.5倍的系数，这样系统的可靠性和经济性都能得到兼顾。伺服驱动器如图4-16所示。

（3）备用电源。在正常运行模式下，风电机组电动变桨距系统的所有电源皆由电网提供。因电动变桨距系统在电压低于一定值时无法运行，因此当遇到电网故障等情况时，若没有备用电源，极端风速情况下，风电机组将无法进行紧急顺桨，可能造成重大事故。

目前，变桨距系统所采用的备用电源系统主要分为阀控式铅酸蓄电池方案与超级电容方案两种，如图4-17所示。超级电容介于电池和普通电容之间，具有体积小、功率密度高、充电快、循环寿命长、工作范围广、免维护等优点，因此被广泛应用。

图4-16 伺服驱动器

图4-17 超级电容模组

电动变桨距系统采用超级电容作为备用电源，其工作原理是：①当电网无故障且风电机组正常运行时，变桨控制系统控制充电器给超级电容模组充电，直至模组的电压达到额定值后，充电停止；②当遇到短暂电网电压跌落且风电机组实现了低电压穿越时，备用电源投入，超级电容储能系统开始放电，为控制回路、开关元件及风电机组的正常变桨提供所需的能量损耗；③当遇到电网电压跌落且风电机组未能穿越低电压故障、或风电机组遇到其他严重故障时，需要紧急顺桨，备用电源投入，此时备用电源所释放的能量，不仅要为控制回路及开关器件提供能量，而且还需要满足紧急顺桨的需求，以确保风电机组安全停机。

（4）变桨控制器。变桨控制器是整个电动变桨距系统的核心，是风电机组主控制器与变桨距系统伺服单元和备用电源通信的枢纽，完成通信、温度检测与控制、集中润滑、人机交互等功能，控制器系统一般包括CPU、通信模块、数字IO模块、温度检测模块及相关组件。

（5）编码器。编码器在风电机组控制系统中主要用于获取变桨控制系统以及发电机转子的转速或位置数据，这两组数据为提高伺服电机驱动的精确度提供了重要依据，从而实现变桨距系统对叶片的精确定位和复位控制，为提高整个风力发电系统的发电效率和电能质量发挥重要作用。编码器如图 4-18 所示。

图 4-18　编码器

4.2.4　变桨距系统的对比分析

4.2.4.1　经济性

液压变桨距系统设备属于精密机械设备，设计难度较大，生产工艺要求高。但是随着技术的日益发展，生产工艺日渐成熟，简单的结构和成熟的部件大大降低了批量生产的成本。

电动变桨距系统的控制装置占用了绝大部分的费用，价格相对便宜，且电动行业在国内发展较好，各部件的国产化率较高，总体来说，电动变桨距系统的设备造价低于液压变桨距系统的设备造价。

4.2.4.2　传动效率

在液压变桨距系统中，风电机组变桨所需的传动力由液压缸承载，液压缸可传动力矩大，因此在应对大型风电机组或大型叶片的快速传动情况下，液压变桨距系统更容易进行调节，且响应迅速，特别是在强风和阵风发生的情况下，对于风向改变的响应非常快。同时，液压变桨距系统惯性小，结构简单，因而还具有叶片振动小、变桨精度高以及可靠性高等特点。当液压变桨距系统和变桨控制器结合使用时，系统结构性的载荷也可以得到一定程度的缓解，传动平稳。

在电动变桨距系统中，机械传动力主要由齿轮接触点承载。虽然响应也比较快，但机械传动会有延迟，电机的预充电过程也会进一步延迟响应时间，而且在电机反转之前先要停转，因而也会形成一定程度上的响应延迟。所以电动变桨距系统需要精确的配置，并且还要准确选择电机的转速和转矩。由于电动变桨距系统强大的惯性会在快速变桨的情况下使桨叶来回快速振动，从而影响变桨精度，因此还需要专门计算桨叶的惯性和传动力的变化率。另外，轮毂和叶片之间的刚性连接也会导致结构性噪声和振动的传导。

4.2.4.3　外部配套需求

液压变桨距系统占用空间较小，运行时通过液压油传递动力，在液压系统没有泄漏的情况下，液压油的损耗几乎可以忽略，且无须对齿轮进行润滑，减少了集中润滑点。

电动变桨距系统占用空间大，运行能耗为电能，电能耗量主要取决于伺服电机的功率大小，且需要对变桨轴承进行润滑。

4.2.4.4　安全可靠性

液压变桨距系统通过蓄能器进行能量储备，可以在失电情况下启动，在一定时间内，蓄能器的能量不会变化。此外，液压变桨距系统故障率远远低于电动变桨距系统，据统计，液压变桨距系统的故障率比电动变桨距系统低50%以上，目前已沿用至海上机型。

电动变桨距系统通过电池组或超级电容进行能量储备，系统启动需要用电，而频繁的紧急停机也会对电池产生较大的损耗。同时，电池充电时间较长，一般需要8～10h，而且电池在充电时会有潜在的安全隐患。对于未充电的电池，如果长时间放置会导致电池损坏，最长不能超过6个月。如果电网连续几个月没电，电池就会受到损坏从而不能保证顺桨，部分飞车事故因此发生。另外，电动变桨距系统容易受到环境的影响，电池的使用寿命也会大大缩短。电动变桨距系统故障频次较高，系统故障时间也较液压变桨距系统高，更换电池的工作量和费用较高，因此电动变桨距系统的电池性能监测尤为重要。

4.2.4.5　服务和维护保养

液压变桨距技术已被广泛应用于海上风电机组，安全、成熟、可靠；在合理的温度范围内可以保持液压油的清洁度；液压系统不需要很多的维护保养，只需定期更换回油过滤器的滤芯即可。但不正确的维护保养工作会导致漏油，少量的漏油或溢出最终可能会导致大量漏油，所以应对操作人员进行正确的培训。

电动变桨距系统在海上风电机组的应用则相对较少，在电网不稳定以及环境极端恶劣的地区，电池使用寿命会很短。在排查故障的时候也费时费力，尤其在查找周期性故障和接触不良的时候更为困难。采用电动变桨距系统的风电机组在重新启动时需要很长的时间，因而对风电机组的发电量也有一定的影响。使用超级电容仅需几分钟，但价格相对较高。

4.3　变桨轴承设计

变桨轴承作为风电机组的关键部件，连接着叶片与轮毂，同时起到将叶片吸收的载荷传递至轮毂的作用。在工作过程中主要承受轴向载荷、径向载荷和倾覆力矩，并做低速旋转，加之工作在高温、高寒、高盐、高原、高风沙等恶劣环境下，因此变桨轴承不仅需要足够的强度承受各种载荷，同时也要求其具有良好的密封性和高可靠性。

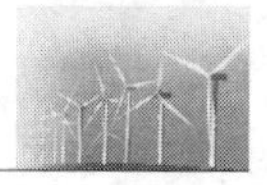

4.3.1 变桨轴承的结构型式

根据轴承滚动体的形状和排布，变桨轴承常见的型式有单排滚子轴承、单排球轴承、双排球轴承和三排滚子轴承等。在设计时要考虑到安装空间、承受的交变载荷和启动摩擦力矩等，即在最小的尺寸范围，能够承受最大的载荷能力和最小的启动摩擦力矩。

对于兆瓦级别的大型风电机组变桨轴承，大多采用四点接触球轴承的型式。单排四点接触球轴承虽然在启动摩擦力矩方面有较好的优势，但是在相对的尺寸范围内，无法满足兆瓦级风电机组的载荷要求。双排同径的四点接触球轴承比单排的四点接触球轴承制造成本更高，双排轴承在制造过程中必须反复拆装，以精确测量和匹配轴承的内径间隙或预紧力。单排四点接触球轴承与双排同径四点接触球轴承如图 4-19、图 4-20 所示。

与单排四点接触球轴承相比，双排同径四点接触球轴承的主要优点为：①较低的球载荷；②低赫兹应力；③减少所需的外部深度尺寸；④提高疲劳寿命。

4.3.2 变桨轴承的技术要求

4.3.2.1 材料

变桨轴承内外圈材质一般选用 42CrMo4V，其材料化学成分、低倍组织和非金属杂物等性能指标应符合 EN 10083 规定，调质后－40℃低温冲击功平均值不小于 27J，调质硬度为 260～300HBW。

轴承钢球的材料一般选用高碳铬轴承钢 GCr15/GCr15SiMn，其尺寸、外形、技术要求、检验方法等应符合《高碳铬轴承钢》(GB/T 18254—2016)、《滚动轴承 球 第 1 部分：钢球》(GB/T 308.1—2013) 的相关要求，钢球成品硬度为 HRC58～64。

密封形式要充分考虑防尘、防水、防漏油及易于更换等因素。一般采用符合《旋转轴唇形密封圈橡胶材料》(HG/T 2811—1996) 规定的丁腈橡胶制造，在具有强酸、强碱、强紫外线、臭氧等环境下应采用氢化丁腈橡胶制造，同时考虑其与润滑油脂的相容性。

4.3.2.2 润滑

变桨轴承滚道应充分润滑，由润滑引起的轴承故障包括振动磨损、腐蚀、碎屑沉降和表面引发的疲劳等。甚至许多归类于基于负载的故障实际上也可能是由于润滑脂降解而引起的。风电机组经常要遭受恶劣的极端天气，设计正确的润滑方法，才能确保机组正常运行。

变桨轴承初润滑时应填装用户指定的润滑脂，注脂量一般为轴承内部有效空间容积的 60%～80%，也可由制造厂与用户之间协商确定。装填的润滑脂应具备使用温度

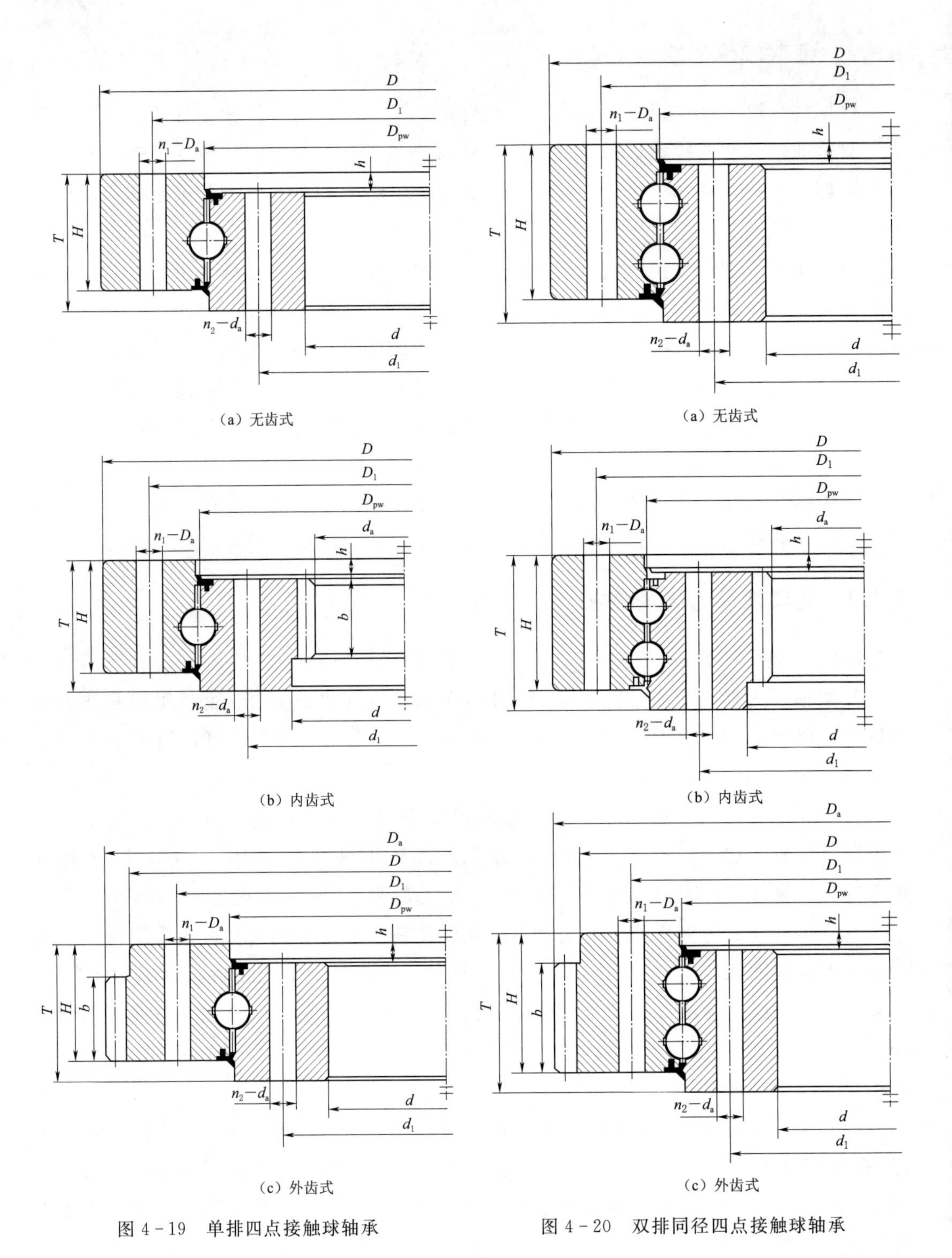

(a) 无齿式　(b) 内齿式　(c) 外齿式

图 4-19　单排四点接触球轴承

(a) 无齿式　(b) 内齿式　(c) 外齿式

图 4-20　双排同径四点接触球轴承

范围（−40～150℃）、抗微动磨损、极压性、抗水性、防腐性和良好的泵送性等基本性能要求。

变桨轴承通过油孔注油润滑，其注油螺纹孔一般常见规格为 M10×1，排油螺纹孔一般常见规格为 M14×1.5，当用户有特殊要求时，油孔数量、位置和规格也可由制造厂与用户之间协商确定。

4.3.2.3 公差

变桨轴承内外圈毛坯一般采用锻造方式加工，图样及技术文件中未标注尺寸公差的，机加工表面通常按《一般公差 未注公差的线性和角度尺寸的公差》（GB/T 1804—2000）所规定 M 级执行，内外圈滚道过渡处应圆滑过渡。

4.3.2.4 热处理

毛坯通常需调质处理，调质硬度一般为 230～320HB，测试标准按照《金属材料 布氏硬度试验 第 1 部分：试验方法》（GB/T 231.1—2018）规定对硬度进行检验。

根据《回转专承》（JB/T 2300—2018）的规定对滚道进行表面淬火，硬度一般应达到 HRC55～62，按照《金属材料 洛氏硬度试验 第 1 部分：试验方法》（GB/T 230.1—2018）规定对硬度进行检验。有效硬化层深度（硬度达到 HRC48 以上的表层深度）应能达到变桨轴承的设计要求。

滚道表面允许有淬火接头软带，内圈的软带宽度通常不大于 50mm。将带堵球孔套圈的软带设置在堵塞孔部位，双排同径轴承上下两排滚道软带一般放置于一处，非堵塞孔软带位置对应的非安装配合处做永久性的“S”标记。滚道软带区与毛坯的心部硬度保持一致，轴承钢球热处理质量应符合《滚动轴承 高碳铬轴承钢零件 热处理技术条件》（JB/T 1255—2014）的规定。

4.3.2.5 无损探伤

在变桨轴承的样品阶段，一般要求对锻件进行 100%超声波探伤，量产后定期抽查。抽查标准按《钢锻件的无损检测 第 3 部分：铁素体或马氏体钢锻件的超声波试验》（EN 10228-3—2016）执行，Ⅲ级达到合格标准。滚道表面根据《重型机械通用技术条件 第 15 部分锻钢件无损探伤》（JB/T 5000.15—2007）的规定进行磁粉探伤，质量等级Ⅰ级。

4.3.2.6 试验

装配完成后，变桨轴承需在试验台上做空载力矩测试，通常包含空载启动力矩测试和空载旋转力矩测试等。

三叉形刚性轮毂结构型式如图 4-21 所示，将轴承内圈基准端面水平置于一平台上，将弹簧秤一端固定到轴承外圈上，拉力方向应沿轴承切线方向且与轴承端面平行，拉动弹簧秤，

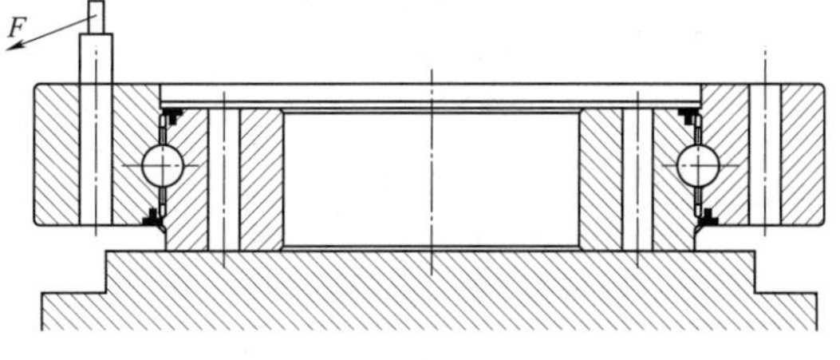

图 4-21 三叉形刚性轮毂结构型式

当轴承从静止开始转动时，读出此时弹簧秤的读数，再乘以力臂即为轴承的空载启动力矩。当用户有特殊要求时，制造厂也可采用专用设备进行空载启动力矩的测定。

4.3.2.7　防腐

风电机组设计运行寿命通常不低于 20 年，因此，变桨轴承防腐寿命应不低于 15 年，20 年内腐蚀深度不超过 0.5mm。根据《色漆和清漆—防护涂料体系对钢结构的防腐蚀保护　第 2 部分：环境分类》（ISO 12944 - 2—2017）的要求，轴承表面属于腐蚀性类别 C4 等级。防腐表面应具备抗盐蚀能力，能够在沿海长期运转。

对需要喷涂表面做喷涂前的喷砂除锈，基体表面粗糙度为 60～100μm，喷砂用压缩空气必须干燥，砂料必须有尖锐的棱角，清洁、干燥，特别是无油污和可溶性盐类，喷砂除锈表面达到 GB/T 8923—1988 中 3.2.3 项的 Sa 3 级规定。喷砂后应尽快喷涂，其间隔时间一般要求在 4h 内。在含盐雾条件下，间隔时间不能超过 2h。

在防腐过程中，机加工表面和螺纹涂可清洗的防锈油并采取措施进行可靠防护，以防止油漆和其他污染物玷污（有特殊要求例外），每一层漆膜厚度都必须进行检验并形成记录。

在变桨轴承内外圈表面，按照《热喷涂　金属和其他无机覆盖层　锌、铝及其合金》（GB/T 9793—2012）规定喷涂纯锌或纯铝，涂层厚度 0.1～0.2mm，喷涂用锌的材质、喷涂锌层厚度、喷涂锌结合强度试验均按照此标准规定执行。

4.3.3　变桨轴承的检验规则

除另有规定外，变桨轴承的检验项目和方法见表 4 - 1。

表 4 - 1　检验项目和方法

序号	检验项目	检验方法和依据
1	轴承端面圆跳动、轴承径向圆跳动、轴向及径向游隙	JB/T 2300—1999
2	孔的位置度	安装孔分布圆直径及弦长
3	轴承内径、外径、轴承总高	测量
4	轴承径向、轴向游隙不大于 0	JB/T 10471—2004
5	阻尼力矩	厂家提供
6	材质 42CrMo4V	EN 10083
7	低温冲击功检测	GB/T 229—1994
8	材质 GCr15/GCr15SiMn	GB/T 308—2002、GB/T 18254—2002
9	密封圈	检验是否安装且完好无损
10	未注尺寸公差	GB/T 1804—2000
11	硬度	JB/T 7361—1994、GB/T 231.1—2002、GB/T 230.1—2004、GB/T 5617—2005
12	软带宽度	测量

续表

序号	检 验 项 目	检验方法和依据
13	超声波探伤	EN 10228—3
14	磁粉探伤	JB/T 5000.15—1998
15	注油孔	目测
16	防腐前处理	GB/T 8923—1988
17	喷涂锌层厚度	GB/T 9793—1997
18	喷涂锌层结合强度	GB/T 9793—1997
19	喷涂漆层厚度（锌+油漆）	采用 TT220 数字式覆层测厚仪测量
20	喷涂漆层结合强度	GB/T 9286—1998
21	铭牌标志	目测
22	包装	目测

4.4 轮 毂 设 计

风电机组的叶片通过变桨轴承安装到轮毂上，轮毂是用来固定叶片、组成风轮的重要部件之一，是将叶片接收的风能转换成机械能的重要部件。轮毂是风电机组风轮的枢纽，一端连接叶片，将叶片载荷传递到风电机组的支撑结构上；另一端连接到机舱主轴上，带动发电机旋转发电。同时轮毂内的空腔装有风电机组的变桨机构，是控制叶片变桨、使叶片作俯仰转动的部位。

4.4.1 风电机组轮毂的结构型式

轮毂的作用是连接叶片和低速轴，要求能承受大的、复杂的载荷。轮毂的结构型式通常有无铰链刚性轮毂、跷跷板式轮毂和铰链轮毂等 3 种。其中无铰链刚性轮毂是风电机组最常见的结构，刚性轮毂又分为三叉形和球形两种外形。

三叉形刚性轮毂通常用于微小型风电机组，常为灰铸铁铸造而成。另外，也有三叉形刚性轮毂采用钢板卷筒焊接而成，焊接的生产周期短，制造成本低。三叉形刚性轮毂结构型式如图 4-22 所示。

球形刚性轮毂是现代水平轴风电机组常用的结构型式，常用高强度球墨铸铁铸造而成。球墨铸铁具有强度高，刚性强，减振性好，易于铸造成型，应力集中系数不敏感，易于加工，制造成本低等特点。球形刚性轮毂结构型式如图 4-23 所示。

轮毂为柔性轮毂，通常用在两叶片和单叶片的风电机组中，这种跷跷板式轮毂用活动铰链连接叶片，当叶片受力不均时，叶片有一定的活动范围，可以缓冲两个叶片受空气动力不同时对轮毂的刚性弯矩，即允许叶片相对旋转平面单独挥舞运动。

目前风电机组应用单叶片已经罕见，两叶片的风电机组也很少见，仅有极少数制

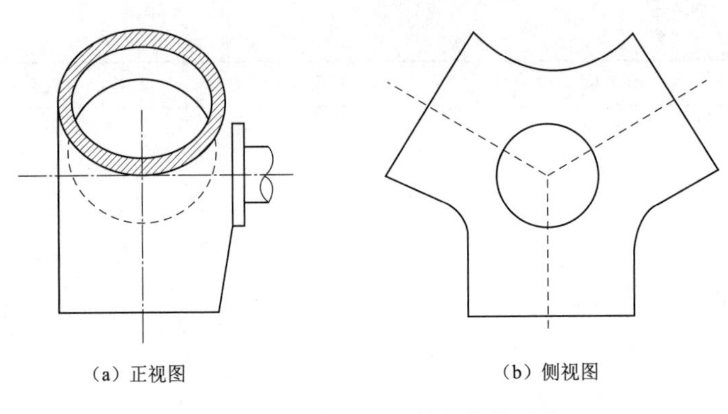

(a) 正视图　(b) 侧视图

图 4-22　三叉形刚性轮毂结构型式

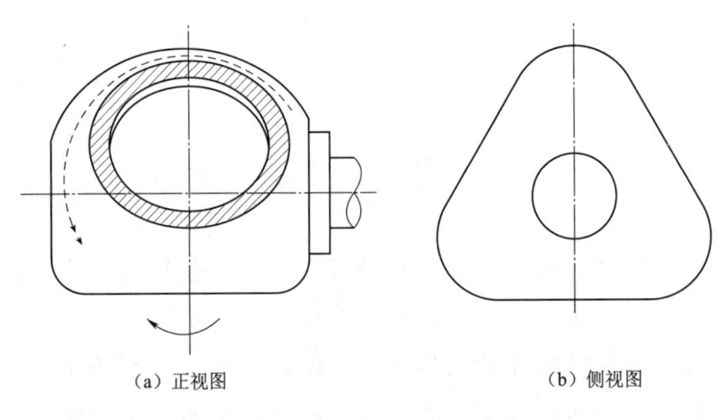

(a) 正视图　(b) 侧视图

图 4-23　球形刚性轮毂结构型式

造商还保持着跷跷板式柔性轮毂的两叶片水平轴风电机组的制造。跷跷板式柔性轮毂与刚性轮毂相比可靠性差，且制造成本也较高。一种带 δ 角的跷跷板轮毂如图 4-24 所示。

4.4.2　风电机组轮毂的材料

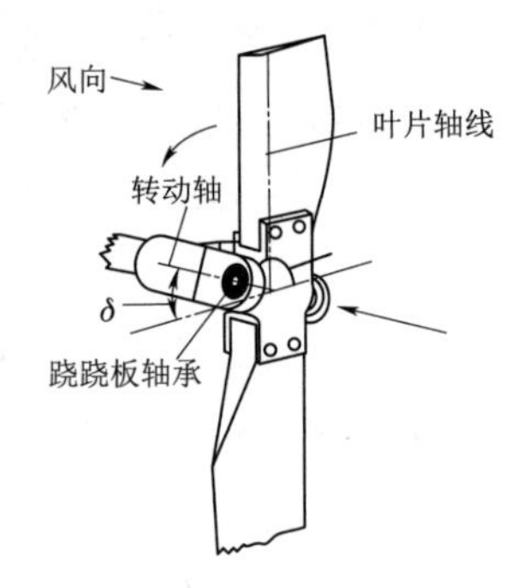

图 4-24　跷跷板式轮毂

微型、小型风电机组的轮毂一般采用高强度的灰口铸铁铸造而成，轮毂在清砂后对表面进行喷砂处理，然后进行加工，铸件要求不应有气孔、夹砂、包砂、对火流、裂纹等缺陷。

三叉形和球形的刚性轮毂常用材料有 QT400-18AL、QT500-7、QT500-7A、QT600-2、QT700-2 等。另外也可采用可锻铸铁，其具有强度高、韧性好、减振性好、应力集中不敏感等优点，但球化热处理工艺复杂，成本较球铁高。可锻铸铁常用的材料有：KTZ450-06、KTZ550-04、KTZ650-02 等。铸件要求其内部不允许有气孔、缩孔、夹砂、夹杂、包砂、对火流、裂纹等缺陷。铸造完成后应进行去应力时效处

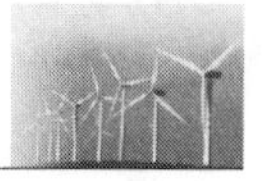

理，避免加工后产生变形误差。另外，球形刚性轮毂也可采用铸钢材料制造，含碳量0.35%～0.48%的铸钢件铸后同样需要时效处理，粗加工后进行调质处理，调质硬度为HB300～330，使其达到很好的综合力学性能、很高的强度和很好的冲击性能。但铸钢的流动性较差，易发生气孔、缩孔、缩松等缺陷。

4.4.2.1 常用材料

在风电机组中大量采用高强度球墨铸铁QT400-18AL作为轮毂的材料，其兼具塑性和脆性材料的特性，具有良好的低温冲击韧性。按环境细分，可采用的材料有：QT400-18AL、QT400-18AL-1、QT400-18AL-2等。其分别适用于-20℃以上、-30℃以上、-40℃以上运行环境，各材料化学成分见表4-2。

表4-2 QT400 化 学 成 分 %

材质＼化学成分	C	Mn	Si	P	S	Mg	RE
QT400-18AL	3.6～3.9	≤0.3	1.8～2.4	≤0.04	≤0.02	0.03～0.05	0.01～0.02
QT400-18AL-1 QT400-18AL-2	3.6～3.9	≤0.3	1.6～2.4	≤0.04	≤0.02	0.04～0.06	0.01～0.02

注 1. 对含S量及含P量应严格控制。
2. 可含有少量的Cr和Ni。
3. C的含量为炉前控制。

不同材料对应壁厚的铸件材料的力学性能要求见表4-3。

表4-3 铸件的力学性能要求

材 质	铸件壁厚/mm	抗拉强度 R_m /(N/mm²)	屈服强度 $R_{P0.2}$ /(N/mm²)	延伸率/%	布氏硬度/HBW（供参考）
		最小值			
QT400-18AL	≤30	400	240	18	130～180
	>30～60	390	230	15	130～180
	>60～200	360	220	12	130～180
QT400-18AL-1	≤30	400	240	18	130～180
	>30～60	390	230	15	130～180
	>60～200	360	220	12	130～180
QT400-18AL-2	≤30	400	240	18	130～180
	>30～60	390	230	15	130～180
	>60～200	360	220	12	130～180

4.4.2.2 检验项目和方法

1. 材料检测

(1) 用于材料检测的附铸试块（附在铸件上，切除以后不损坏铸件本体的试块。附铸试块加工成试样后用于检验铸件的化学成分、金相组织、力学性能等。）必须按照《球墨铸铁件》(GB/T 1348—2019)规定制备，放置在铸件指定位置，试块必须标识清晰。

(2)按照《金属材料 拉伸试验 第1部分：室温试验方法》(GB/T 228.1—2010)规定执行材料拉伸强度试验检验。

(3)按照《金属材料 夏比摆锤冲击试验方法》(GB/T 229—2020)规定执行材料冲击试验检验。

(4)按照《金属材料 布氏硬度试验 第1部分：试验方法》(GB/T 231.1—2018)规定执行材料硬度试验检验。

(5)按照《球墨铸铁金相检验》(GB/T 9441—2009)规定执行金相组织检验，包括球化率、石墨大小等级、珠光体数量、铁素体数量、磷共晶数量、渗碳体数量等。

(6)其他检测项目：铸件材料化学分析。

2. 表面质量检测

(1)在进行所有其他检测之前，铸件表面必须清理干净，并根据《铸造 表面缺陷的目测 砂型铸钢件》(DIN EN 12454—1998)或者《铸钢件表面质量的目测检查》(ISO 11971—1997)进行视觉检测，清除可能性表面缺陷。

(2)DIN EN 12454—1998中规定的B、C、D、E、F、J类可能性表面缺陷不允许存在，必须打磨平整至圆滑过渡。

(3)由于泥芯偏移产生的错型(箱)必须在壁厚公差范围以内。

(4)由于泥芯偏移产生的DIN EN 12454—1998规定缺陷不允许存在，必须打磨平整至圆滑过渡。

3. 表面粗糙度检测

清除可能性表面缺陷后，铸件按照《铸造 表面状况的检查》(DIN EN 1370—2012)或者ISO 11971—1997规定进行检测，质量要求达到H1或以上；然后表面必须进行喷砂(喷丸)除锈清理，并按照DIN EN 1370—2012规定再次检验表面粗糙度，探伤尺寸控制区域和所有机加工部位需达到A1要求，其他区域达到A2要求。

4. 无损检测

(1)铸件在进行机械加工前必须按照《铸件 超声检测 第3部分 球墨铸铁件详解》(DIN EN 12680.3—2003)规定进行整体超声波探伤，质量等级要求达到2级或以上。

(2)在机加工面、孔和螺纹部位附近表面不允许出现任何气孔和夹渣等缺陷，其余区域质量等级必须达到1～3级。

(3)铸件毛坯喷丸(砂)处理后，根据《铸造 磁粉探伤》(DIN EN 1369—2012)规定，对各法兰圆滑过渡区域200mm范围内进行磁粉探伤，质量等级要求达到3级或以上。

（4）检验并记录壁厚控制尺寸。

5. 机械加工后检测

气孔和夹渣等缺陷应该是在公差允许范围内通过机械加工去除，在机械加工后不允许在任何位置出现，机加工后须根据 DIN EN 1369—2012 进行检测。

检验项目和方法见表 4-4。

表 4-4 检验项目和方法

序号	检 验 项 目	检验方法和依据
1	材质	Q/JF 2JY1500.113—2009
2	石墨球化级别	GB 9441—2009
3	金相组织	GB 9441—2009
4	铸件质量评定	JB/T 7528—1994
5	铸件尺寸公差	GB/T 6414—2017
6	铸件重量公差	GB/T 11351—2017
7	铸件表面质量	DIN EN 12454—1998
8	铸件表面粗糙度	DIN EN 1370—2012
9	超声波探伤	DIN EN 12680.3—2003
10	磁粉探伤	DIN EN 1369—2012
11	喷砂防锈	ISO 8501-1：2007
12	附铸试块制备	DIN EN 1563—2005
13	附铸试块位置	目测
14	附铸试块抗拉试验	GB/T 228—2002
15	附铸试块夏比摆锤冲击值	GB/T 229—2007
16	附铸试块的硬度	GB/T 231.1—2009
17	未注尺寸公差	GB/T 1804—2000
18	未注形位公差	GB/T 1958—2004
19	平行度	GB/T 1958—2004
20	孔的位置度	GB/T 1958—2004
21	垂直度	GB/T 1958—2004
22	防腐范围	目测
23	防滑区检验	目测
24	标记沟检验	目测
25	漆涂层厚度的测量	GB/T 13452.2—2008
26	漆涂层结合强度	GB/T 9286—1998、ISO 4624—2002
27	面漆颜色检验	JB/T 5000.12—2007
28	包装	GB/T 13384—2008

4.4.3　风电机组轮毂的受力分析

叶片通过螺栓紧固到变桨轴承一侧套圈上，变桨轴承另一侧套圈与轮毂通过螺栓连接。轮毂受到叶片转动的离心力和叶片自重的拉力，同时还受到空气动力在与风向相同方向的风力对叶片的推力而形成的叶片对轮毂连接法兰的弯矩及叶片转动输出风功率的转矩。

轮毂承受的载荷主要有 3 种，具体为：

（1）风轮推力。所产生的叶根弯矩在轮毂的前端生成双向拉力，在后端生成双向压力，推力本身在轮毂的连接低速轴的法兰附近产生挥舞弯曲应力。

（2）在单个叶片上的推力。在轮毂的后端生成挥舞方向的弯曲应力，在轮毂从变桨轴承的上风侧到连接低速轴法兰的一段曲线附近生成摆振方向的拉伸应力。

（3）叶片重力弯矩。在风轮转动时，只有当其中一个叶片转动到轮毂下方且与地面垂直时，轮毂的法兰面受到的拉力最大。

实际计算中，通常在每个叶片上设置一个坐标系来分析轮毂所受的载荷，上述载荷分解到每个坐标系中包含 3 个力矩和 3 个力，叶根坐标系如图 4 - 25 所示。

4.4.4　风电机组轮毂的强度校核

风电机组运行时，轮毂承受的载荷是复杂的，风剪切、阵风等都将使轮毂承受变载荷，其中既有随机性载荷也有周期性载荷。进行风电机组轮毂的设计时，既要考虑极限破坏也要考虑变载荷使零部件发生的疲劳破坏。

风电机组轮毂的强度校核包含静强度校核和疲劳强度校核两部分。静强度分析一般采用有限元法计算，有限元分析的理论基础是虚位移原理，作为一种数值计算方法，不仅能够大幅提高计算精度，同时可以降低设计与制造成本。利用有限元法对轮毂进行静强度分析，可以较精确地计算出各种载荷工况下轮毂的应力、应变及位移。疲劳分析是在有限元分析结果的基础上，综合考虑平均应力、初始应力、应力集中、表面粗糙度及表面加工性质等多种对疲劳强度有影响的重要因素，基于累计损伤理论和雨流计数，根据各种应力或应变进行疲劳寿命计算，确定轮毂是否满足疲劳寿命的要求。

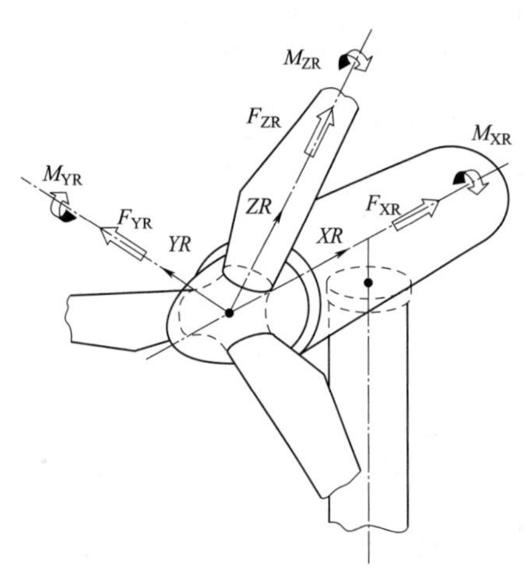

图 4 - 25　叶根坐标系

XR—在转子轴方向；ZR—径向，朝向转子叶片 1 并与 XR 垂直；YR—与 XR 垂直，使 XR、YR、ZR 顺时针旋转

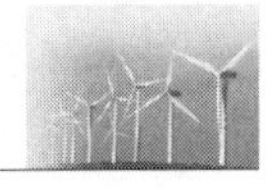

4.4.4.1 静强度分析

用有限元法进行静强度分析，根据轮毂的几何特性、受载情况及所有求解的变形点，建立由各种单元组成的计算模型，再按照单元的性质及精度要求，表达出可以表示单元内任意点的位移函数。把各单元按节点组集成为与原结构相似的整体结构，得到整体结构的节点力与节点位移的关系，组成整体的结构平衡方程组。求解有限元法方程组即可得到节点的位移，从而得到节点的应变和应力。静强度分析流程如图 4-26 所示。

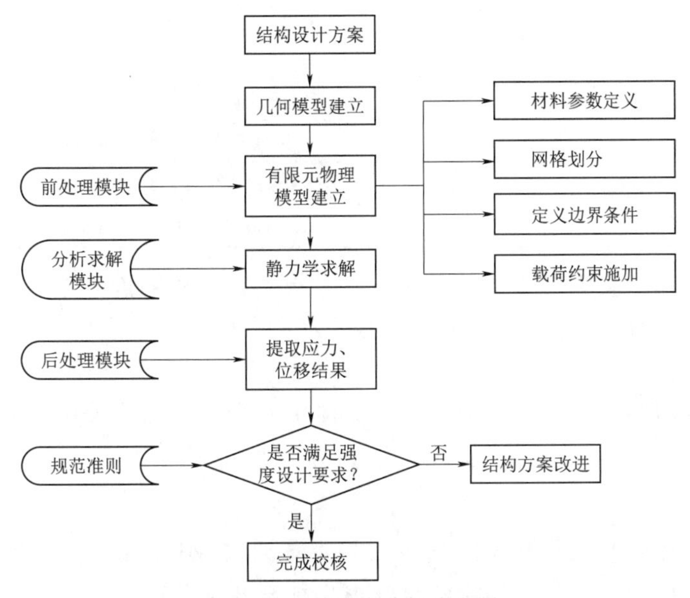

图 4-26 静强度分析流程图

1. 几何模型的建立

考虑载荷施加区域易产生应力畸变问题，根据轮毂实际结构建立与轮毂相邻，且与其受载相关的叶片、变桨轴承等零部件的模型，以便加载叶片气动载荷。叶片载荷通过轮毂传递到主轴，故将主轴作为轮毂的支撑约束。考虑到在实际工况下载荷施加，边界约束及计算的准确性，计算模型中加入了上述部件，按照圣维南原理对零部件模型进行适当简化，略去螺纹孔等不影响计算结果的部分结构特征。分析模型如图 4-27 所示。

图 4-27 计算分析模型

2. 物理模型的建立

物理模型指的是在构建的结构几何模型的基础上，定义结构对应的材料属性，

并对结构进行网格划分，同时根据各组成件的结构关系构建各连接面的约束等有效模型，并完成载荷和约束的施加，由此得到的有限元计算模型即为该结构的物理模型。

为了保证载荷和材料的安全设计值，需确定材料的局部安全系数。材料的局部安全系数应当根据充分有效的材料性能试验数据得到。球形刚性轮毂是最常用的轮毂形式，常用高强度球墨铸铁铸造而成，它是一个受力铸件，以常用的 QT400 材料为例，其材料的物理参数见表 4-5。

表 4-5　QT400 材料物理参数

项　目	参　数　值
密度/(kg/m³)	7010
抗拉强度/MPa	370（铸件壁厚大于 30～60mm）
	360（铸件壁厚大于 60～200mm）
屈服强度/MPa	230（铸件壁厚大于 30～60mm）
	220（铸件壁厚大于 60～200mm）

根据轮毂实际的主体壁厚和局部壁厚可以得到其抗拉强度 σ_b、屈服强度 $\sigma_{0.2}$，确定局部材料安全系数 γ_m，因此设计强度极限为

$$[\sigma_b]=\sigma_{0.2}/\gamma_m \tag{4-18}$$

对模型进行网格划分，实体网格以六面体单元为主，部分采用四面体单元，整体有限元网格如图 4-28 所示。变桨轴承的内外圈之间采用只压不拉的 LINK180 单元连接。

在三叶根坐标系原点分别建立加载远端点，通过 MPC 连接叶片的外端面，加载坐标系为各自叶根坐标系，施加除各自叶根坐标系 6 个载荷分量，在主轴模型端面施加位移固定约束，如图 4-29 所示。根据 IEC 61400 指定的载荷工况，需计算各个载荷工况的极限强度，以确定轮毂的静强度是否满足设计要求，部分极限载荷工况见表 4-6。

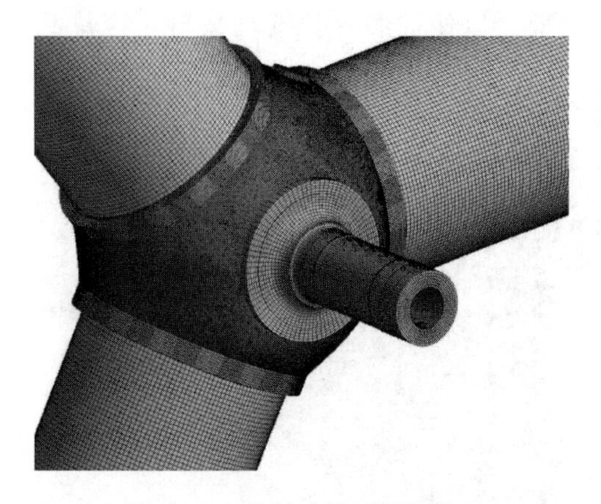

图 4-28　整体有限元网格模型

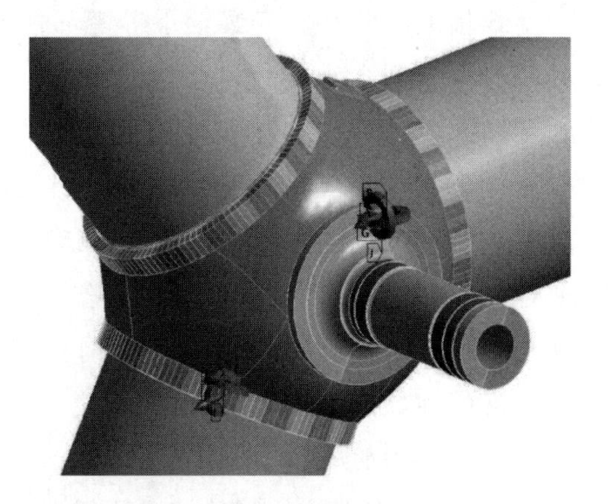

图 4-29　加载及约束示意图

表 4-6 极限载荷工况表

物理量	极值	载荷	Mx /(kN·m)	My /(kN·m)	Mxy /(kN·m)	Mz /(kN·m)	Fx /kN	Fy /kN	Fxy /kN	Fz /kN	安全工况
Mx	Max	dlc1.3ic+5	6627.3	5704.6	8744.3	−65.6	218.4	−290.9	363.7	594.7	1.35
	Min	dlc6.2j+6	−4831.8	−86.7	4832.6	92.0	−0.1	191.8	191.8	−130.6	1.10
My	Max	dlc1.3cb+6	5320.0	11521.0	12690.0	−80.2	361.2	−227.0	426.6	665.0	1.35
	Min	dlc2.2da−4	1707.3	−4899.1	5188.1	72.2	−127.7	−102.8	164.0	600.7	1.10
Mxy	Max	dlc1.5bb3	5572.0	11365.0	12658.0	−77.9	334.8	−235.1	409.1	653.8	1.35
	Min	dlc2.3be2	−1.2	2.0	2.4	−1.0	−1.2	−0.9	1.4	−149.0	1.10
Mz	Max	dlc6.2i+4	−4735.7	−138.4	4737.7	111.5	−3.4	187.7	187.7	−122.6	1.10
	Min	dlc1.3ic+4	−3918.5	2026.2	4411.4	−131.1	107.5	162.2	194.6	648.7	1.35
Fx	Max	dlc1.3cc+1	4950.5	10965.0	12031.0	−68.6	351.0	−224.3	416.6	646.0	1.35
	Min	dlc1.4aa4	1641.7	−4659.6	4940.4	7.0	−170.3	−58.8	180.1	280.7	1.35
Fy	Max	dlc1.3hc+2	−4486.4	671.4	4536.3	−68.2	52.0	220.0	226.0	618.2	1.35
	Min	dlc1.3ic+6	6260.2	4528.9	7726.6	−65.1	188.1	−291.8	347.1	599.9	1.35
Fxy	Max	dlc1.3cc+1	5035.5	10925.0	12030.0	−63.9	350.4	−226.9	417.5	655.7	1.35
	Min	dlc2.3de4	38.2	1.3	38.2	−4.9	−0.1	−0.1	0.1	−148.7	1.10
Fz	Max	dlc2.1da−3	−1260.0	3343.7	3573.2	−60.9	131.4	59.3	144.2	993.4	1.35
	Min	dlc8.1aa1+3	641.1	33.9	642.0	−5.4	−0.53	−11.3	11.3	−204.4	1.50

3. 静强度计算结果

根据 IEC 61400 指定的载荷工况，计算各个载荷工况的极限强度，以确定轮毂的静强度是否满足设计要求。所有工况的应力极限情况均小于设计强度极限，则表明轮毂满足极限强度设计要求。某一工况下轮毂的应力分布情况如图 4-30 所示。

4.4.4.2 疲劳强度分析

工程界进行疲劳计算广泛采用的方法是名义应力法，即以材料或零件的 $S—N$ 曲线为依据，对照试件或结构疲劳危险部分的应力集中系数和名义应力，结合疲劳累积损伤的理论，校核零件疲劳强度或计算疲劳寿命的方法。根据 IEC 61400 的规定，进行疲劳分析时，既可以采用简化疲劳验证法，也可以利用载荷循环谱的损伤累积法。

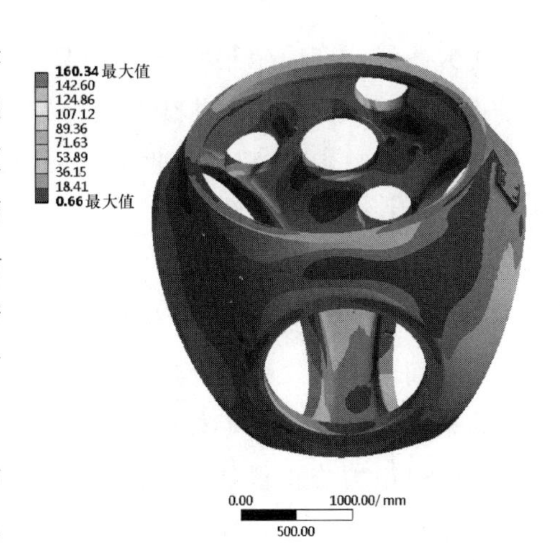

图 4-30 某一工况下轮毂的应力分布情况

简化疲劳验证法相对比较粗糙，它认为在每次的循环中都会出现最大的应力幅值，因此每次循环都认为会给零件带来最大限度的损伤。

损伤累积法认为疲劳破坏对于材料的损伤是逐步累积起来的，它不是对材料迅速造成的破坏，而是在长期的交变应力的作用下对材料逐步形成微观裂纹，裂纹尖端产生应力集中，促使裂纹逐步扩展由微观变成宏观，最后使得零件沿严重削弱的截面发生突然的脆性断裂。当材料承受高于疲劳极限的应力时，每个循环都使材料产生一定的损伤，每个循环造成的平均损伤为 $1/N$，这种损伤可以累积。在使用寿命期限内，轮毂的累积损伤应不大于 1。

疲劳分析软件 FEMFAT、N - CODE Design life 都可以进行疲劳损伤的计算，一般情况下，疲劳分析的步骤如下：

（1）有限元分析求解。疲劳分析以有限元分析的结果作为基础，首先求出叶根等效疲劳载荷下的有限元应力计算结果；

（2）材料 $S—N$ 曲线的计算拟合。根据轮毂材料的 $S—N$ 曲线试验数据或 IEC 61400 规范拟合曲线。

（3）疲劳载荷处理。得到疲劳工况分布频次，以通用的 20 年寿命计算得到各工况的 20 年总发生次数。

（4）导入轮毂的单元节点应力分析结果：疲劳分析的模型、加载及约束方式与极限计算相同，先在 ANSYS 中求解每个叶根坐标系下 6 个单位载荷工况，共计 18 个载荷工况。

（5）设置材料信息，定义 $S—N$ 曲线。

（6）设置载荷信息。定义载荷时间历程，关联随时间变化的载荷与有限元载荷的工况。

（7）在 20 年风电机组运行寿命期内，计算轮毂的疲劳损伤。

1. 材料的疲劳曲线

疲劳曲线，即表示最大应力与疲劳寿命两者之间关系的曲线，又称为 $S—N$ 曲线。通常情况下，$S—N$ 曲线的获得有以下两种方法：

（1）根据材料的 $S—N$ 曲线，采用应力修正方法，修正得到零部件的 $S—N$ 曲线，然后进行疲劳寿命的计算。

（2）采用一定的疲劳试验方法，直接对真实的零件进行大量的疲劳试验，得出零件的 $S—N$ 曲线，然后对零部件的疲劳寿命进行计算。

相对而言，第二种方法得到的 $S—N$ 曲线更为真实可靠，但是往往零部件不具备试验的条件，因此，在工程疲劳分析中，最常采用第一种方法，即根据材料的 $S—N$ 曲线，通过应力修正得到零部件的 $S—N$ 曲线。以下为轮毂球墨铸铁材料的 $S—N$ 曲线拟合过程。材料 $S—N$ 曲线拟合推导过程如下：

1）名义拉伸强度计算公式为

$$\sigma_b = 1.06R_m \tag{4-19}$$

式中 σ_b——材料抗拉强度；

R_m——拉伸强度。

2）表面粗糙度系数计算公式为

$$F_o = 1 - 0.22\lg(R_Z)^{0.64}\lg\sigma_b + 0.45\lg R_Z^{0.53} \tag{4-20}$$

式中 F_o——表面粗糙度系数；

R_Z——轮毂表面粗糙度；

根据 GB/T 1031—2016，粗糙度修正 $R_a = 4R_Z$。

3）缺口影响系数计算公式为

$$\beta_k = \frac{\alpha_k}{n} \tag{4-21}$$

式中 α_k——应力集中系数；

n——缺口敏感系数。

表面粗糙度和缺口综合影响系数计算公式为

$$F_{ok} = \sqrt{\beta_k^2 - 1 + \frac{1}{(F_o)^2}} \tag{4-22}$$

抛光试样疲劳强度计算公式为

$$\sigma_W = 0.27\sigma_b + 100 \tag{4-23}$$

4）平均应力影响系数。此处暂不修正，疲劳计算时在软件中已采用 Goodman 准则修正平均应力，因此

$$F_m = 1 \tag{4-24}$$

5）部件的疲劳强度计算公式为

$$\sigma_{WK} = \frac{\sigma_W}{F_{ok}} \tag{4-25}$$

6）S—N 曲线拐点应力幅计算公式为

$$\sigma_A = \sigma_{WK}F_m \tag{4-26}$$

7）等级修正因子。综合考虑质量等级和检测手段，取零件质量水平 $j=2$，无损检测方法 $j_0=1$，则有

质量等级修正系数计算公式为

$$S_d = 0.85^{j-j_0} \tag{4-27}$$

存活率修正因子计算公式为

$$S_{pu} = \frac{2}{3} \tag{4-28}$$

壁厚修正因子计算公式为

$$S_t=\left(\frac{t}{25}\right)^{-0.15} \tag{4-29}$$

总修正因子计算公式为

$$S=S_{pu}S_tS_d \tag{4-30}$$

8）对 S—N 曲线拐点应力范围修正计算公式为

$$\Delta\sigma_A^*=2\sigma_A\frac{S}{\gamma_M} \tag{4-31}$$

式中　γ_M——载荷安全系数。

9）应力上限

$$\Delta\sigma_1=R_{p0.2}\frac{1-R}{\gamma_M} \tag{4-32}$$

式中　$R_{p0.2}$——屈服强度。

10）S—N 曲线斜率

$$m_1=\frac{5.5}{F_{ok}^2}+6 \tag{4-33}$$

$$m_2=2m_1-1 \tag{4-34}$$

11）S—N 曲线拐点处载荷循环次数

$$N_D=10^{6.8-\frac{3.6}{m1}} \tag{4-35}$$

12）S—N 曲线极限应力处的载荷循环次数

$$N_1=N_D\left(\frac{\Delta\sigma_A^*}{\Delta\sigma_1}\right)^{m_1} \tag{4-36}$$

13）疲劳参数 b_1、b_2，即为 S—N 曲线两段折线斜率

$$b_1=\frac{-1}{m_1} \tag{4-37}$$

$$b_2=\frac{-1}{m_2} \tag{4-38}$$

根据以上计算的数据，可以得到轮毂总材料的 S—N 曲线如图 4-31 所示。

2. 疲劳载荷谱

风电机组的疲劳载荷谱可以通过两种途径获得：一种是疲劳试验中实际检测获得；另一种是通过仿真计算软件获得。在零部件的初设设计阶段，通常采用第二种方法获得数据。

3. 疲劳分析结果

以上述计算模型为例，根据轮毂单元节点应力结果、时序载荷谱及修正的 S—N 曲线，通过 N-CODE design life 软件，采用临界平面法进行疲劳损伤计算，得到轮毂疲劳损伤分布如图 4-32 所示。疲劳损伤结果小于 1，表明轮毂满足疲劳设计要求。

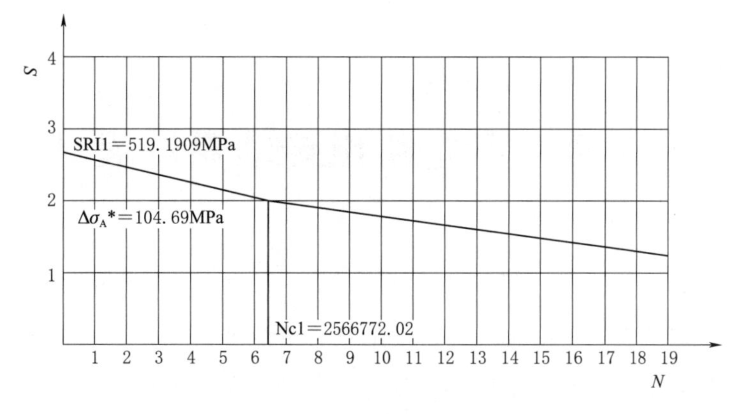

图 4-31 轮毂总体材料 S—N 曲线

综上所述，轮毂作为风电机组的关键部件之一，它不仅需要承担来自叶片的交变载荷，还需作为变桨距系统的支撑以及将转矩传递给发电机的转轴。因此，其结构强度对风电机组的可靠性起着重要作用。

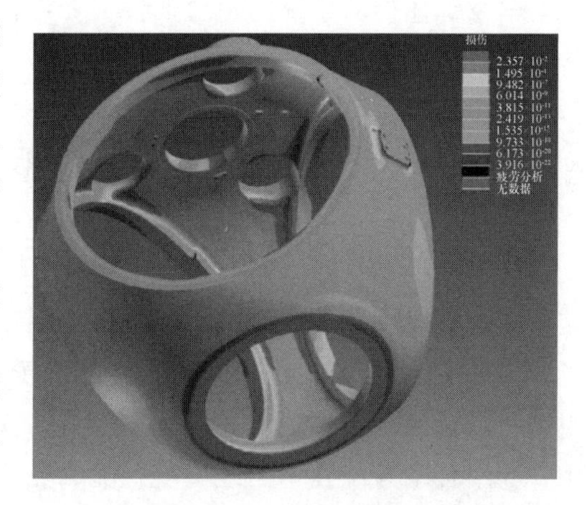

图 4-32 轮毂疲劳损伤分布

在传统的风电机组轮毂设计中，一般采用有限元法对轮毂的结构强度进行静力学分析，可以检验轮毂的设计是否满足静强度要求，此方法为轮毂的设计提出可行的设计改进措施，既可以保证整体强度，又可以为减重等方面提供改进和优化设计的理论依据和建议。采用损伤累积法进行疲劳分析可以灵活地预测轮毂这个结构复杂的零部件的疲劳寿命，可为轮毂设计提供理论指导。

第5章　风电机组传动系统设计

风电机组传动系统一般由齿轮箱、发电机、变流器等组成。当前不同厂商推出的整机产品的技术差异大多集中在传动系统上，传动系统的效率、成本、可靠性直接影响风电机组整机的效率、成本、可靠性。

本章综述传动系统的主要部件、介绍传动系统的类型及发展趋势、对比不同类型传动系统风电机组的性能、分享传动系统的设计案例。

5.1　传动系统设计概述

从1985年至今，风电机组单机容量增长了近30倍，风轮直径也随之迅速增长，这种增长趋势可能还会继续。在风电机组单机容量增长的同时，风电机组技术也发生了较多的变化，其中一些变化目前已趋于稳定，如当前商业化运行的兆瓦级风电机组，一般采用水平轴、上风向、三叶片、变速变桨技术。也有一些技术特征仍在变化中，其中传动系统技术路线的变化尤为受到关注，传动系统是风电机组最核心的组成部分，传动系统的技术路线很大程度上决定了风电机组的性能。当前关于传动系统技术路线的选择仍存在较多的争议，如是否采用增速装置（齿轮箱或液压变扭器），采用什么样的发电机。

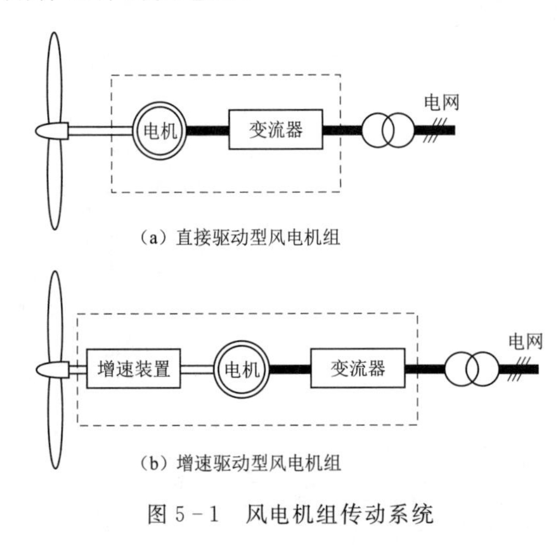

图5-1　风电机组传动系统

本章将对风电机组传动系统技术路线进行总结对比，以便读者能够更为深入地了解。风电机组传动系统可分为直接驱动型和增速驱动型，如图5-1所示。直接驱动型风电机组传动系统没有增速装置，一般包含发电机及变流器两大部件；增速驱动型风电机组传动系统包含增速装置、发电机，并根据所采用发电机的特性确定是否需要使用变流器。本章将首先对当前各种传动系统技术路线及传动系统的主要部件进行综述，然

后对目前装机量排名前十的风电机组整机厂商现有产品传动系统技术路线进行分析，提炼当前主流的传动系统技术路线，并对最具代表的3种主流传动系统技术路线机组进行对比，包括发电能力、现场运行情况的对比等，进一步了解各种机组传动系统技术路线的特性，最后以某3MW风电机组传动系统设计为例，介绍传动系统设计。

5.2 传动系统主要部件

5.2.1 增速装置

5.2.1.1 齿轮箱

齿轮箱是风电机组中最常见的增速装置，几乎所有的增速型风电机组都采用这一部件。齿轮箱的级数很大程度上决定了齿轮箱的速比，通常把采用3级、4级齿轮箱的风电机组称为高速风电机组，把采用1级、2级齿轮箱的风电机组称为中速风电机组，不采用齿轮箱或其他增速装置的机组称为低速（直驱）风电机组。风电机组的设计寿命通常为20年，齿轮箱在风电机组运行的过程中，承受着风速变化和频繁刹车脉冲的交替载荷，是风电机组中工作状况最为恶劣的部件之一，因此齿轮箱可能面临提早失效的风险，特别是早期的风电机组，失效的概率更大。国外的统计数据显示，一个典型的风电机组，20%的停机时间是由于齿轮箱故障造成的，齿轮箱的故障甚至占到了风电机组总故障的35%左右。研究人员S. Sheng回顾了289起变速箱故障事件，其中有257起损坏记录是可核实的，研究的主要结果表明：齿轮箱故障70%为轴承故障，26%为齿轮故障，4%为其他故障。从另一维度看，齿轮箱70%的故障发生在高速端，对于一个3级齿轮箱而言，低速级及中速级发生故障的比例较小。

基于FMEA（潜在失效模式及后果分析）的齿轮箱故障率研究表明，由两个行星级和一个平行级组成的3级齿轮箱的故障率为9.60%，由一个行星级和两个平行级的3级齿轮箱的故障率为9.70%，3级齿轮箱的平均失效率为9.65%，而两级齿轮箱的故障率为6.80%，单级故障率为4.20%，这一研究表明齿轮箱的故障率与齿轮箱所采用的设计方案关联度低，与齿轮箱的速比关联度高。与此同时，高速齿轮箱的成本随着机组功率的增加，在机组价格中的占比将进一步提升。如额定功率为5MW的风电机组中，齿轮箱的成本开始显著高于发电机的成本，而在10MW级别的风电机组中，高速齿轮箱的价格将大幅升高，成本可能达到发电机成本的4倍以上。

在风电机组大型化的过程中，不少厂商选择不再继续使用齿轮箱，或选择使用速比较低的齿轮箱，这一趋势在海上风电机组的设计上尤为明显。首先这将提升整机效率，同时减少计划内和计划外维护的需要，特别是计划外的维护，其成本十分昂贵，一旦发生故障，往往需要很长的停机时间。其次，与齿轮传动系统相比，无齿轮传动系统运动部件少，机组噪声低。

5.2.1.2　液压变扭器

液压变扭器是增速型机组中齿轮箱的替代方案，运行的案例很少。液压变扭器可以定义为“泵控电机”，一般来说，它由一个原动机驱动的排量泵和一个或多个固定或可变排量的马达组成。液力传动采用泵将输入机械能转化为增压流体，液压软管将势能输送并分配给能源需求端，电机将势能转化回机械能。液压变扭器的一大优点是比齿轮箱更轻、更便宜，与传统风电机组技术不同，液压传动系统还允许将多个风电机组集成到一个中央发电单元。此外，液压传动系统通常作为连续变量传动，因此可以使用直接并网的同步发电机，从而减少了变流器。然而，截至目前，液压传动系统在风电机组上还没有商业化应用，主要原因是液压传动的效率低于齿轮传动的效率，特别是在风速较低的情况下；同时液压传动系统还存在泄漏和噪声问题，一旦发生泄漏，还会有污染环境的风险。

5.2.2　发电机

发电机是风电机组最核心的部件之一，其主要功能是将风轮传来的机械能转化为电能。对于一个特定的风电机组来说，其采用的发电机技术方案往往决定了整个传动系统乃至整个风电机组的技术方向。目前在风电机组上使用的主要有传统的感应发电机、双馈式感应发电机、电励磁同步发电机、永磁同步发电机、超导发电机等。

5.2.2.1　感应发电机

鼠笼式感应发电机（SCIG）和双馈式感应发电机（DFIG）是两种常用的感应发电机，在风电机组上，通过齿轮箱以变速或定速的方式运行。鼠笼式感应发电机最早被应用在风电机组上，传统的丹麦技术的风电机组就采用这种类型的发电机。其通过齿轮箱完全控制最小风速范围，鼠笼式感应发电机的转子速度变化非常小，因为唯一可能发生的速度变化是转子滑移的变化。由于这一特性，可以认为鼠笼式感应发电机是固定转速的，这使得鼠笼式感应发电机可以直接与电网耦合，由于鼠笼式感应发电机总是从电网中提取无功功率，所以这种拓扑结构通常使用电容组来补偿无功功率。此外，可以使用电流限制器、软启动器减小感应发电机启动时的涌流。鼠笼式感应发电机可靠性高，几乎不需要维护，只需要轴承润滑，鼠笼式感应发电机的转子由金属棒组成，金属棒在抵抗振动和污垢方面均非常有效，在某些情况下，鼠笼式感应发电机也可以被用于具有全功率变流器的变速风电机组上，采用全功率变流的变速感应发电机，与定速发电系统相比，对轴和齿轮的冲击较小。鼠笼式感应发电机具有以下优点：①高可靠性；②结构简单（无需电刷）；③可以不使用变流器；④较低的价格。鼠笼式感应发电机具有以下不足：①效率偏低；②无变流器的方案对齿轮箱的冲击较大。

双馈式感应发电机是一种绕线式转子感应发电机，发电机达到并网转速后，变流

器励磁将发电机的定子电能并入电网，当发电机转速超过同步转速时，转子也处于发电状态，也会通过变流器向电网馈电，故称之为双馈。双馈式感应发电机在风力发电行业应用非常广泛，由于风轮和发电机转速范围不同，需要用齿轮箱将风轮的转速提升，使之与发电机转速匹配。一个典型的双馈式感应发电机由于限制转速范围，变流器功率为风电机组额定功率的一小部分（通常为30%）。双馈式感应发电机通常需要滑环连接机侧转换器和转子，目前也有一些无滑环结构的方案，双馈式感应发电机的定子直接与电网联接，电网的电压波动将给系统带来瞬态冲击，冲击功可达到风电机组额定功率的2.5～3.0倍，该冲击可能给机械传动系统带来破坏性损伤。据统计，双馈式感应发电机在风电机组中使用的主要故障有：电刷的损耗、轴承的电腐蚀等。其中，电刷作为一个磨损部件，需要经常维护，这样风电机组运行的故障率会提高，同时也在一定程度上增加了风电机组运行的成本。

双馈式感应发电机具有以下优点：①机械和电气比其他发电机类型更简单；②配有3级齿轮箱及双馈式感应发电机的传动系统可能是重量最轻和最低成本的解决方案；③变流器额定功率仅为25%～30%；④可达到30%左右的同步速度，具有相对较宽的转速范围。双馈式感应发电机具有以下不足：①电刷作为一个磨损部件存在，降低了机组的可靠性；②需要使用高速齿轮箱增速，增加了能量损耗，还提高了机组故障率；③低风速段效率较低。

5.2.2.2 永磁、电励磁同步发电机

风电机组上使用的同步发电机主要有永磁同步发电机（PMSG）和电励磁同步发电机（EESG）两种，其中永磁同步发电机占有较大的比例。永磁同步发电机的优势是可以通过调节极对数灵活地调整电机的额定转速。同步发电机的额定速度 n 与极对数密切相关，电枢电动势的频率 f、极对数 p、接电枢直径 D 和极距 τ 的关系为

$$n=\frac{60f}{p}=\frac{120f\tau}{\pi D} \tag{5-1}$$

通常情况下，直驱风电机组的频率可在10～60Hz的范围内变化，从式（5-1）中可以看出，获得低速的一个有效方法是增加极对数的数量。然而，这需要增加电枢直径或降低极距，或者同时采用这两种方法。这使得永磁同步电动机可以不需要齿轮箱增速，直接与风轮连接运行；也可以通过齿轮箱增速运行，而且在中速（1级、2级）、高速（3级、4级）风电机组上都可以应用，当前主流直驱风电机组多采用此类型电机。使用永磁体（PMS）代替铜绕组，可以简化结构，减少铜损耗，提高效率。由于没有滑环，永磁同步发电机具有较高的效率和较低的维修费用。此外，由于永磁同步发电机具有无功控制能力，因此比异步发电机更稳定。永磁同步发电机具有以下优点：①无滑环结构，比带有电励磁（载流线圈）的发电机更可靠；②维护成本低；③永磁同步电机转子不存在铜损耗，低风速段效率高。永磁同步发电机具有以下不

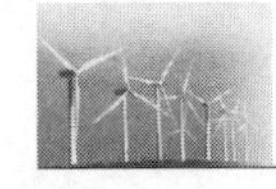

足：①体积大，制造工艺复杂；②制造成本高。

永磁同步发电机需要使用稀土材料，稀土材料的价格可能会在短时间内发生较大的波动，这种情况下电励磁同步发电机（EESG）提供了更经济的替代方案，电励磁同步发电机通常由一个转子构成，转子上带有直流励磁的励磁系统。定子带有三相绕组，与感应发电机的绕组相似。转子可以有凸极，也可以是圆柱形；凸极在低速发电机中更为常见，电励磁同步发电机转子励磁可灵活调节，端子电压可调节到合理范围。与此同时，电励磁同步发电机在很大程度上保留了永磁同步发电机的优点，如高扭矩密度和效率、优越的电网集成性能，以及低压穿越（LVRT）能力。因此，在兆瓦级风电机组设计中，有风电机组厂商选择电励磁同步发电机。

5.2.2.3　超导发电机

近年来，超导材料技术的快速发展，使得超导发电机的设计得到了广泛地关注，超导发电机与传统发电机相比，具有体积小、重量轻等优点。据估算，最优重量的10MW直接驱动永磁同步发电机重量约为300t，而10MW高温超导发电机预计重量为150～180t。美国超导公司（AMSC）曾设计了一台10MW超导直接驱动发电机，重量约160t，因此高温超导发电机技术可能是10MW及以上级别风电机组的一种新的、强有力的解决方案。与常规永磁同步发电机相比，采用超导发电机的风电机组，其塔架等其他部件也会有明显的减重效果。此外，高温超导发电机还可以节省能源消耗，由Converteam公司（美国通用集团旗下企业）的经济分析显示，采用超导发电机减少的能源成本可能达到17%。不过高温超导材料的高成本是高温超导发电机发展的主要制约点，其成本约占总活性材料成本的90%。

5.2.3　变流器

自20世纪80年代以来，电力电子设备在风电机组中的应用一直在不断增长，当时风电机组中的电力电子设备主要是由三对反并联的晶闸管组成的软启动装置，用于控制风电机组的初始并网电流，以达到减小并网瞬间大电流冲击的目的，并网结束后由闭合的旁路接触器短接晶闸管，使发电机直接并网运行。在20世纪90年代，主要使用转子电阻控制、二极管电桥和电力电子开关；后来出现了背对背模式的百千瓦级四象限功率变换器，这些产品首先应用在双馈感应发电机（DFIG）上——部分功率变流器，然后又应用在直驱风电机组中——兆瓦级全功率变流器。目前风电行业使用最为广泛的是低压变流器，最新研究表明，随着风电机组功率的提高，中压变流器将成为风电机组用变流器的主导形式，但成本和可靠性是需要解决的重要问题。

交直交（AC/DC/AC）方式的变流器，用在风电机组和电网之间进行能量交换传递，传递的方式有直接控制和间接控制两种。在双馈风电机组中，交直交变流器在电网和转子绕组之间进行能量交换，间接控制风电机组定子绕组的输出电压频率，实现

机网电压同步；而转子部分的滑差功率部分则由变流器从电网取得并注入转子励磁绕组。在直驱发电机组中，交直交变流器是在电网和发电机定子绕组之间进行能量交换，按照电网要求在定子侧变流器输出电压频率，并按照功率控制要求直接控制输出电压相位，实现有功功率和无功功率控制。

交交（AC/AC）方式的变流器，是一种矩阵变流器，无中间的直流环节，简化了功率电路，也可用在风电机组和电网之间进行能量交换，这种变流器谐波含量小，通过调节输出电压、电流、频率和相位，同样能实现风电机组的变速恒频控制。目前多采用空间矢量变换方法实现，控制相比交直交复杂，预计将来应用也会越来越广泛。

双馈风电机组采用部分功率变流器控制方式，通常为控制转子侧滑差功率的方式来维持频率稳定的输出电压，采用电压源类型的背对背变流器实现交直交功率变换。双馈机组的变流器由如下两个绝缘栅双极晶体管（IGBT）变流器组成：转子侧变流器和带有直流链路连接的网侧变流器，该双馈风电机组的变流器将电网频率和机械转子频率解耦，从而实现变速恒频运行。转子励磁电压由功率变流器施加，转子侧变流器（RSC）完全控制发电机的励磁磁场，如控制有功功率、无功功率和谐波一样，而电网侧变流器（GSC）除了控制变流器输出与电网同频同相外，还可以控制功率因数，确保其满足电网功率控制要求。全功率变流器同样由如下两个绝缘栅双极晶体管（IGBT）变流器组成：转子侧变流器和带有直流链路连接的网侧变流器，该全功率变流器将机侧和网侧变流器各自独立控制，机侧变流器负责发电机转速控制，并将发电机输出能量传递到直流环节；网侧变流器负责直流环节的电压稳定，同时将直流环节的能量传送到电网，同时配合电网完成无功功率、功率因素控制。直流环节将机侧和网侧两端的频率解耦，实现变速恒频运行。

研究表明，配合直驱永磁同步发电机使用的全功率变流器的寿命明显低于配合中低速永磁同步发电机使用的全功率变流器的寿命，这是由于直驱机组所使用的变流器的工作频率较低，热循环大大提高，随着风电机组额定功率的增加，变流器的可靠性控制变得越来越复杂，统计数据显示约20%的风电机组故障是由于变流器故障造成的，温度、振动和湿度是引起变流器故障的三大因素，变流器发生故障通常有电容器、印刷电路板（PCB）和绝缘栅双极晶体管（IGBT）三种元件。

5.3 传动系统类型及发展趋势

5.3.1 常见风电机组传动系统类型

风电机组的技术差异主要表现在传动系统的技术差异，或者说风电机组设计中最可能的变化在于传动系统配置的变化，传动系统零部件不同的组合，构成了一系列不

同技术路线的风电机组，较为常见的传动系统配置方案见表 5－1。

表 5－1　常见的传动系统配置方案

类型	控制方式	转速	增速装置	发电机	变流器
1	失速	定速	3/4 级齿轮箱	鼠笼电机	电容器
2	变桨	定速（两级）	3/4 级齿轮箱	鼠笼电机	电容器
3	变桨	变速（0～10%）	3/4 级齿轮箱	绕线转子电机	部分功率变流
4	变桨	变速（0～30%）	3/4 级齿轮箱	双馈电机	部分功率变流
5	变桨	变速	无	电励磁电机	全功率变流
6	变桨	变速	无	永磁电机	全功率变流
7	变桨	变速	1/2 级齿轮箱	永磁电机	全功率变流
8	变桨	变速	3/4 级齿轮箱	永磁电机	全功率变流
9	变桨	变速	3/4 级齿轮箱	鼠笼电机	全功率变流
10	变桨	变速	无	超导电机	全功率变流
11	变桨	变速	液压增速	可选	可选
12	变桨	变速	3/4 级齿轮箱	无刷双馈电机	部分功率变流

从传动系统运行转速是否变化的角度看，主要有定速和变速两种类型的风电机组。20 世纪 90 年代末以前，定速风电机组的应用较多，但存在许多不足，这种风电机组的功率较小（一般在 1MW 以下），效率相对较低，发电机的类型主要为鼠笼式感应发电机，齿轮箱一般采用 3 级或 4 级高速齿轮箱。表 5－1 所列的类型 1、类型 2 就是这样的定速方案，类型 3 虽然可以变速，但是转速范围很小，不超过额定转速的 10%，还不能称得上真正意义的变速机组。类型 1、类型 2、类型 3 等几种技术路线的机组目前已经比较少见。当前几乎所有新开发的风电机组均采用变速方案，变速所带来的好处是可以追踪叶片的最佳尖速比，使得风电机组可以在较大范围风速区间内达到较高的效率，其次通过变速的方式，还可以降低风电机组的载荷，提高风电机组的经济性。表 5－1 中的类型 4～类型 12 均为变速方案，下面进一步介绍这 9 种方案。

在变桨、变速的基础上，从传动系统是否增速的角度来看，风电机组又可分为增速型机组及直接驱动型风电机组两种，表 5－1 中类型 4、类型 7、类型 8、类型 9、类型 11、类型 12 为增速型风电机组，类型 5、类型 6、类型 10 为直接驱动型风电机组。直接驱动型风电机组相对于增速型风电机组，区别是去除了“增速机构”——齿轮箱或液压变扭器，即将风轮系统与电机转子直接连接在一起，同时通过全功率变流器与电网连接，这就使得直接驱动型风电机组的传动系统更加简单。传动系统越简单，系统的可靠性就越高，因此这类机型运行故障率低，运维成本低。直接驱动型风电机组发电机通过全功率变流器逆变上网，对电网的适应性增强。全功率变流器在发电机与电网之间起到了一个故障隔离的作用，因此电网电压波动时不会对发电机及传动部件产生暂态冲击，对机械系统起到了很好的保护作用。

直驱型风电机组发电机是由风轮直接带动发电机转子旋转发电，因受风轮转速的限

制，直驱型风电机组发电机的转速较低（10～20rad/min），这就使得风电机组必须要采用多极对数的发电机，发电机的直径必须做大。发电机直径的增大，一方面增加了生产制造以及运输的难度，另一方面也增加了电机的成本。由于风轮系统与发电机直接耦合，因此来自风轮的交变载荷将直接加载在发电机上，对发电机的总体结构及转子轴承要求高。

增速型风电机组一般通过解耦的方式将风轮的交变载荷分解到主轴、齿轮箱上，具有以下优势：①使得各部件的受载情况相对单一，传动系统总体的受力更加合理；②解耦后，传动系统分为几大部件，各部件是独立单元，使机组的可维护性增强；③通过齿轮箱增速，使发电机的体积大幅度减小，从而降低了风电机组的总体重量，方便运输和吊装，同时也降低了制造成本，具有一定的成本优势；④通过齿轮箱速比的变化，风轮的转速可调整的空间更大，对于新机型的开发将更加有利。但是齿轮箱的增速比高也会带来一定的能量损耗，一般一级传动的损耗为1%；根据以往运行数据统计，齿轮箱不管是故障率还是故障造成的停机时间，均遥遥领先其他部件，因此齿轮箱的使用降低了风电机组的可靠性。

类型5、类型6、类型10三种直接驱动型风电机组，对应着不同类型的发电机，其中：类型6为永磁发电机，这种发电机在风电机组上得到了广泛应用，目前绝大部分直接驱动型的风电机组均采用了此方案；类型5为电励磁发电机，相对于永磁发电机而言，价格较高，因为存在励磁损耗，效率也会低于永磁发电机，因此应用较少，目前只有德国风电整机厂商Enercon一直采用此方案。类型10为超导发电机，目前仍处于研究阶段，超导材料的成本使得这种发电机的应用存在较大的不确定性，但这种方案可以很大程度上减小发电机的体积，降低发电机及整个风电机组的重量。通过对现有商用风电机组的分析，直接驱动型风电机组可能是未来发展趋势，特别对于开发海上风电而言，考虑到海上风电维护的可达性差、维护成本高等问题，可靠性成为海上风电机组最重要的指标，在这种情况下，直接驱动型风电机组将在海上风电开发中扮演更重要的角色。

类型4是最为常见的，也是应用最为广泛的增速型风电机组，目前使用这种技术路线的机组市场占有率超过50%。此机型的发电机类型为双馈式感应发电机，齿轮箱一般采用3级或4级高速齿轮箱，当发电机转速超过同步转速时，转子与定子同时向电网馈电，变流器串联在转子与电网之间，变流器的功率大概是风电机组功率的30%。但是也正因为发电机的定子直接与电网联接，电网的电压波动将给系统带来暂态冲击，冲击功可达到额定功率的2.5～3.0倍，该冲击将给机械传动系统带来破坏性损伤。双馈式感应发电机的转子需要通过变流器励磁和逆变上网，需要通过电刷受电，电刷作为一个磨损部件，给风电机组的运行带来较大的故障率，同时也加大了风电机组的运行成本；齿轮箱与电机虽然独立地进行安装，但两者之间需要采用柔性联轴器连接，会造成齿轮箱与电机主轴的连接产生错位，形成不利于传动的偏载载荷，加大设备故障的发生概率。

类型7、类型8采用齿轮箱与永磁发电机集成的方案，这一方案近期受到越来越多的关注。发电机转速增加，可以减小永磁发电机的重量和尺寸。然而，该系统引入了齿轮箱，额外增加了重量，并且齿轮箱的重量随传动比的增大而增大。因此，必须在降低发电机重量和增加齿轮箱重量之间达成折中方案。采用中速齿轮箱方案的类型7，目前被更多地采用，齿轮箱的使用使其具备了增速型风电机组的优点，此外，齿轮箱的故障往往发生在高速级（约70%），去除掉高速级，可以很好地规避掉增速型风电机组的缺点。与此同时，永磁同步电机的使用使得该种机型兼顾了类型6风电机组的优点并且摒弃了类型6风电机组的不足。总体来说，类型7兼顾了直驱型风电机组（类型6）及传统增速型（类型4）风电机组的优点，同时很好地规避了这两种技术路线风电机组的不足。风电机组厂商Multibrid公司的5MW产品就采用了此种方案（1级），此外风电机组厂商MHI Vestas所有机型（2级）、国内风电机组厂商中人能源的全部机型（2级）、明阳风电的大容量风电机组（2级）均采用了此方案。类型9的方案很少被采用，风电机组厂商Gamesa公司的G128/4500产品采用了此方案。类型11的方案本质上是用一个液压增速装置替代齿轮箱，这一方案的优点及缺点都非常明显，最致命的不足在于其效率偏低，对于大型风电机组而言，传动系统的效率是衡量风电机组性能的一个非常重要的指标，这也是为什么定速型风电机组目前已经消失在主流技术路线中的原因。类型12的方案也是一种新的尝试，目前还没有足够的信息证明其前景。

5.3.2　风电机组传动系统技术发展趋势

一直以来，风电行业技术人员在风电机组技术水平的提升上做了大量的工作，几乎所有的风电机组整机厂商都希望推出更具竞争力的产品，因此风电机组整机厂商，特别是排名较为靠前的整机厂商，在风电机组技术路线上的选择，一定程度上反映出当前风电机组技术的主流发展趋势，2018年全球装机容量排名前十的整机厂家产品传动系统技术路线汇总见表5-2。

表5-2　2018年全球装机容量排名前十的整机厂家产品传动系统技术路线汇总

公司	产品型号	发电机类型	齿轮箱类型	风电机组类型
Vestas	V162/150-5.6MW	永磁同步电机	2级	类型7
	V138-3.0MW			
	V150/136/117-4.2MW	永磁同步电机	3级	类型8
	V136/126/117/112/105-3.45MW			
	V120-2.2MW	双馈感应电机	3级	类型4
	V116-2.1MW			
	V110/100/90-2.0MW			

续表

公司	产品型号	发电机类型	齿轮箱类型	风电机组类型
金风科技	GW 6.×MW	永磁同步电机	无	类型 6
	GW 3.0MW (S)			
	GW 2.5MW			
	GW 2.×MW			
Siemens Gamesa	SG 2.1-114/122	双馈感应电机	3 级	类型 4
	SG 2.6-114			
	SG 2.9-129	永磁同步电机		类型 8
	SG 3.4-132	双馈感应电机		类型 4
	SG 4.5-145			
	SG 5.8-155/170			
	SG 10.0-193DD	永磁同步电机	无	类型 6
	SG 8.0-167DD			
	SWT-6.0/7.0-154			
GE	2.0～2.7MW	双馈感应电机	3 级	类型 4
	2.2～2.5MW			
	4.8/5.3-158			
	150-6MW	永磁同步电机	无	类型 6
	Haliade-X 12MW			
远景能源	2.×MW	双馈感应电机	3 级	类型 4
	3.×MW			
	4.×MW（海上机型）	鼠笼式异步发电机	3 级	类型 9
Enercon	E-44/48/53/70/82/92101/103/115	电励磁同步电机	无	类型 5
	E-115/126/138 EP3			
	E-136/147/160 EP5			
Nordex	N149/4.0-4.5	双馈感应电机	3 级或 4 级	类型 4
	N133/4.8			
	N131/3900-3000			
	N117/3600-2400			
	N100/3300-2500			
	N90/2500			
	AW140-110/3000		3 级	
	AW1500			
MHI Vestas	V164-9.5/10.0MW	永磁同步电机	2 级	类型 7
	V117-4.2MW			
	V174-9.5MW			

续表

公司	产品型号	发电机类型	齿轮箱类型	风电机组类型
明阳智能	MySE1.5/2.0MW	双馈感应电机	3级	类型4
	MySE3.0MW	永磁同步电机	2级	类型7
	MySE4.0MW			
	MySE6.0MW			

从表5-2中的统计可以看出，类型4、类型6、类型7是目前最受欢迎的三种技术路线。在小容量机组中，高速双馈（类型4）机组仍然占有较高的比例；在大容量及海上机组中，直驱机组（类型6）以及中速机组（类型7）更受青睐，主要的原因是大容量机组，特别是海上机组，对可靠性有极高的要求，齿轮箱特别是高速齿轮箱的存在，加大了风电机组的故障预期。去掉齿轮箱，或去掉齿轮箱中故障率最高的高速级，均可以显著地提高风电机组可靠性的预期。值得注意的是，在这三种技术路线中，类型4、类型6应用较为广泛，已经有多年的应用历史，类型7出现时间较晚，但似乎已成为继类型4、类型6之后的第3种主流技术路线。

国外研究人员S. Schmidt和A. Vath从传动系统效率及成本两个维度对比了类型4、类型6、类型7这3种技术路线的机组。结果表明，类型6与类型4、类型7风电机组相比，4MW永磁直驱（类型6）在低风速区间具有较高的效率，在额定功率区间，中速传动系统的效率最高（94%），其次是高速传动系统（93%）和直接传动系统（92%）。其他学者的研究结果也给出了相近的结论，类型6具有最高的年发电量，但随着功率额定值的增加，其成本高于类型4和类型7。有统计显示当风电机组单机容量从1.5MW扩展到3MW时，直驱机组发电机的成本占风电机组总部件成本的比例由18.3%提高到22.8%，而一台10MW直驱机组发电机的重量是一台2MW直驱机组发电机的13倍，10MW直驱机组发电机结构材料的成本是整机成本的63%。

5.4 运行对比与设计案例

为进一步了解类型4、类型6、类型7三种应用最为广泛的风电机组的性能，这里选取国内三家整机厂商在三种技术路线下的代表产品进行风电机组实际运行数据的分析及对比，主要从机组的发电能力即机组实际运行的功率曲线，以及机组运行的故障统计两个方面展开。

5.4.1 发电能力对比

按照IEC 61400-12-1标准规定的功率测试方法，对3款风电机组进行实际的功率测试，所选取的代表机组来自3个不同的整机厂商，机组的额定功率均为2MW，

风轮直径均为121m，并且3款机组均采用了同一家叶片制造商提供的同一型号的叶片，3种机型的基本参数见表5-3。

表5-3 3种机型的基本参数

机型	类型6	类型7	类型4
风轮直径	121m		
额定功率	2MW		
设计等级	IEC S		
切入转速	2.5m/s		
额定转速	8.8m/s		
切出转速	19m/s	22m/s	20m/s
设计寿命	≥20年		
运行温度	−30～40℃		
生存温度	−40～50℃		
扫风面积	$11547.5m^2$		
发电机类型	永磁电机		双馈电机
发电机冷却方式	空冷	空—水冷	空冷
变流器类型	全功率		部分功率
变流器冷却方式	空—水冷		空冷
齿轮箱速比	—	38.1	138.0
变桨方式	电动	液压	电动
制动系统	气动刹车		
塔架	钢制圆锥塔架		

测试的方案设计将遵循2005年12月第一版标准IEC 61400-12-1的要求。用于功率性能测试的风速仪类型应符合IEC 61400-12-1的要求，规范要求风速仪的选择要考虑现场的湍流特性、地形引起的入流角度和现场的结冰条件。气象桅杆应具有冗余风速仪（2个传感器，顶部安装）和1个风向标（靠近轮毂高度），1个气象单元盒将放置在气象桅杆的平面上，为了在整个冬季进行测量，将使用带有校准和变压器装置的加热杯风速仪。数据以1Hz频率采样，数据存储为后处理中使用的10min平均值、标准偏差、最小值和最大值。数据定期通过互联网连接进行检索，以进行数据验证和进一步处理。测量系统示意图如图5-2所示。

数据采集系统基于IMC CANSAS-SC16，CANSAS-SC16，CANSAS-DI16模块类型的数据记录仪和现场PC。气象桅杆信号和风电机组状态信号已连接到CAN-Bus模块，并以数字方式传输到主机，来自气象桅杆的信号采样频率为1Hz，来自风电机组的信号采样频率为50Hz。IMC的DAC分辨率为16位，截止频率为2000Hz，IMC设备将所有信号连续记录到内部硬盘上，数据同时传输到主机旁边的PC，然后

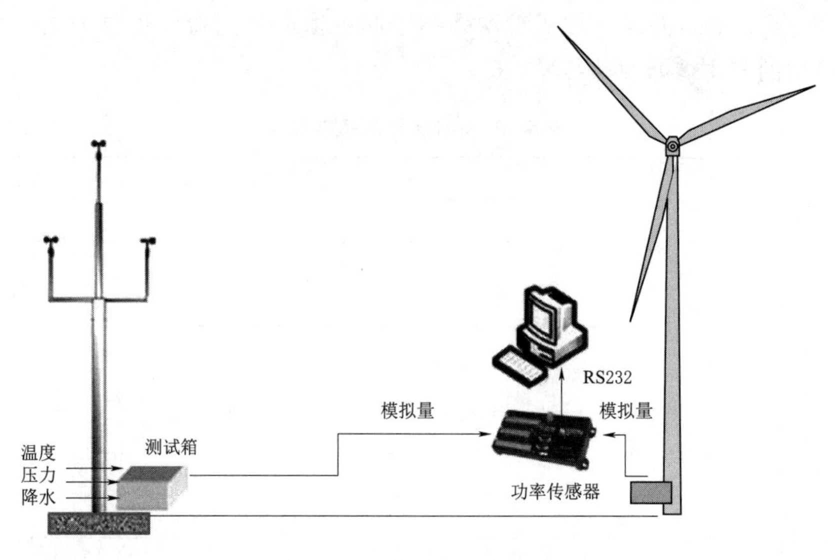

图5-2　测量系统示意图

所有存储的数据都由软件计算。

评估程序具体如下：

（1）所有数据均以10min值存储，确定平均值、最大值、最小值和标准偏差。

（2）超出定义的测量周期的数据集将被拒绝。

（3）不完整的数据集将被拒绝，所有测试数据将在10min内存储，不完整意味着数据组少于10min，这是由数据记录仪的电源关闭引起的。

（4）平均风向超出有效扇区的数据集将被拒绝。

（5）可用性信号值为“0”的数据集被拒绝。

（6）手动停止信号值为“1”的数据集被拒绝。

根据ISO 2533，将测得的气压校正为轮毂高度，将风速标准化为标准空气密度，其计算公式为

$$V_n = V_{10min}\left(\frac{\rho_{10min}}{\rho_0}\right)^{1/3} \tag{5-2}$$

式中　V_n——标准化风速，m/s；

V_{10min}——测得的风速（平均10min），m/s；

ρ_0——标准空气密度，取值为1.225kg/m^3；

ρ_{10min}——测得的空气密度（平均10min），kg/m^3。

输出功率平均值、最大值、最小值和散点图如图5-3所示。类型4、类型6、类型7三种技术路线代表风电机组的最终测试功率曲线，如图5-4所示。

从测试的结果来看，类型4机组在9.5m/s的风速下就可以达到满发，此时类型7机组的功率为1982kW，类型6机组的功率为1949kW。类型7机组在10m/s的风速

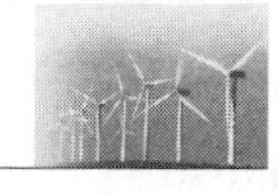

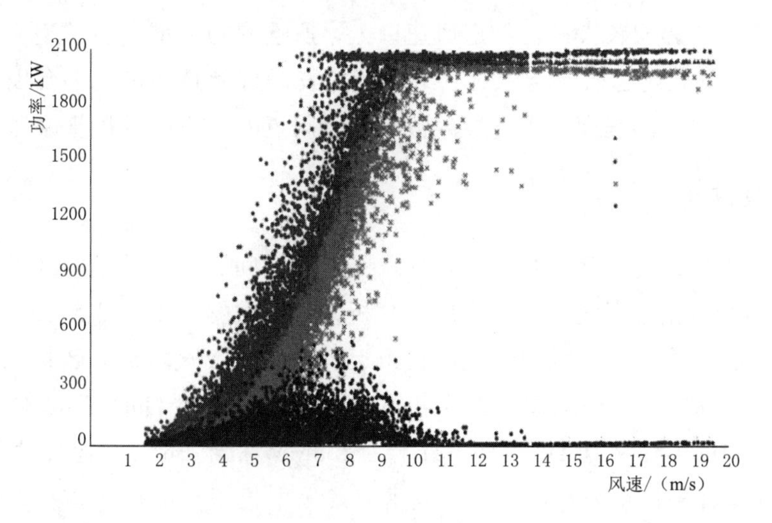

图 5-3　输出功率平均值、最大值、最小值和散点图

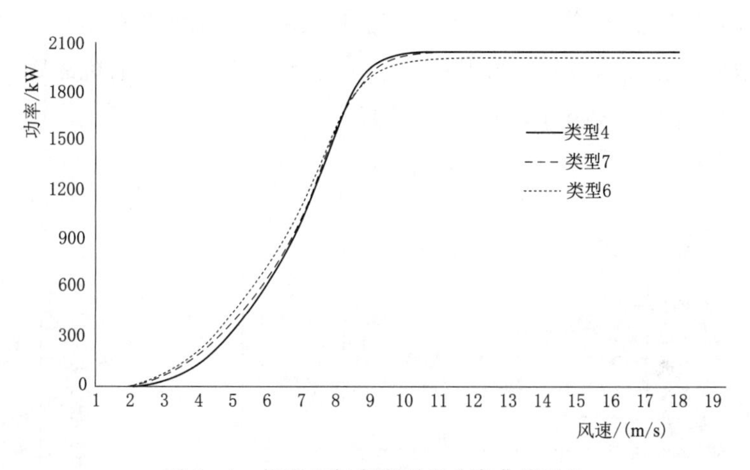

图 5-4　标准空气密度下的功率曲线对比

下达到了额定功率，类型 6 机组在 10.5m/s 的风速下达到了额定功率。3 款机组给出的静态额定风速均为 8.8m/s，这一数据与理论值有一定差异。此外，通过对比分析这三种机组的实际测试功率曲线不难发现，在低风速区域（2.0～7.5m/s），类型 6 机组的发电量优势明显优于其他两款机型，3 条曲线在 7.5m/s 附近有交叉，在 7.5m/s 到额定功率的风速段，类型 6 机组的发电能力较弱。进一步统计可得出相关结论如下：①平均风速为 2.0～7.5m/s 时，类型 6 发电能力最优，类型 6 相对类型 7 的发电能力高出约 8%，类型 6 相对类型 4 的发电能力高出约 15%，这与 S. Schmidt 和 A. Vath 给出的理论预期基本吻合；②在 7.5m/s 达到额定满发的区间，类型 7 与类型 4 的发电能力优于类型 6，这与 S. Schmidt 和 A. Vath 给出的理论预期相近，所不同的是所测试的类型 4 机组的发电能力略好于类型 7 机组，与理论数据不符，这可能与所选取的类型 7 机组的自耗电控制有关。此外，在额定风速附近的控制策略对额定风速

点附近的功率曲线影响较大。在额定风速以上，所选取的类型 4 与类型 7 机组都进行了 2%左右的超发，所选取的类型 6 机组没有超发，可能是其机组平台设计没有更大的安全裕度，这在一定程度上也会导致额定功率附近的功率曲线数值偏低。

5.4.2　故障统计

为了解 3 种机组的实际运行情况，选取了一段时间、一定数量的 3 种技术路线风电机组实际运行数据进行统计，此次用于分析统计的数据主要有 3 部分，来自于 3 个不同的整机厂商。类型 4 技术路线风电机组运行数据源于国内某知名整机厂商的风电场信息系统运行档案（除调试阶段项目外），涉及 60 个项目的 1863 台机组，其中 1.5MW 机组 1196 台、2.0MW 机组 631 台、2.5MW 机组 36 台，运行时间为 2018 年 1—12 月。从统计的信息来看，类型 4 技术路线风电机组故障次数排在前 3 位的分别是控制系统、变桨系统（电动变桨）、齿轮箱，单台机组每年的平均故障次数是 4.1 次，约是类型 6 机型的 2 倍。其中齿轮箱的故障占机组总故障的 9%，单次故障所需的停机时间排在前三位的分别是叶片故障、液压系统故障、发电机故障。类型 4 风电机组运行故障及停机时间统计如图 5 - 5 所示。

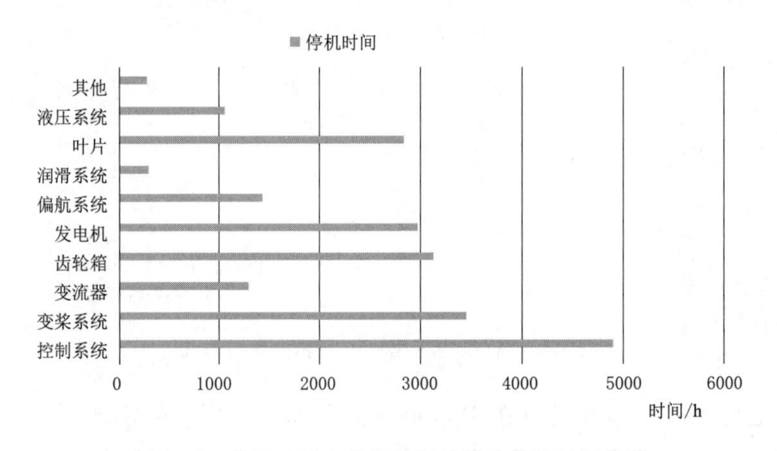

图 5 - 5　类型 4 风电机组运行故障及停机时间统计

采用类型 6 技术路线风电机组的运行数据源于国内某知名整机厂商的风电场信息系统运行档案，机组分布在我国的 22 个省份，合计 2910 台机组，全部为 2.0MW 机组，运行时间为 2018 年 1—12 月。类型 6 风电机组运行故障及停机时间统计如图 5 - 6 所示，故障前三位的分别是变桨系统（均为电动变桨）、控制系统、发电机。单台机组的年平均故障次数仅为 1.93 次/(台·年)，机组故障率很低，反映了机组的高可靠性。

采用类型 7 技术路线机组的运行数据数据源于国内某整机厂商的风电场信息系统运行档案，类型 7 技术路线机组装机量较少，数据总工涉及 106 台机组，全部为

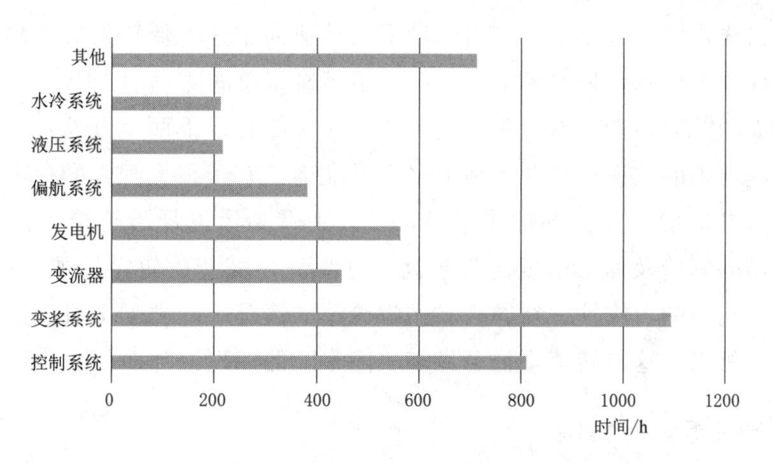

图 5-6 类型 6 风电机组运行故障及停机时间统计

2.0MW 机组，运行时间为 2018 年 1—12 月。类型 7 风电机组运行故障及停机时间统计如图 5-7 所示，排在故障前三位的分别是控制系统、变桨系统（均为液压变桨）、变流器。齿轮箱的故障次数排在第 5 位，故障率仅占到机组总故障的 7%。单台机组的年平均故障次数为 3.67，机组故障率略低于类型 4 机型，是类型 6 机型的 1.9 倍。另外与以往统计不同的是，此次统计的数据显示控制系统的故障占比最高，控制系统的可靠性与装机容量的多少及厂家经验的积累有较大的关系，因此从一定程度上反映出该技术路线单台机组的年平均故障次数有进一步降低的可能。

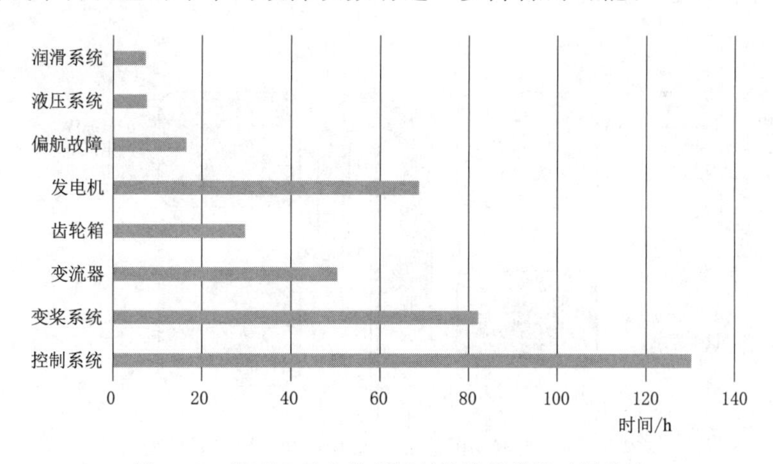

图 5-7 类型 7 风电机组运行故障及停机时间统计

采用类型 6 技术路线的风电机组的可靠性明显高于采用类型 4、类型 7 技术路线的风电机组，这与其传动系统结构简单有比较大的关系。对于海上机组而言，由于其可达性较差，单次机组维护的费用较高，因此机组可靠性是整机厂商进行机组设计时需要关注的最重要的指标，从整机厂商最新技术路线的统计来看，装机容量前 5 的厂家中，在其最新开发的海上风电机组中，有 4 家选择了类型 6 技术路线，1 家选择了

类型 7 技术路线，可以看出海上机组传动系统转速向中速、低速发展的趋势。与此同时，最新统计数据显示，齿轮箱的故障率已不足机组总故障率的 10%，与早期的数据统计有比较大的差异。造成这一现象的主要原因可能有以下两个方面：①伴随着对风能利用越来越清晰的认识，载荷评估的水平及准确性有了很大程度的提高，齿轮箱设计的输入越来越准确，除去部件质量外，已很少看到风电场齿轮箱大批量失效的现象；②齿轮箱的制造及加工精度越来越高，据统计，随着齿轮箱的加工精度的提高，有助于提高齿轮箱的可靠性。在同样采用齿轮箱的情况下，类型 7 机组齿轮箱的可靠性高于类型 4 机组，这与转速降低可带来故障率降低的理论预期相吻合。

5.4.3　风电机组设计案例

我国在 2020 年正式宣布，我国“二氧化碳排放力争于 2030 年前达到峰值，努力争取 2060 年前实现碳中和”。这份宣言意味着，在未来几十年，我国新能源产业将会保持持续高速发展的态势。我国目前风电开发主要分陆上及海上两个区域，不同的区域所使用的风电机组功率也存在一定的差异，当前我国陆上、海上风电开发主要机型如图 5－8 所示。我国目前陆上风电正处于向 3.×MW 机组技术大规模过渡的关键时期，一些整机厂商甚至在 3.×MW 系列产品产业化之前，就已经推出了新一代针对三北区域的 4.×～5.×MW 平台产品。预计未来十年，海上风电机组单机容量将达到 20MW，叶轮直径将接近 300m。

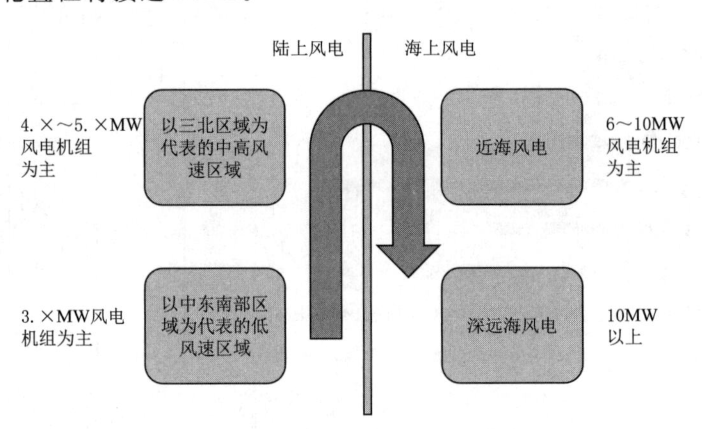

图 5－8　当前我国陆上、海上风电开发主要机型

一款适用于我国中东南部低风速区域的 CT3.0－155 风电机组的总体技术参数见表 5－4。CT3.0－155 风电机组是上风向、三叶片、主动偏航、变桨距、全功率变流的变速运行机组。其风轮直径 155m，额定功率 3.0MW，功率控制方式采用变速变桨控制，在额定风速以下采用扭矩调节，额定风速以上采用变桨调节。变桨采用电动变桨机构控制叶片桨距角。传动系统中的齿轮箱为两级行星齿轮箱，发电机采用中速永磁同步发电机，风轮通过空心轴与齿轮箱连接，齿轮箱的花键轴与发电机的转轴连接。发电机

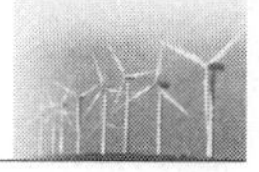

为空一水混合冷却，无需电网励磁，发电机中速运转（转速范围为245～496rad/min）。机组的全功率变流系统采用交直交变换方式，将发电机发出的低频交流电经整流转变为直流电（AC/DC），再经DC/AC逆变器变为与电网同频率、同幅值、同相位的交流电，最后经变压器并入电网，完成向电网输送电能的任务。适应50Hz电网，机组无功调节范围宽（－0.90～＋0.90），全功率变流系统采用液体冷却方式。

表5-4 某3.0MW机组总体技术参数

型号规格	CT3.0-155	型号规格	CT3.0-155
设计等级	IEC S	切出风速/(m/s)	22
额定功率/kW	3000	轮毂中心高度/m	100～160
设计风速/(m/s)	32.5	设计寿命	≥20年
极限风速/(m/s)	45.5	机组运行温度	－30～40℃
额定风速/(m/s)	8.6	机组生存温度	－40～50℃
风轮额定转速/(r/min)	10.2	机舱重量/t	115
湍流强度	0.14	风轮总量/t	100
年平均风速/(m/s)	6.5	塔架类型	钢制锥筒/桁架式塔筒
切入风速/(m/s)	2.5	轮毂高度/m	100～160

偏航系统能够根据风向标所提供的信号自动确定风电机组的方向。当风向发生偏转时，控制系统根据风向标的检测信号，控制偏航驱动装置使机舱偏航对风。偏航系统在工作时带有阻尼控制，按照优化的偏航速度，使机组偏航旋转更加平稳。液压系统由液压泵站、电磁元件、联结管路线等组成，为偏航制动系统及发电机转子制动系统提供动力源。自动润滑系统由润滑泵、油分配器、润滑管路、集油瓶等组成，主要用于主轴、偏航、变桨轴承的润滑。制动系统采用叶片顺桨实现空气制动，降低风轮转速。风电机组机舱设计采用了人性化设计方案，工作空间大，方便运行人员检查维修，设计有电动提升装置，方便工具及备件的提升。电控系统以可编程控制器为核心，控制电路由PLC中心控制器及其功能扩展模块组成。

传动系统采用了双轴承主轴系方案，主轴承和主轴均不在齿轮箱内。齿轮箱的输入端没有径向和轴向载荷，齿轮箱仅承受扭矩，如图5-9所示。与三点支撑的传统双馈机组或主轴承集成在齿轮箱中的主轴系方案相比，机组的齿轮箱不承受附加轴向力和径向力，因而可靠性更高，如图5-10所示。国内使用最多的主轴承为球面滚子轴承，该轴承游隙不可调整；也有一些风电机组使用圆柱滚子轴承，这类轴承径向游隙过大且很难调整。使用球面滚子轴承和圆柱滚子轴承作为主轴承容易导致滚子相对滚道滑动，发生异常磨损从而导致轴承提前失效。CT3.0-155机组的主轴承采用了两个背对背布置的单列圆锥滚子轴承，轴承的游隙容易调整，装配精度高，确保了主轴承的使用状态与设计状态的一致性，保证了主轴承的可靠性。采用此轴系结构，更换齿轮箱时无需拆卸风轮，大大降低了风电机组的维修费用。

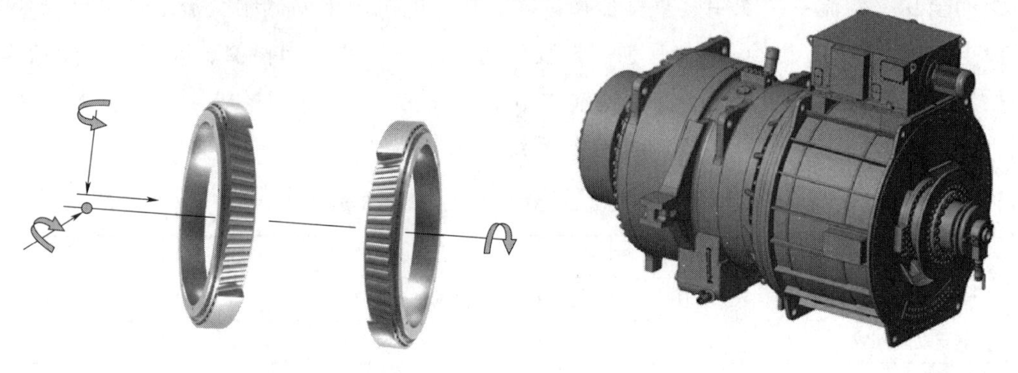

图5-9 主轴系结构　　图5-10 齿轮箱与发电机的集成结构

齿轮箱采用成熟的两级行星结构，速比为40.49，没有高速轴，磨损小、噪声低。发电机采用中速永磁技术方案，发电机体积小、重量轻，磁钢用量仅是同容量直驱永磁发电机组的1/10，成本较低。力矩限制器安装到发电机尾部，当负载超过额定载荷时自动打滑，实现对风电机组的过载保护。风电机组的齿轮箱和永磁发电机集成在一起成为模块化传动单元，在集成之前可以作为独立部件制造，便于产业化。通过齿轮箱和发电机的一体化设计，整个传动系统尺寸大幅度减小，从而降低了风电机组的总体重量，方便运输和吊装，提高了风电机组的可维护性。此外，齿轮箱与发电机集成结构免除了运行中的高速端对中问题，模块化的中速传动单元转速低，低风速下的发电效率高，也没有转子滑环和碳刷等故障率高的零部件，因而可靠性高。

第6章　风电机组支撑系统设计

广义的风电机组支撑系统主要包括底座、偏航回转支撑系统、塔架和基础等。其作用是支撑风电机组风轮和传动系统，提升风电机组捕风高度，同时将风轮侧产生的荷载传递至地基，保证风电机组和传动系统的安全稳定运行。

本章介绍风电机组底座的类型及设计流程、偏航回转支撑系统的工作原理及设计要求、塔架及基础的设计方法。

6.1　底　座　设　计

6.1.1　底座结构型式

风电机组底座结构一般较为复杂，三维造型设计时，对曲线和曲面造型有一定的要求，由于其结构复杂，因而一般采用球墨铸铁铸造而成，底座结构型式如图6-1所示。底座是机组的主要承力结构，几乎所有从风轮侧传来的外荷载都要经过主轴传递至底座。同时由于底座上还安装了齿轮箱和发电机等其他部件，因而底座还要承受齿轮箱和发电机等部件的重力以及风轮旋转引起的周期性惯性力和偏航引起的离心力等载荷，底座受力复杂且其在机组中起到承上启下的作用，属于关键零部件，因而一般需要对底座进行精确的强度、刚度和稳定性分析计算。

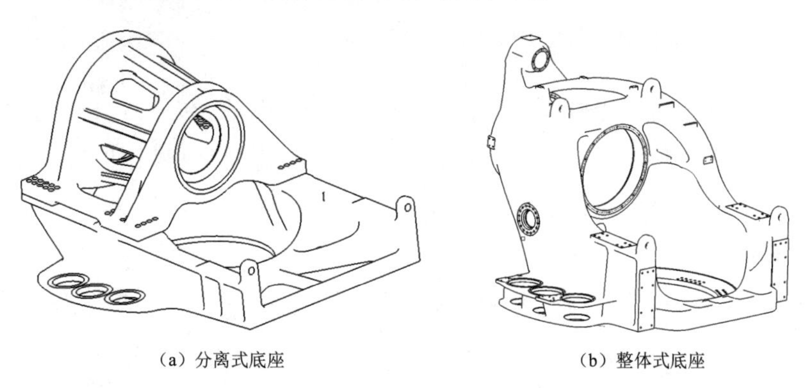

(a) 分离式底座　　(b) 整体式底座

图6-1　底座结构型式

6.1.2 底座功能要求

底座在风电机组中主要起到承上启下的作用，上承机组传动系统，下启偏航回转支撑及塔架。因而在进行风电机组底座设计时，首先底座需要满足以下基本的使用要求：①在静力状态下，底座结构不发生失效；②工作周期内，在疲劳荷载的作用下，底座结构也不发生疲劳失效；③底座设计时还需要考虑留出人员通道等辅助要求。因而底座设计一般需要考虑以下内容：

（1）能在有效寿命期内，安全、平稳地传递风轮侧产生的荷载，并且不发生失效事故。

（2）留有传动系统安装接口，使安装于底座上的传动系统平稳地运行。

（3）留有偏航回转支撑系统接口，使安装于底座上的偏航回转支撑系统平稳地运行。

（4）留有人员通道，便于风电机组的维护。

（5）留有机舱吊点，使机舱起吊安全平稳。

6.1.3 底座设计的一般要求

底座除了满足基本的使用功能外，还需要满足加工工艺、运输和美观等方面的要求；同时从经济性的角度出发，底座设计时，应尽量做到质量轻、方便加工、方便运输、方便运行维护。因而在进行底座设计时，一般要满足以下要求：

（1）在满足强度和刚度的前提下，底座应尽量做到质量轻、成本低。

（2）抗震性好。

（3）结构设计合理，工艺性良好，便于铸造、焊接和机械加工。

（4）结构要便于安装和调整，方便维修和更换零部件。

（5）造型经济的条件下，尽量美观大方。

6.1.4 底座设计的步骤

在进行风电机组底座设计时，首先初步确定出底座结构外形和尺寸，然后再结合实际，进行不断的优化设计，直至底座能满足要求。其设计步骤如下：

（1）初步确定底座的型式和尺寸。底座的结构型式和尺寸取决于安装在它内部及外部的零件和部件的形状、尺寸、配置情况、安装与拆卸及在底座内维护和修理等要求。同时结合设计人员的经验，并参考现有同类型底座，初步拟定底座的结构形状和尺寸。

（2）对底座进行强度、刚度和稳定性方面的初步校核，使底座能满足基本的功能要求。

（3）结合制造工艺、经济性和现场运维等情况对底座进行局部的优化设计。

6.1.5 底座的强度校核

通常情况下风电机组底座与轮毂均采用球墨铸铁铸造而成，其强度校核的原理和流程基本相同，第4章中已对强度分析的原理和校核流程进行了介绍，这里不再赘述。本节以某主机厂2MW风电机组的底座为例，介绍一般情况下底座强度校核的步骤。

6.1.5.1 静强度分析

用有限元法进行静强度分析，根据底座的几何特性、受载情况及所有求解的变形点，建立由各种单元组成的计算模型，再按照单元的性质及精度要求，表达出表示单元内任意点的位移函数。把各单元按节点集成与原结构相似的整体结构，得到整体结构的节点力与节点位移的关系，组成整体的结构平衡方程组。求解有限元方程组即可得到节点的位移，从而得到节点的应变和应力。

1. 几何模型的建立

考虑到在实际工况下施加载荷时的边界约束及计算的准确性，根据底座实际结构，建立与底座相邻，且与其受载相关的主轴、前后主轴承、主轴承挡圈、偏航轴承以及塔筒等零部件的模型。按照圣维南原理对上述模型进行适当简化，略去螺纹孔等不影响计算结果的部分结构特征。分析模型如图6-2所示。

2. 物理模型的建立

有限元模型中，实体单元类型采用SOLID185，弹簧单元采用COMBIN14，接触单元类型采用TARGE170和CONTA174。对模型进行网格划分，实体网格以六面体为主导，部分网格采用四面体单元，整体有限元网格模型如图6-3所示。

图6-2 分析模型

图6-3 整体有限元网格模型

在轮毂中心静止坐标系原点建立加载远端点，通过MPC连接主轴与轮毂的接触面，加载坐标系为轮毂中心静止坐标系，在塔筒模型底端面施加位移固定约束和重力加速度，如图6-4所示。根据IEC 61400指定的载荷工况，计算各个载荷工况的极限强度，以确定底座的静强度是否满足设计要求。

3. 静强度计算结果

某一工况下底座的应力分布情况如图6-5所示。可以看出，所有工况的应力极限情况均小于设计强度极限，表明底座满足极限强度设计要求。

图6-4　加载及约束示意图

图6-5　应力分布情况

6.1.5.2　疲劳强度分析

1. 材料的 S—N 曲线

底座材料的 S—N 曲线如图6-6所示。

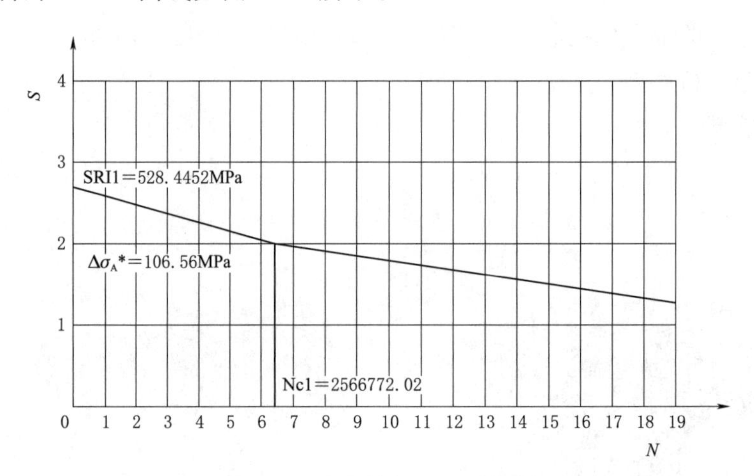

图6-6　底座材料 S—N 曲线

2. 疲劳载荷谱

风电机组的疲劳载荷谱可以通过以下两种途径获得：①疲劳试验中实际检测获得的载荷谱数据；②通过仿真计算软件获得的载荷谱数据。一般情况下，在零部件的初步设计阶段，通过第二种方法获得数据。

3. 疲劳分析结果

仍以上述计算模型为例，根据底座单元节点应力结果、时序载荷谱及修正的 S—N 曲线，通过N-CODE design life软件，采用临界平面法进行疲劳损伤计算，得到底座疲劳损伤分布如图 6－7 所示。可以看出，疲劳损伤结果小于 1，表明底座满足疲劳设计要求。

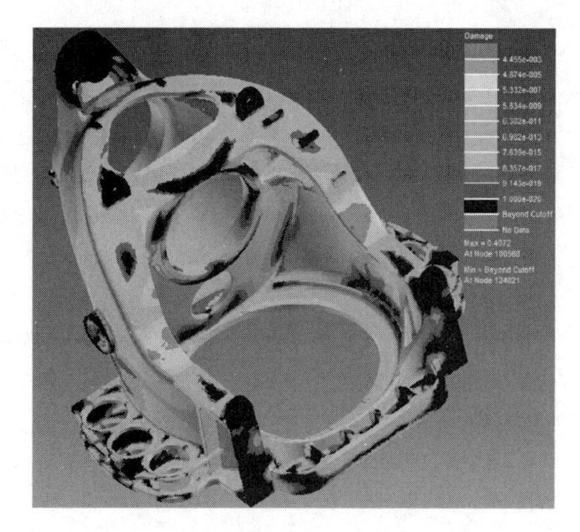

图 6－7 底座疲劳损伤分布

综上所述，底座是风电机组中重要的承载部件，对机舱内的所有设备及其附属部件起到固定和支撑的作用，底座的牢固与否直接关系到整个风电机组的安全和使用寿命。

在传统的风电机组底座设计中，一般采用有限元法对底座的结构强度进行静力学分析，检验底座的设计是否满足静强度要求。另外，在风电机组底座设计时，还要充分考虑底座所承受的动载荷带来的疲劳问题，以及底座所选用材料的疲劳特性，从而使底座达到最佳的疲劳寿命。

6.2 偏航回转支撑系统设计

由于自然界风向是在不断变化的，为了使风电机组更好地获得风能，需保证风电机组的风轮时刻正对来风的方向，风电机组寻找风向的过程称为偏航。偏航回转支撑系统的主要作用是使机舱能自由地绕塔架进行 360°旋转，一般情况下风电机组偏航系统主要分为主动偏航系统和被动偏航系统两类。主动偏航系统是指采用电力或液压拖动来完成风电机组对风动作的偏航方式，根据风速仪、风向标反馈的信息，寻找最佳对风位置；被动偏航系统是指依靠风力通过相关机构完成风电机组对风动作的偏航方式。对大型风电机组来说，通常采用主动偏航系统的齿轮驱动型式。偏航回转支撑系统结构主要包括偏航轴承、偏航减速器、偏航刹车盘、偏航液压回路和维护制动器等。某 2MW 风电机组主动偏航回转支撑系统结构示意如图 6－8 所示，偏航系统原理示意如图 6－9 所示。

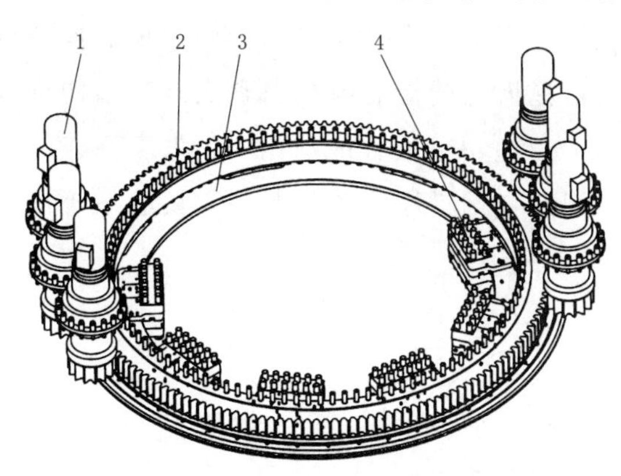

图 6－8 主动偏航回转支撑系统结构示意图

1—偏航减速器；2—偏航轴承；3—偏航刹车盘；4—维护制动器

偏航回转支撑系统一般需要满足的主要功能如下：

（1）能在有效寿命期内，安全、平稳地传递上部结构传递的荷载，并且不

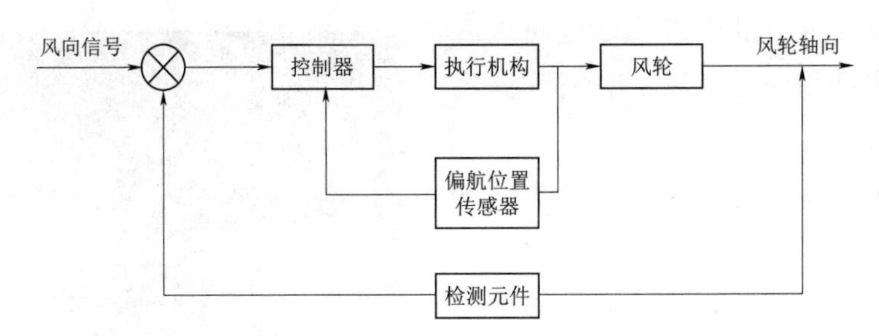

图6-9　偏航系统原理示意图

发生失效。

(2) 根据控制要求，安全、平稳地执行使机舱绕塔架进行旋转的指令。

6.2.1　偏航轴承设计

风电机组偏航轴承与变桨轴承非常相似，轴承的工作原理、结构型式、技术要求及检验规则基本一致。

6.2.2　偏航减速器设计

偏航减速器通过与偏航轴承的啮合来驱动风电机组对风或偏航，是风电机组回转的驱动部件。偏航减速器目前应用最广泛的是NGW型行星齿轮减速器，它是周转轮系的一种。周转轮系的主要构件如下：

(1) 行星轮。在周转轮系中作自传和公转运动，如同行星一样运动的齿轮称为行星轮。

(2) 行星架。支撑行星轮并使其公转的构件称为行星架。

(3) 中心轮。与行星轮啮合，而轴线又与主轴线相重合的齿轮称为中心轮。

行星架转动的轴线称为主轴线，凡是轴线与主轴线重合而又承受外力矩的构件均称为基本构件。相比其他形式的传动，由于行星齿轮结构的内在因素决定其结构特点为体积小、重量轻、结构紧凑、承载能力高、传递功率大、传动比大、效率高、传动平稳、抗冲击振动能力强、过载能力大等。因此，行星齿轮减速器用于偏航系统传动是最佳的选择。

偏航减速器的总体设计包括以下内容：

(1) 偏航减速器速比的确定。

(2) 偏航减速器输出齿轮参数的确定，包括驱动齿轮的模数、齿数。

(3) 偏航减速器额定输出扭矩、最大静态扭矩的确定。

(4) 偏航减速器外形尺寸的确定。

(5) 偏航减速器寿命的确定。

6.2.2.1 偏航减速器速比

偏航减速器速比的确定需要与风电机组机舱偏航速度、偏航轴承齿圈齿数、偏航电机输出转速综合考虑。

风电机组机舱偏航速度可按照 IEC 61400 规范的建议确定：对于采用了偏航控制的水平轴风电机组，如偏航速度[(°)/s] 超过了 $15/R$（其中 R 为风轮半径）或者偏航加速度[(°)/s²] 超过了 $450/R^2$ 应考虑偏航系统在整个使用周期内的运行情况。

确定了机组偏航速度、偏航电机输入转速即可将偏航传动链（偏航电机、偏航小齿轮、偏航轴承）速比限制在一定范围内，通过偏航减速器选型，结合偏航轴承设计确定偏航减速器速比。

6.2.2.2 偏航减速器额定输出扭矩、最大静态扭矩

1. 偏航减速器额定输出扭矩

偏航减速器额定输出扭矩的计算需要考虑机组塔顶中心 M_Z 载荷、偏航残余制动力矩、偏航轴承阻尼力矩、偏航减速器数量及偏航轴承传动效率。

2. 偏航塔顶中心 M_Z 载荷

偏航塔顶中心 M_Z 载荷是风电机组载荷计算得出的塔顶 LDD（载荷持续分布），LDD 载荷 M_Z 由一系列载荷数值及其对应的时间组成。

3. 偏航残余制动力矩

大型风电机组均有偏航制动系统，以确保风电机组按照要求将机头停在某一方位。风电机组在偏航过程中，为保证偏航平稳，减少机组在偏航过程中的冲击和振动而保留部分制动力矩，保留的部分制动力矩即为偏航残余制动力矩，用 M_{re}表示。偏航余压一般为偏航制动压力的 15%～50%。

偏航残余制动力矩直接取决于风电机组偏航制动系统的制动力矩，偏航系统的制动力矩需要综合考虑机组塔顶极限载荷及偏航减速器的数量及偏航减速器的最大静态扭矩。

4. 偏航轴承阻尼力矩

偏航轴承本身的摩擦阻尼力矩计算公式为

$$M_r=\mu(aM_t+bF_aD_r+cF_rD_r) \tag{6-1}$$

式中 μ——摩擦系数，取 $\mu=0.006$；

a、b、c——系数，取 $a=2.0$，$b=0.5$，$c=1.9$；

M_t——偏航轴承倾覆力矩；

F_a——偏航轴承径向力；

D_r——偏航轴承滚道直径。

5. 偏航合阻尼力矩

偏航合阻尼力矩为风电机组塔顶中心的 M_Z 力矩，偏航残余制动力矩 M_{re}及偏航

轴承阻尼力矩 M_r 之和。计算偏航轴承齿圈疲劳强度及减速器疲劳强度的基本条件为

$$M_t = M_Z + M_{re} + M_r (M_Z \geqslant 0) \tag{6-2}$$

$$M_t = M_Z - M_{re} - M_r (M_Z < 0) \tag{6-3}$$

偏航残余制动力矩与机组偏航制动力矩有关，风电机组在偏航过程中，为保持机组偏航平稳，需要偏航制动系统提供一定的阻尼。

确定完机组驱动力矩 LDD 后需要将其转化到单台减速器输出齿轮上，计算公式为

$$T_o = \frac{M_t}{N i_B \eta_B} \tag{6-4}$$

式中　N——偏航减速器数量；

i_B——偏航轴承齿轮与偏航减速器输出齿轮齿数比；

η_B——偏航轴承齿轮与偏航减速器输出齿轮啮合效率。

将风电机组塔顶中心 M_Z 的 LDD 转换到减速器输出端，转换后的载荷可称之为偏航减速器的载荷谱，即一种载荷对应相应的持续时间，可根据 ISO 6336－6标准，减速器的额定输出扭矩计算公式为

$$T_{ep} = \left(\frac{n_1 T_1 + n_2 T_2 + \cdots}{n_1 + n_2 + \cdots} \right)^{\frac{1}{p}} \tag{6-5}$$

式中　T_{ep}——当量输出扭矩；

n_i——第 i 项载荷的扭矩持续时间；

T_i——第 i 项载荷的扭矩；

p——沃勒损伤线斜率，可根据 ISO 6336－6 标准查询。

额定输出扭矩与当量输出扭矩的关系式为

$$K_A = \frac{T_{ep}}{T_n} \tag{6-6}$$

式中　K_A——工况系数；

T_n——额定输出扭矩。

6. 减速器最大静态扭矩

减速器最大静态扭矩根据机组设计过程中载荷计算得出的塔顶极限载荷计算，计算公式为

$$T_{ys} = \frac{M_{TL} - M_B}{N i_B} \eta_B \tag{6-7}$$

式中　T_{ys}——减速器最大静态扭矩；

M_{TL}——塔顶中心极限载荷 M_Z 最大值的绝对值；

M_B——机组偏航制动器的总制动力矩。

6.2.2.3 偏航减速器外形

确定了偏航减速器速比、额定输出扭矩、最大静态扭矩、偏航减速器输出齿轮参数后即可进行偏航减速器详细设计，该过程中需要考虑减速器安装尺寸等因素。

偏航减速器外形设计还需要考虑油窗油位问题，减速器内的润滑油会随着环境温度变化发生体积变化，导致油窗观察到的油位随着温度变化而变化，油窗能观察到的油位应满足夏季和冬季均可观察到油位，且油位在要求范围内，这需要对减速器内润滑油的膨胀进行校核。

6.2.2.4 偏航减速器寿命

偏航减速器寿命可根据 IEC 61400 规范的规定：确定偏航期间发生的载荷循环次数和每次载荷持续时间，应将偏航系统的运行视为在风电机组使用寿命10%的时间内发生，即在确定风电机组塔顶偏航系统载荷谱后，可将其10%的时间确定为偏航减速器寿命。

6.2.2.5 偏航减速器密封设计

偏航减速器设计需要考虑偏航减速器输入轴、输出轴、各箱体结合面的密封结构。输入轴骨架油封选用需要考虑其高速运转特性，骨架油封选择不当往往会造成输入轴骨架油封短时间内失效，输出轴通常为双骨架油封以增加可靠性，各箱体端面结合处通常采用 O 形圈密封。

6.2.2.6 偏航电机选择

偏航电机的选择，需要确保风电机组偏航时间的90%以上偏航电机是工作在额定功率下，偏航减速器载荷谱每一项载荷持续的时间占偏航减速器寿命时间的比例为

$$P_i=\frac{n_i}{n_1+n_2+\cdots} \tag{6-8}$$

式中 P_i——减速器载荷谱中第 i 项载荷时间占偏航减速器寿命时间的比例；

n_i——减速器载荷谱中第 i 项载荷所持续的时间，$i=1, 2, 3\cdots$。

如果满足下列条件

$$T_{\mathrm{mn}} i_{\mathrm{yg}} \eta_{\mathrm{yg}} \geqslant |T_{oi}| \tag{6-9}$$

式中 T_{mn}——偏航电机额定输出扭矩；

i_{yg}——偏航减速器速比；

η_{yg}——偏航减速器效率；

$|T_{oi}|$——偏航减速器载荷谱中第 i 项载荷绝对值。

则将每一项对应的百分比相加，相加后满足

$$\sum p_i \geqslant 90\% \tag{6-10}$$

上述偏航电机的选取方法，能充分发挥偏航电机的输出扭矩特性。考虑到经济性

及可维护性，偏航电机功率输出扭矩不可选择过大，以防止机组出现偏航系统或其他故障时导致偏航减速器或偏航轴承损坏。

6.2.2.7　偏航系统传动链效率

偏航系统传动链效率为偏航减速器效率、偏航小齿轮啮合效率与偏航轴承啮合效率的乘积。偏航减速器效率计算较复杂，可根据经验近似取值，每一级传动效率取值0.97，偏航小齿轮与偏航轴承啮合效率近似取值0.96。

综上所述，偏航系统能够根据风向标所提供的信号自动确定风电机组的方向。当风向发生偏转时，控制系统根据风向标的检测信号控制偏航减速器使机舱偏航对风。偏航系统在工作时带有阻尼控制，按照优化的偏航速度，使机组偏航旋转更加平稳。

6.3　塔　架　设　计

塔架对于风电机组而言，其作用是支撑风轮和机舱的运行，同时提升机舱和风轮的捕风高度，以获取更大的风速。另外塔架还需将风电机组产生的载荷平稳、安全地传递至地基。国内风电行业常见和应用最为广泛的是钢制塔架，其结构型式一般为锥筒型，筒体材料一般采用Q345钢材，单段筒采用钢板卷圆焊接而成，筒段与筒段通过法兰螺栓连接，底部开口门洞留有人员通道，底段通过法兰螺栓与基础连接。塔筒内部需要留有人员上升至机舱的通道，风电机组塔架高度越来越高，考虑到运维人员爬塔困难的情况，一般在内部安装电梯或者助爬器。

塔架设计的主要内容包括主体设计和附件设计两部分。塔架主体设计主要包括主体的极限强度、疲劳强度、稳定性和模态等分析计算，塔架附件设计主要包括爬梯布置、电梯布置、电缆布置、塔底柜体布置、照明系统、防雷系统、入门梯、塔架门、散热器支架和维护平台等。

6.3.1　塔架功能要求

风电机组塔架设计时，首先要满足基本的功能要求，即塔架在工作周期内能支撑起机舱和风轮的运行，不发生失效；其次还需要方便加工、方便运输、方便维护并兼顾美观。综上所述，塔架设计一般需要满足以下基本要求：

（1）在有效寿命期内，能承受风电机组各种工况下的荷载，不发生失效。

（2）具有较好的工艺性，包括生产工艺、安装工艺等。

（3）满足维护要求，留有塔底至机舱的人员上升通道，部分零部件能顺利地从塔底进入机舱。

（4）为其他辅件提供支撑，如留有塔上至塔下电缆的安装接口，使电缆有安全的

工作运行环境。

6.3.2 塔架类型

塔架结构型式一般有锥筒式、桁架式和分片式等，其中锥筒式塔架应用最为广泛，桁架式和分片式也有应用，但相对于锥筒式塔架装机量较少。塔架按结构一般可分为：①钢制圆筒塔架；②混凝土塔架；③钢制分片式塔架；④钢制桁架式塔架；⑤混合式塔架。

工程应用中风电机组塔架主要的结构型式如图 6-10 所示。

(a) 钢制圆筒塔架

(b) 混凝土塔架

(c) 钢制分片式塔架

(d) 钢制桁架式塔架

(e) 混合式塔架

图 6-10 风电机组塔架主要的结构型式

按固有频率和激振频率的关系，塔架一般可分为：①刚性塔架——固有频率大于叶片扫略频率；②半刚性塔架——固有频率在风轮旋转频率与叶片扫略频率之间；③柔性塔架——固有频率小于风轮旋转频率。

6.3.3 塔架结构发展趋势

传统的钢制锥筒塔架相对其他类型塔架设计和生产加工工艺等都已非常成熟，因而在工程实际中应用比较广泛，但与其他类型的塔架相比，也存在用钢量大和运输不方便等不足。目前在风能资源可开发区域风速相对较低、平价上网和去补贴的背景下，国内主要的风电机组生产厂家都试图推出更有竞争力的产品及解决方案。

钢制锥筒塔架耗钢量多，重量大，重量能达到风电机组重量的70%，成本占比较高。为降低风电机组的造价，必须降低塔架的造价，也就是必须降低塔架的设计重量。目前塔架的轻量化设计主要通过结构型式的创新来实现，如新型桁架式塔架和柔性塔架。这两种塔架型式理论上都要比传统的钢制筒型刚性塔架重量轻，但安全性、稳定性还需进一步验证，虽还未大规模应用，但应用前景较好。

在相同的投资下，如何提升机组的发电量，从而提升总体收益也是行业研究的热点。通过提升塔架的高度使风轮获得更大的风速，是当前比较主流的做法，国内主要的风电机组生产厂家近几年都推出了各自的高塔架解决方案，塔架高度也从之前的90m、100m逐渐向120m、140m乃至更高的高度在发展。

6.3.4 塔架主体设计

在风电机组中，塔架的作用是支撑机舱和风轮，把风轮等部件“举到”设计高度处运行，以获得足够的能量驱动风轮转动，并带动发电机发电。同时，塔架又承载着整个风电机组的载荷，它要有足够的强度和刚度，以保证机组在各种载荷情况下能正常运行，还要保证机组在遭受恶劣外部条件，如台风或暴风袭击载荷时的安全性。另外，由于风速、风向的不稳定性，风电机组运行时塔架所受影响也是动态随机的，因此塔架还必须有一定的抗疲劳性能。所以一方面塔架要满足高度、刚度、强度等要求；另一方面又要控制重量，降低成本。基于以上要求，在塔架设计时，必须考虑其静强度、屈曲、模态及疲劳等方面，其计算分析一般包括以下内容：

(1) 静强度分析。塔架的设计质量将直接影响风电机组的工作性能和可靠性。为确保风电机组的正常运行，提高塔架自身的可靠性，在设计塔架结构时必须充分考虑塔架的强度，这也是风电机组设计中的一项重要工作。

(2) 模态分析。风电机组工作时，风轮运行对塔架系统以及基础产生激励载荷。为确保风电机组的安全运行，使风轮与塔架有较好的动力相容性，必须通过模态分析，规划好风轮转速和塔架本身的固有频率，避免风轮转动对塔架的激励，从而从根本上控制塔架系统的动态响应，避免共振现象的发生。

(3) 稳定性分析。稳定性分析是塔架设计的重要环节，在对塔架进行详细的壁厚、直径等尺寸设计时，必须进行结构的稳定性分析。

(4) 疲劳分析。由于风速、风向的不稳定性，风电机组工作时所承受的载荷并非一个恒定的值，传递到塔架上的载荷也是动态随机的。因此，必须对塔架进行疲劳分析。

6.3.4.1 塔架设计流程

以陆上钢制锥筒塔架设计为例，进行塔架设计之前，应明确设计输入条件。一般设计输入有轮毂中心高度、极限载荷、疲劳载荷、塔顶法兰、塔底法兰、基础类型、门洞高度、运输条件等。

在明确了设计输入条件后，开始进行塔架设计。首先根据输入条件初步确定塔架高度、塔顶直径、塔底直径、门洞高度和分段情况；其次再确认塔架各横截面壁厚和直径，确定初版塔架尺寸。根据初版塔架尺寸进行模态分析，校核塔架固有频率与风轮的 $1P$ 和 $3P$ 是否存在交点，其中：$1P$ 代表风轮旋转时的频率，$3P$ 代表叶片扫略时的频率。模态分析校核通过后再进行塔架的极限和疲劳校核。

6.3.4.2 材料属性

塔架主体材料一般采用 Q345，该材料的弹性模量为 2.1×10^5MPa，泊松比为 0.3，密度为 7.85×10^3kg/m^3，屈服强度见表 6-1，材料属性参考《低合金高强度结构钢》(GB/T 1591—2018)。

表 6-1 Q345 的材料属性

壁厚/mm	屈服强度/MPa	抗拉强度/MPa	壁厚/mm	屈服强度/MPa	抗拉强度/MPa
$t\leqslant16$	345	470	$80<t\leqslant100$	305	470
$16<t\leqslant40$	335	470	$100<t\leqslant150$	295	450
$40<t\leqslant63$	325	470	$150<t\leqslant200$	285	450
$63<t\leqslant80$	315	470	$200<t\leqslant250$	275	450

6.3.4.3 载荷插值

一般通过插值法可以得到塔架各截面处的载荷，其插值计算公式为

$$y_{1.1}=\frac{y_2-y_1}{h_2-h_1}(h_{1.1}-h_1)+y_1 \tag{6-11}$$

式中 h_1、h_2——给定载荷的塔架高度；

y_1、y_2——给定载荷塔架的上下截面载荷；

$h_{1.1}$——所需载荷处的截面高度；

$y_{1.1}$——所需截面处载荷。

6.3.4.4 静强度校核

进行风电机组塔架设计时，首先要分析风电机组在各种载荷情况下运行时，塔架是否满足材料的静强度要求，即塔架最大应力必须低于结构的许用应力。通过在各种载荷情况下对塔架进行静强度分析计算，可以判断所设计的塔架能否承受极限载荷。

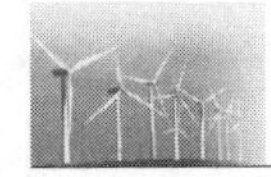

由于塔架形状规则，一般筒体静强度按第四强度理论进行校核。

（1）由弯矩产生的正应力计算公式为

$$\sigma_{x.\mathrm{M}}=\frac{M_{xy}}{W_{xy}} \tag{6-12}$$

（2）由轴力产生的正应力计算公式为

$$\sigma_{x.\mathrm{N}}=\left|\frac{F_{\mathrm{Z}}}{A}\right| \tag{6-13}$$

（3）最大正应力计算公式为

$$\sigma_{x.\mathrm{Ed}}=\sigma_{x.\mathrm{M}}+\sigma_{x.\mathrm{N}} \tag{6-14}$$

（4）由扭转产生的剪应力计算公式为

$$\sigma_{x.\mathrm{M}}=\left|\frac{M_{\mathrm{Z}}}{W_{\mathrm{t}}}\right| \tag{6-15}$$

（5）由径向产生的剪应力计算公式为

$$\sigma_{\tau.\mathrm{R}}=2\times\frac{F_{xy}}{A} \tag{6-16}$$

（6）最大剪应力计算公式为

$$\tau_{x\theta.\mathrm{Ed}}=\sigma_{\tau.\mathrm{M}}+\sigma_{\tau.\mathrm{R}} \tag{6-17}$$

（7）第四强度理论计算公式为

$$\sigma_{\mathrm{v.Ed}}=\sqrt{\sigma_{x.\mathrm{Ed}}^{2}+3\times\tau_{x\theta.\mathrm{Ed}}^{2}}\leqslant\frac{f_{y,\mathrm{k}}}{\gamma_{\mathrm{M}}} \tag{6-18}$$

式中　$\sigma_{x.\mathrm{Ed}}$——正应力；

$\tau_{x\theta.\mathrm{Ed}}$——剪应力；

$f_{y,\mathrm{k}}$——材料许用屈服应力，其取值与塔架壁厚有关；

γ_{M}——材料安全系数。

如果焊缝质量能够得到保证，则不需要校核。对于不能保证质量的焊缝，则需进行校核。

焊缝处许用应力计算公式为

$$\sigma_{\mathrm{w,R,d}}=\sigma_{\mathrm{w}}\frac{f_{y,\mathrm{k}}}{\gamma_{\mathrm{M}}} \tag{6-19}$$

式中　σ_{w}——缩减系数，对于材料 Q235，$\sigma_{\mathrm{w}}=0.95$；对于材料 Q345，$\sigma_{\mathrm{w}}=0.8$。

6.3.4.5　屈曲强度分析

稳定性分析计算是为了确保在特定载荷作用下，零部件不产生扭曲或屈曲，分析的目的是求解结构从稳定平衡过渡到不稳定平衡的临界载荷和失稳后的屈曲形态。在结构的失效形态中，屈曲是其中的一种。对于受压结构，随着压力的增大，结构抵抗

横向变形的能力会下降。当载荷达到某一水平，结构丧失稳定性，此时若出现横向的挠动，结构即会发生屈曲破坏。

风电机组塔架是一种薄壁圆筒结构，风电机组运行时，塔架在外载荷的作用下发生变形和位移，作用在塔顶的轴向压力引起塔架各截面的弯矩，当外载荷达到一定值时，弯矩的增大偏心导致塔架某一截面超出其屈服极限，局部失稳，使得塔架发生破坏。对塔架进行稳定性分析，可以计算出在各种载荷情况下塔架的结构是否满足稳定性的要求，并为设计和优化提供依据。计算塔架的稳定性可以采用线性稳定性分析和非线性稳定性分析两种计算方法。但非线性稳定性分析方法求解过程复杂，对计算设备的水平要求较高，而线性的特征值分析方法具有求解效率高、易于实现等优点，在计算中可以采用选取较大安全系数来弥补计算误差，工程计算中可以采取这种方法。此处对塔架进行稳定性分析计算时，就是采用线性的特征值方法来分析塔架稳定性问题的。

塔架屈曲强度分析一般可按照标准 DIN EN 1993－1－6 要求进行校核。

其包括内容主要如下：

(1) 轴向屈曲计算。检验是否需要进行轴向屈曲校核，若满足$\frac{r}{t}<0.03\frac{E}{f_{y,k}}$，则不需要校核，若不满足该条件，则可按下列过程校核：

1) 判断筒体类型，即

$$\text{筒体类型}=\begin{cases}\omega>0.5\times\frac{r}{t},\text{长}\\1.7\leqslant\omega\leqslant0.5\times\frac{r}{t},\text{中等}\\\omega<1.7,\text{短}\end{cases}\tag{6-20}$$

$$\omega=\frac{l}{r}\sqrt{\frac{r}{t}}\tag{6-21}$$

式中 ω——壳体相对长度参数；

l——塔筒长度；

r——中曲面半径；

t——塔壁厚度。

$$C_{x,N}=\begin{cases}\max\left[1+0.2\times\left(1-2\omega\frac{t}{r}\right),0.6\right], & \text{长}\\1.0, & \text{中等}\\1.36-\frac{1.83}{\omega}+\frac{2.07}{\omega^2}, & \text{短}\end{cases}\tag{6-22}$$

$$C_x=\begin{cases}C_{x,\mathrm{N}}\dfrac{\sigma_{x.\mathrm{N}}}{\sigma_{x.\mathrm{Ed}}}+\dfrac{\sigma_{x.\mathrm{M}}}{\sigma_{x.\mathrm{Ed}}}, & \text{长且}\dfrac{r}{t}\leqslant 150\text{ 且 }\omega\leqslant 6\dfrac{r}{t}\text{且 }500\leqslant\dfrac{E}{f_{y,\mathrm{k}}}\leqslant 1000\\ C_{x,\mathrm{N}}, & \text{其他}\end{cases} \tag{6-23}$$

式中　$\sigma_{x.\mathrm{Ed}}$——径向应力；

$\sigma_{x.\mathrm{N}}$——塔架正交力中的径向应力分量；

$\sigma_{x.\mathrm{M}}$——塔架弯曲力矩引起的应力分量；

$C_{x,\mathrm{N}}$——系数。

2）轴向临界屈曲应力计算公式为

$$\sigma_{x,\mathrm{Rcr}}=0.605EC_x\frac{t}{r} \tag{6-24}$$

$$\lambda_x=\sqrt{\frac{f_{y,\mathrm{k}}}{\sigma_{x,\mathrm{Rcr}}}} \tag{6-25}$$

$$\lambda_{x0}=\begin{cases}0.2+0.1\dfrac{\sigma_{x.\mathrm{M}}}{\sigma_{x.\mathrm{Ed}}}, & \text{长且}\dfrac{r}{t}\leqslant 150\text{ 且 }\omega\leqslant 6\dfrac{r}{t}\text{且 }500\leqslant\dfrac{E}{f_{y,\mathrm{k}}}\leqslant 1000\\ 0.2, & \text{其他}\end{cases} \tag{6-26}$$

$$\Delta w_{\mathrm{k}}=\frac{1}{Q}\sqrt{\frac{r}{t}}t \tag{6-27}$$

$$\alpha_x=\frac{0.62}{1+1.91(\Delta w_{\mathrm{k}}/t)^{1.44}} \tag{6-28}$$

$$\lambda_{\mathrm{p}x}=\sqrt{\frac{\alpha_x}{1-\beta}} \tag{6-29}$$

$$\chi_x=\begin{cases}1, & \lambda_x<\lambda_{x0}\\ 1-\beta\left(\dfrac{\lambda_x-\lambda_{x0}}{\lambda_{\mathrm{p}x}-\lambda_{x0}}\right)^{\eta}, & \lambda_{x0}\leqslant\lambda_x\leqslant\lambda_{\mathrm{p}x}\\ \dfrac{\alpha_x}{\lambda_x^2}, & \lambda_x>\lambda_{\mathrm{p}x}\end{cases} \tag{6-30}$$

3）轴向特征屈曲应力计算公式为

$$\sigma_{x,\mathrm{Rk}}=\chi_x f_{y,\mathrm{k}} \tag{6-31}$$

4）轴向许用屈曲应力计算公式为

$$\sigma_{x,\mathrm{Rd}}=\frac{\sigma_{x,\mathrm{Rk}}}{\gamma_{\mathrm{M1}}} \tag{6-32}$$

$$k_x=1.25+0.75\chi_x \tag{6-33}$$

（2）剪切屈曲计算。检验是否需要进行剪切屈曲校核，若$\dfrac{r}{t}<0.16\left(\dfrac{E}{f_{y,\mathrm{k}}}\right)^{0.67}$，则

不需要校核，若不满足该条件，则可按下列过程校核：

1）判断筒体类型

$$
\text{筒体类型}=\begin{cases}\omega>8.7\dfrac{r}{t}, & \text{长}\\ 10\leqslant\omega\leqslant 8.7\dfrac{r}{t}, & \text{中等}\\ \omega<10, & \text{短}\end{cases} \tag{6-34}
$$

$$
C_{\tau}=\begin{cases}\dfrac{1}{3}\sqrt{\omega\dfrac{t}{r}}, & \text{长}\\ 1.0, & \text{中等}\\ \sqrt{1+\dfrac{42}{\omega^{2}}}, & \text{短}\end{cases} \tag{6-35}
$$

2）剪切临界屈曲应力计算公式为

$$
\tau_{x\theta,\mathrm{Rcr}}=0.75EC_{\tau}\sqrt{\frac{1}{\omega}}\frac{t}{r} \tag{6-36}
$$

$$
\lambda_{\tau}=\sqrt{f_{y,\mathrm{k}}/\sqrt{3}/\tau_{x\theta,\mathrm{Rcr}}} \tag{6-37}
$$

$$
\lambda_{\mathrm{p}\tau}=\sqrt{\frac{\alpha_{\tau}}{1-\beta}} \tag{6-38}
$$

$$
\chi_{\tau}=\begin{cases}1, & \lambda_{\tau}<\lambda_{\tau0}\\ 1-\beta\left(\dfrac{\lambda_{\tau}-\lambda_{\tau0}}{\lambda_{\mathrm{p}\tau}-\lambda_{\tau0}}\right)^{\eta}, & \lambda_{\tau0}\leqslant\lambda_{\tau}\leqslant\lambda_{\tau x}\\ \dfrac{\alpha_{\tau}}{\lambda_{\tau}^{2}}, & \lambda_{\tau}>\lambda_{\mathrm{p}\tau}\end{cases} \tag{6-39}
$$

3）剪切特征屈曲应力计算公式为

$$
\tau_{x\theta,\mathrm{Rk}}=\frac{\chi_{\tau}f_{y,\mathrm{k}}}{\sqrt{3}} \tag{6-40}
$$

4）剪切许用屈曲应力计算公式为

$$
\tau_{x\theta,\mathrm{Rd}}=\frac{\tau_{x\theta,\mathrm{Rk}}}{\gamma_{\mathrm{M1}}} \tag{6-41}
$$

$$
k_{\tau}=1.75+0.25\chi_{\tau} \tag{6-42}
$$

（3）塔架屈曲强度校核。需校核的内容为

$$
\frac{\sigma_{x,\mathrm{Ed}}}{\sigma_{x,\mathrm{Rd}}}\leqslant 1 \tag{6-43}
$$

$$
\frac{\tau_{x\theta,\mathrm{Ed}}}{\tau_{x\theta,\mathrm{Rd}}}\leqslant 1 \tag{6-44}
$$

$$\left(\frac{\sigma_{x,\mathrm{Ed}}}{\sigma_{x,\mathrm{Rd}}}\right)^{k_x}+\left(\frac{\tau_{x\theta,\mathrm{Ed}}}{\tau_{x\theta,\mathrm{Rd}}}\right)^{k_\tau}\leqslant 1 \tag{6-45}$$

塔架屈曲安全系数计算公式为

$$S=\frac{1}{\left(\frac{\sigma_{x,\mathrm{Ed}}}{\sigma_{x,\mathrm{Rd}}}\right)^{k_x}+\left(\frac{\tau_{x\theta,\mathrm{Ed}}}{\tau_{x\theta,\mathrm{Rd}}}\right)^{k_\tau}}\geqslant 1 \tag{6-46}$$

式（6-42）～式（6-45）中的一些系数依据标准 DIN EN 1993-1-6 和塔架制造厂制造工艺进行选取。

6.3.4.6　塔架疲劳强度分析

风电机组运行时，塔架所受的载荷并不是恒定不变的，风剪切、塔影效应、阵风都将使机组和塔架承受变载荷，其中既有随机性因素也有周期性因素，变载荷的作用可能使零部件发生疲劳破坏。因此，只分析各种载荷情况下的静强度并不能确定设计方案是否科学合理，疲劳也是塔架设计时必须要考虑的问题。即在静强度分析的基础上，再对塔架进行疲劳分析，计算塔架是否满足疲劳强度的要求。与此同时，通过计算分析的数据，可以为塔架优化设计提供必要的参考数据和方向。塔架受往复的荷载作用产生往复的变应力，不断地对塔架产生疲劳累积损伤，可根据标准 DIN EN 1993-1-9 对塔架疲劳强度进行分析。

在对塔架的主体疲劳强度进行分析时，由于焊缝处是塔架最薄弱的点之一，因而需要对焊缝进行疲劳强度分析，考虑焊缝形式、载荷类型和应力集中等情况的影响，根据标准 EN 1993-1-9 选取环焊缝疲劳强度等级。一般对塔架主体环焊缝疲劳强度分析的工程算法如下：

（1）考虑尺寸的影响，得到尺寸修正疲劳强度计算公式为

$$\Delta\sigma_{c,\mathrm{red}}\Delta=\begin{cases}\left(\dfrac{25}{t}\right)^2\Delta\sigma_{\mathrm{c}}, & t>25\\ \Delta\sigma_{\mathrm{c}}, & \text{其他}\end{cases} \tag{6-47}$$

（2）拐点处（$N_{\mathrm{D}}=5e^6$）疲劳应力幅计算公式为

$$\Delta\sigma_{\mathrm{D}}=\left(\frac{2}{5}\right)^{\frac{1}{3}}\Delta\sigma_{\mathrm{c,red}} \tag{6-48}$$

（3）应力幅计算公式为

$$\Delta\sigma=\frac{\Delta M_y}{W_{xy}} \tag{6-49}$$

（4）安全系数为

$$\gamma_{\mathrm{N}}=\text{材料安全系数}\times\text{载荷安全系数}=1.1\times1.15=1.265 \tag{6-50}$$

（5）修整的载荷应力幅计算公式为

$$\Delta\sigma_{\mathrm{R}}=\Delta\sigma\cdot\gamma_{\mathrm{N}} \tag{6-51}$$

(6) 许用循环次数计算公式为

$$N_{\mathrm{R}}=\begin{cases}\left(\dfrac{\Delta\sigma_{\mathrm{D}}}{\Delta\sigma_{\mathrm{R}}}\right)^{3}N_{\mathrm{D}}, & \Delta\sigma_{\mathrm{R}}\geqslant\Delta\sigma_{\mathrm{D}}\\ \left(\dfrac{\Delta\sigma_{\mathrm{D}}}{\Delta\sigma_{\mathrm{R}}}\right)^{5}N_{\mathrm{D}}, & \Delta\sigma_{\mathrm{R}}<\Delta\sigma_{\mathrm{D}}\end{cases} \tag{6-52}$$

(7) 疲劳损伤校核计算公式为

$$D=\frac{\mathrm{e}^{7}}{N_{\mathrm{R}}} \tag{6-53}$$

6.3.4.7 塔架模态分析

根据 GL 规范，塔架频率需要满足

$$\frac{f_{\mathrm{R}}}{f_{0,\mathrm{n}}}\leqslant 0.95\ 且\ \frac{f_{\mathrm{R,m}}}{f_{0,\mathrm{n}}}\leqslant 0.95 \tag{6-54}$$

$$\frac{f_{\mathrm{R}}}{f_{0,\mathrm{n}}}\geqslant 1.05\ 且\ \frac{f_{\mathrm{R,m}}}{f_{0,\mathrm{n}}}\geqslant 1.05 \tag{6-55}$$

式中 f_{R}——正常运行范围内的最大转动频率；

$f_{\mathrm{R,m}}$——叶片通过塔架频率；

$f_{0,\mathrm{n}}$——塔架 n 阶频率。

利用 Bladed 软件模拟带机舱、风轮和基础情况下的塔架，计算出塔架的固有频率，考虑到模拟计算时的误差，保守起见，再取 5%来弥补误差。

为避免机组产生共振，确保机组安全，一般不能使塔架的固有频率与 1P 和 3P 产生交点，同时考虑到计算误差的存在，1P 和 3P 频率带范围一般会进行扩大，一般行业内依据经验取值为±10%。

由结构动力学理论可知，在机组运行过程中，自由振动部分对结构影响不大，故在一般的结构设计中，可只考虑受迫振动。假设风轮激励频率为 θ，激励载荷幅值为 P，于是得塔架振动位移方程为

$$y(t)=y_{\mathrm{st}}\frac{1}{1-\left(\dfrac{\theta}{\omega}\right)^{2}}\sin\omega t \tag{6-56}$$

式中 ω——塔架固有频率；

y_{st}——荷载 P 下产生的静位移。

令 $\mu=\dfrac{1}{1-\left(\dfrac{\theta}{\omega}\right)^{2}}$，则

$$y(t)=y_{\mathrm{st}}\mu\sin\omega t \tag{6-57}$$

式中 μ——动力系数或放大系数。

再令 $\beta=\frac{\theta}{\omega}$，则

$$\mu=\frac{1}{1-\beta^2} \tag{6-58}$$

式中　β——频比。

由式（6-53）～式（6-57）可以发现，当 $\theta=\omega$，即当 $\beta=1$ 时，$\mu=\infty$。它表明当干扰力的频率与固有频率相重合时，位移和内力都将无限增加，即产生共振现象。对塔架固有频率进行计算可以分析固有频率是否会与风轮旋转频率重合，或者是否避开了风轮旋转激励频率一定的范围。目前大型风电机组的风轮多为三叶片式，共振的主要激励源是 $1P$ 和 $3P$ 频率。比如，若风轮转速为 12.5rad/min，则 $1P=12.5/60=0.208$Hz，$3P=0.625$Hz，塔架的固有频率应在一定范围内避开这个值。

在计算塔架固有频率时，一般可以采用工程算法、有限元模态计算，其中工程算法可以大概计算出塔架固有频率范围，有限元模态计算可以近似地计算出塔架的固有频率，Bladed 计算可以比较精确地计算出塔架的固有频率范围，行业内一般采用 Bladed 软件进行塔架固有频率的计算。

塔架的工程算法计算公式为

$$f_{\mathrm{n}}=\frac{1}{2\pi}\sqrt{\frac{3EI}{(0.23m_{\mathrm{Tower}}+m_{\mathrm{Turbine}})L^3}} \tag{6-59}$$

式中　m_{Tower}——塔架的质量；

m_{Turbine}——机组的质量；

E——弹性模量；

I——惯性矩；

L——塔架的高度。

有限元模态计算过程一般为：建立有限元模型，塔底施加全约束，塔顶对机舱进行模拟，塔底对基础进行模拟。由于 Bladed 软件内有机组详细的尺寸和参数，在使用 Bladed 软件计算塔架频率时，将塔架的尺寸输入后进行计算，其结果最接近实际塔架频率，因而被业内广泛采用，后续高度塔架的固有频率计算皆采用 Bladed 软件进行计算。

6.3.4.8　门洞静强度分析

与环焊缝、纵焊缝不同，门框焊缝的形状不规则，存在门洞的缺口效应，其应力状态复杂。因此，一般采用有限元方法进行分析，建立有限元模型分析的过程中需要注意尽量采用六面体网格，同时需要保证门框附近网格的密集程度和质量。塔底施加全约束，第一段法兰顶部与圆心施加耦合约束，在圆心处施加载荷。施加载荷时，考虑到不同方向对门洞的影响不同，可按每度或某度旋转一次坐标系，进行多次计算

后，选取最大值作为最终结果。

6.3.4.9 门洞屈曲强度分析

根据 GL 规范，当满足 $\begin{cases}\dfrac{r}{t}\leqslant 160\\ \delta\leqslant 60^\circ\\ \dfrac{h_1}{b_1}\leqslant 3\end{cases}$ 条件时，门洞的轴向许用屈曲应力计算公式为

$$\sigma_{x\mathrm{S,Rd}}=C_1\sigma_{x,\mathrm{Rd}} \tag{6-60}$$

式中 $C_1=A_1-B_1\left(\dfrac{r}{t}\right)$

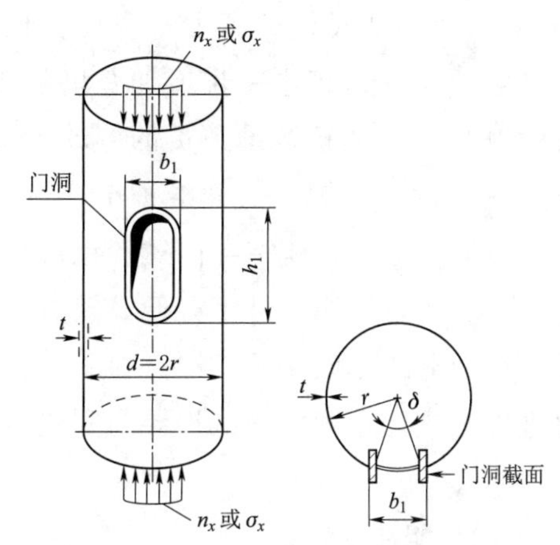

图 6-11 门洞相关尺寸参数

相关尺寸参数如图6-11 所示，系数 A_1 与 B_1 取值见表 6-2，当 δ 取值不等于表中数值时，利用线性插值方法求出系数 A_1 与 B_1 的值。

表 6-2 系数 A_1 与 B_1 取值

σ	Q345		σ	Q345		σ	Q345	
	A_1	B_1		A_1	B_1		A_1	B_1
20°	0.95	0.0021	30°	0.85	0.0021	60°	0.70	0.0024

门洞屈曲强度校核公式为

$$\frac{\sigma_{x,\mathrm{Ed}}}{\sigma_{x\mathrm{S,Rd}}}\leqslant 1 \tag{6-61}$$

$$\frac{\tau_{x\theta,\mathrm{Ed}}}{\tau_{x\theta,\mathrm{Ed}}}\leqslant 1 \tag{6-62}$$

$$\left(\frac{\sigma_{x,\mathrm{Ed}}}{\sigma_{x\mathrm{S,Rd}}}\right)^{k_x}+\left(\frac{\tau_{x\theta,\mathrm{Ed}}}{\tau_{x\theta,\mathrm{Ed}}}\right)^{k_\tau}\leqslant 1 \tag{6-63}$$

塔架屈曲安全系数计算公式为

$$S=\frac{1}{\left(\dfrac{\sigma_{x,\mathrm{Ed}}}{\sigma_{x\mathrm{S,Rd}}}\right)^{k_x}+\left(\dfrac{\tau_{x\theta,\mathrm{Ed}}}{\tau_{x\theta,\mathrm{Ed}}}\right)^{k_\tau}}\geqslant 1 \tag{6-64}$$

6.3.5 塔架辅助系统设计

6.3.5.1 电梯设计

风电机组的轮毂中心高度一般可达到 100m、120m，甚至更高。在对风电机组进行维护时，运维人员一般都需要到达位于高空的机舱中，如果直接攀爬，等同于爬40层普通居民楼的高度；与此同时，风电机组运维人员往往需要随身携带一些工具及耗品，这将进一步增加登塔的难度。因此，当前高塔架的风电机组一般都会安装电梯，来减轻运维人员的劳动量，提高运维的效率。所以，塔架内电梯的主要作用在于运输维护人员和维护工具，方便其进行风电机组故障处理和日常维护。

电梯一般分为爬梯导向式和钢丝绳导向式两种，各有优缺点。爬梯导向式电梯的优点在于运行平稳，逃生方便，缺点在于扭缆处电缆布置困难；钢丝绳导向式电梯的优点在于电缆方便布置，缺点在于运行有晃动，逃生不方便。设计人员可根据实际情况进行选择，在确定完电梯导向方式后，一般与专业的电梯厂家进行沟通，共同完成电梯的设计。

6.3.5.2　爬梯设计

爬梯的作用在于方便运维人员从塔下通往机舱，从而进行故障处理和日常维护。在扭缆段爬梯设计时，爬梯支撑作用的位置应合理布置，一般应尽量靠近电缆护套支架，保证扭缆过程中电缆撞击护套的力均匀地传递至塔架内壁。

当电梯为爬梯导向形式时，爬梯设计时应注意左右爬梯支撑的间距，图纸中应标注出此处尺寸，场内装配时应控制此处尺寸，以免后续电梯运行时产生干涉。

爬梯设计时一般应尽量靠近电梯，方便电梯故障时人员的逃生。

6.3.5.3　维护平台设计

维护平台的作用主要在于维护各段法兰间的连接螺栓，同时为维护人员提供休息的场地。维护平台设计时一般应先确定维护平台所在位置，一般维护平台的位置为距离法兰连接面处1.2m左右，在法兰面下方，确定该截面后，量出此处塔架截面直径，平台直径一般小于这个值即可。

维护平台一般由多块花纹钢板和型材构成，踩踏板设计时应优先选用花纹钢板。每块花纹钢板设计时外形尺寸不应过大，具体尺寸一般由风电机组生产厂家和塔架供应商进行沟通后确定，如设计外形尺寸过大，将会遇到切割和焊接变形的问题。另外，花纹钢板与垫圈接触区域一般应尽量磨平。

6.3.5.4　入门梯设计

入门梯的作用在于方便人员进入塔架内部，是人员登塔的通道。入门梯设计时，其高度一般应根据塔底门洞高度进行确定，护栏高度一般应控制在1.2m左右。

6.3.5.5　散热器支架设计

散热器支架的作用在于安装变流器水冷风扇，保证其稳定安全地运行，一般应尽量靠近塔架门。散热器支架设计时一般应进行强度计算和模态分析，并且需要考虑到后续运行中的噪声污染问题，为后续减噪设备的安装提供空间和安装接口。

6.4 基 础 设 计

风电机组基础设计、制造和施工直接影响着机组的安全性和可靠性，一般风电机组基础设计应满足承载力、变形和稳定性的要求。

6.4.1 一般规定

塔架基础一般宜采用圆形或环形扩展式基础，基础设计一般参考《高耸结构设计标准》（GB 50135—2019）的规定执行。

基础或承台混凝土应一次浇筑成型，基础混凝土浇筑前应浇筑垫层混凝土。钢筋的混凝土保护层厚度应符合表 6 - 3 的要求，同时不宜小于粗骨料最大粒径的 1.25 倍。严寒和寒冷地区受冰冻的部位，保护层厚度一般还应符合《混凝土结构设计规范》（GB 50010—2010）的规定。

表 6 - 3　扩展基础、筏板基础承台混凝土保护层最小厚度　　单位：mm

基础部位	钢筋部位	环境条件类别			
		二	三	四	五
顶面、侧面（无地下水时）	外层钢筋	30	35	40	45
顶面、侧面（有地下水时）	外层钢筋	40	45	50	55
底部	外层钢筋	80	100	110	120

基础底板顶面钢筋的计算一般应符合《混凝土结构设计规范》（GB 50010—2010）的规定，其中单侧纵向钢筋的最小配筋率不应小于 0.15%，底板受力钢筋的最小直径不应小于 20mm。

基础混凝土应按所处环境类别和设计工况确定相应的裂缝控制要求，最大裂缝宽度不应大于 0.3mm，并采用荷载效应标准组合，按《混凝土结构设计规范》（GB 50010—2010）的规定验算裂缝宽度。

正常使用极限状态下基础底面与地基不允许脱开；承载能力极限状态下基底脱开面积不应大于基底总面积的 25%。

受洪（潮）水影响的基础，除应满足防洪要求外，基础底板混凝土中的预埋管道应采取防水和止水措施。

6.4.2 扩展基础地基及结构计算

1. 扩展基础结构计算

扩展基础结构计算一般应符合下列规定：①扩展基础应验算基础牛腿处的局部受压承载力；②扩展基础应按不配置箍筋和一般板类受弯钢筋构件来验算斜截面受剪承

载力；③基底底板的配筋应按受弯承载力计算确定。

地基承载力的计算一般应符合下列要求：

（1）当承受轴心荷载时

$$p_k \leqslant f_a \tag{6-65}$$

式中 p_k——相应于荷载效应标准组合下的基础底面平均压力值，kN/m^2；

f_a——修正后的地基承载力特征值，应按《建筑地基基础设计规范》（GB 50007—2011）的规定采用。

（2）当承受偏心荷载时。除应符合式（6-64）的要求外，还应满足：

$$p_{k,max} \leqslant 1.2 f_a \tag{6-66}$$

式中 $p_{k,max}$——相应于荷载效应标准组合下基础边缘的最大压力代表值，kN/m^2。

（3）当考虑地震作用时。在式（6-65）中应采用调整后的地基抗震承载力 f_{ak} 代替地基承载力特征值 f_a，地基抗震承载力 f_{ak} 应按《构筑物抗震设计规范》（GB 50191—2018）的规定执行。

（4）当基础承受轴心受压荷载和在核心区内承受偏心荷载时。验算地基承载力的基础底面压力可按下列公式计算：

1）矩形和圆（环）形基础承受轴心荷载时

$$p_k = \frac{F_k + G_k}{A} \tag{6-67}$$

式中 F_k——相应于荷载效应标准组合下上部结构传至基础的竖向力，kN；

G_k——基础自重（包括基础上的土重）标准值，kN；

A——基础底面面积，m^2。

2）矩形和圆（环）形基础承受（单向）偏心作用时

$$p_{k,max} = \frac{F_k + G_k}{A} + \frac{M_k}{W} \tag{6-68}$$

$$p_{k,min} = \frac{F_k + G_k}{A} - \frac{M_k}{W} \tag{6-69}$$

式中 M_k——相应于荷载效应标准组合下上部结构传至基础的力矩值，kN·m；

W——基础底面的抵抗矩，kN·m；

$p_{k,min}$——相应于荷载效应标准组合下基础边缘的最大压力代值，kN/m^2。

3）对于圆（环）形基础，当基础在核心区外承受偏心荷载，且基底脱开地基土面积不大于全部面积的1/4时，验算地基承载力的基础底面压力计算公式为

$$P_{k,max} = \frac{F_k + G_k}{\zeta r_1^2} \tag{6-70}$$

式中 r_1——基础底板半径，m；

ζ——系数，根据 r_2/r_1 及 e/r_1 按《高耸结构设计标准》（GB 50135—2019）的规定确定（其中 r_2 为环形基础孔洞的半径，m，当 $r_2=0$ 时即为圆形基础）。

偏心荷载作用下圆（环）形基础底面部分脱开时的基底压力如图 6-12 所示。

2. 坡形顶面的扩展基础

计算任一截面 $x-x$ 的内力时，基底均布荷载设计值 P 的计算公式为

$$P=\frac{P_{max}+P_x}{2} \tag{6-71}$$

式中 P——基底均布荷载；

P_{max}——基底边缘最大压力；

P_x——计算截面 $x-x$ 处的基底压力。

坡形顶面扩展基础的荷载计算如图 6-13 所示。

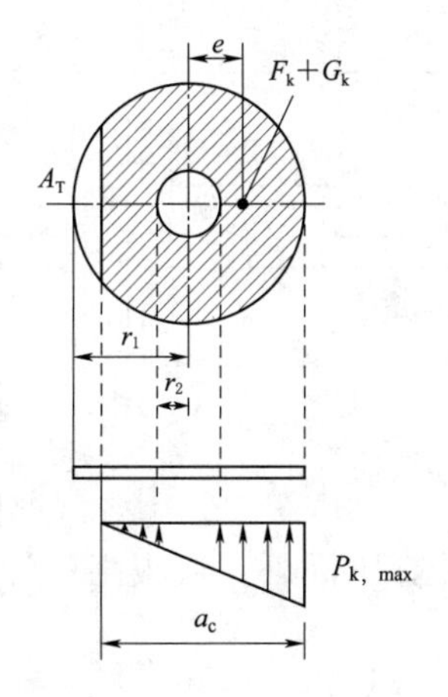

图 6-12 偏心荷载作用下圆（环）形基础底面部分脱开时的基底压力

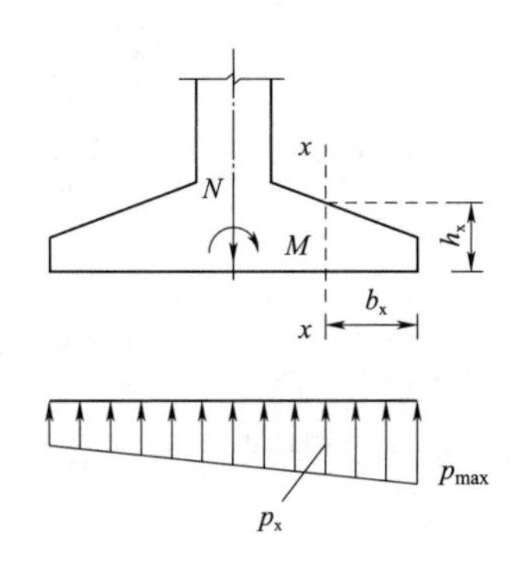

图 6-13 坡形顶面扩展基础的荷载计算

3. 台阶形顶面的扩展基础

计算截面 1-1 及截面 2-2 的内力时，基底均布荷载 P 的计算公式为

$$P=\frac{P_{max}+P_1}{2} \tag{6-72}$$

$$P=\frac{P_{max}+P_2}{2} \tag{6-73}$$

式中 P_1、P_2——计算截面 1-1、截面 2-2 处的基底压力设计值。

台阶形顶面扩展基础的荷载如图 6-14 所示。

4. 圆形、环形基础底板强度

可取基础外悬挑中点处的基底最大压力 P 作为基底均布荷载。P 值计算公式为

$$P=\frac{N}{A}+\frac{M}{I}\cdot\frac{r_1+r_2}{2} \tag{6-74}$$

式中　N——相应于荷载效应基本组合下上部结构传至基础的轴向力设计值（不包括基础底板自重及基础底板上的土重）；

M——相应于荷载效应基本组合下上部结构传至基础的力矩设计值；

A——基础底板的面积；

I——基础底板的惯性矩。

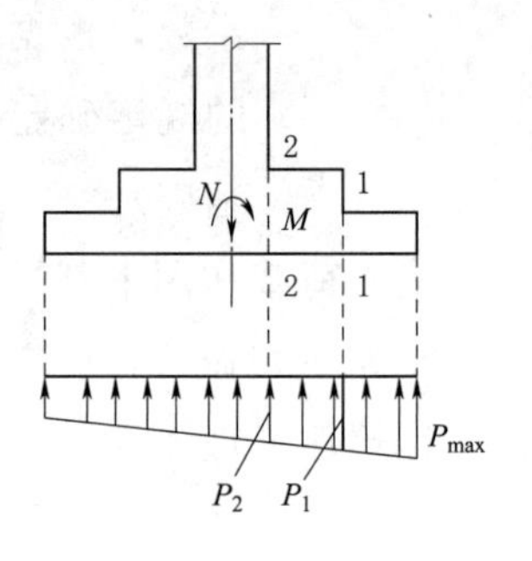

图6-14　台阶形顶面扩展基础的荷载计算

圆形、环形基础的基底荷载计算如图6-15所示。

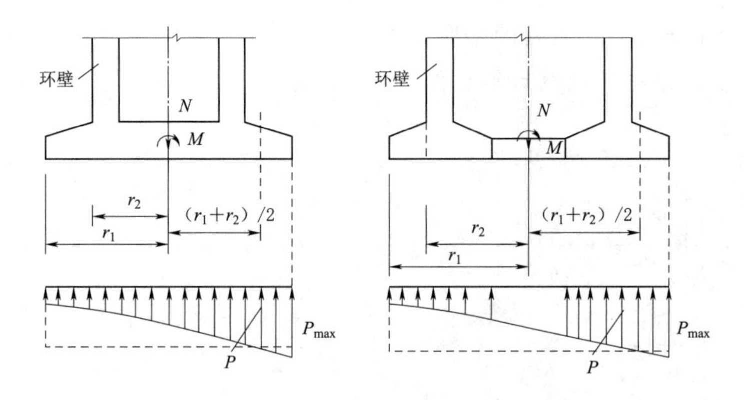

图6-15　圆形、环形基础的基底荷载计算

对基底部分脱开的基础，除基底压力分布的计算不同外，底板强度计算时 P 的取法均相同。

6.4.3　构造规定

在对扩展基础进行设计时，考虑到施工过程和自然条件等因素，其可能会对扩展基础有一定的影响，因而需要对其扩展基础的底面直径、边缘高度、空腔直径、牛腿高度等有一定的要求。其一般扩展基础的尺寸应符合下列要求：

（1）底面直径应控制在轮毂高度的1/6～1/5范围内。

（2）基础边缘高度应为底面宽度或直径的1/20～1/15，且不应小于1.0m。

（3）空腔直径不宜小于7.5m，高度不宜小于1.5m。

（4）基础牛腿高度不宜小于1.0m。

（5）基础牛腿应满足预应力局部承压要求，并应考虑锚具安装及张拉空间的要求。

基础型式及尺寸如图6-16所示。

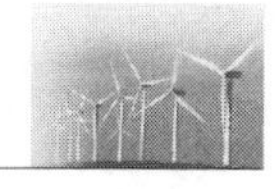

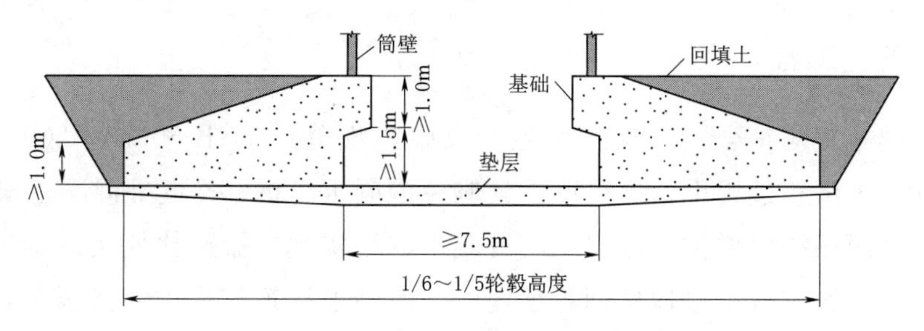

图 6-16 基础型式及尺寸

6.4.4 基础施工

施工单位首先需要熟悉基础的设计方案、岩土及水文工程勘测报告、基础施工过程地下管道及障碍物等资料，然后研究讨论施工方案和监测方案。一般施工单位在塔架基础施工前应有如下资料：①岩土、水文工程勘察报告；②基础工程施工所需的设计文件；③基础工程施工影响范围内的建（构）筑物、地下管线和障碍物等资料；④施工组织设计和专项施工、监测方案。

基础工程施工前应做好准备工作，分析工程现场的工程水文地质条件、邻近地下管线、周围建（构）筑物及地下障碍物等情况。对邻近的地下管线及建（构）筑物应采取相应的保护措施。基础施工过程中应控制地下水、地表水和潮汛的影响。基础工程冬季、雨期施工应采取防冻、排水措施。土方、基坑工程及基础施工应满足《建筑地基基础工程施工规范》（GB 51004—2015）和《烟囱工程施工及验收规范》（GB 50078—2008）的要求。

6.4.5 钢筋工程

钢筋的弯钩及绑扎后的铁丝头应背向保护层。采用绑扎接头时，钢筋搭接长度应符合设计要求；当设计无规定时，钢筋的搭接长度应为钢筋直径的 40 倍。钢筋的接头应交错布置，并符合设计要求；设计无要求时，在同一连接区段内绑扎接头的根数不应多于钢筋总数的 25%。切割和弯制钢筋的周围环境温度应控制在 0～40℃，并且不应对钢筋进行任何方式的加热处理。

6.4.6 模板工程

模板与混凝土的接触面应光洁、平整，无异物。施工前模板应涂刷脱模剂，脱模剂不应污染钢筋表面。

模板应分成若干部分以方便安装及拆卸，模板连接处应采取措施防止漏浆，模板应具有足够的刚度及稳定性，模板安装完成后应保证预应力孔道及锚垫板位置精度。

6.4.7　混凝土工程

塔筒基础施工应符合《烟囱工程施工及验收规范》（GB 50078—2008）的要求。塔筒基础混凝土浇筑过程中，应采取措施避免混凝土离析、冷缝等混凝土缺陷出现。

可通过使用振捣棒增加基础浇筑时混凝土的密实度，振捣棒使用过程中不应触碰钢筋及锚垫板、波纹管、接地扁钢等预埋件。混凝土浇筑过程中锚垫板及预应力孔道不应发生移动，应对其位置进行实时监控。

应通过垫块保证混凝土保护层厚度满足设计要求，且垫块强度不应低于塔筒基础混凝土设计强度。冬季、高温和雨期施工应满足《混凝土结构工程施工规范》（GB 50666—2011）的有关规定。

第 7 章　风电机组辅助系统设计

辅助系统包括冷却系统、机舱罩、导流罩、防雷系统等。设计合理的辅助系统，可以为风电机组创造良好的运行环境，同时为延长风电机组的使用寿命提供条件保障。随着风电机组总体技术的进步，部分辅助系统研究已发展为独立的研究领域。

本章介绍风电机组辅助系统的主要构成，冷却系统的类型及设计原则，机舱罩、导流罩的设计，防雷系统的设计等。

7.1　设　计　概　述

风电机组辅助系统中的机舱罩、导流罩用以保护舱内零部件免受外部环境条件影响（雨、雪等天气），同时为安装维护人员提供操作平台；防雷系统为风电机组提供防雷保护，使雷击造成的损失降至最低；冷却系统可有效避免发电机、齿轮箱、变流器等部件过热原因可能造成的风电机组停机。风电机组辅助系统的主要作用是根据风电机组的运行情况来调节各零部件的运行状态，使风电机组能长期安全、高效地运行，并延长其使用寿命，是风电机组不可缺少的组成部分。

7.2　冷　却　系　统　设　计

风能开发和利用的发展趋势是风电机组单机装机容量的上升，以取得更好的经济效益。然而风电机组单机容量的增大，将直接导致发电机、齿轮箱、变流器等部件散热量增加。有效降低这些主要部件的温升已成为风电机组长远、高效发展的关键问题之一。因此，风电机组冷却技术的研究，对研发大功率的风电机组具有重要意义。

研究风电机组的冷却系统，就要了解风电机组的基本工作原理及结构。风电机组是通过风轮来捕获风能，利用风对叶片的作用力推动叶片绕主轴旋转，产生的转矩通常由主轴传递到齿轮箱，再经过齿轮箱变速后传递给发电机，从而带动发电机进行发电的过程。在风电机组运行过程中，齿轮箱、主轴承、发电机、变流器等部件都会产生热量，其热量大小主要取决于发电功率、设备类型及生产工艺。风电机组的主要发热源为齿轮箱、发电机和变流器，为了确保风电机组安全、高效运行，必须配置相应的冷却系统，及时将这三大部件产生的热量释放到外界环境，以达到降低设备温度的目的。

7.2.1　散热源

要解决风电机组的散热问题，首先应对热量集中的齿轮箱、发电机和变流器这三大部件进行发热量研究。

1. 齿轮箱

齿轮箱在运转中，必然会有一定的功率损失，损失的功率将转换为热量，使齿轮箱的油温上升。若温度上升过高，可能会引起润滑油的性能变化，黏度降低、老化变质加快，换油周期变短等问题。在负荷压力作用下，若润滑油膜遭到破坏而失去润滑作用，可能会导致齿轮啮合齿面或轴承表面损伤，最终造成设备故障。因此控制齿轮箱的温升是保证齿轮箱持久可靠运行的必要条件。冷却系统将齿轮动力传输过程中发出的热量散发到空气中，从而保证齿轮箱的正常运行。

2. 发电机

单机容量增大是当今风电技术的发展趋势，而发电机容量的提高主要通过增大发电机的线性尺寸和增加电磁负荷等途径来实现。发电机的损耗与线性尺寸的三次方成正比，增大线性尺寸的同时也会引起损耗增加，造成发电机效率下降，而通过增加磁负荷的途径，也因受到磁路饱和的限制很难实现。提高单机容量的主要措施是增加线负荷，但增加线负荷的同时会带来线棒铜损、线圈温度升高、绝缘老化加剧等问题，最终可能导致发电机损坏。因此，需要采用合适的冷却方式有效地带走各种损耗所产生的热能，将发电机各部分的温升控制在允许范围内，从而保证发电机安全可靠地运行。

3. 变流器

变流器内部发热元器件主要为绝缘栅双极型晶体管、电抗器等。绝缘栅双极型晶体管发热的主要原因是开关损耗和功率损耗。由于绝缘栅双极型晶体管是高频开关器件，在变流器运行中有2kHz以上的开关频率，变流器频率越高，开关损耗越高，发热量越大。电抗器发热主要是涡流损耗，如果电抗器的电流波形中还有谐波，涡流损耗会很大，尤其是产生高次谐波时，非线性负载产生的谐波注入电网，在滤波电容器组投入系统后引起谐波电流，甚至会产生谐振，从而造成电抗器发热等现象。随着风电机组的发展，辅助及控制装置越来越多，变流器所承担的任务也越来越复杂，产生的热量越来越大。为了保护风电机组系统各部件长期稳定运行，需要及时对其进行冷却处理。

7.2.2　热交换原理

风电机组设备产生的热量通过介质（水、油等）和空气进行热交换，把风电机组

设备散发的热量转移到空气中，从而达到降低设备温度的目的。

通常热交换涉及设计性热计算和校核性热计算。

(1) 设计性热计算的目的在于确定热交换器的传热面积。但是同样大小的传热面可以采用不同的构造尺寸，另外结构尺寸也影响热计算的过程。因此，这种热计算往往要与结构计算交叉进行。

(2) 校核性热计算是针对热交换器，其目的在于确定流体的出口温度，并了解该热交换器在非设计工况下的性能变化，判断能否完成在非设计工况下的换热任务。

为了进行热交换器的热计算，最主要的是要找到热负载（传热量）和流体的进出口温度、传热系数、传热面积之间的关系。无论是设计性热计算还是校核性热计算，所采用的基本原理均有传热原理和热平衡原理。

1. 传热原理

传热是指由于温度差引起的能量转移，又称热传递。传热原理方程式的普遍形式为

$$Q = \int_0^F k \Delta t \mathrm{d}F \tag{7-1}$$

式中 Q——热负载，W；

k——热交换器任一微元传热面处的传热系数，W/(m^2·℃)；

$\mathrm{d}F$——微元传热面积，m^2；

Δt——两种流体之间的平均温差,℃。

式 (7-1) 中的 k 和 Δt 都是 F 的函数，而且每种热交换器的函数关系都不相同，这就使得计算十分复杂。在工程计算中采用

$$Q = KF\Delta t_{\mathrm{m}} \tag{7-2}$$

式中 K——整个传热面上的平均传热系数，W/(m^2·℃)；

F——传热面积，m^2；

Δt_{m}——两种流体之间的平均温差，℃。

要算出传热面积 F，必须首先确认热交换器的热负载 Q、平均温差 Δt_{m} 以及平均传热系数 K 等值，这些计算原理是热计算的基本内容。

2. 热平衡原理

热平衡原理为吸收和放出的热量相等。如果不考虑散至周围环境的热损失，则冷流体所吸收的热量就应该等于热流体所放出的热量，热平衡原理方程式为

$$Q = M_1(t_1 - t_1') = M_2(t_2' - t_2) \tag{7-3}$$

式中 M_1、M_2——热流体与冷流体的质量流量，kg/s；

t——冷（热）流体焓，J/kg。

其中，下角标“1”表示热流体，下角标“2”表示冷流体；t_1、t_2 的上角标“′”

表示出水口状态；当无上角标“′”时表示进水口状态。

不论流体有无相变，式（7-3）都成立；当流体无相变时，热负载也可表示为

$$Q=-M_1\int_{t_1}^{t_1'}C_1\Delta t_1=M_2\int_{t_2}^{t_2'}C_2\Delta t_2 \tag{7-4}$$

式中　C_1、C_2——两种流体的定压质量比热，J/(kg·℃)。

比热C是温度的函数，为简化计算，工程中一般都采用t'与t的温度范围内的平均比热，即

$$Q_1=-M_1c_1(t_1'-t_1)=M_1c_1(t_1-t_1')=M_1c_1\Delta t_1$$
$$Q_2=M_2c_2(t_2'-t_2)=M_2c_2\Delta t_2 \tag{7-5}$$

式中　c_1、c_2——两种流体在t与t'温度范围内的平均定压质量比热，J/(kg·℃)；

Δt_1——热流体在热交换器内的温度降值，℃；

Δt_2——热流体在热交换器内的温度升值，℃。

式（7-5）中的乘积Mc称为热容量，其数值代表该流体的温度每改变1℃时所需的热量，用W表示。式（7-5）可写为

$$Q=W_1\Delta t_1=W_2\Delta t_2 \tag{7-6}$$

由式（7-6）可知，两种流体在热交换器内的温度变化（温降或温升）与它们的热容量成反比。有时，在计算中给定的是容积流量或摩尔流量，则在热平衡方程式中应相应的以容积比热或摩尔比热代入。

热平衡方程式除用于求热交换的热负荷外，也在已知热负荷的情况下，用来确定流体的流量。

7.2.3　常见的冷却系统

1. 空—空冷却系统

空—空冷却系统利用空气与风电机组设备直接进行热交换达到冷却效果，广泛应用在低功率的发电机、变流器的冷却系统中。该系统具有结构简单、运行费用低、利于管理与维护等优点。但其制冷效果受气温影响较大，制冷效率低，同时由于机舱要保持通风，导致风沙和雨水侵蚀机舱内部件，不利于风电机组的正常运行。

空—空冷却系统分为自然风冷和强制风冷两类。

(1) 自然风冷是指被冷却装置直接暴露在空气中，通过空气自然流通将被冷却装置产生的热量带走。在散热面积相同的情况下，自然风冷相比其他冷却方式（强制风冷、水冷、油冷等）效率较低，一般用于散热量不大的部件。

(2) 强制风冷是指在自然通风无法满足设备冷却需求时，将设备配置空气冷却器，利用空气冷却器风扇来提高流经散热片处冷却空气的流速，从而达到高效冷却的目的。空气冷却器可以使设备内部空气和外部环境空气通过热交换器进行热交换以达

到设备内部冷却的效果，如图 7－1 所示。

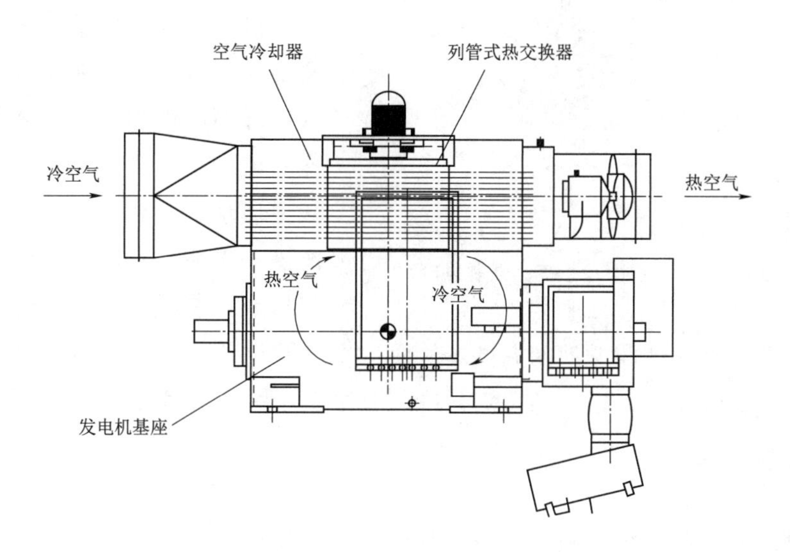

图 7－1　空—空冷却系统（强制风冷）

2. 液—空冷却系统

液—空冷却系统的原理为：设备产生的热量通过介质（液体）和空气热交换的方式转移到空气中，以降低设备自身的温度。常见的冷却介质为润滑油和乙二醇冷却液。这种冷却方式的热交换器多为铝制板翅式换热器，因此，此种冷却方式要比空—空冷却系统效率高（换热器面积大、介质密度比热大）。目前液—空冷却系统已大量应用于风力发电领域。

3. 空—液—空冷却系统

空—液—空冷却系统的原理为：设备内部产生的热空气将热量传递给循环的冷却介质，冷却介质温度升高后进入机舱的外部散热器进行冷却，温度降低后回到设备内部进行下一轮冷却循环。

空—液—空冷却系统是由相对独立的两套冷却系统组成的，通过热交换器进行热交换。设备内部产生的热空气将热量传递给循环的冷却介质，冷却介质温度升高后进入机舱的外部散热器进行冷却温度降低，然后回到设备内部进行下一轮冷却循环。目前风电机组的部分大容量机组采用此方式。

与空—空冷却系统冷却的发电机相比，采用空—液—空冷却系统冷却的风电机组结构更为紧凑，虽增加了换热器与冷却介质的费用，却大大提高了机舱部件的冷却效果，从而提高了部件的工作效率。同时由于机舱可以设计成密封型，避免了舱内风沙雨水的侵入，给风电机组创造了有利的工作环境，延长了设备的使用寿命，如图 7－2 所示。

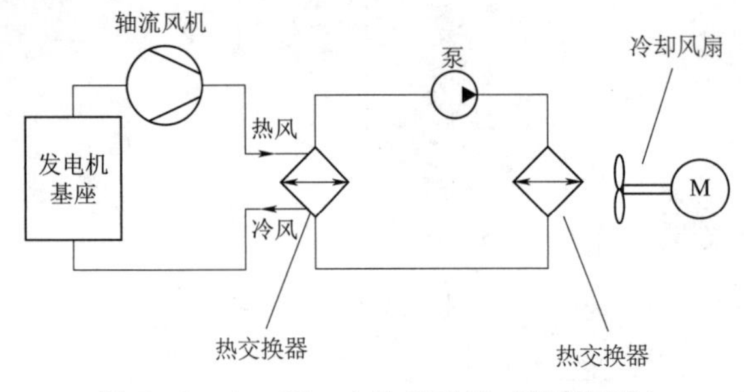

图7-2 空—液—空冷却系统（强制风冷）

4. 液—液—空冷却系统

设备内部的高温介质（一般为润滑油）通过机械泵进入油水换热器和外循环中的冷却液进行热交换，随着冷却液的温度升高，外循环的泵站会随之启动，将高温的冷却液送入外部的液—空换热器进行热交换，通过自然风或强制风降低冷却液的温度，又通过油水热交换器降低润滑油的温度，从而达到降低设备自身温度的目的。一般发热功率较大的设备采用此方式，其特点为冷却效率高，舱体密封性好。

7.2.4 冷却方式

风电机组的冷却系统一般采用液—空冷却方式和空—空冷却方式。

（1）齿轮箱冷却一般采用液—空冷却方式，冷却介质为润滑油。风电机组运行时，润滑油对齿轮箱进行润滑，当润滑油温度升高后，润滑油被润滑泵送至热交换器进行冷却，冷却完成后，润滑油再回到齿轮箱进行下一轮的润滑。

（2）发电机、变流器一般采用液—空冷却方式或空—空冷却方式，冷却介质一般为乙二醇水溶液或空气，冷却系统则是由冷却介质、空气换热器、阀门以及温度、流量控制器等部件组成的闭合回路。当发电机或变流器温度升高后，冷却介质流经发电机或变流器将它们产生的热量带走，然后冷却介质进入空气换热器进行冷却，冷却完成后，回到发电机和变流器进行下一轮冷却循环。

7.3 机舱罩、导流罩设计

7.3.1 概述

机舱罩、导流罩作为风电机组的重要部件，覆盖风电机组内部的设备和电气组件，使得风电机组能够在恶劣的气象环境中正常工作，保护内部设备和人员不受风、雪、雨、盐雾、紫外线辐射等外部环境因素的侵害。除此之外，考虑到整个风电机组的承重，要求机舱罩及导流罩重量轻、强度高、承载能力大。因此，能够满足上述要求的新型复合材料在风电机组机舱罩、导流罩上的应用较为广泛。

7.3.1.1 机舱罩功能及作用

1. 内部功能及作用

（1）支撑作用。机舱罩与机舱座连接，形成较小风阻的机舱整体，目前主要有法

兰直接连接和预埋板连接两种方式。

（2）维护吊装。日常维护及大部件的吊装。

（3）维护空间。为安装和维护人员提供充分和安全的操作空间。

2. 外部功能及作用

（1）密封要求。免受或减少外部环境条件所带来的危害（主要是罩体接缝处以及其他与外界有空气流通的部分）。

（2）附件安装。风速、风向仪及航空障碍灯的安装。

（3）雷电保护。机舱罩内铺设防雷系统，减少雷电可能带来的损伤。

（4）施工区域。合理设置防护栏杆及防滑带。

7.3.1.2 导流罩功能及作用

1. 内部功能及作用

（1）支撑作用。导流罩与轮毂的连接，形成风轮整体。

（2）维护空间。为安装和维护人员提供充分和安全的操作空间。

（3）维护吊装。轮毂内部件更换时的吊装。

2. 外部功能及作用

（1）施工区域。合理设置防护栏杆及防滑带。

（2）密封要求。免受或减少外界对轮毂及其附件的危害。

7.3.2 材料性能、分类及特点

7.3.2.1 机舱罩、导流罩特点

1. 机舱罩

机舱罩为大型壳体结构，其作用为保护机舱内各部件免受光照、雨水、冰雪等的影响，主要承受自重、活载及风载荷。由于壳体尺寸很大，无法整体成型制造，需要将机舱罩分成多块壳体单独成型，再进行组装。

2. 导流罩

导流罩一般由前挡板、导流罩主体、门洞以及呈120°对称分布的三个叶片安装孔组成，同样为大型壳体结构，其作用为保护轮毂内部元器件免受外部因素的危害（风、雪、雨、盐雾、紫外线辐射等）。同时，导流罩的流线型结构，对风形成一种良好的导向作用，一定程度上减少了紊流风的形成，使得叶片能够更高效率地利用风能。其所受载荷主要是自重、活载及风载荷，为降低导流罩的自身重量，同时提高其抗压抗变形能力，通常采用轻型复合材料制作，其抗拉及抗弯强度通常不小于230N/mm^2，密度为1.7～1.9t/m^3。

7.3.2.2　复合材料

1. 概念

复合材料是通过物理或化学的方法，在宏观（微观）上由两种或两种以上不同性质的材料组成具有新性能的材料。各种材料在性能上互相取长补短，产生协同效应，使复合材料的综合性能优于原组成材料而满足各种不同的要求。

2. 分类

复合材料的基体材料分为金属和非金属两大类：①金属基体常用的有铝、镁、铜、钛及其合金；②非金属基体主要有合成树脂、橡胶、陶瓷、石墨、碳等。增强材料主要有玻璃纤维、碳纤维、硼纤维、芳纶纤维、碳化硅纤维、石棉纤维、晶须、金属丝和硬质细粒等。在复合材料中，增强材料的作用是黏结在基体内，以改进基体材料的力学性能。

7.3.2.3　复合材料分类与特点

1. 分类

复合材料按组成可分为金属与金属复合材料、非金属与金属复合材料、非金属与非金属复合材料。

2. 特点

（1）纤维增强复合材料，将各种纤维增强体置于基体材料内复合而成，如纤维增强塑料、纤维增强金属等。

（2）夹层复合材料，由性质不同的表面材料和芯材组合而成。通常面材强度高、薄；芯材质轻、强度低，但具有一定刚度和厚度。夹层复合材料分为实心夹层和蜂窝夹层两种。

（3）细粒复合材料，将硬质细粒均匀分布于基体中，如弥散强化合金、金属陶瓷等。

（4）混杂复合材料，两种或两种以上增强相材料混杂于一种基体相材料中构成。与普通单增强相复合材料比，其冲击强度、疲劳强度和断裂韧性显著提高，并具有特殊的热膨胀性能。混杂复合材料分为层内混杂、层间混杂、夹芯混杂、层内/层间混杂和超混杂复合材料。

7.3.2.4　复合材料的性能与特点

复合材料中以纤维增强材料应用最广、用量最大。复合材料是一种各向异性的非均匀材料，与传统材料相比，性能与特点如下：

（1）化学稳定性和耐热性好。复合材料具有较好的耐高温和抗氧化、耐酸碱、油脂侵蚀性能。

（2）抗疲劳性和减震性好。复合材料的纤维及基体能有效防止疲劳裂纹的扩展。同时，复合材料的强度高、比模量大，具有良好的抗疲劳性和减震性。

（3）较大的比强度和比模量。比强度大，自重小；比模量大，刚性好。

（4）纤维增强复合材料在弹性常数、线膨胀系数和材料强度方面具有明显的各向异性，使材料横向的抗拉强度和层间剪切强度降低，且伸长率和冲击韧性较低，成本高。

7.3.2.5　玻璃钢的性能与特点

玻璃钢（GFRP）即纤维强化塑料，一般指用玻璃纤维增强不饱和聚酯、环氧树脂与酚醛树脂基体，以玻璃纤维或其制品作增强材料的增强塑料。与传统材料相比，具有以下特点：

（1）玻璃钢强度高重量轻，密度为 1.5～2.0g/cm^3，约为水的 1.8 倍，相比于金属而言，产品重量要轻很多，拉伸强度与碳素钢相近甚至超过碳素钢，比强度媲美于高级合金钢。

（2）工艺性能优良，产品可设计性强，玻璃钢可以根据需要设计出各种结构产品来满足使用的需求，也可根据产品不同的形状、技术要求、数量、用途等选择不同的成型工艺。

（3）耐腐蚀性能好，防腐性能优良，对于绝大多数酸碱盐溶液都具有良好的耐腐蚀性。

（4）可采用夹层结构优化刚度，采用夹层结构可提高材料的有效利用率和减轻结构重量，增加基体刚度。根据所用的芯材种类和形式的不同分为泡沫塑料夹层结构、蜂窝夹层结构、塑料蜂窝夹层结构。

（5）机舱罩、导流罩主要采用复合材料玻璃钢（FRP）进行制造。玻璃钢即玻璃纤维增强塑料，它是以玻璃纤维及其制品作为增强材料，以合成树脂作为基体材料的一种复合材料。

7.3.3　机舱罩设计

1. 结构设计

机舱罩作为外覆盖件，在形态设计上应先从功能出发、以功能为主，构思出产品形态的几何雏形，按照美学原则对雏形进行艺术加工，再从制造可行性和经济性方面进行工艺造型。具体考虑如下：内部结构的整体尺寸、各部分之间的结合关系、符合空气动力学的性能，尽量减少风载。应充分考虑制造技术的要求、实现产品功能采用的技术方式、内部部件在技术上的可变形空间等，如图 7－3 所示。

风电机组机舱罩尺寸大，应考虑到成本和模具制造的可行性，对机舱罩进行分块制造与装配，根据分块的方式调整加强筋的布置。

2. 夹层结构

一般机舱罩断面的结构型式为实心板、夹层结构、实心板和加强筋、夹层结构和加强筋的组合。夹层结构一般是由高强度的蒙皮（表层）与轻质夹芯材料组成的一种

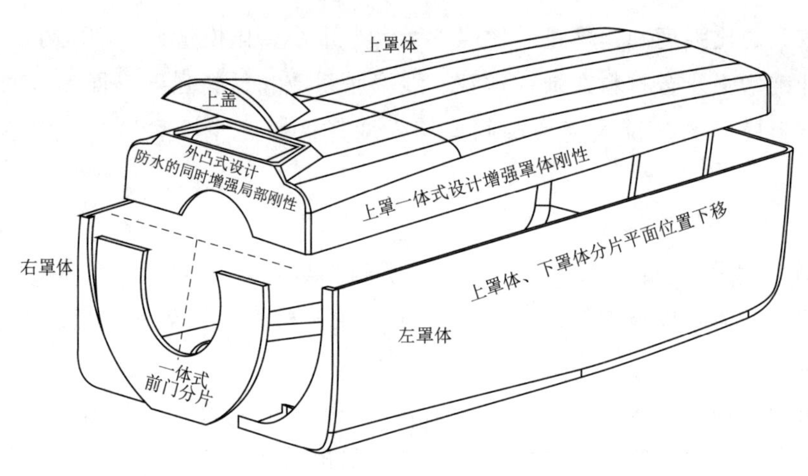

图 7-3 机舱罩分块示意图

结构材料，具有质量轻、弯曲刚度与强度大、抗失稳能力强、耐疲劳、吸音和隔热等优点。这种结构可有效弥补玻璃钢弹性模量低、刚度差的不足。由于芯材的容重小，用它制成的夹层结构，能在同样承载能力下，大大减轻结构的自重，如图 7-4 所示。

夹层结构的蒙皮和轻质夹芯材料种类很多，如用铝、钛合金做蒙皮和芯材，则称为金属夹层结构；用玻璃钢薄板、木质胶合板和无机复合材料板做蒙皮，用玻璃钢蜂窝、纸蜂窝及泡沫塑料做夹芯材料，则称为非金属材料夹层结构，夹层面层一般为玻璃钢、金属、绝缘纸等，芯层一般为泡沫夹层、波板夹层结构等，夹层结构类型如图 7-5 所示。

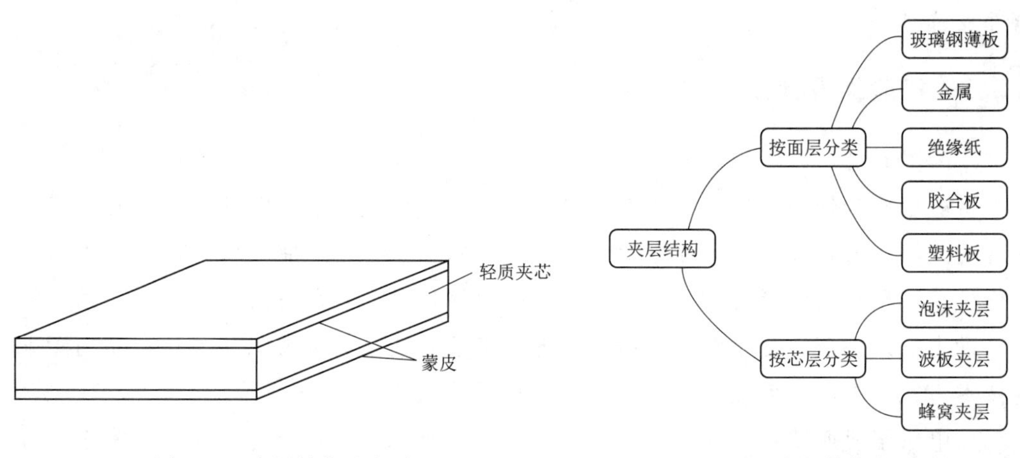

图 7-4 夹层结构示意图

图 7-5 夹层结构类型图

目前，以玻璃钢薄板做蒙皮、玻璃钢蜂窝和泡沫塑料做芯材的夹层结构应用最广。主要在航天航空结构、船舶制造、风力发电机叶片等领域有广泛的应用，不同芯层类型夹层结构特点见表 7-1。

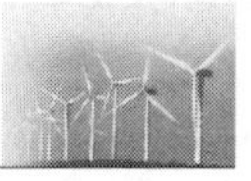

表 7-1 不同芯层类型夹层结构特点

类 型	特 点
泡沫夹层	质量轻、刚度大、保温隔热性能好、强度不高
波板夹层	制作简单，节省材料，但不适用于曲面形状的制品，质量轻、刚度大
蜂窝夹层	质量轻、强度大、刚度大

3. 复合材料加强筋的设计

风电机组机舱罩多采用钢结构加强或者玻璃钢材料制作加强结构。复合材料加强筋壁板具有整体成型性好、承载效率高、连接件数量少、设计安装灵活、结构的总体和局部刚度大等优点，不仅能够承受自身拉压和剪切载荷的作用、降低机械连接的钉孔造成的应力集中作用，而且能够大大降低自身的重量，逐渐替代了由传统金属材料制造的加筋壁板。

一般而言，加强筋壁板是由主体结构和加强筋（如桁条、肋板、纵骨、大梁等）通过一定的方式连接而成的组合结构。通常按照加强筋的截面形状可分为 L 形、C 形、Z 形、T 形、J 形、I 形及帽形等，如图 7-6 所示，不同截面形状加强筋的优缺点对比见表 7-2。

表 7-2 不同截面形状加强筋的优缺点对比

类型	优 点	缺 点	成型工艺
L 形	结构简单、重量轻、工艺时间短	惯性矩低、易失稳	共固化或胶接
C 形	结构简单	工艺复杂、周期较长	共固化或胶接
Z 形	Z 形筋条具有结构效率高、形状简单，便于分析失稳模式与结构刚度之间的关系等优点	工艺周期相对较长	共固化或胶接
T 形	T 形筋条结构最简单、重量轻、模块加工方便，固化后便于脱模，容易成形	惯性矩低，筋条容易总体失稳，多用于载荷比较小的壁板上	共固化、胶接共固化或二次胶接
J 形	在 T 形筋条的基础上增加了半边缘板，较大地提高了筋条的总体失稳应力	结构不对称，剖面扭心不在腹板平面上，容易扭转，一般用于中等载荷水平的壁板上，在双曲度壁板上应用较多	共固化、胶接共固化或二次胶接
I 形	I 形筋条是 J 形筋条的改进；水平缘板，惯性矩较大、结构对称、扭转刚度大，适用于中等载荷水平的壁板，如波音 737 平尾壁板、A310/A320 垂尾壁板等	结构复杂、不易成型	共固化、胶接共固化或二次胶接
帽形	帽形切面加强筋的切面尺寸较大，其两边与蒙皮相连形成一个闭合切面，具有很高的受压稳定性，可以承受重载	加强筋为封闭结构，开敞性差，内部缺陷不易检查，内腔容易积液，与肋或框连接较难	共固化或胶接

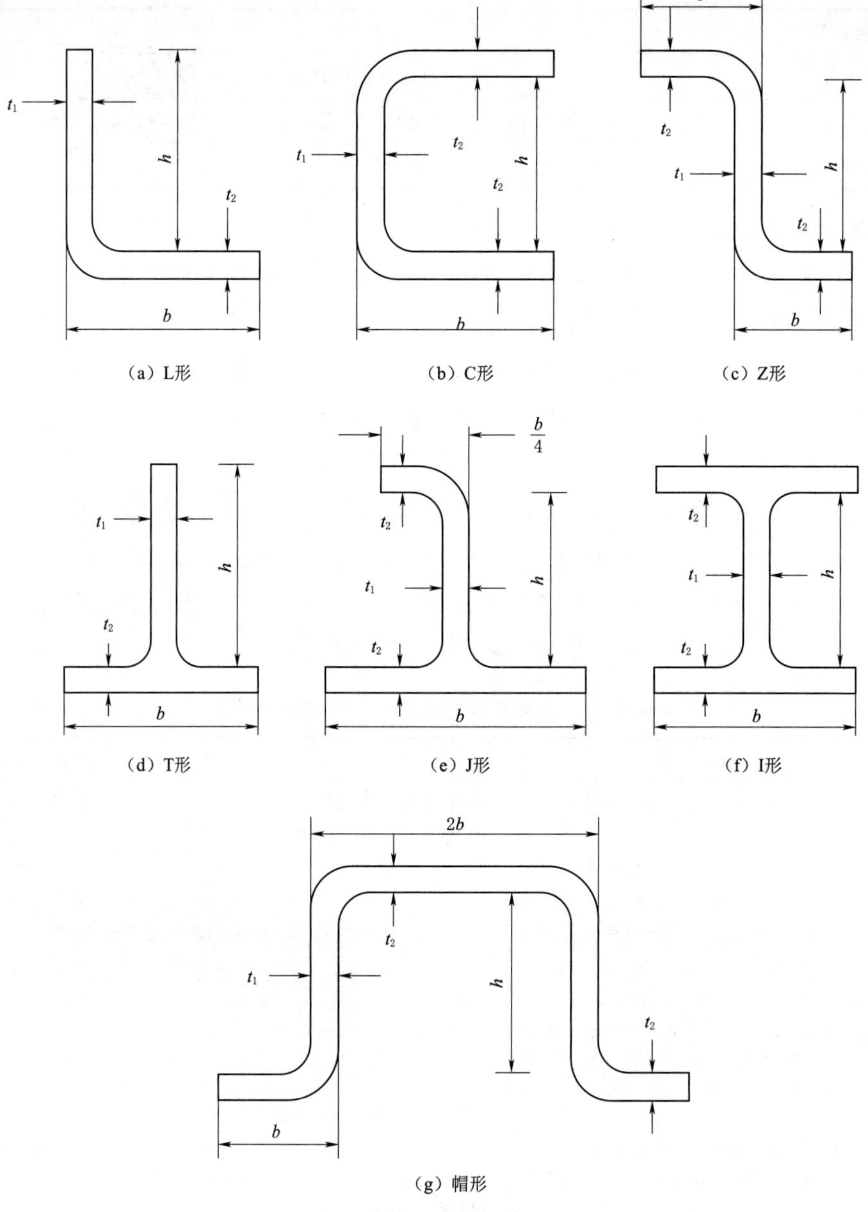

图 7-6　加强筋截面示意图

机舱罩、导流罩加强筋的位置根据不同部件采用不同方式，对体积大的部件需采用网状结构，加强筋排布位置还需考虑部件的装配影响和舱内美观。目前机舱罩、导流罩一般采用帽形切面加强筋，截面填充聚氨酯泡沫，形成复合材料加强结构。

7.3.4　导流罩设计

导流罩的主要作用是保护轮毂内部元器件免受外部因素的破坏（风、雪、雨、盐

雾、紫外线辐射等)，为安装和维护人员提供充分和安全的操作空间。

导流罩的具体外形主要与轮毂、机舱罩相关，一般采用子弹头式罩体外形，亦可采用样条曲线的设计方式，对构成子弹头剖面的曲线参数进行严格参数化限定。

相对于机舱罩，导流罩主结构分片形式根据实际情况的不同（轮毂尺寸、风轮吊具型式等)，主要有保持完整叶根圆延伸段（120°均分）和均分叶根圆延伸段（120°均分）两种方案。

1. 保持完整叶根圆延伸段方案（120°均分）

保持完整叶根圆延伸段方案（120°均分)，如图 7－7 所示。此方案采用保持叶根圆延伸段基础上，进行罩体底部均分（一般等分为相同的三部分)。此种分片保留了完整的叶根圆延伸段，较好地保证了分片的刚性。

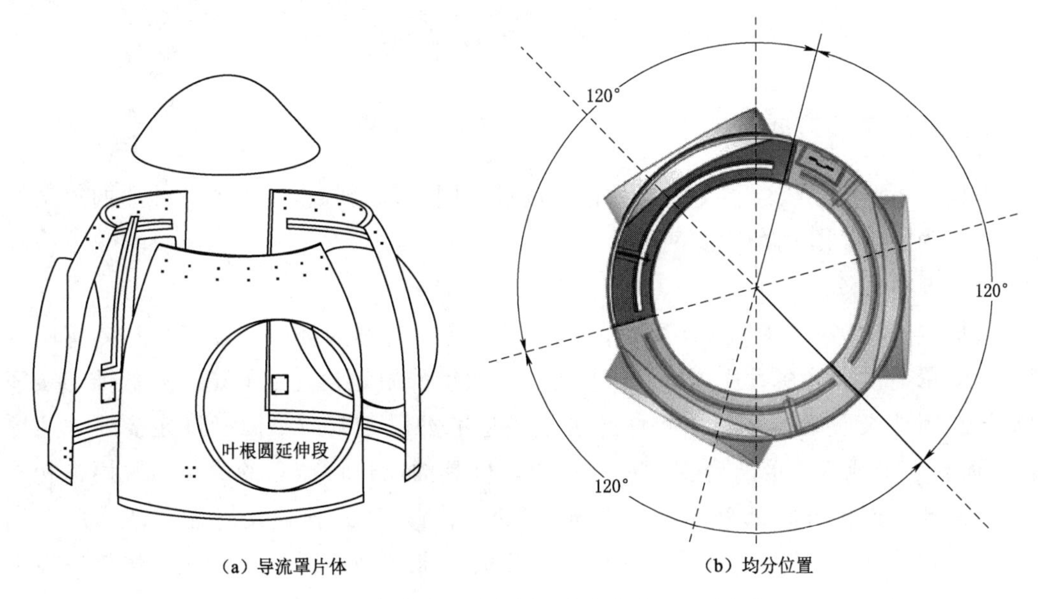

(a) 导流罩片体　　(b) 均分位置

图 7－7　保持完整叶根圆延伸段方案（120°均分）

方案也有不足：若风轮的吊装采用专用吊具，需在导流罩两分度圆间开设轮毂吊装孔，轮毂吊具与叶根圆延伸段距离较近，易发生干涉现象。在设计过程中若能规避此问题，此方案仍为首选方案。

2. 均分叶根圆延伸段方案（120°均分）

均分叶根圆延伸段方案（120°均分)，如图 7－8 所示。在均分叶根圆延伸段基础上，进行罩体底部均分（一般等分为相同的三部分)。此方案将叶根圆延伸段均分切割，将造成此处罩体的刚性降低，需要在此处做特殊的加强处理。另外再次安装两片体时，可能无法保证叶片安装孔的同轴度，甚至引起叶片与导流罩干涉。一般导流罩分片不建议采用此方案。

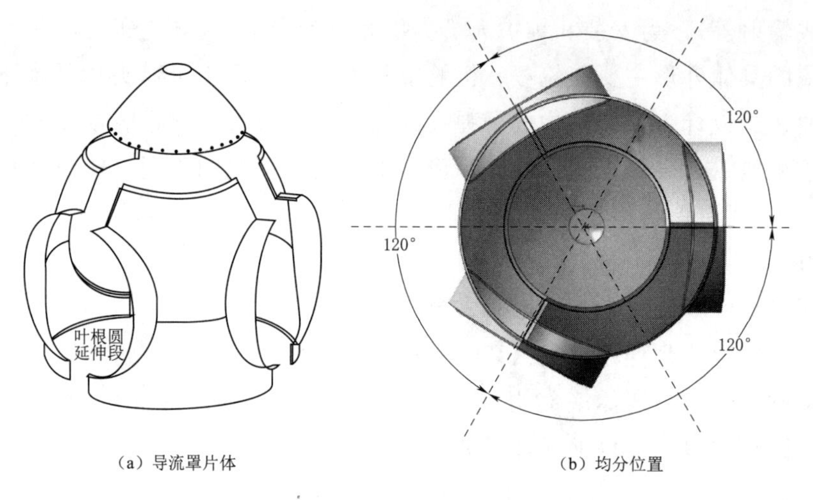

图7-8　均分叶根圆延伸段方案（120°均分）

7.3.5　分片连接方式

根据密封要求、安装位置、操作便捷度等不同，机舱罩、导流罩各分片的连接方式主要有内搭接式和内翻边式两种。

1. 内搭接式连接

内搭接式连接，如图7-9所示。内搭接式连接又称为插接式连接。具体实施方式为导流罩前片搭接在后片预留好的凸台上，然后采用螺栓连接固定，可保证连接完成后导流罩外表面基本平整。此种连接方式基本不侵占舱内空间（仅连接处法兰厚度）。而且由于预留连接凸台相对尺寸较小，模具的制作，产品的成型、脱模也相对简单。但此种连接方式部分螺栓处于舱外，所以两片体螺栓连接时需要两人配合完成（一人在舱外），且处于外侧的螺栓防腐等级要求较高，从而导致此处螺栓在后期维护时比较困难。

2. 内翻边式连接

内翻边式连接，如图7-10所示。内翻边式连接又称为法兰对接。具体实施方式为导流罩前片、后片通过预留法兰面进行平面连接，然后采用螺栓连接固定，可保证连接完成后导流罩外表面基本平整。

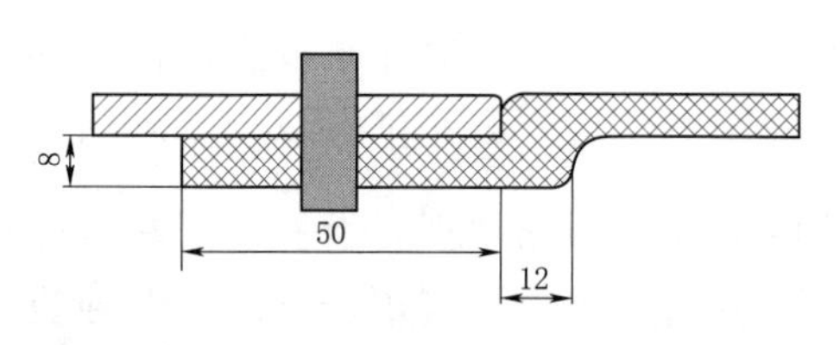

图7-9　内搭接式连接（单位：m）

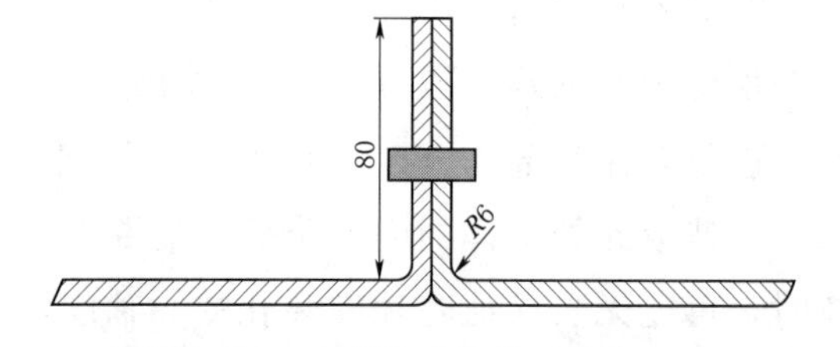

图7-10　内翻边式连接（单位：m）

此种连接方式会侵占内部空间（法兰高度），而且由于预留法兰边相对尺寸较大，模具的制作、产品的成型、脱模也相对困难。

但此种分片方式相较于搭接式分片，可大幅提高拼接处的罩体刚性，螺栓全部处于舱内，因此安装、维护时仅需一人即可完成，处于外侧的螺栓防腐等级要求也相对较低，可维护性好。

7.3.6 制作工艺

复合材料成型工艺是复合材料工业发展的基础和条件。随着复合材料应用领域的拓宽，复合材料工业得到迅速发展，一些成型工艺日臻完善，新的成型方法不断涌现，目前聚合物基复合材料的成型方法已有二十多种，并成功地用于工业生产。

机舱罩、导流罩一般有手糊成型工艺和真空袋压成型工艺两种。

7.3.6.1 手糊成型工艺

手糊成型工艺是指手工作业把增强材料（玻璃纤维织物）和树脂胶液交替铺层在模具上，然后固化成型为玻璃钢制品的工艺，如图 7-11 所示。

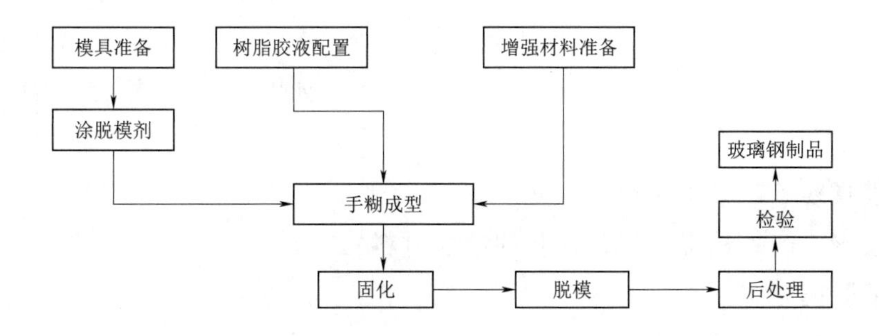

图 7-11　手糊成型工艺流程图

1. 优势

(1) 不受尺寸、形状的限制。

(2) 工艺简单。

(3) 设备简单，投资少。

(4) 树脂含量高，耐腐蚀性能好。

(5) 可在任意部位增补、增强材料，易满足产品设计要求。

2. 缺点

(1) 生产效率低，不适合大批量生产，劳动强度大，卫生条件差。

(2) 产品性能稳定性差。

(3) 产品力学性能较低。

(4) 产品质量依附于工作人员技术的熟练程度。

7.3.6.2　真空袋压成型工艺

真空袋压成型是将产品密封在模具和真空袋之间，通过抽真空对产品加压，使产品更加密实、力学性能更好的成型工艺方法，该方法适合于手糊、喷射、预浸料成型工艺，并可配合烘箱、热压罐等使用，分为干法真空袋压成型工艺和湿法真空袋压成型工艺。

1. 干法真空袋压成型工艺

干法真空袋压成型工艺是借助真空的驱动，首先在单面刚性模具上铺设结构层、脱模介质以及导流介质，并用柔性真空袋膜密封整个模具，然后抽取真空，在真空负压的作用下，排除模腔中的气体，灌入树脂，并依靠导流介质的帮助，利用树脂的流动和渗透以实现树脂对结构层纤维及织物的浸渍，并在常温下达到固化的工艺方法。干法真空袋压成型工艺示意图，如图 7 - 12 所示。其工艺流程如下：

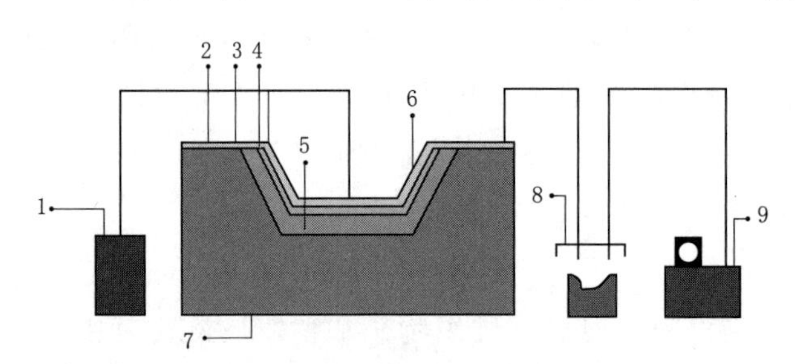

图 7 - 12　干法真空袋压成型工艺示意图

1—树脂罐；2—真空袋膜；3—脱模布；4—纤维增强材料；5—夹芯材料；6—导流介质；7—模具；8—树脂收集器；9—真空泵

（1）模具准备，涂脱模剂。

（2）胶衣、产品积层（不含树脂的增强材料）。

（3）铺脱模布。

（4）铺导流布、导流管。

（5）粘贴密封胶条（可以提前）。

（6）铺真空袋膜。

（7）安装真空阀、快速接头和真空管。

（8）接气源，检验真空度。

（9）抽真空，导入树脂。

（10）产品固化。

（11）产品脱模。

2. 湿法真空袋压成型工艺

湿法真空袋压成型工艺是将已浸渍好的纤维布放入冷库中存放，取出后可直接在模具上进行铺设，并用辊筒除去气泡，依次铺设脱模介质、吸胶毡，然后用真空袋对上述系统进行密封、抽真空、加热固化，利用真空辅助是为了除去多余的气泡并吸取多余的树脂，如图 7 - 13 所示。典型代表为预浸料工艺和手糊袋压工艺。工艺流程

如下：

（1）模具准备，涂脱模剂。

（2）产品积层（手糊、喷射、预浸料）。

（3）铺脱模布。

（4）铺隔离膜或带孔隔离膜（可以不铺）。

（5）铺透气毡。

（6）粘贴密封胶条（可以提前）。

（7）铺真空袋膜。

（8）安装真空阀、快速接头和真空管。

（9）接气源，检验真空度。

（10）抽真空，产品固化。

（11）产品脱模。

真空袋压成型工艺主要有以下几点优势：

（1）产品质量和性能显著提高。

（2）减少90%以上的苯乙烯挥发量。

（3）减少人为影响，提高产品质量的稳定性。

（4）生产管理可以更科学（人员减少）。

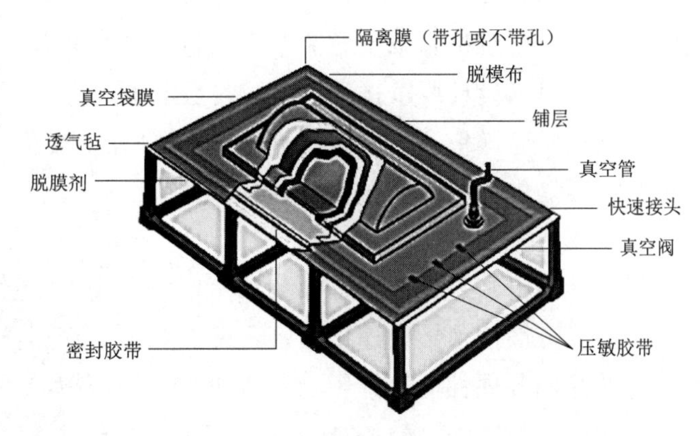

图 7-13　湿法真空袋压成型工艺示意图

7.3.7　生产制造流程

机舱罩、导流罩整体尺寸较大，为了更好地生产和制造需进行有效分块，能够更加高效快速地生产制造模具、制造出产品。一般机舱罩、导流罩生产主要分为模具设计制造、零部件成型、总装和产品的检验等阶段。风电机组罩体生产流程如图 7-14 所示。

1. 模具设计制造

由于产品尺寸较大，如机舱罩左、右片体等，在设计时应充分考虑到机床加工的可行性以及后续脱模的方向和方法。若采用分模的方法要充分考虑分模线位置模具的收缩与变形，机床加工精度，以及后续拼模的生产难度等。为防止模具产生较大的收缩和变形，模具树脂应采用收缩率小、热变形温度高的树脂。

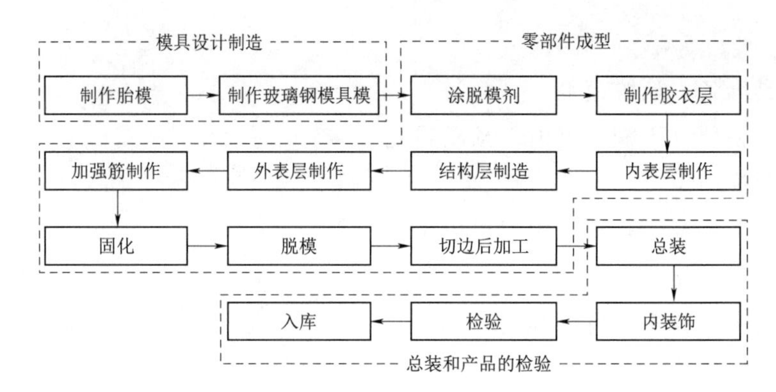

图 7-14　风电机组罩体生产流程

2. 零部件成型

机舱罩、导流罩作为风电机组的保护罩体，长时间受到自然界风力、雨雪和阳光的侵害，使用环境相对恶劣，对各个零部件的强度和刚度要求比较高，考虑到整个机组的承重，需要对机舱罩、导流罩重量进行严格把控。因此，产品的选材和铺层设计至关重要，根据设计要求选择合适的增强材料和基体材料；设计各种铺层方案和工艺方案，制作实验样块；进行各项性能的结构对比实验，选择最终的工艺和铺层方案；然后对加强筋进行合理的布置和选择。

3. 总装和产品的检验

零部件的组装是机舱罩、导流罩生产过程中非常关键的一步，各个零件进行有效的总装，保证部件连接处连接紧密，配合紧凑、密封防水、外形美观。组装质量直接关系着产品的各项性能，并影响着机舱罩、导流罩与风电机组间的配合。

目前在风力发电市场日益扩大并且产品竞争愈发激烈的环境下，只有高质量的产品才能生存，机舱罩、导流罩产品本身形体大、工序多、部件复杂、配合尺寸多、公差小。这就要求检验需全程覆盖，不论是模具的设计制作，还是原材料的进货检验，都必须严格控制。需要编制合理的检验流程，对关键工位进行关键点的控制、编制并填写相关的检验记录单和转序卡。根据这些情况，并对各个环节设置专门的质检控制点，对每个关键工序进行过程监督检验，关键配合尺寸设计检验记录表，对产品的批量化生产提供保证。

4. 存在的问题

尽管玻璃钢在机舱罩、导流罩的生产制造得到了广泛的应用，但是仍存在一些问题制约其发展：

(1) 玻璃钢制品刚度不足，尤其是大型制品的变形量大。

(2) 玻璃钢制品的回收处理，目前没有找到较好的方法，焚烧或者粉碎都对环境造成危害。

(3) 机舱罩、导流罩易产生一些产品缺陷，如产品的光泽度不好、易起皱、裂纹、气泡太多等问题。

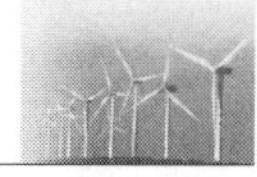

7.3.8 标志、包装、运输、储存

1. 标志

产品铭牌应用固定在机舱内表面与采购方企业标志相对位置，产品铭牌应按《标牌》(GB/T 13306—2011) 规定，包括以下内容：制造厂名称；型号规格；出厂编号；出厂日期。

2. 包装

包装应符合科学、经济、牢固等要求，在储存及运输环境下，应保证产品在供需双方协议期内不能因包装不善而产生锈蚀、霉变、精度降低、损坏等现象。对于机舱罩、导流罩这种特殊大部件，一般包装应符合以下要求：

(1) 机舱罩、导流罩在出厂检验合格后，按《机电产品包装通用技术条件》(GB/T 13384—2008) 的规定进行包装并按《包装储运图示标志》(GB/T 191—2008) 的规定涂刷储运图示标志。

(2) 玻璃钢制品用塑料薄膜或帆布包裹，包装应严密防潮，并用尼龙绳扎紧。对于金属外露部分涂防锈油或用薄膜覆盖，防止锈蚀。不允许用覆膜或有黏性的薄膜包装玻璃钢制品。

(3) 每台导流罩分块应按安装时的排布方式顺时针进行标识，在每片片体连接法兰处标写红色数字，高度为立放时离地 1m 处，这样每个连接片体应包含顺时针方向的两个数字。导流罩前端盖与导流罩片体间连接法兰应标写至少三处数字，数字间距为120°，以便于需方在工厂的组装配对。对标识数字应进行保护防止运输过程中损坏。

(4) 导流罩上端盖为整体结构，发货及包装前应在前端配备吊环，用于运输前装卸货及车间现场的安装。

3. 运输

机舱罩可以整体运输，也可拆成片体分开运输，分散运输时各部分需标明配对标记。部分需要到总装厂或吊装现场安装的零部件，出厂前需要试装。在运输时应用专用运输支架，防止橡胶垫的破坏和各玻璃钢片体之间与其他物体的磕碰，采用必要的防震防撞措施，并应能避免雨淋和有害气体的侵蚀。

机舱罩和导流罩组件运输时应固定牢靠，保证玻璃钢制品在运输过程中的清洁，不受污染。

运输过程中避免划伤机舱罩和导流罩内外表面，并保证包装物的完好无损。

4. 储存

机舱罩和导流罩应储存在清洁、通风，防雨、雪、水侵袭的地方，不允许在阳光下长期曝晒，且机舱罩和导流罩玻璃钢件不许堆压重物，应存放于干燥处，并保证包装物的完好无损。

7.4 防雷系统设计

风电机组的单机容量越来越大，为了吸收更多风能，轮毂高度和风轮直径随之增大。并且都是安装在野外的广阔地带，相对地也增大了被雷击的风险，极易成为雷电的接闪物。虽然风电机组已经安装了避雷装置，可以起到一定的外部防护作用，但由于发电系统内部塔底控制柜和机舱内存在大量的电力电子设备，同时集中应用大规模集成电路，使得风电机组因雷击和过电压冲击而严重损坏的现象时有发生。这不但对风力发电设备的自身硬件造成一定的损失，也可能损坏国家供电系统，对国民经济造成影响，所以完善风力发电设备雷电及过电压防护十分重要。

7.4.1 雷电对风电机组的危害

1. 雷击热效应

当风电机组遭受直接雷击时，强大的雷电流能量使得雷击点附近瞬间升温，由此造成金属部件融化或者非金属材料烧毁。当雷击击中风电机组叶片后，雷电流会在叶片玻璃纤维内部产生非常大的热量，可能会导致叶片接闪器融化，部分雷击严重的会发现叶片玻璃纤维过火痕迹。

2. 雷电产生的机械效应

根据电磁场理论，雷电流流经路径的周围存在磁场，而处于磁场中的载流元件会受到电磁力的作用，发生形变或损坏。当雷击风电机组叶片时，雷电流瞬间在叶片内部产生很高的热量，导致叶片复合材料分解出气体，压力瞬间增大，可能使叶片爆裂或断裂。

3. 雷电的静电感应与电磁感应

风电机组中常有暴露在外部的金属体，如塔筒等。当雷云出现下行先导时，这些金属体的表面会感应出相应的电荷，对内部的设备和人身安全造成威胁。另外，雷电流流经时会产生强烈的电磁脉冲，而风电机组内部常常布置有电源线和信号线，根据法拉第电磁感应原理，电磁脉冲会在导体回路中感应出暂态电压和电流，损坏附件的设备。

4. 雷电导致的暂态电位升高

当雷电流沿着泄流路径流入大地时，接地体会出现暂态电位升高的现象，使其周围的导体带上高电位，甚至会与其他导体之间形成电位差，可能击穿空气间隙，损坏电气设备，威胁人身安全。

5. 雷电引起的电涌过电压

电涌过电压是一种短暂的电压波动，一般持续时间较短。雷电引起的电涌过电压

能量大，电压高，传输距离远，对低压交流电源系统的危害极大。

雷电对风电机组的危害方式一般有直击雷、雷电感应和雷电波等。风电机组中因雷击而损坏的主要部件有叶片、电气控制系统、电力监控系统等。当雷电流通过风电机组时，由于雷电流热效应和机械效应等会造成机械部件的损坏。另外，由于雷电流的静电感应与电磁感应及电涌等都会在风电机组中产生雷电过电压，可能会破坏各种电气、电子设备。随着风电机组单机容量越来越大，其结构尺寸也相应增大，风电机组遭受雷击的概率也随之上升。

7.4.2 综合防雷接地保护

1. 防雷分区

风电机组的防雷保护是个综合的防雷系统，包括外部、内部防雷系统，接地分为防雷接地和保护接地。风电机组直击雷防护系统按照《雷电保护　第4部分：建筑物内电气和电子系统》(IEC 62305-4) 标准，再针对风电机组的特点，对风电机组所处的区域进行不同防雷分区（LPZ）的划分，以规定各部分LPZ空间内的雷电电磁脉冲（LEMP）的强度变化程度，以便采取不同的防雷措施，如图7-15所示。

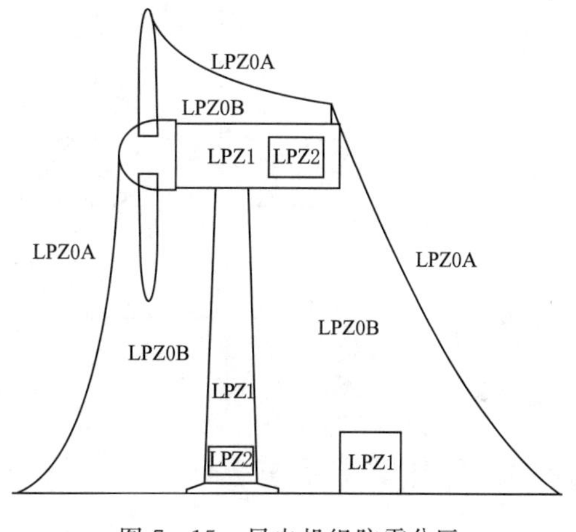

图7-15　风电机组防雷分区

(1) LPZ0A区。该区域物体可能承受直接雷击和全部雷电电流，电磁场强度没有衰减，具有雷击电涌破坏的可能，主要包含叶片、机舱外部部分区域、塔筒外部等。

(2) LPZ0B区。该区域物体不会遭受直接雷击，但电磁场强度没有衰减，主要包含机舱外部部分区域、轮毂、风速仪、风向标、塔筒底部等。

(3) LPZ1区。本区域物体不会遭受直接雷击，雷电流有所减少，该区域内的电磁场强度有所衰减，主要包含机舱内部各设备、塔筒内部设备等。

(4) LPZ2区。本区域物体不会遭受直接雷击，雷电流进一步减少，该区域内的电磁场强度进一步衰减，主要包含机舱内部控制柜、塔筒底部控制柜等。

2. 设计原则

进行风电机组防雷设计时要遵循以下设计原则：

(1) 用有效的方法及当今主流的技术和设备，保证系统的正常工作。

(2) 防雷设计应考虑成本合理性，突出重点并能兼顾全部。

（3）防雷系统应具有合理的使用寿命。

（4）便于系统维护，防雷设计必须遵守国标标准及规范。

因此，在设计风电机组防雷时，要针对不同防雷区域采取有效的防护手段，主要包括雷电接闪系统和接地系统、过电压电涌保护系统和等电位连接等措施。这些防护措施都充分考虑了雷电的特点，把风电机组的综合防雷系统分为外部防雷系统和内部防雷系统。综合防雷系统组成如图 7－16 所示。

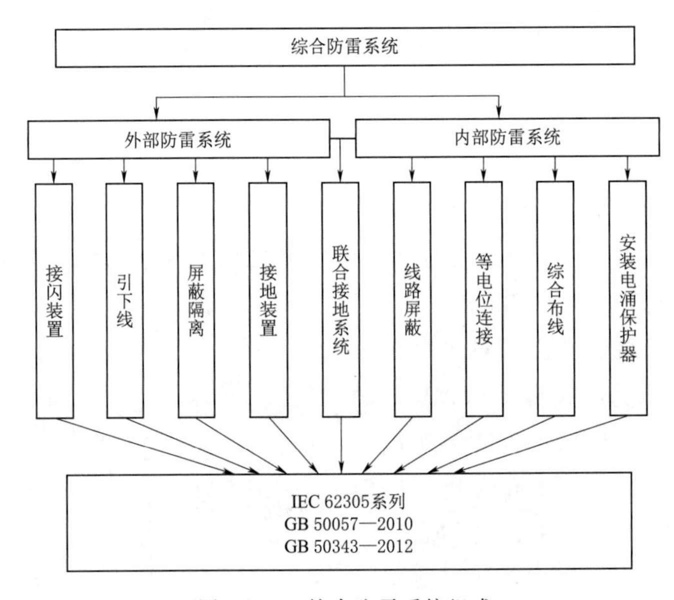

图 7－16　综合防雷系统组成

7.4.3　外部防雷系统设计

外部防雷保护通常都是采用避雷针、避雷线等作为接闪器，将雷电流接收下来，由风电机组金属部分引导，通过转动和非转动系统部件，导引至埋于大地起散流作用的接地装置再泄散入地。外部防雷保护一般是基于 5 个不同的位置受到雷击。它们分别是 3 个叶片、机舱盖的顶部和风速仪支架，雷电分流直击雷防护示意图如图 7－18 所示。

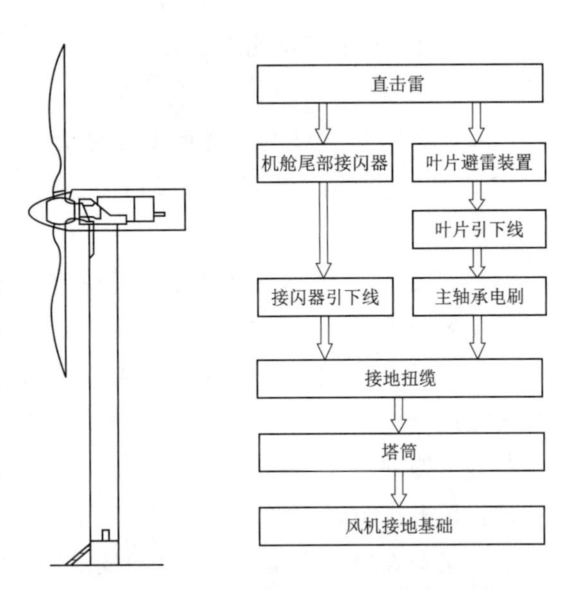

图 7－17　雷电分流直击雷防护示意图

7.4.3.1　叶片防雷

叶片属于 LPZ0A 区，保护等级为

Ⅰ级（按国标为Ⅰ类建筑物）。风电机组叶片的最高点即为风电机组最高点，当有雷暴发生时，其最易受到雷击。在整个风电机组的雷击损坏维修成本中，它的损坏维修费用所占额度最高。现今风电机组叶片的表面材料大多是玻璃纤维，其为绝缘体，若雷电击中叶片时，无法将强大的雷电流迅速传走，则雷电产生的强大的热作用和机械作用将直接作用于叶片上而将其损坏。因而需要在叶片上安装易于接闪、抗机械和热损伤能力强，并易于拆卸的接闪器。

叶片雷击保护的一般原理是，将雷击电流从雷击电传导到轮毂，以此避免雷击电弧在叶片内部的形成。叶片防雷系统通常由接闪器、引下线等组成，接闪器连接敷设在叶片内部的引导线，然后进一步连接至叶片安装法兰处。

目前，出于性能、成本等方面的考虑，叶片一般采用非导电性材料。随着风电机组高度、叶片半径的增加，其遭受雷击的概率相应增加，因此叶片防雷至关重要。一般情况下风电机组的接闪、泄流通道如图7-18所示。

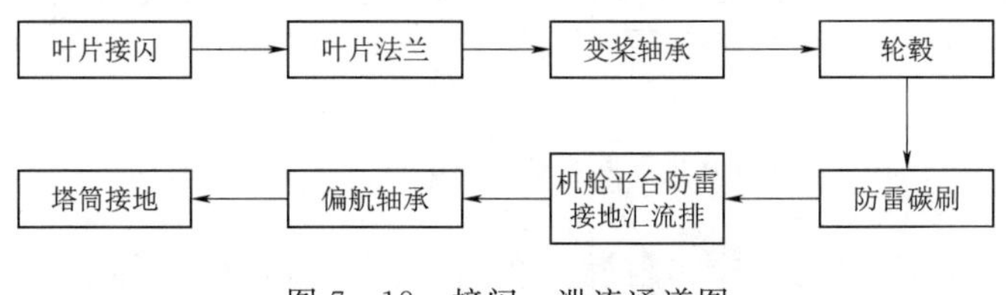

图7-18　接闪、泄流通道图

雷电引下线电缆使用整段铜电缆并进行镀锌或其他防腐保护，电缆型号及具体要求必须符合相关的国家标准或国际标准。铜电缆的导线截面面积不少于95mm^2，所有的接闪器连接至叶根法兰上，必须保证雷电接闪器的安装、雷电接闪器与铜导线连接，并确保实际可用，接触面面积不小于2倍的导线截面面积尺寸，靠近叶根法兰位置处安装雷电记录卡，雷电记录卡安装应牢固可靠，能够承受长期振动。除此之外，电缆铜端子须压接良好，牢固无松动，铜端子必须满足《电力电缆导体用压接型铜、铝接线端子和连接管》（GB/T 14315—2008）要求。端子和电缆连接处，需用防水绝缘胶布密封，防止凝露或水汽进入电缆导体内部。整根防雷电缆中间不得出现对接情况。防雷导线必须整根包裹固定，不能出现任何晃动。防雷导线应尽量保证直线平行敷设、避免弯曲，禁止出现角度小于135°的情况。防雷导线导体绝缘和护套应有很强的延展性、抗拉性、抗紫外线、耐高温及耐腐蚀等特性。

雷电接闪器数量参照《风机认证指南》（GL 2010）标准进行设置：

（1）叶片长度$L<20$m：叶尖接闪器为1个。

（2）叶片长度$20\text{m}\leqslant L<30$m：叶尖接闪器为1个，中部1对。

（3）叶片长度$30\text{m}\leqslant L<45$m：叶尖接闪器为1个，中部2对。

（4）叶片长度$45\text{m}\leqslant L<60$m：叶尖接闪器为1个，中部3对。

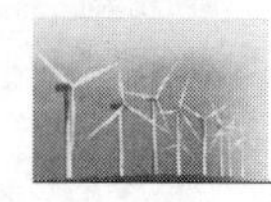

(5) 叶片长度 $L \geqslant 60$m：叶尖接闪器为1个，中部4对。

整个雷击保护系统内部需进行绝缘处理，不应存在金属裸露现象，雷电接闪器在必要时可以进行更换。作为最后投运前检测，雷击保护系统的电阻值需要测量并记录在质量文件中。

以风电机组叶片长度为60m为例来介绍叶片防雷的整个过程。在叶尖安装1个金属铝制叶尖接闪器，分别在距叶片根位置11m、29m、39m、49m、55m的压力面和吸力面各安装4对叶身接闪器，每个叶根法兰与入孔板之间安装雷电峰值记录卡，记录整个雷电峰值电流，如图7-19所示。

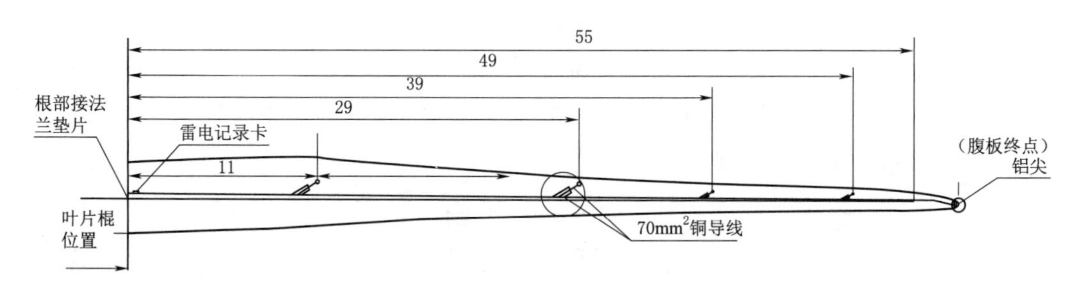

图7-19　叶尖及叶身接闪器的布置（单位：mm）

每个接闪器通过不锈钢螺栓和阻燃电缆引下线连接，叶片压力面和吸力面的引下线通过电缆并线夹合并成一根电缆，与主引下线可靠连接，叶片主引下线沿叶片的内表面敷设到叶片根部的引下线连接，如图7-20所示。

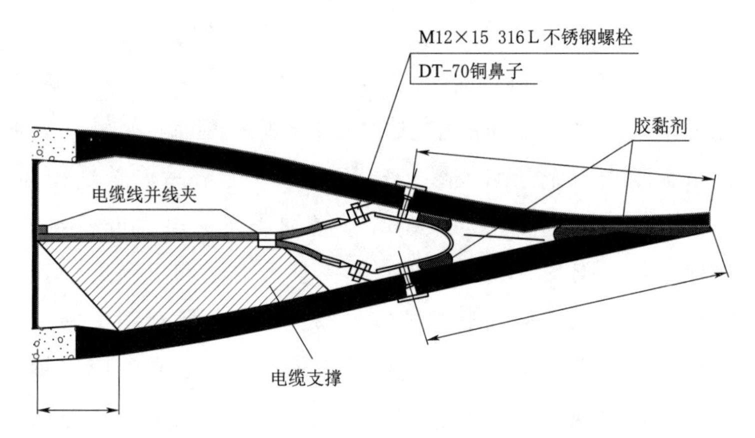

图7-20　压力面和吸力面引下线的连接

引下线与接闪器、叶片根要可靠连接，并保证有足够的接触面积，以形成良好的雷电流泄放通路。

7.4.3.2　叶片到轮毂

在叶根部，下引线系统一般连接到叶片的安装法兰或者轮毂。IEC标准规定，如果叶片是倾度可调节型，雷击电流或者是被允许不受控制地通过轴承，或者是通过某

种连接装置跨接于轴承。例如在一个滑动接触点或者一根允许做倾斜运动的柔性连接电缆。跨接轴承的柔性连接可以与叶片内部下引导体在内部结合。

考虑工艺和后期维护的可实施性，采用叶片的下引线连接到叶片安装法兰处，通过变桨轴承连接引导雷电放电电流泄放至轮毂上。同时利用抗静电刷及防雷爪形成旁路，防雷爪和抗静电刷一般成120°均匀分布（公差控制在±5°），但必须保证防雷爪的放电间隙，间隙控制在0～3mm。

7.4.3.3 轮毂防雷

轮毂本身为一个全金属结构件，可以作为雷电传导的路径，有较好的雷电传导作用，并且自身不受雷电的影响。通过在叶片至轮毂的变桨轴承上安装防雷爪和抗静电刷，使雷电流尽量通过轮毂表面而不引入轮毂内部，对变桨系统的关键电气设备的保护起至关重要的作用。同时轮毂内部的电气设备需要做好等电位连接、屏蔽及电涌防护，并在轮毂控制柜入口处对电力和通信装置安装SPD（电涌保护器）。

7.4.3.4 轮毂到机舱防雷

为了防止电流通过主轴承，一般在主轴承前端增加一个与主轴承并行的抗阻通道，将沿主轴承传导的雷电流进行分流，避免雷电流大量通过轴承，从而保护主轴承滚珠不受损坏。

轮毂、变桨控制柜、变桨轴承的防雷接地包括从叶根法兰到机舱内的防雷汇流点，一般连接到机舱防雷碳刷上。防雷碳刷一般在左右两边对称位置布置，各安装一个碳刷。安装前，需要在安装面上对油漆及污垢进行清理，并保证接线端接触面平整，同时涂上一层导电膏，填平细微的凹坑从而增大接触面积。

7.4.3.5 机舱顶部防雷

为了减少因雷击造成风向标、风速仪和机舱内设备的损坏，在机舱顶部装设避雷针，保护风速仪、风向标和机舱内的设备。保障机舱处于LPZ0B区，不承受直接雷击，如图7-21所示。

避雷针的底座要与引下线可靠连接，形成良好的雷电流泄放通路。安装避雷针时，应将机舱外侧的金属板安装面进行除漆、除锈、除渣，避免接触不良影响雷电流的引导，并涂导电膏使导体良好接触，连接到机舱中的法拉第笼上。

7.4.3.6 机舱到塔筒防雷

风电机组接地电缆分为防雷接地和保护接地，其中防雷接地由机舱平台防雷接地点接到马鞍桥塔筒接地点。保护接地由机舱平台保护防雷接地点接到马鞍桥塔筒接地点，如图7-22所示。

7.4.3.7 塔筒防雷

塔筒本身是良好的金属导体，可以用作雷电流泄放通道。两端塔筒之间不能采用

图7-21　避雷针

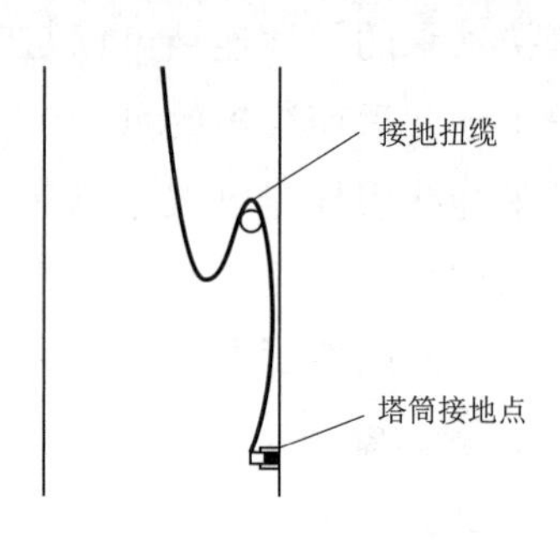

图7-22　塔筒防雷接地

紧固螺栓连接形成放电通道，应每两节塔筒之间采用镀锡铜编织带、铜芯电缆、铜导体等连接。接地线短而直，接触尽量紧密可靠，减小寄生电感，防止产生大的压降，同时应做好连接处的紧固、防腐、密封、导电等。塔筒连接面应保持光洁、平整，不能出现树脂、油漆、污垢等物质影响导电性能。

7.4.3.8　塔筒到塔基防雷

风电机组的接地网是风电机组防雷保护系统的一个关键环节，接地网分别与风电机组基础内、外环形接地电极及塔筒连接，一般接地网采用环形接地设计。风电机组的接地由塔基的基础接地极提供，从地基环至少有三条接地线，以120°的放射线与外环地网可靠连接（焊接），可把其他风电机组或配电站接地系统连接起来，降低整个风电场的接地电阻，满足风电机组对地电阻的要求。同时构成一个网状接地体，这样就形成了一个等电位连接区，当雷击发生时就可以消除不同点的电位差。接地体上端距地面应不小于0.7m，一般在基础下1m处。在寒冷地区，接地体应埋设在冻土层以下。在土壤较薄的石山或碎石多岩地区，应根据具体情况确定接地体埋入深度。接地网可采用扁钢沿塔基外围敷设一个环形水平接地体，同时每隔一定距离打入直径25mm圆钢作为垂直接地体，垂直接地体又可作为环形接地体的补充。垂直接地体敷设的间距一般为接地体长度的2倍，并与水平接地体焊接相通，共同组成接地网。接地体敷设完成后，土沟回填土应避免夹有石块和垃圾等。若因本地土壤pH值较高需换土时，应使用的土壤pH值尽量接近中性，防止接地体腐蚀加剧，在回填土时应分层夯实。在山区石质地段或电阻率较高的土质区段，为保证接地体与土壤的良好接触。每隔120°布置1根接地引线，与接地网连接，同时与塔基混凝土内环形接地体连接。接地引线应采用热镀锌扁钢和铜材。在大地土壤电阻率较高的地区，当地网接地电阻值难以满足要求时，可向外延伸辐射型接地体，也可采用液状长效降阻、接地棒以及外引接地等接地方式加以分流、均压和隔离等措施。

整个接地系统电阻施工完成后测量值必须小于4Ω，且保证一年四季小于4Ω。风电机组接地装置的接触电位差和跨步电位差应满足《交流电气装置的接地设计规

范》(GB/T 50065—2011)的要求，基础接地与钢筋完全机械连接或焊接(焊接要求不破坏主受力筋)接地扁钢连接处采用合金搭接焊，接头做防腐处理。

7.4.4 内部防雷系统设计

风电机组内部防雷保护主要用于减小和防止雷电流在需防空间内产生电磁效应，通常由等地电位连接系统、屏蔽系统、合理的布线和过电压保护等组成。风电机组内部雷电电磁脉冲防护主要方法有等电位法、屏蔽法、控制线路上安装SPD模块等方法。

机舱内主要有机舱柜、齿轮箱、发电机等部件，各金属外壳间存在一定的接触电阻，所以应重点做好设备之间的等电位连接，等电位连接可以防止雷击时产生的接触电压和跨步电压，设备的等电位连接可以减少雷电对电气和电子系统的破坏。

7.4.4.1 法拉第笼连接

风电机组机舱罩同叶片一样，采用非导电性材料制作而成，机舱罩金属框架预埋在机舱罩内部，使机舱设备不直接遭受雷击的破坏。但要确保这些金属框架与机舱平台充分连接在一起。风电机组在机舱罩内部采用法拉第笼预埋型式，左右两侧预埋铜编织带以相互连通的敷设方式，形成了一个封闭的法拉第笼，起到电磁屏蔽的作用，并在法拉第笼上引出电缆线，同金属机舱平台相连，沿防雷路径引入大地，如图7-23所示。

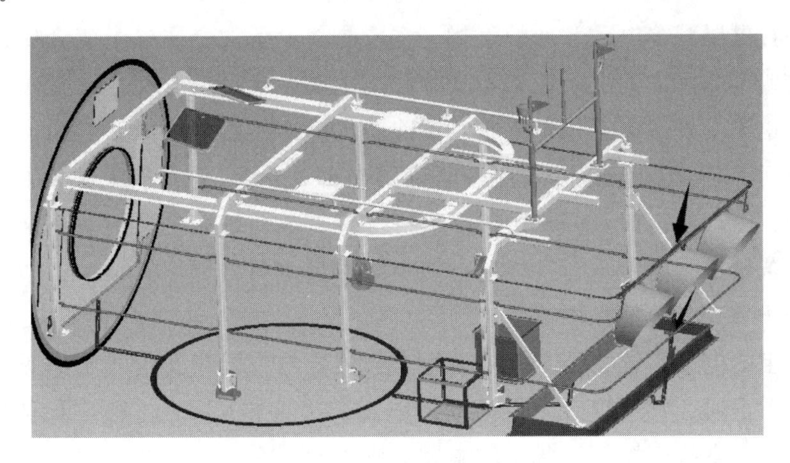

图7-23 法拉第笼示意图

7.4.4.2 机舱内部等电位保护接地

等电位连接可以有效地抑制雷电引起的电位差，在防雷击等电位连接系统内，所有导电的部件都被相互连接，以减小电位差。机舱内所有金属组件如齿轮箱、发电机、主轴承、液压站、旁路精滤等设备的接地线，连接到机舱平台保护防雷接地点作为等电位。机舱内部控制系统如开关柜、机舱柜等的接地，连接到机舱平台另一个保护防雷接地点作为等电位。再由机舱平台上的两个保护防雷接地点连接到塔筒接地点。接地点处连接线缆要求平整，不得有线缆交错现象，机舱接地点用接地铜编织带与机舱法拉第笼连接。

内部防雷系统与主接地汇流点连接，各接地系统无电压差，使内外防雷系统处于相等电位上，防止局部过电压，达到各点电位均衡的目的。

7.4.4.3　屏蔽措施

当雷电流流过风电机组时会产生巨大的磁场，如果变化的磁场穿过一个导线环路，那么将会在这个环路中产生感应电压。感应电压的大小和磁场的变化率与这个环路的面积成比例。为了防止感应电压进入电缆，应该尽量减小通过电路环的磁通量和环路面积，其实现方法如下：

（1）增加引流导体和环路间的距离：合理设计风电机组中电缆的布线，减弱感应电压。

（2）使用双绞线：双绞线能有效减小磁通量穿过的电路环形面积，减弱线路上的感应电压。

（3）使用屏蔽电缆：在磁场内，导线穿钢管或金属管敷设就像有效的屏蔽电缆一样有较好的效果，屏蔽电缆的应用对于内部的导线具有同样的防护效果。

（4）在机舱罩内部分布电缆，可削弱雷电电磁脉冲对机舱内设备的影响，减小雷电电磁脉冲的强度，同时也可有效减少雷电电磁脉冲在线路上产生的浪涌脉冲。

屏蔽装置可以减少电磁脉冲的干扰，主要是将设备的金属外壳或金属接地，以保护金属壳内或金属网内的电子设备不受外部的电磁干扰，或者使金属壳内或金属网内的电子设备也不受外部电子设备干扰。消除电磁脉冲的措施一般有空间屏蔽和电缆屏蔽两种。空间屏蔽是用金属柜体将风电机组内部的子系统（包括主控系统、变桨系统、变流器、冷却系统以及配电系统）进行屏蔽。电缆屏蔽是采用带有金属屏蔽层的电缆，且屏蔽层根据需要进行接地，电缆走线尽量避免出现环状。

7.4.4.4　电气系统的电涌保护

风电机组的电气系统主要有风电机组变压器、电力线路及信号用电源系统等。当风电场发生雷击时，都可以产生电涌（过电压及大冲击电流），若不采取有效措施防护，会产生雷击事故而损坏设备，影响风电机组的安全运行。变压器的高压、低压侧应装设电涌保护器进行保护，电涌保护器的接地端应就近与变压器的壳体相连再接地。在风电机组内部，电力线路跨接在塔筒顶部和底部，其空间延伸范围很大，当雷击发生在风电机组本体或附近时，根据其电磁耦合原理，会在其上产生电涌，危害其电气设备，因此在线路两端即塔筒顶和底设置电涌保护器。靠近风电机组发电机端的电涌保护器，可作为发电机的电涌保护。风电机组内控制单元和伺服系统所用的交流电源，一般都是从三相系统上取单相电压，经变压器降压来获得220V交流电压。因

此，电源系统的防雷保护，应在变压器的输入、输出端都加装电涌保护器。而直流电源通常由变压器、整流器、滤波电容、稳定电路和其他配件组成。可以采用三只压敏电组 M1、M2、M3 组成全模保护变压器的原边，用雪崩二极管 D 保护变压器二次侧，用 D1 和 D 组合来抑制稳压器的输入和输出端电压的升高，保护稳压器免受电涌危害。风电机组的信号系统电涌保护与电源保护相仿，可分单级和多级保护两种，单级保护由气体放电管、暂态抑制二极管和半导体放电管等单个元件组成，也可以用线路屏蔽和等电位等方法，但对于风电机组的重要信号回路，采用二级保护较多，风电机组的计算机通信接口平衡信号线路的电涌保护等大都采用二级电涌保护器。

7.4.4.5 保护布线

风电机组布线时，应尽可能地减小感应电压，通常采用的方法是：线路尽可能短而直，且尽可能靠近承载雷电流的构件。设置多个平行通道，使电流最小，并尽可能将线路靠近电流密度小的导体。敏感的线路应特殊处理，如布置在金属线槽等。多重的搭接和最短的搭接长度可使电压差最小。

7.4.4.6 保护布线过电压保护

对于过电压保护，风电机组可根据雷电对该区域部件的影响划分区域，主要考虑是否可能有直击雷和雷电流的大小以及相关的电磁干扰情况。而过电压保护装置只需要安装在从高保护等级的区域连接到低保护等级的区域的电缆上，区域内部的连接线不需要保护设备。

第8章 风电机组控制系统设计

控制系统是整个风电机组的大脑。控制系统设计主要包括变桨控制设计、变速控制设计和偏航控制设计。合理的控制系统设计，关系到风电机组的稳定运行和自身安全。

本章主要从控制对象和策略、控制器的设计等方面介绍控制系统的设计，并介绍控制系统当前的主要问题及发展趋势。

8.1 控制对象和策略

目前风电机组控制系统技术主要集中在经典控制理论单输入单输出（SISO）系统，也有一些成熟的多输入多输出（MIMO）控制系统。风电机组控制系统是实现风力发电系统有效运行的关键部分，很大程度上决定了风电机组的实际性能表现，通过大范围内调节风电机组运行转速，来适应风速变化而引起的风电机组功率的变化，从而最大限度地吸收风能，提高效率。风电机组作为风力发电系统的关键部件之一，直接影响着整个风力发电系统的性能、效率。由于大型风电机组的结构设计具有多样性，一方面建立模型代替实物难度较大；另一方面空气动力学也具有不确定性，所以仿真结果仍要经过实物验证。

8.1.1 能量转换问题

1. 贝兹理论

贝兹理论的极限值为0.593，说明风电机组从自然风中所能索取的能量是有限的，其功率损失部分可以解释为留在尾流中的旋转动能。

能量的转换通常包含一定的能量损耗。与此同时，损耗的大小还与所采用的风电机组和发电机的型式而有所差异，风电机组的实际风能利用系数 $C_P<0.593$。

2. 风能利用系数 C_P

风电机组从自然风能中吸收能量的大小程度用风能利用系数 C_P 表示为

$$C_P=\frac{P}{\frac{1}{2}\rho SV^3} \tag{8-1}$$

式中 P——风电机组实际获得的轴功率，W；

ρ——空气密度，kg/m^3；

S——风轮的扫风面积，m^2；

V——上游风速，m/s。

3. 叶尖速比 λ

为了表示风轮在不同风速中的状态，用叶片的叶尖圆周速度与风速之比来衡量，即叶尖速比 λ，其计算式为

$$\lambda=\frac{2\pi Rn}{V}=\frac{\omega R}{V} \tag{8-2}$$

式中 n——风轮的转速，r/s；

ω——风轮角频率，rad/s；

R——风轮半径，m；

V——上游风速，m/s。

8.1.2 功率调节

功率调节是风电机组的关键技术之一，目前投入运行的机组主要有两类功率调节方式：一类是定桨距失速控制；另一类是变桨距控制。

1. 定桨距失速控制

风电机组的桨矩角固定不变，利用叶片本身的气动特性，即在额定风速以内，叶片的升力系数较高，风能利用系数 C_P 值也较高，而在风速超过额定值时，叶片则进入失速状态，致使升力不再增加，风轮转速将不随风速的增大而上升，从而达到了限制风电机组功率的目的。

2. 变桨距控制

为了尽可能提高风电机组风能转换利用效率和保证风电机组平稳的输出功率，风电机组需要进行变桨距调整。变桨距风电机组的功率调节主要依靠叶片桨距角（叶片顶端翼型弦线与旋转平面的夹角）的改变来进行调节。在额定风速以下时桨距角处于0°附近，此时叶片桨距角仅受控制环节精度的影响，变化范围很小，可看作等同于定桨距风电机组。在额定风速以上时，调节系统根据输出功率的变化调整桨距角的大小，使发电机的输出功率保持在额定功率。此时，控制系统参与调节，形成闭环控制。风电机组正常工作时，主要采用功率控制，对于功率调节速度的反应取决于风电机组桨距调节系统的灵敏度。在实际应用中，风速的较小变化将造成风能较大的变化，风电机组输出功率处于不断变化中，变桨距调节机构频繁动作。风电机组变桨距调节机构对风速的反应有一定的时延，在阵风出现时，变桨距调节机构如果来不及动作就会造成风电机组瞬时过载，不利于风电机组的运行。变桨距与定桨距风电机组功

率曲线如图8-1所示。

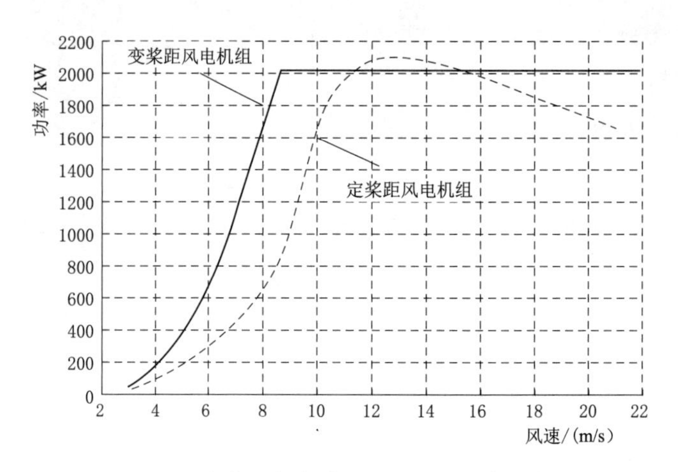

图8-1　定桨距与变桨距风电机组功率曲线图

定桨距失速控制风电机组结构简单，造价低，并具有较高的安全系数，在问世初期具有较强的市场竞争力，但失速型叶片本身结构复杂，成型工艺难度也较大。随着功率增大，叶片加长，所承受的气动推力增大，叶片的失速动态特性不易控制，从而使得定桨距失速机组发展受到限制。变桨距型风电机组能使叶片的桨距角随风速变化而变化，从而使风电机组在各种工况下（启动、正常运转、停机）按最佳状态运行。在额定风速以下时保持最优桨距角不变，使风能利用效率保持最大，风电机组一直保持最大功率运行；在额定风速以上时通过变桨距控制改变桨距角来限制风轮获取能量，使风电机组保持在额定功率发电。随着大型风电机组的发展，变桨距风电机组成为主流机型。

8.1.3　变速恒频风力发电技术

发电机及其控制系统是风电机组的核心组成部分，它负责将机械能转换为电能，提供整个系统的性能、效率和输出电能质量。根据发电机的运行特征和控制技术，可分为恒速恒频风力发电技术和变速恒频风力发电技术。

1. 恒速恒频风力发电技术

恒速运行的风电机组转速不变，而风速经常变化，C_P往往偏离其最大值，使风电机组常常运行于低效状态。恒速恒频发电系统中，多采用笼型异步电机作为并网运行的发电机，并网后在电机机械特性曲线的稳定区内运行，异步发电机的转子速度高于同步转速。当风电机组传给发电机的机械功率随风速的增加而增加时，发电机的输出功率及其反转矩也相应增大。当转子速度高于同步转速3%～5%时达到最大值，若超过这个转速，异步发电机进入不稳定区，产生的反转矩减小，导致转速迅速升高，可能引起飞车，造成危险。

2. 变速恒频风力发电技术

变速恒频发电是一种新型的发电技术，非常适合于风力、水力等绿色能源开发领域，尤其是在风力发电领域，变速恒频体现出了显著的优越性和广阔的应用前景。

（1）传统的恒速恒频发电技术由于只能固定运行在同步转速上，当风速改变时风电机组会偏离最佳运行转速，导致运行效率下降，不但浪费风资源，而且增大风电机组的磨损。采用变速恒频发电方式，可按照捕获最大风能的要求，在风速变化的情况下实时地调节风电机组转速，使之始终运行在最佳转速上，从而提高了机组发电效率，优化了风电机组的运行条件。

（2）变速恒频发电技术采用矢量变换控制技术，实现发电机输出有功功率、无功功率解耦（简称 P，Q 解耦）控制。控制有功功率可调节风电机组转速，实现最大风能捕获的追踪控制；调节无功功率可调节电网功率因数，提高风电机组及电力系统运行的动态、静态稳定性。

（3）采用变速恒频发电技术，可使发电机组与电网系统之间实现良好的柔性连接，比传统的恒速恒频发电技术更易实现并网操作及运行。

相比而言，变速恒频发电技术的诸多优点更适合大型风电机组的广泛应用，故当前控制系统的研究对象主要为变速变桨恒频风电机组。

8.1.4 控制目标

对于变速恒频风电机组，在额定风速以下运行时，风电机组应尽可能地提高能量转换效率。这主要通过发电机转矩控制，使风轮的转速能够跟踪风速的变化，保持最佳叶尖速比运行来实现。根据风电机组的特性，这时不必要改变桨距角，此时的空气动力载荷通常比额定风速时小，因此也没必要通过变桨来控制载荷。在额定风速之上时，变桨距控制可以有效地调节风电机组所吸收的能量，同时控制风轮上的载荷，使之限定在安全设计值以内。但由于风轮的巨大惯性，变桨距控制对机组的影响通常需要数秒的时间才能表现出来，容易引起功率的波动。在此情况下，必须以发电机转矩控制来实现快速的调节作用，以变桨距调节与变速调节的耦合控制来保证高品质的能量输出。

风轮所受的空气动力学载荷主要分为随机性载荷与确定性载荷。随机性载荷是由风湍流引起的，确定性载荷分为三种，具体如下：

（1）稳态载荷：由风轮轴向恒定风作用而产生的载荷。

（2）周期载荷：即按一定周期重复的载荷。引起周期载荷的因素主要有叶片的重力影响、风剪切、塔影效应、偏航误差、主轴的上倾角、尾流速度分布等。对于三叶片风电机组而言，对结构影响最大的是频率为风轮旋转频率（1P）以及该频率 3 倍（3P）和该频率 6 倍（6P）的周期载荷。

（3）瞬态载荷：暂时性的载荷，如阵风和停机过程中所受的载荷。

准确的结构动力学分析是风电机组进行优化控制的关键。现代的大型风电机组由于叶片的长度和塔架的高度大大增加，结构趋于柔性，这有利于减小极限载荷。但结构柔性增强后，叶片除了挥舞和摆振外，还可能发生扭转振动，当叶片挥舞、摆振和扭转振动相互耦合时，会出现叶片气弹失稳，导致叶片损坏。另外，在变桨距机构动作与风轮不均衡载荷的影响下，塔架会出现前后方向和左右方向的振动，如果该振动的激励源与塔架的自然频率产生共振时就有导致机组倾覆的危险。

由于在实施控制的过程中会对结构性负载及振动产生影响，这种影响严重时足以对机组产生破坏作用，所以在设计控制算法时必须考虑这些影响。一个较完整的风电机组控制系统除了能保证高的发电效率和电能品质外，还应承担以下任务：①减小传动系统的转矩峰值；②通过动态阻尼来抑制传动系统振动；③避免过量的变桨动作和发电机转矩调节；④通过控制风电机组塔架的振动尽量减小塔架基础的负载；⑤避免轮毂和叶片的突变负载。

这些目标有些相互间存在冲突，因为各种载荷不仅影响部件的成本，而且影响各部件的可靠性，因此控制的设计过程需要进行相互权衡，实现最优化设计。

8.1.5　不同控制区域的基本控制策略

根据风速情况及风电机组功率特性，变速恒频风电机组的运行可划分为待机区、启动并网区、最大风能追踪区、转速限制区、功率限制区和切出保护区等6个区域。这些区域的运行目标不同，所需要采取的控制策略也因此而不同。

（1）待机区。控制系统开始带电工作，保证所有执行机构和信号均处于正常状态。

（2）启动并网区。当风速达到切入风速时，风电机组启动，通过变桨距机构调节桨距角使风电机组升速，达到并网转速时，执行并网程序，使发电机组顺利切入电网，并带上初负荷。

（3）最大风能追踪区。风电机组运行在额定风速以下时，发电机输出功率未达到额定功率，此时控制目标为保持最佳叶尖速比，并快速稳定电机变速控制，尽可能将风能转化为输出的电能，实现风能最大捕获。

（4）转速限制区。随着风速逐步增大，为捕获更多的风能，需要增大转矩和功率，采用转矩—转速斜线控制策略，保持转速恒定。一旦达到额定功率或额定转矩值，就应用变桨矩控制将风轮转速维持在额定值。该区域的转速限制主要通过调节发电机的电磁转矩实现，功率曲线也较前一阶段平滑。

（5）功率限制区。如果风速继续增大，发电机和变流器将达到其功率额定值，此时，减小风轮吸收的能量保障机组安全，启动变桨距控制，增大桨距角，减小风能利用系数 C_P，以维持机组的输出功率稳定在额定值。

（6）切出保护区。当风速继续增大，超过切出风速时，从保护机组的角度出发要

将风电机组叶片调至顺桨状态，风电机组切出电网，实现安全停机。

8.2 控制器的设计

8.2.1 控制系统构成

风电机组的控制系统是风电机组的信息枢纽和大脑。控制系统要实现风电机组的实时监控、处理采集的信号和反馈信号，通过判断给出相应的动作指令，如：偏航、对风、解缆、并网和变桨等，最终目的就是在安全运行的情况下实现最大风能捕获。风电机组的控制系统主要由主控系统、变桨距系统、变流系统、传感器和连接电缆等组成。

主控系统以可编程控制器为核心，控制电路由 PLC 中心控制器及其功能扩展模块组成，包含正常运行控制、运行状态监测和安全保护三个方面的功能。实现风电机组正常运行控制、机组的安全保护、故障监测及处理、运行参数的设定、数据记录显示以及人工操作，配备有多种通信接口，能够实现就地通信和远程通信，控制系统拓扑图如图 8-2 所示。

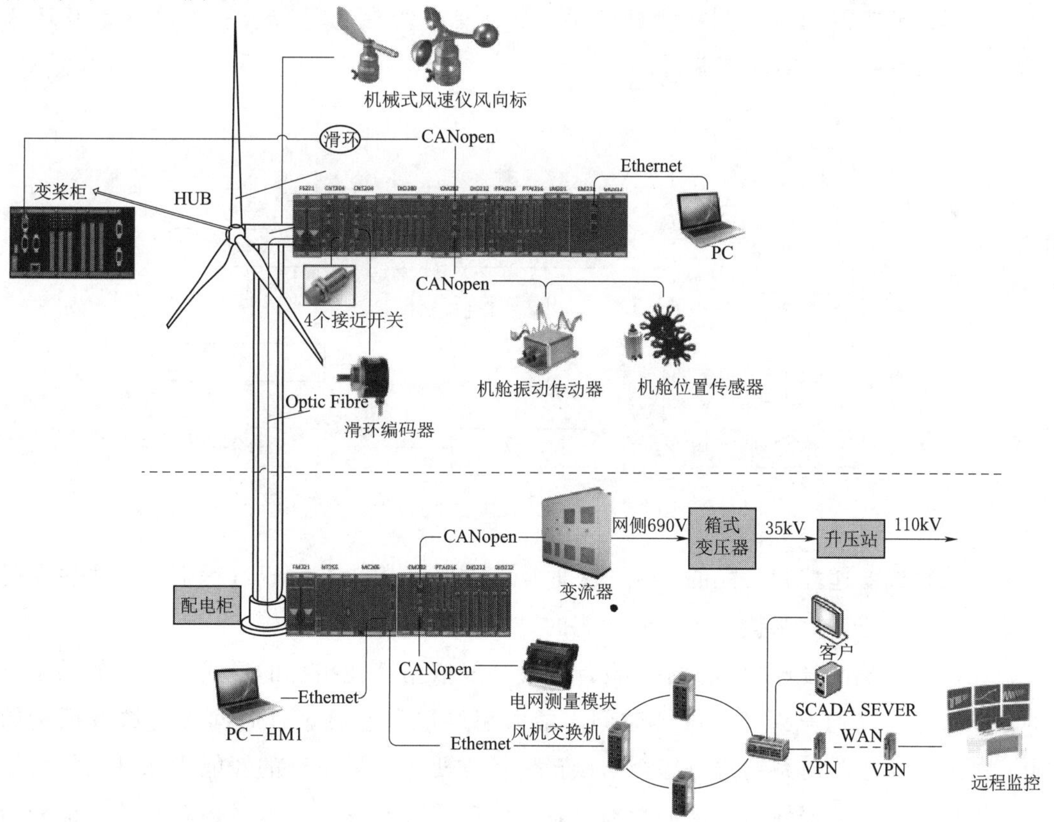

图 8-2　控制系统拓扑图

8.2.2　控制系统经典设计方法

一个线性化的风电机组动态模型是控制器设计的基础，可用来快速地对控制算法的性能和稳定性进行评估。控制器在应用于实际的风电机组之前，应使用具有三维扰动风速输入的详细非线性仿真来对其进行验证。

对处于额定风速以下的风电机组，给定转矩的 PI 速度控制器会非常缓慢和柔和，线性化的模型可以非常简单，但必须包含传动系统的动态特性，其他的动态特性通常并不重要。对于变桨控制而言，风轮的气动特性以及一些结构的动态特性非常关键，在设计变桨距控制器的线性化模型时应包含以下动态特性：①传动系统的动态特性；②塔架的前后振动特性；③功率或转速传感器的响应；④变桨执行机构的响应。

对于变速恒频风电机组来说，传动系统的扭振需要特别考虑。一般来说，还需要对风轮的空气动力学特性进行线性化描述，例如，转矩和推力对于桨距角、风速和风轮转速的偏微分方程组。由于推力影响塔架动态特性，且变桨距控制有强耦合作用，因此推力也是需要控制的变量。

风电机组线性化模型如图 8－3 所示。对于该线性化模型，可通过改变其增益和其他参数，迅速得到一系列的测试结果，从而评估控制器性能。有些测试是开环测试，可以通过断开反馈环节获得。

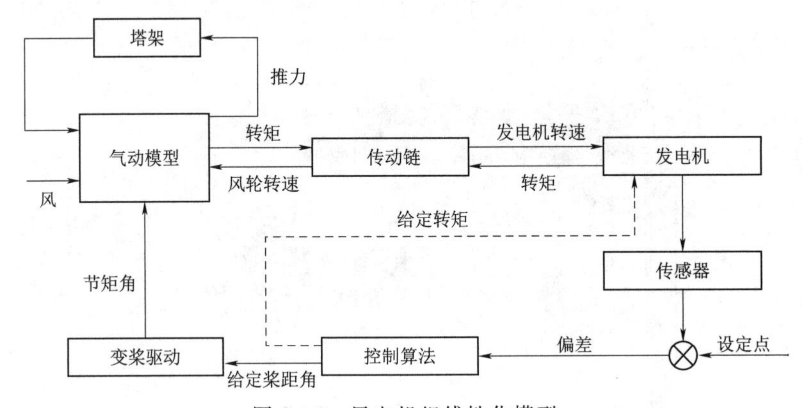

图 8－3　风电机组线性化模型

变桨距或变速控制功能的实现，采取反馈控制形式。在实现过程中，又往往在局部添加串联校正，以调整具体控制功能的时域和频域指标。

在控制系统的设计中，采用的设计方法一般依据性能指标的形式而定。如果系统的性能指标是以稳态误差、峰值时间、最大超调量和过渡过程时间等时域特征量给出，采用根轨迹法对系统进行综合与校正比较方便；如果系统的性能指标是以相角裕度、幅值裕度、谐振峰值、谐振频率、系统闭环带宽和静态误差系数等频域特征量给出，采用频率特性法对系统进行综合与校正比较方便。因为在伯德图上，把校正装置

的相频特性和幅频特性分别与原系统的相频特性和幅频特性相叠加，就能清楚地显示出校正装置的作用。反之，将原系统的相频特性和幅频特性与期望的相频特性和幅频特性比较后，就可得到校正装置的相频特性和幅频特性，从而获得满足性能指标要求的校正装置网络有关参数。

风电机组的转矩控制器是以控制转矩来控制转速，而变桨距控制器的控制目标则是以控制桨距角来控制功率，本身面对的就是一个复杂的控制对象，在加入了各种滤波器后对其稳定性不可避免地产生新的影响，为维持系统稳定，必须在控制系统中施加一些控制校正环节，如反馈校正、超前校正和滞后校正。

参数的选择是一个迭代的过程，通常使用一个给定的误差，并且在每次迭代中都需要对得到的控制器进行评估。性能评估的主要内容如下：

（1）通过开环频率响应计算增益和相角裕度，可以给出闭环系统的稳定性指标。如果裕度太小，系统会趋于不稳定。当开环系统的单位增益为180°的相位滞后，则系统会变得不稳定。尽管没有标准，但通常推荐45°相角裕度。类似地，增益裕度表示当开环相角穿越－180°时的开环增益，通常推荐至少有几分贝的增益裕度。

（2）穿越频率是开环增益为单位增益时的频率，是测量控制器响应的重要参数。

（3）闭环系统极点位置是调整各种谐振阻尼的依据。

（4）闭环阶跃响应，通过系统对于风速的阶跃响应，显示控制器的效率。例如，调试变桨距控制器时，风轮转速和功率偏差应当迅速平滑地变为零，塔筒的振动应该很快地衰减，桨距角应平滑地改变为新的数值，并且不会产生过大的超调和振荡。

（5）闭环系统的频率特性也给出了一些重要的指标，如在变桨距控制器中：

1）在低频率时，从风速到风轮转速或电磁功率的频率响应必须进行衰减，因为低频率时的风速扰动可以被控制器过滤。

2）在高频率时，从风速到桨距角的频率响应必须进行衰减，并且在一些类似于叶片穿越频率或传动系统的共振频率等关键频率处的频率响应不能过大。

3）从风速到塔架振动速度的频率特性在塔架的共振频率处不会有过大的峰值。

通过以上方法的检验，再加上一些实际经验，可以很快地将其转换为在实际中应用的控制器。

8.2.3 经典控制器的扩展

经典控制理论的扩展也可用于在特定场合改善控制器的性能，如使用非线性增益及可变增益或不对称限制增益。

非线性增益有时被用来消除被控量的尖峰或偏离。例如，PI变桨距控制器的增益需要随着功率或速度误差的增加而迅速增大，实现这一控制的简单方法是在PI变桨距控制器的输入端增加一个与误差的二次方或三次方成比例的项（如使用平方项的话需要调整符号）。但这个方法需要谨慎使用，因为过大的非线性会使系统趋于不稳定，这与过大的线性化增益情况是一致的。这种技术需要通过试探法来实现，因为使用理论分析非线性系统的闭环特性是十分困难的。当功率或转速在额定点之上时，增加非线性项有助于减小尖峰，但是类似于降低给定控制点，这会引起平均功率或转速的降低。

不对称的桨距角速率限制也可以用来降低峰值。即通过设置使叶片的顺桨速度比开桨速度更快，则功率或转速峰值会降低。同样的，会使功率或转速平均值降低。尽管如此，这种方法比起非线性增益来要好，因为它仍然限制在线性系统范围内。

在高风速时通常希望降低设定点，以小的功率损失为代价来减小偶然遇到高度破坏性的负载。直接根据风速的变化降低设定点是容易实现的（在增益表中，桨距角通常被用作风轮上平均风速的量度），但最具危害的负载通常发生在高湍流时，因此降低设定点的最优时机是在风速高而且湍流也大时。不对称速率限制提供了简单而有效的手段来取得这一效果，因为速率限制只在高湍流时才起作用。

这一技术可以进一步拓展到动态修正变桨速率，在某些特殊情况下（如在功率或转速出现大的偏差时），甚至可以改变变距速率符号，以强制叶片向单方向变桨。

基于经典控制理论的设计方法，通常包括 PI 或 PID 控制算法，并且其中还结合有各种串联或并联的滤波器，如相位移、带阻或带通滤波器，有时还会使用附加的传感器输入必要的信息。这些方法可用来设计复杂的高阶控制器，但需要依赖设计者的经验。

目前已有一些更先进的控制器设计方法，并已不同程度地用于风电机组的控制，例如：

（1）自校正控制器。

（2）LQC 模式基于最优化反馈和 H_∞ 控制方法。

（3）模糊控制器。

（4）神经网络方法。

自校正控制器通常是由一个系数的集合确定的固定阶控制器，它是基于一个系统的线性化经验模型。该模型用来对传感器的测量进行预测，并将预测的误差用来对模型和反馈定律的系数进行修正。

一个闭环控制系统构成之后，控制器参数整定的优劣将是决定该闭环控制系统运行品质的主要因素。控制器参数整定的不恰当，或者虽然原来整定是恰当的但被控系统或环境特性随时间推移发生了较大变化，这时闭环控制系统的品质都将恶化。因此，实现控制器参数的自动整定，具有重要的工程意义。

控制器参数自动整定方法，总体上可分为两类：①基于闭环系统输入输出和被控系统输入数据的，称为基于输入输出数据的自整定法；②基于闭环系统或被控系统输出的瞬态响应的，称为基于瞬态响应的自整定法，或瞬态响应自整定法。

如果系统的动态特性是已知的，就可以采用一种与数学拟合理论相似的方法，但与拟合经验公式不同，它通过线性化物理模型来对传感器输出进行预测，并将预测误差用来更新对系统状态变量的评估。这些变量可以包括转速、转矩、偏差以及实际的风速，它们的值可以用作计算合适的控制动作，即使这些变量可能并没有被实际测量。

1. 观测器

已知动态特性的子集可以用来估计一个特定的变量。例如，某些控制器使用风速观测器通过测量功率、转速和桨距角来估计风轮处的风速。这个估计的风速可以用来确定合适的期望桨距角。

2. 状态估算器

使用全部模型动态特性，通过卡尔曼滤波器可以从预测误差中对系统的所有状态量进行观测。这种方法可明确地利用影响动态特性的随机变化的信息，如测量信号中的噪声，并通过数学最优方法得到最好的状态估算。状态估算基于对随机输入信号的高斯特性的假设，因此可按高斯输入建立风速模型，这样就有可能详细地研究输入风力的随机特性。

卡尔曼滤波器可考虑多个传感器输入来得到最优的状态观测。因此，它可以像应用功率和速度传感器一样，使测量塔架前后振动的加速度传感器得到理想的应用。必要时还可以增加其他的传感器，这将进一步改善对于状态变量的估计。

3. 最优化反馈

在状态估算器已知后，就可定义一个成本函数，它是系统状态和控制动作的函数。这个控制器目标是使被选择的成本函数最小化。如果成本函数被定义为状态量和控制动作的二次函数，则它与计算最优反馈规律直接相关，被定义为反馈定律，所产生的控制信号是状态变量的线性组合，并使成本函数最小化。由于这种控制器要求一个线性化（Linearization）的模型，且具有一个二次（Quadratic）形式的成本函数和高斯（Gaussian）分布，因此称为LQG控制器。

成本函数可通过选择各项权重，在局部竞争目标之间进行权衡。对于控制器而言，既要减小负载又要实现对功率和转速的控制功能，成本函数不失为一个理想的方法。尽管对于成本函数权重的严格计算是不现实的，但可以从直观上来调整其大小。这种方法也可以很容易地用来配置多输入多输出的情况。例如，使用发电机转速和塔架加速度信号输入，从原理上将同时产生桨距角和转矩要求的输出，从而使成本函数最小化。

8.2.4 控制系统设计流程

控制系统的设计流程如下：

（1）控制对象分析。根据风电机组类型、目标应用环境和设计方面的限制因素，确定要设计的控制系统结构。

（2）借助 Bladed 软件建立风电机组模型。风电机组模型包括叶片、风轮、塔架、机舱、传动系统、发电机、变流器、变桨系统、传感器、电网等。

（3）风电机组稳态特性分析。分析风电机组的空气动力学特性，根据机组功率特性确定机组基本控制参数，如最小桨距角、转矩控制最佳增益 K_{opt} 或转速—转矩控制等。并完成功率曲线、转速曲线、转矩曲线、桨距角曲线、稳态载荷特性等分析。

（4）模态分析。一般需要完成风轮前 8 阶、塔架前 7 阶的模态分析，得出各阶模态的频率。

（5）坎贝尔图分析。借助 Bladed 软件绘制出风电机组坎贝尔图，分析机组共振情况或者确定需要通过控制策略避免的共振频率区域。

（6）导出系统线性化模型。提取机组模型的线性化特征，一个典型的线性化模型包括叶轮气动特性、塔架模型、传动链模型、发电机模型、传感器响应、变桨系统模型、变流器模型等。将线性化模型导出到控制系统的设计软件中，并进一步得到各控制环传递函数。

（7）控制系统设计。根据线性化处理得到各控制环传递函数，按照经典控制理论、现代控制理论等控制器设计方法进行动态控制系统的设计，并输出包含控制算法的动态链接库文件（*.dll）给 Bladed 软件作为外部控制器。

（8）仿真计算。在 Bladed 软件中，在外部控制器作用下对风电机组模型进行运行仿真，根据载荷、振动、功率、转速、变桨速率等综合评估其运行性能，如不理想则重复控制系统设计和仿真计划，直到满意为止。

（9）现场测试。控制器设计完成后，可以将理想的动态链接库文件移植到实际的风电机组控制器上，在现场运行机组上进行测试。

8.2.5　工具软件

在风电机组控制系统的研发过程中，主要用到 Bladed、Matlab、Microsoft Visual Studio 三个软件。

1. Bladed 软件

Bladed 软件是国际上权威的风电机组仿真设计软件，在全球风电行业得到广泛的认可和应用。软件仿真曲线已与多种机型的真实工作曲线相比较，吻合度极高，证明该仿真软件的仿真精度很高，且具有很高的权威性，已通过 GL 认证。

Bladed 是一个用于风电机组性能和载荷计算的集成化的数值仿真工具，主要可以实现：风电机组初步设计辅助、详细设计、风电验证辅助等功能。在软件良好的图形界面下，用户可以方便地执行下列任务：风电机组参数定义、风和载荷工况的定义、稳态性能的快速计算、动态模拟、计算结果的后处理、周期性分量分析、概率密度、

极限载荷和闪变强度等。Bladed 软件界面如图 8-4 所示。

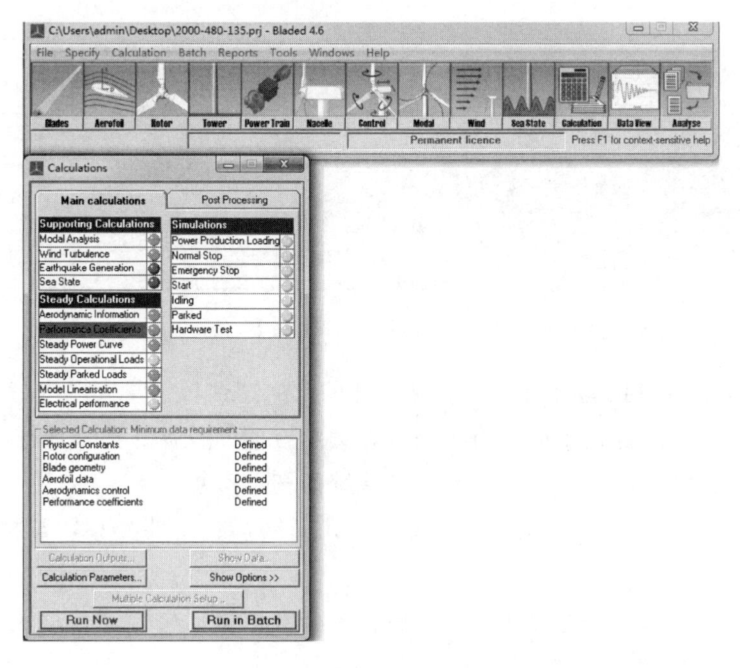

图 8-4 Bladed 软件界面

Bladed 功能模块见表 8-1。

表 8-1 Bladed 功能模块

模块名称	功能描述
基本模块	建立完整的、包括所有主要部件的风电机组空气动力学模型，也包括外部控制器和电网特性。能对各种环境条件下的风电机组进行模态分析、稳态和动态载荷分析、风电机组在各种运行和故障条件下的表现分析。提供功能强大的后处理模块、提供各种图表、数据表等报告形式
线性化模块	完成坎贝尔图计算和线性化模型。线性化模型可以被提交给专门的软件（如 Matlab）做控制系统设计的对象
控制器硬件测试模块	Bladed 生成虚拟风电机组模型，对外部控制器实物进行实时测试，提供内部测试任务的管理和详细测试报告
地震模块	对地震情况下风电机组所受载荷进行分析，充分考虑到控制系统、安全系统的作用和风轮的空气动力学分析
高级处理模块	自动生成一系列风况，波浪谱，用于载荷计算
高级传动系统模块	用户自定义的 dll 文件来仿真复杂的齿轮箱、传动系统动态特性
海上风电机组基础结构模块	针对海上风电机组所做的优化分析模块，根据不同水深、土壤条件等因素来做支撑结构的分析
风电场连接模块	使用 GH Windfarmer 输出文件对特定风电场的风况进行“场址特定”的载荷计算

对于控制器的开发来说，主要功能模块为基本模块、线性化模块和控制器硬件测试模块。

Bladed 工具菜单如图 8-5 所示。

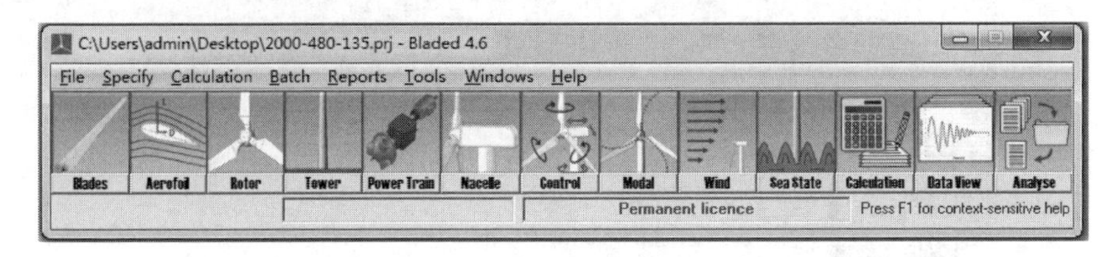

图 8-5　Bladed 工具菜单

（1）Blades：叶片的整体特性，包括叶片的几何特性、重量和刚度特性等。

（2）Aerofoil：风电机组叶片有关空气动力学方面的数据、翼型数据集。

（3）Rotor：定义风电机组轮毂和风轮系统的基本参数。

（4）Tower：定义有关塔架的详细参数、几何结构、安装类型，包括塔架的重量和刚度等。

（5）Power Train：定义传动系统上的有关参数，包括齿轮箱传动比、安装方式、发电机、接入电网、能量传输损耗等。

（6）Nacelle：定义机舱罩外部尺寸和机舱重量等。

（7）Control：定义风电机组的控制方式，包括定桨恒速控制、变桨变速控制、状态控制参数、外部控制器。

（8）Modal：风电机组有关模态分析的设定，包括风轮旋转面内外、塔架左右前后的模态分析。

（9）Wind：定义风模型、3D 湍流风模型。

（10）Sea State：定义浪载和海流的特性，用于海上风电机组的载荷计算。

（11）Calculation：设定需要计算、仿真的内容和需要得出的结果，包括稳态和动态性能。

（12）Data View：计算结果的显示，有图表形式和标准化的计算结果报告。

（13）Analyse：对计算结果进行后处理，包括快速傅里叶变换、频谱分析等。

为了能够建立一个风电机组模型，必须从左到右对每一个菜单进行设置，然后再启动仿真进行计算。某 2MW 风电机组基本信息见表 8-2，并以此为例进行进一步介绍。

表 8-2　某 2MW 风电机组基本信息

额定功率/kW	2000	切入转速/(r/s)	6
轮毂高度/m	120	额定转速/(r/s)	11.8
叶轮直径/m	131	最优桨距角/(°)	−0.5
传动比	40.49	最大变桨速率/[(°)/s]	+5
切出风速/(m/s)	19	最小变桨速率/[(°)/s]	−4

2. Matlab 软件

Matlab 软件是一款由美国 Math Works 公司出品的商业数学计算工具。Matlab 是一种用于算法开发、数据可视化、数据分析以及数值计算的高级技术计算语言和交互式环境。除了矩阵运算、绘制函数/数据图像等常用功能外，Matlab 还可以用来创建用户界面及与调用其他语言（包括 C，C++和 Fortran）编写的程序以及动态系统的建模与仿真。Matlab 以一系列称为工具箱的应用指令解答为特征。工具箱全面综合了 Matlab 函数（M 文件），这些文件把 Matlab 的环境扩展到解决特殊类型问题上。具有可用工具箱的领域有：信号处理、控制系统神经网络、模糊逻辑、小波分析、模拟等。

3. Microsoft Visual Studio 软件

Microsoft Visual Studio 软件是由微软自主研发的集成开发系统，支持 Windows 平台下各类应用软件和应用服务的开发。经过多年的发展，在软件的易用性和用户友好性方面具有较好口碑。它可以用来开发多种 Windows 下的软件项目，包括 Windows 应用程序、动态链接库、Windows 服务、Web 服务、网页开发、Oice 集成开发、数据库项目开发等。配合使用微软官方开发的帮助文档 MSDN，可以给设计和开发工作带来更大的便利。

8.2.6 计算最优桨距角

Bladed 软件提供了一种简单、易用、准确的计算最优桨距角方法。这个功能在 Bladed 的 Performance Coefficients 计算项里，如图 8-6 所示，通过改变 Pitch Angle 的数值，分别计算，以得到 λ 最优值。

λ 取值范围一般为 3～18，有的也可以为 3～20。一般桨距角 Q 取值范围为 $-2°$～$2°$，可以取 0.5 的精度。C_P—λ 曲线如图 8-7 所示。

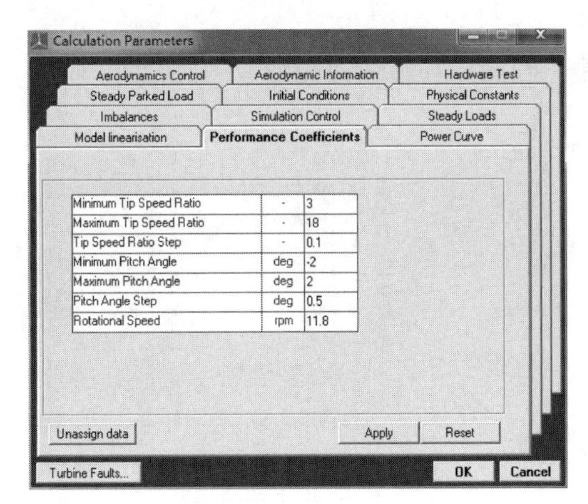

图 8-6 计算功率系数

按照以下原则来确定机组的最优 C_P—λ 曲线：

(1) C_P 值要尽可能大。

(2) C_P—λ 曲线顶部越平缓越好。

(3) λ 值尽可能小，因为风电机组的叶尖噪声与叶尖速比的 5 次方成正比。

根据上述原则，对于表 8-2 中 2MW 机组选取最优桨距角为 $-0.5°$，$C_{pmax}=0.4797$，$\lambda=11.2$。

在追踪最优 C_P 区域，扭矩 Q_d 与发电机转速可表示为

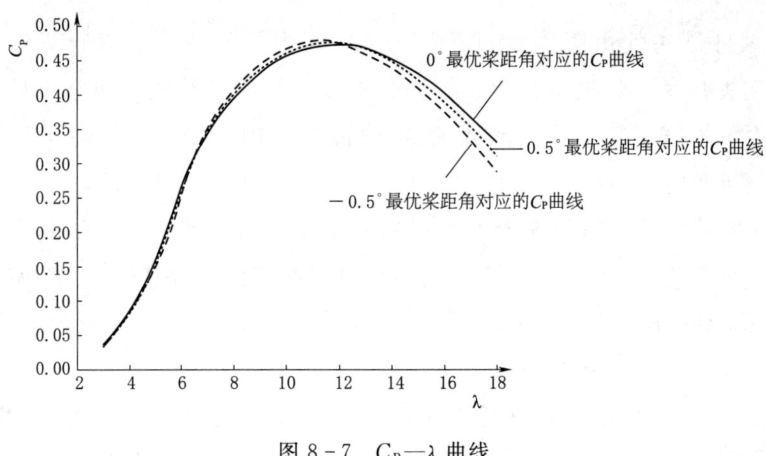

图 8-7　C_P—λ 曲线

$$Q_d = K_\lambda w_g^2 \tag{8-3}$$

$$K_\lambda = \frac{\pi \rho R^5 C_P(\lambda)}{2\lambda^3 G^3}$$

式中　ρ——空气密度；

R——叶轮半径；

λ——叶尖速比；

$C_P(\lambda)$——在叶尖速比 λ 处的功率系数；

G——齿轮箱传动比；

w_g——频率。

扭矩—转速曲线如图 8-8 所示。

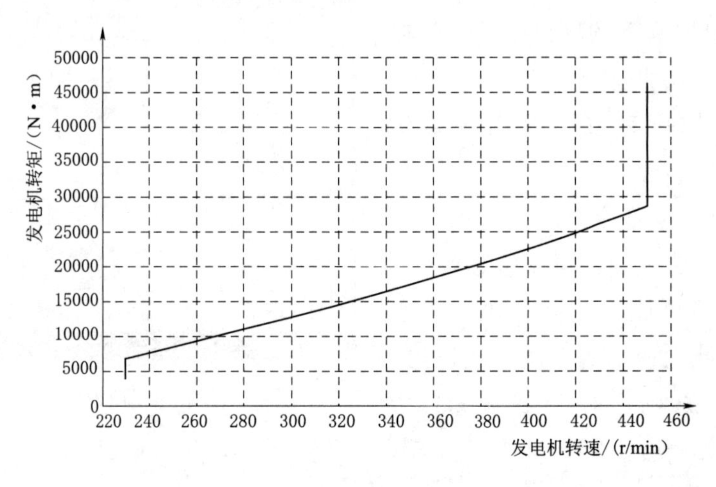

图 8-8　发电机转矩—转速曲线

8.2.7 转矩控制系统

风电机组变速运行，是通过对发电机输出转矩的控制来实现的。控制器在发电机气隙中产生一个要求的转矩，引导风电机组加速或减速，从而使风轮运行在期望的转速附近。转矩控制系统流程如图 8-9 所示。

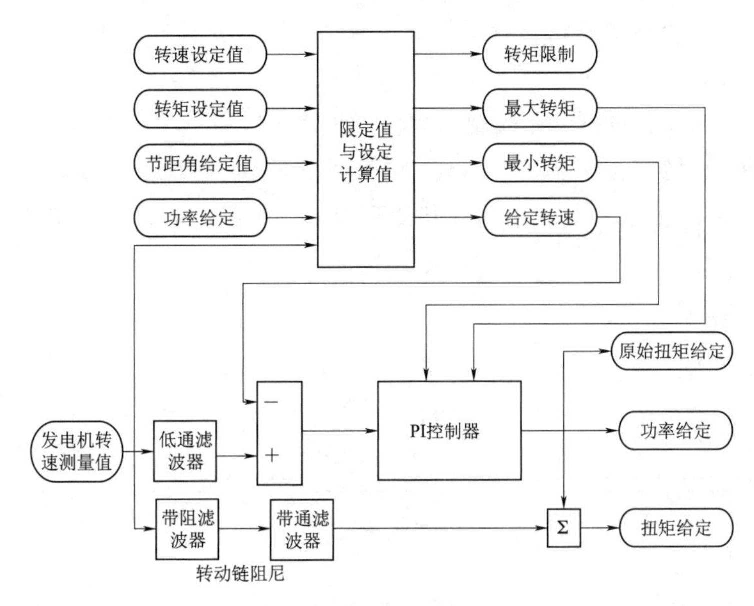

图 8-9 转矩控制系统流程图

使用 Bladed 软件的线性化模块可以将风电机组模型导出为 Matlab 的 mat 数据。Bladed 线性化工具界面如图 8-10 所示，将模型的风速范围设置为 3～19m/s，步长设置为 1m/s。然后进行线性化计算，就可以得到线性化模型数据文件，默认名称为“linmod1. mat”。

然后编写 Matlab 的函数 Algorithm Design，来获得想要的输入输出及风速条件下的系统传递函数。

当机组达到额定转速时，通过 PI 变桨距控制调节扭矩来控制转速，控制器的 PI 增益值利用线性化控制设计来整定，在切入转速下运用同样的参数来调节最低转速，在这两个转速之间，按照追踪最优 C_P 曲线控制。

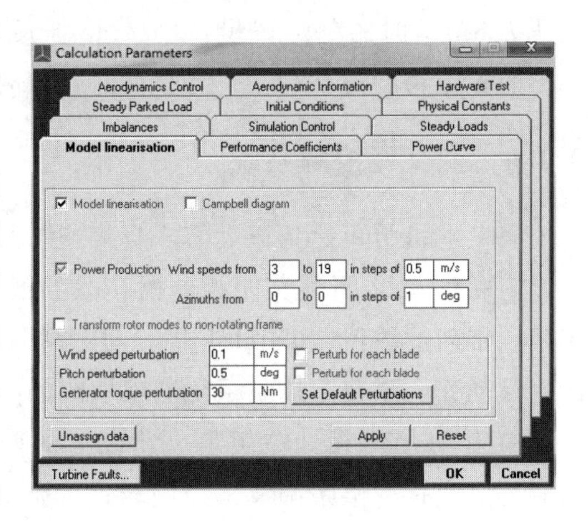

图 8-10 Bladed 线性化工具界面

为了让风电机组有更好的动力学响应，在控制器中加入带阻滤波器（3P、

6P、二阶面内模态、传动系统模态等)，一个低通滤波器消除高频成分干扰。

在额定风速以上区域采用恒功率控制输出方式，扭矩与转速成反比，减少功率波动对电网的冲击。通过开环频率响应计算增益和相角裕量，评估闭环系统的稳定裕度。稳定裕度太小，系统趋于不稳定。相角裕度应保持在30°以上，幅值裕度大于10dB。带宽是衡量控制系统响应速度的量，对于扭矩控制回路一般取0.4～0.6rad/s。通过闭环系统的极点位置确认系统阻尼比应大于0.5，并且控制系统频率应低于机组额定转速的转频。

切入风速4m/s下的扭矩环控制伯德图如图8-11所示。从图中可以看出，切入风速为4m/s时的稳定裕量：1.73rad/s频率下的幅值裕度为－13.3dB；0.524rad/s频率下的相位裕度为49.7°。由此可知扭矩环控制系统具有较好的稳定性和动态特性。

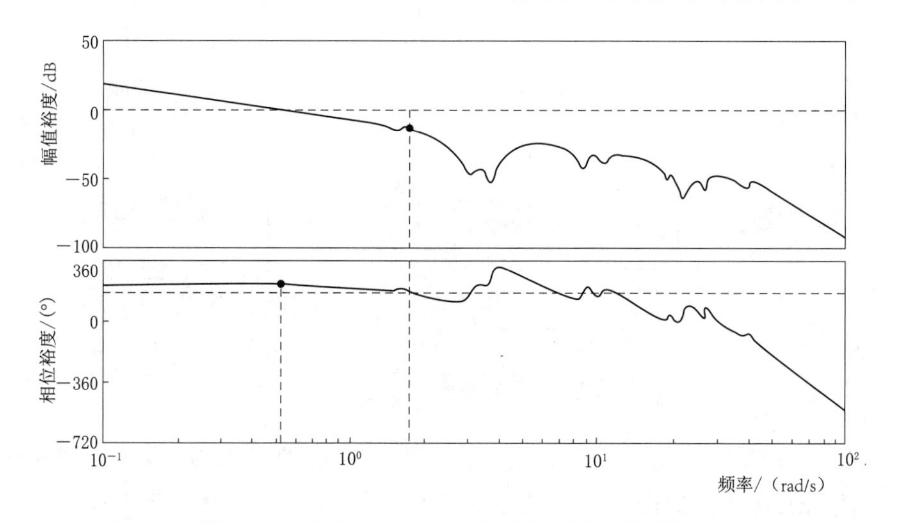

图8-11　切入风速4m/s下的扭矩环控制伯德图

额定风速8m/s下的扭矩环控制伯德图如图8-12所示。从图中可以看出，额定风速为8m/s时的稳定裕量：1.74rad/s频率下的幅值裕度为13.4dB；0.508rad/s频率下的相位裕度为52.5°。由此可知扭矩环控制系统具有较好的稳定性和动态特性。

8.2.8　变桨距控制系统

当发电机转矩达到最大值，变桨控制器就要投入工作。变桨距控制器里面包含多个以串联形式与PI变桨距控制器相联的滤波器，其中一个二阶滤波器用来增加相位裕度，带阻滤波器（Notch Filter）用来限制在转速接近叶片通过频率时产生的不必要的变距动作。变桨距控制系统流程框图如图8-13所示。

使用Matlab设计在额定风速以上的变桨距控制系统。当机组达到最大扭矩时，这时需要通过变桨距调节来控制转速的波动，主要也是采用PI变桨距控制器，控制器中加入带阻滤波器以达到更好的响应，低通滤波器消除高频成分干扰，由于在额定

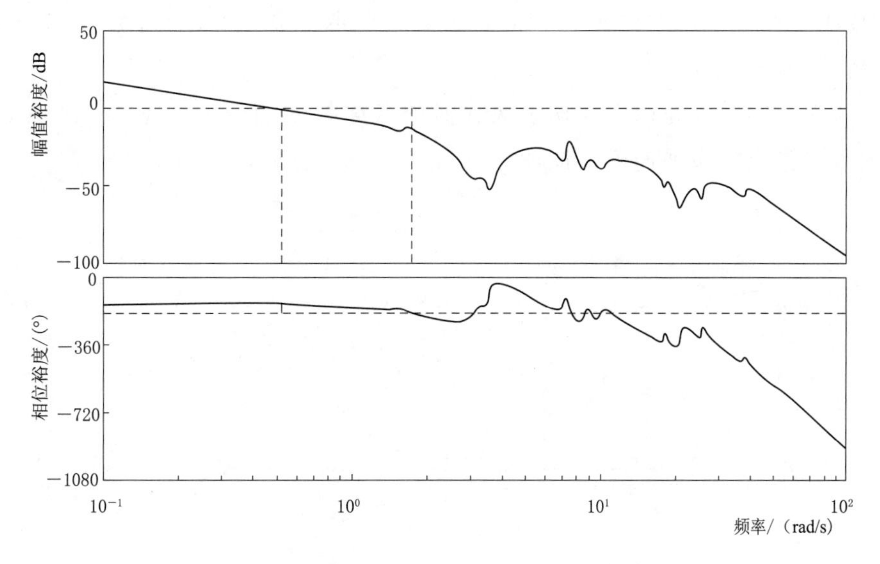

图 8-12 额定风速 8m/s 下的扭矩环控制伯德图

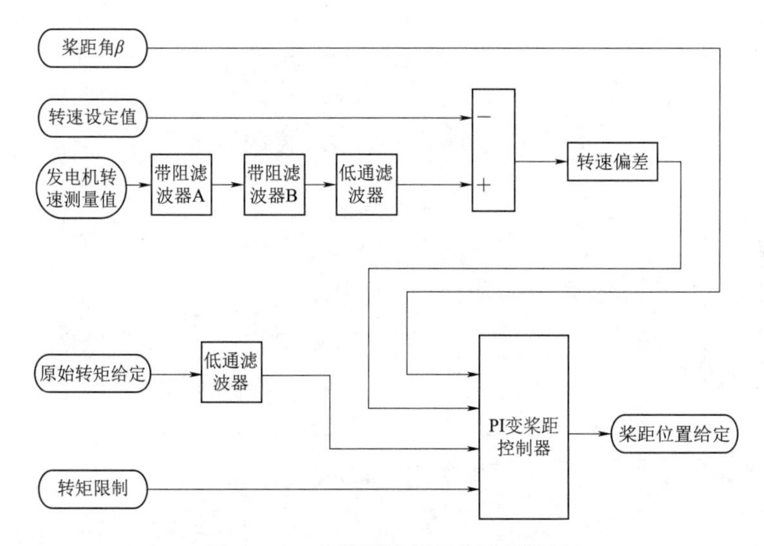

图 8-13 变桨距控制系统流程框图

风速以上，气动扭矩对桨距角的敏感性，PI 变桨距控制器的增益需要调节。

应用 Bladed 软件得到多输入多输出（MIMO）系统模型，过程同转矩控制器设计。应用 Matlab 软件把 MIMO 系统转换为单输入单输出（SISO）系统，然后利用 Matlab 软件自带的工具设计变桨距控制器的参数。设计的过程主要是通过鼠标移动校正装置的增益和零极点的位置。同时观察系统根轨迹或伯德图的变化，根据系统的频域分析法调试控制器参数，直到对根轨迹满意为止。

通过开环频率响应计算增益和相角裕量，评估闭环系统的稳定裕度。稳定裕度太小，系统趋于不稳定。对于变桨控制回路幅值裕度应保持在 3dB 以上，相角裕度应保

持在 30°以上。在额定风速附近工作时，带宽一般取 0.3～0.45rad/s；在切出风速附近工作时，带宽一般取 0.6～0.9rad/s。

额定风速、额定风速以上和切出风速时的变桨控制伯德图如图 8-14～图 8-16 所示，图中未包含机舱加速度反馈项。

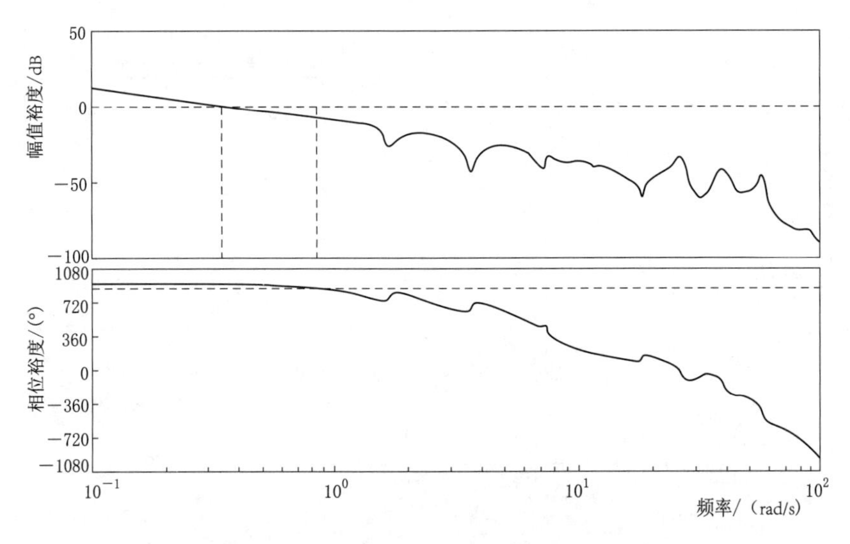

图 8-14　10m/s 下的变桨距控制伯德图

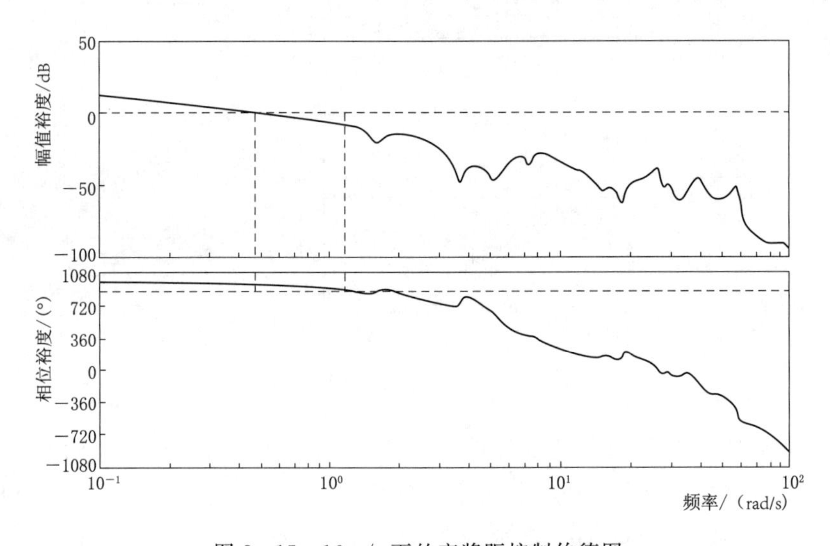

图 8-15　16m/s 下的变桨距控制伯德图

图 8-14 是 Matlab 计算的变桨距控制系统的幅值裕度和相位裕度。从图中可以看出，额定风速为 10m/s 时的稳定裕量：0.863rad/s 频率下的幅值裕度为 7.69dB；0.343rad/s 频率下的相位裕度为 52°。由此可知变桨距控制系统具有较好的稳定性和动态特性。

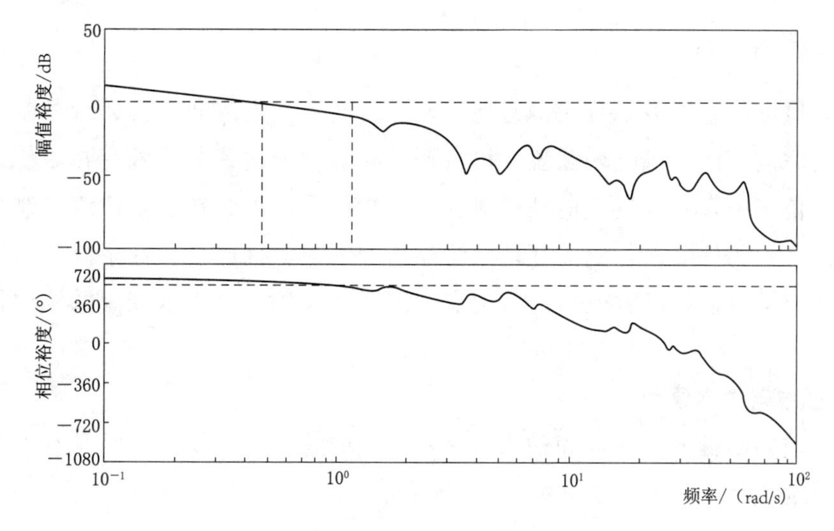

图 8-16　19m/s 下的变桨距控制伯德图

图 8-15 是 Matlab 计算的变桨距控制系统的幅值裕度和相位裕度。从图中可以看出，风速为 16m/s 时的稳定裕量：1.15rad/s 频率下的幅值裕度为 8.4dB；0.465rad/s 频率下的相位裕度为 63.6°。由此可知变桨距控制系统具有较好的稳定性和动态特性。

图 8-16 是 Matlab 计算的变桨距控制系统的幅值裕度和相位裕度。从图中可以看出，切出风速为 19m/s 时的稳定裕量：1.21rad/s 频率下的幅值裕度为 8.56dB；0.489rad/s 频率下的相位裕度为 67.2°。由此可知变桨距控制系统具有较好的稳定性和动态特性。

变桨距控制系统对应的带宽、相位裕量和主控制极点阻尼见表 8-3。

表 8-3　PI 变桨距控制器带宽、相位裕量和主控制极点阻尼

风速/(m/s)	8.0	10	12	14	16	18	19
变桨角度/(°)	−0.5000	6.0867	10.2118	13.4878	16.3458	18.9651	20.2072
K_p	0.0439	0.0250	0.0197	0.0168	0.0150	0.0136	0.0130
T_i	15.000	15.000	12.371	10.283	8.461	6.792	6.000
增益裕度/dB	—	7.66	7.81	8.09	8.37	8.50	8.58
相位裕量/(°)	—	51.6	54.9	59.7	62.9	65.9	67.5
带宽/(r/s)	—	0.350	0.430	0.460	0.475	0.483	0.484
主导极点阻尼	—	0.585	0.510	0.478	0.469	0.451	0.445
主导极点转速/(r/s)	—	0.69	0.84	0.93	0.99	1.04	1.07

把相关参数在 Symbols 表里面进行修改，并在 Microsoft Visual Studio 编写控制器的 C 程序，编译生成 dll 文件选择相应的 dll 文件，并进行仿真。

8.2.9　滤波器设计

目前，风电机组大多安装在偏远地区，并且通常无人值守，其运行控制主要靠控制系统自动完成。由于风电场湍流、机组振动和电磁干扰等因素的存在，使得控制系统采集到的信息中含有大量其他频率成分的干扰信号，因此在进行机组控制之前，必须首先对采集到的信号进行滤波处理，滤除信号中的干扰成分。数字滤波器具有实现简单、参数调整方便、滤波效果好等优点，因此在大型风电机组控制系统中得到广泛应用。

8.2.9.1　滤波器基本原理

数字滤波器的输入 $x(n)$ 和输出 $y(n)$ 之间的关系可以用如下常系数差分方程及其 Z 变换描述为

$$y(n)=\sum_{i=0}^{M}a_i x(n-i)-\sum_{i=1}^{N}b_i y(n-i) \tag{8-4}$$

式中　$x(n)$、$y(n)$——输入、输出信号序列；

a_i、b_i——滤波器系数。

对式（8-4）两边进行 z 变换，得到数字滤波器的传递函数为

$$H(z)=\frac{\sum\limits_{i=0}^{M}a_i z^{-i}}{\sum\limits_{i=0}^{N}b_i z^{-i}}=\frac{\prod\limits_{i=1}^{M}(z-z_i)}{\prod\limits_{i=1}^{N}(z-p_i)} \tag{8-5}$$

式中　z_i、p_i——传递函数的零点、极点。

数字滤波器的设计出发点是从熟悉的模拟滤波器的频率响应出发，其方法是先设计模拟低通滤波器，然后通过频带变换变成其他类型滤波器（高通、带通等），最后通过滤波器变换得到数字域的 IIR 滤波器。

8.2.9.2　滤波器分类

按通带和阻带的相互位置不同分为低通滤波器（LPF）、高通滤波器（HPF）、带通滤波器（BPF）、带阻滤波器（BEF），幅频特性如图 8-17 所示。

1. 低通滤波器（LPF）

让从零到某一截止频率 ω_C 的低频信号通过，而对于大于阻带频率 ω_s 的所有频率全部衰减。设计时，可根据通带里幅频响应、衰减率的不同要求，选择不同类型的衰减函数，如巴特沃思函数、切比雪夫函数、贝赛尔函数等。

低通滤波器传递函数的一般形式为

$$f(s)=\frac{A_0}{D(s)} \tag{8-6}$$

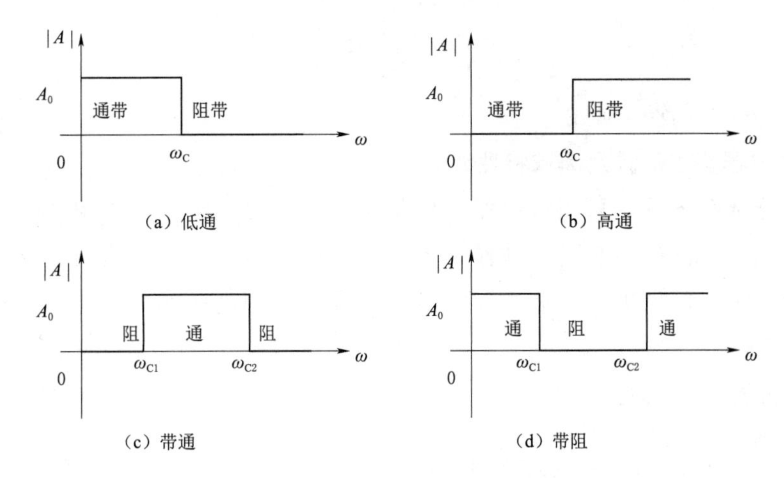

图 8-17 四类滤波器幅频特性

式中 A_0——常数；

$D(s)$ ——n 次多项式。

2. 高通滤波器（HPF）

让高于截止频率 ω_C 的高频信号通过，而对从 0 到阻带频率 ω_s 的低频频率进行衰减。

高通滤波器传递函数的一般形式为

$$f(s)=\frac{A_0 s^n}{D(s)} \tag{8-7}$$

式中 A_0——常数；

$D(s)$ ——n 次多项式。

3. 带通滤波器（BPF）

让有限带宽（$\omega_L \leqslant \omega_n \leqslant \omega_H$）内的交流信号顺利通过，让频率范围之外的交流信号受到衰减。中心角频率 $\omega_n=\sqrt{\omega_L^2+\omega_H^2}$。

带通滤波器传递函数的一般形式为

$$f(s)=\frac{A_0 s^{0.5n}}{D(s)} \tag{8-8}$$

式中 A_0——常数；

$D(s)$ ——n 次多项式；

n——偶数。

4. 带阻滤波器（BEF）

带阻滤波器，也称陷波器（Notch Filter）。其功能是抑制某个频率范围内的信号，使其衰减，而让频率段以外的信号通过。

带阻滤波器传递函数的一般形式为

$$f(s)=\frac{D_1(s)}{D_2(s)} \tag{8-9}$$

式中　$D(s)$ ——n 次多项式。

8.2.9.3　滤波器基本形式及频域特性

由于在控制系统中，采用转速作为控制输入量，而事实上，机组的转速处于随机波动的状态，为了避免不必要的动作过多发生，在根据测量信号进行控制操作前，先要对测量到的转速信号进行滤波，滤除由于测量带来的高频噪声。显然，在这种情况下需要采用低通滤波器。

低通滤波器的形式为

$$f(x)=\frac{1}{1+\frac{2\xi s}{\omega}+\frac{s^2}{\omega^2}} \tag{8-10}$$

在 Matlab 中对该传递函数进行编程，并绘制伯德图。设截止频率 $\omega=10\text{rad/s}$，则在阻尼比 ξ 分别为 0.1、0.3、0.7 和 1.0 时，其频率特性如图 8-18 所示。

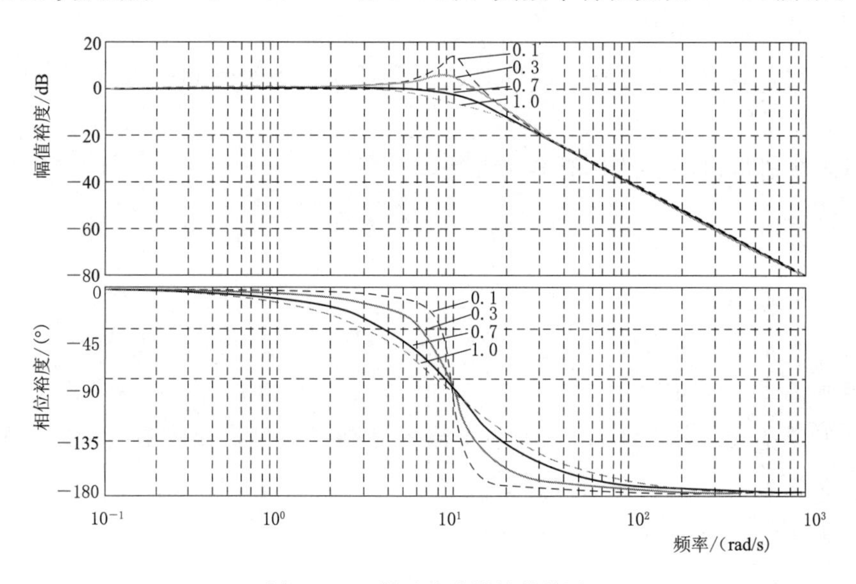

图 8-18　低通滤波器的伯德图

从图 8-18 中可以看出，参数截止频率 ω 影响频率特性的拐点，而阻尼比 ξ 影响曲线发生变化的斜率，因此低通滤波器的滤波效果的调节只需要调整好以上两个参数即可。

除了低通滤波器外，如果在机组的整个变速运行范围内，叶片的面内一阶振动模态和叶片旋转频率 $3P$ 和 $6P$ 发生交越，则可能发生共振，需要对其进行规避。在控制上可采用带阻滤波器（Notch Filter）的滤波方法，带阻中心频率为叶片面内一阶振动频率。

带阻滤波器（Notch Filter）的形式为

$$f(x)=\frac{1+\frac{2\xi_1 s}{\omega_1}+\frac{s^2}{\omega_1^2}}{1+\frac{2\xi_2 s}{\omega_2}+\frac{s^2}{\omega_2^2}} \tag{8-11}$$

设 $\omega_1=\omega_2=4\text{rad/s}$，阻尼比分别取 $\xi_1=0$，$\xi_2=0.05$；$\xi_1=0$，$\xi_2=0.2$；$\xi_1=0$，$\xi_2=1$ 时，其频率特性如图 8-19 所示。

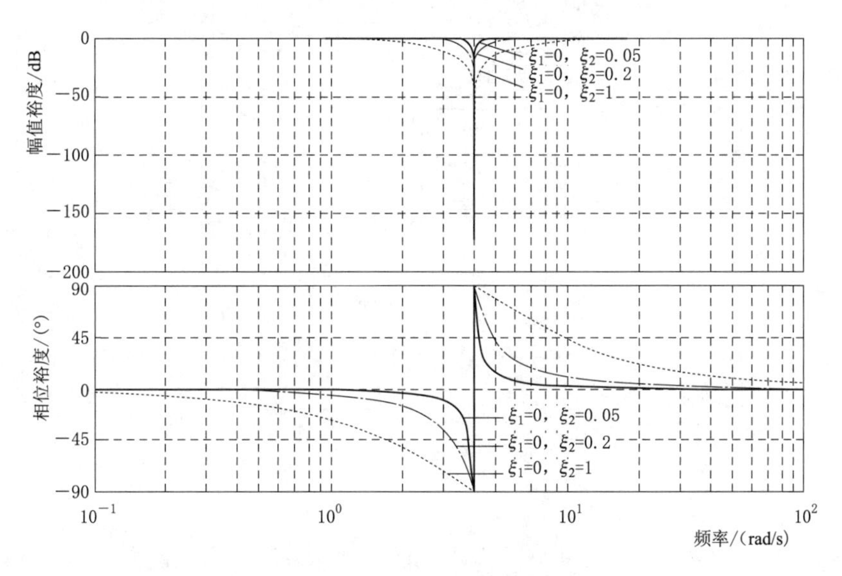

图 8-19　带阻滤波器的伯德图

8.2.9.4 FDATool 工具箱设计滤波器

FDATool 是 Matlab 信号处理工具箱里专用的滤波器设计分析工具，其界面为滤波器的设计提供了一个交互式的设计环境，用户进行参数设置后，可以设计几乎所有常规的滤波器，包括 IIR 和 FIR 的各种设计方法，操作简单，方便灵活。

FDATool 界面总共分两大部分：①Design Filter 在界面的下半部，用来设置滤波器的设计参数；②特性区在界面的上半部分，用来显示滤波器的各种特性，如图 8-20、图 8-21 所示。

（1）Design Filter 部分主要分为：

1）Response Type（滤波器类型）选项，包括 Lowpass（低通）、Highpass（高通）、Bandpass（带通）、Bandstop（带阻）和特殊的 FIR 滤波器。

2）Design Method（设计方法）选项，包括 IIR 滤波器的 Butter worth（巴特沃思）法、Chebyshev Type Ⅰ（切比雪夫Ⅰ型）法、Chebyshev Type Ⅱ（切比雪夫Ⅱ型）法、Elliptic（椭圆滤波器）法和 FIR 滤波器的 Equiripple 法、Least-Squares（最小乘方）法、Window（窗函数）法。

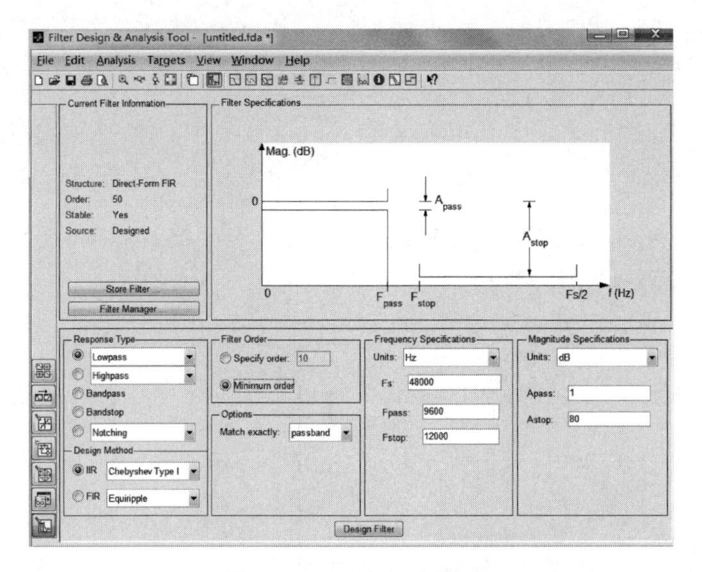

图 8－20　FDATool 界面

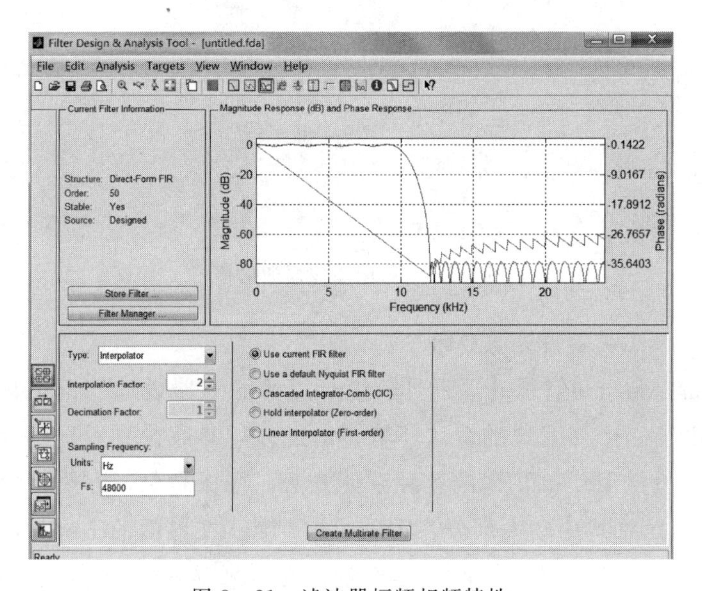

图 8－21　滤波器幅频相频特性

3）Filter Order（滤波器阶数）选项，定义滤波器的阶数，包括 Specify Order（指定阶数）和 Minimum Order（最小阶数）。在 Specify Order 中填入所要设计的滤波器的阶数（N 阶滤波器，Specify Order $= N - 1$）。如果选择 Minimum Order，则 MATLAB 根据所选择的滤波器类型自动使用最小阶数。

4）Frequency Specifications 选项，可以详细定义频带的各参数，包括采样频率和频带的截止频率。它的具体选项由 Filter Type 选项和 Design Method 选项决定。例如 Bandpass（带通）滤波器需要定义 Fstop1（下阻带截止频率）、Fpass1（通带下

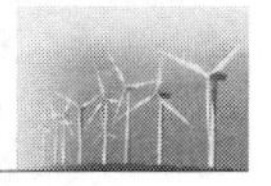

限截止频率)、Fpass2(通带上限截止频率)、Fstop2(上阻带截止频率),而Lowpass(低通)滤波器只需要定义Fstop1、Fpass1。采用窗函数设计滤波器时,由于过渡带是由窗函数的类型和阶数所决定,因此只需定义通带截止频率,而不必定义阻带参数。

5) Magnitude Specifications选项,可以定义幅值衰减的情况。例如设计带通滤波器时,可以定义Wstop1(频率Fstop1处的幅值衰减)、Wpass(通带范围内的幅值衰减)、Wstop2(频率Fstop2处的幅值衰减)。当采用窗函数设计时,通带截止频率处的幅值衰减固定为6db,所以不必定义。

(2) 使用FDATool设计滤波器的具体步骤如下:

1) 在Matlab命令窗口中执行fdatool,按“回车”调出Filter Design and Analysis Tool,具体使用可以参见Matlab Help中的Signal Processing Toolbox→FDATool。

2) 将设计好的滤波器系数导出:File - Export弹出Export对话框,导出结果可以是三种形式,分别是“Export to Simulink Mode” “Export As”和“Generate Matlab Code”,这里根据需要选择“Export As”得到滤波器系数,如图8-22所示。

3) 调用sos2tf将系数转换为传递函数形式,即[b, a]=sos2tf(sos, g);也可以直接从菜单栏Analysis→Filter Coefficient选项直接得到滤波器的系数。

4) 调用filter,即d=filter(b, a, x)使用这个滤波器。其中:filter是默认函数;b、a是刚刚设计的传递函数参数;x是原始采集信号;d为滤波后的信号。

使用上述FDATool工具箱的方法设计滤波器虽然简单,频域参数也易于调整,但许多函数封装在Matlab中,在工程中应用比较麻烦。因此,需要直接编写程序,方便掌握滤波器的设计原理。

图8-22 导出数据

(3) 以低通滤波器为例,根据IIR滤波器基本原理中的差分方程 $y(n)=\sum_{i=0}^{M}a_i x(n-i)-\sum_{i=1}^{N}b_i y(n-i)$ 可知,只需要求出滤波器的时域参数a_i、b_i即可设计出滤波器,而根据滤波器的频域特性,影响滤波器滤波效果的频域参数是截止频率w和阻尼比ξ。因此,只需找出频域参数ω、ξ与时域参数a_i、b_i之间的对应关系就可以了。具体步骤如下:

1）根据传递函数公式，已知参数 ω、ξ，得出传递函数的分子分母系数矩阵 Num=[1] 和 Den=[1/ω/ω，2*ξ/w，1]。

2）调用 tf 函数，得到传递函数 sys=tf(Num，Den)，如 sys=tf([12],[1010]) 表示传递函数 $(s+2)/(s\hat{}2+10)$。

3）调用 c2d 函数将连续系统变为离散系统，即 sysd=c2d(sys，TimeStep，method)，式中 TimeStep 表示采样周期，即 TimeStep=1/Fs，方法有 zoh 零阶保持器法、foh 一阶保持器法、tustin 双线性变换法。此处选用双线性法，即 sysd=c2d(sys,TimeStep,'tustin')。

4）调用 tfdata 提取分子、分母的系数，即 [b，a]=tfdata(sysd,'v')，至此，时域参数 a_i、b_i 可由频域参数 ω、ξ 直接求出。

5）调用 filter，即 d=filter(b，a，x) 使用这个滤波器。其中：filter 是默认函数，b、a 是刚刚设计的传递函数参数，x 是原始采集信号，d 为滤波后的信号。

8.2.9.5　滤波器的仿真验证

为验证滤波器设计方法的有效性，在 Matlab 平台上利用仿真信号进行验证。设有一个输入信号 $x(t)$，它由 50Hz 信号和 100Hz 信号组成，即 $x(t)=\sin 2\pi\times 50t+\sin 2\pi\times 100t$。

(1) 采样频率 F_s。采样频率 F_s 即每秒从连续信号中提取并组成离散信号的采样个数。采样频率的导数是采样周期。通常，采样频率是指每秒钟采集信号样本的个数。根据奈奎斯特定律采样频率必须大于被采样信号带宽的两倍。如果信号的带宽是 100Hz，那么为了避免混叠现象，采样频率必须大于 200Hz。

(2) 截止频率 f。截止频率 f 指一个系统的输出信号能量开始大幅下降或者在带阻滤波器中大幅上升的边界频率（一般以－3dB 上限 f_1 和下限 f_2 截止频率的带通滤波器为界限）。

1）低通滤波器的仿真验证。设计一个低通滤波器（Lowpass Filter），其中 100Hz 是干扰信号，采样频率设为 400Hz。参数分别设为 $w=2\pi\times 100$，$\xi=0.8$。低通滤波器效果如图 8-23 所示。

2）带阻滤波器的仿真验证。设计一个 50Hz 的带阻滤波器（Notch Filter），其中 50Hz 是一个干扰信号，采样频率设为 400Hz。参数分别设为 $w_1=w_2=2\pi\times 50$，$\xi_1=0$，$\xi_2=0.1$。滤波效果如图 8-24 所示。

通过以上验证，可以得出滤波器设计方法的有效性。

8.2.10　动力学分析

在控制设计工作中需要对机组进行动力学分析，目的是识别机组的耦合模态。

图 8-25 是上述某 2MW 机组 Campbell 图，主要包含 3Hz 以下的耦合频率，这

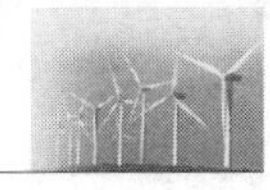

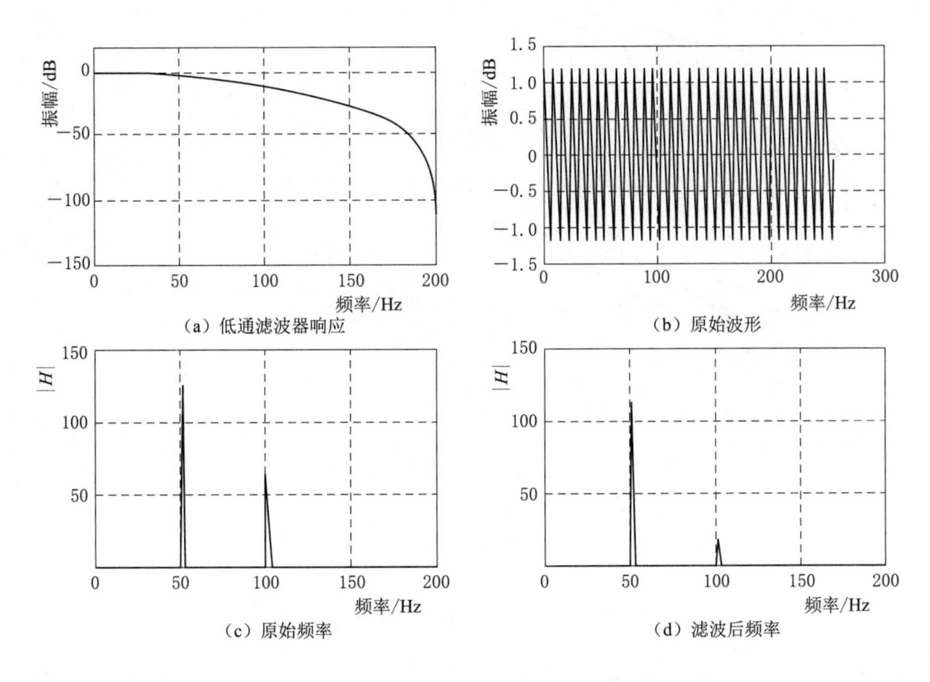

图 8-23　低通滤波器滤波效果

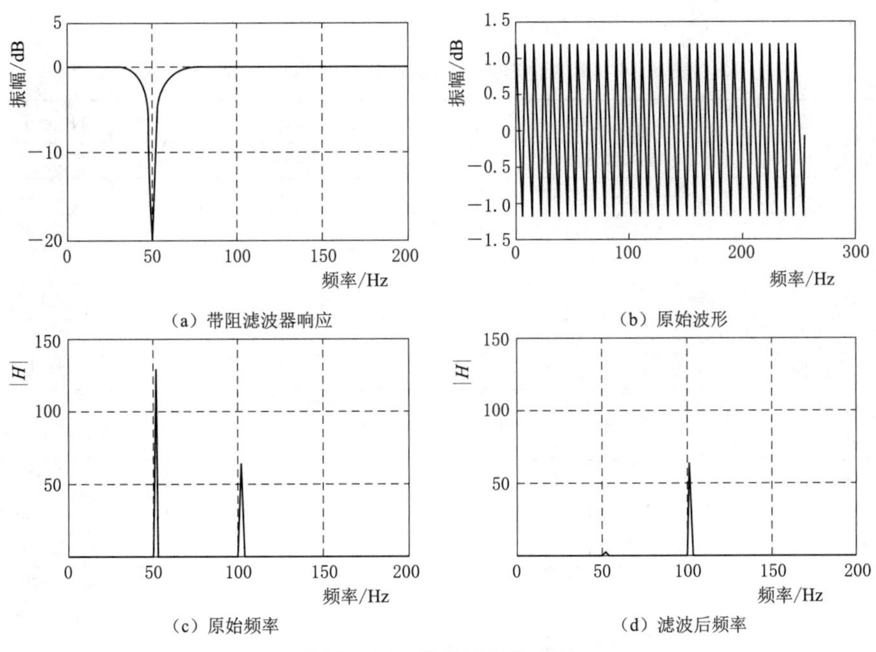

图 8-24　带阻滤波器效果

些频率对控制器的设计至关重要。从图中可以看出塔架模态在额定转速时与叶轮 $1P$ 距离较远。

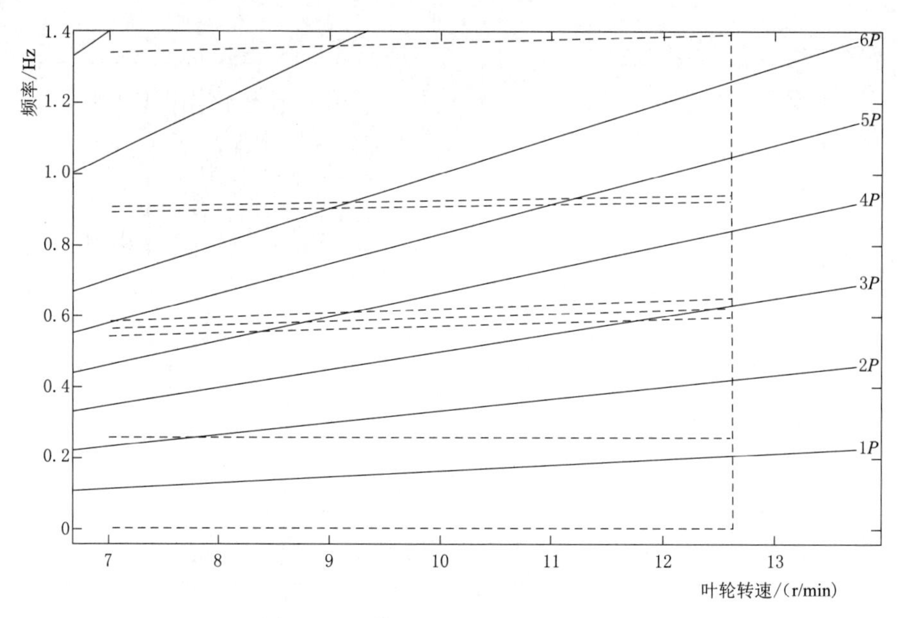

图 8-25 某 2MW 机组 Campbell 图

在切入转速下，叶片 $3P$ 频率为 0.3Hz，塔架一阶频率为 0.26Hz，根据规范要求，频率至少满足 5%的间隔要求，因此在这个转速下，塔架不会产生共振。耦合模态频率和阻尼系数（风速 12m/s）见表 8-4。

表 8-4 耦合模态频率和阻尼系数（风速 12m/s）

模　　态	频率/Hz	阻尼系数/%	$1P$ 频率/Ω
塔筒 1 阶	0.259	5.480	1.320
塔筒 2 阶	0.271	15.877	1.376
叶片 11 阶	0.491	69.730	2.498
叶片 21 阶	0.522	69.577	2.655
叶片 31 阶	0.556	65.930	2.827
叶片 12 阶	0.683	1.850	3.473
叶片 22 阶	0.701	2.290	3.564
叶片 13 阶	1.688	25.587	8.583
叶片 23 阶	1.234	22.917	6.274
叶片 32 阶	1.234	1.9236	6.273
叶片 33 阶	1.310	21.010	6.659
塔筒 7 阶	1.526	4.967	7.760
塔筒 6 阶	1.568	6.402	7.973
叶片 14 阶	1.867	0.700	9.492
叶片 24 阶	1.892	1.159	9.621
叶片 15 阶	2.355	13.117	11.973
叶片 25 阶	2.558	9.756	13.005
叶片 35 阶	2.662	10.500	13.537

续表

模　　态	频率/Hz	阻尼系数/%	1P 频率/Ω
塔筒 9 阶	2.626	5.314	13.354
塔筒 8 阶	2.677	7.233	13.612
叶片 34 阶	3.031	1.828	15.413
塔筒 3 阶	3.802	9.347	19.333
叶片 16 阶	4.074	1.523	20.716
叶片 26 阶	4.136	1.918	21.032
叶片 17 阶	4.296	7.151	21.843
传动系统	4.286	3.400	21.794
叶片 27 阶	4.544	6.222	23.107
塔筒 10 阶	4.723	5.431	24.015
叶片 37 阶	5.487	8.981	27.902
塔筒 5 阶	6.295	10.286	32.009
叶片 19 阶	6.440	3.466	32.744
叶片 18 阶	7.016	4.298	35.676
叶片 28 阶	7.189	2.850	36.552
叶片 38 阶	7.304	3.198	37.139
叶片 29 阶	7.389	6.650	37.572
叶片 39 阶	7.572	5.035	38.501
塔筒 4 阶	7.746	19.790	39.387

8.3 控制问题与系统改进

8.3.1 控制问题

现代大型风电机组经过几十年的发展，尽管相关技术有了突飞猛进的发展，一些技术和方法仍需进一步研究。当前，风电机组控制问题主要如下：

(1) 现代风电机组正在向着大型化发展，势必要增加塔筒的高度和叶片的长度，如何更为精确地控制风轮这个大惯性体，是控制系统今后重点研究的难题。同时，功率的增加导致相关部件的载荷增大，如何控制机组载荷，使得风电机组的度电成本进一步降低，也是当前研究的热点问题。

(2) 风力发电系统是一个复杂、强耦合、高阶次的系统。目前越来越多的研究者将现代控制理论的方法引入到风电机组设计中来。进一步运用更先进的控制理论和方法来达到精确控制的目的。

(3) 通过对转矩控制器和变桨距控制器的设计，并应用 Matlab 软件和 Bladed 软件对控制器进行研究。在输入信号采用风阶跃响应的情况下，应用 Matlab 软件的 Toolbox 模块调整控制器 PID 参数，机组在额定风速以下运行时，通过调整转矩阻尼控制器的 PID 参数和阻尼系数，发电机转速和转矩的超调量都明显减小，致使传动系统的振动减小，调节时间缩短，系统的动态性能明显改善。在额定风速以上运行时，通过调整变桨距控制器的增益表和阻尼系数，在加入PID调节环节后的闭环系统，桨距角、发电机转速和机舱挠度在风阶跃的条件下，动态响应好，超调减小。

（4）在Matlab软件下的Toolbox功能块下，通过移动校正装置的增益和零极点的位置，同时观察系统根轨迹或伯德图的变化，根据系统的频域分析法调试控制器参数。

8.3.2　系统改进

8.3.2.1　变桨距控制系统的改进

大风情况下的超速脱网不仅会增加机械疲劳载荷，影响机组使用寿命，而且在大风情况下的停机到再次并网运行，受到机组二次并网风速的约束，需要一段时间，这样也会减少机组的发电量。因此优化变桨控制系统，增加控制策略，使变桨能快速动作，抑制或者减少机组超速脱网，对于提高风电场发电量、降低机械载荷、提高电网稳定性具有重要意义。

随着低风速、超低风速风电机组的开发，机组风轮直径不断增大。由于风轮的巨大惯性，通常在阵风出现1～2s后，风轮转速发生变化，这样滞后现象容易引起风轮转速超速。机组发生风轮超速的另外一个因素是，由于叶片气动的非线性特点，单一控制器或单一增益的控制器已不能满足控制性能要求。

在阵风突然出现下，以变桨提前动作与快速动作的原则，结合变速变桨控制算法基本结构，在变桨控制器PC（Pitch Controller）上增加功率桨距角发电机转速控制环PPGSL（Power Pitch Generator Speed Loop），使变桨在额定功率以前提前动作；在变桨比例项中增加非线性增益因子NLGF（Non Linear Gain Factor），使得变桨能够快速动作，从而有效抑制在阵风出现下风轮转速发生超速现象，减少由于停机带来的发电量损失，而又不增加机组疲劳载荷。

8.3.2.2　控制算法程序代码的改进

目前主要采用Visual Studio C＋＋编写DLL文件作为外部控制器，Bladed读入DLL文件进行数值仿真控制机组运行。

由于控制系统的复杂性，程序代码比较庞大，后期可操作性差。为了弥补以上不足以及缩短开发周期，采用MATLAB的RTW工具将simulink控制系统转换为相应的C语言程序。

RTW，即Real-Time Workshop是MATLAB软件的一个工具箱。该工具箱可以将MATLAB的simulink模型转换为C/C＋＋语言。RTW具有以下5个基本功能：支持多种平台的Simulink代码生成、创建过程、Simulink外部模式、多目标平台支持以及快速仿真特性。

建立控制系统的模型，在 Simulink 中新建一个空白程序，使用 Simulink 建立设计的扭矩控制器和变桨控制器模型。将变桨控制系统模型和扭矩控制系统模型分别封装为 Torque Controller 和 Pitch Controller，并将模型的解算器类型设置为 Fixed - step。这种控制算法改进，大大提升了编程效率，提高了后期可操作性。

8.4 控制系统发展趋势

8.4.1 激光雷达辅助预测控制方法

风电机组控制算法的风况输入是风速和风向，这些变量通过机舱上的风速仪和风向标进行测量。机组控制精确的前提是需保证风速、风向的准确性，也就是风速仪和风向标的精确度。

风轮在旋转过程中，会对气流产生阻挡影响，风轮前后风速、风向值存在差异，会形成风速下降的尾流区。尾流区会产生湍流、涡流等现象，会影响风电机组的发电量及使用寿命。

随着风电机组机型的不断增大，风电机组的控制算法面临新的机遇和挑战，遥感测量技术的发展给传统风电机组控制算法提供一个新的研究领域。目前，有研究学者提出了基于激光雷达（Light Detection And Ranging，LIDAR）辅助风电机组模型预测控制方法来实现控制系统对风速扰动的前馈补偿控制。首先根据叶素动量理论分析风电机组的载荷情况和激光雷达预测风轮迎风面的有效风速，利用扩展卡尔曼滤波重建噪声状态的非线性风电机组模型的未知状态，对预测时域状态值进行预测实时处理，以求解最小目标函数获取系统当前时刻的最优化控制，使得系统参考轨迹和未来输出值之间差值实现最小化。提高大型风电机组的风能利用系数，缓解风电机组的疲劳载荷，延长使用寿命。

激光雷达测风系统首先将激光发射至目标位置，经过大气散射后，由光电探测器接收散射信号，实现散射信号与测风雷达本振光相干混频，这样就可以测量出该相干的信号频率，再使用频率值与风速之间的关系，就可以获得激光雷达所探测区域的聚焦处沿激光束方向的径向速度，同时还可以通过调焦装置来调节激光束的聚焦位置，来测量不同高度层不同位置的风场风速，激光雷达测量风速模拟如图 8 - 26 所示。

模型预测控制主要由预测模型、滚动优化和反馈校正三部分组成，这三个部分也是模型预测控制区别于其他控制策略最基本的特征，同时也是模型预测控制在大型风电机组应用中取得成功的技术因素。模型预测控制实质上是基于模型的有限时域闭环最优控制算法，即在每一个控制时域内，控制器的初始状态值设定为系统当前时刻的状态值，通过对预测时域的状态值进行预测控制，实时地求解最小化的目标函数，获

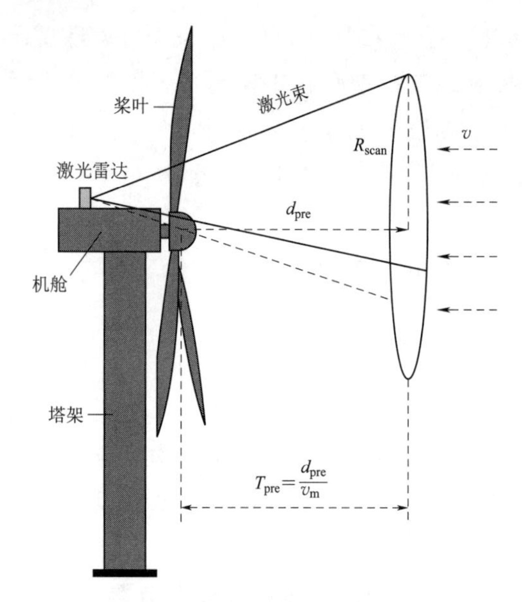

图8-26 激光雷达测量风速模拟

取系统当前的控制信号，使得系统的参考轨迹和未来输出值之间差值实现最小化，从而达到系统的最优化控制。风电机组的预测控制不是使用全局一样的优化性能指标，而是在每一个控制时刻内有对应于该控制时刻的优化性能指标。不同控制时刻的优化性能指标的相对形式一样，但其绝对的形式不一样。因此，在机组的模型预测控制中，系统的优化不是一次离线就完成，而是不断地在线进行优化，这也就是滚动优化的意义。

研究表明，通过激光雷达反馈信息配合智能控制策略，可以大幅降低风电机组疲劳载荷，一般在10%以上，不同部件的降载效果不同。同时对于极限载荷，激光雷达具有精确性更高的效果，在保证雷达可靠性的前提下，极限载荷可降低10%～20%。在极端运行阵风下，雷达辅助控制使得风电机组提前2～3s变桨，保证风电机组平稳地避开极限阵风，在保证载荷的情况下也保证了发电量。

不仅是载荷，反馈信息配合智能控制算法还可以优化风电机组的动态风能捕获响应和偏航规划，还可能提升发电量1%左右，修正偏航误差可挽回5%的发电量损失。综上所述，激光雷达辅助控制可以大幅降低风电机组成本5%～10%。

8.4.2 独立变桨距控制算法

随着大型和超大型风电机组发展，机组的控制和设计要求也越来越高，机组在控制和安全稳定运行方面面临诸多新问题。目前大型风电机组的控制设计主要需解决以下问题：

（1）低风速下的最大风能利用。

（2）额定风速以上对风电机组额定功率控制和风轮的转速控制。

（3）减小叶片的拍打和挥舞，减小轮毂的俯仰和偏航控制。

（4）减小风电机组传动系统、塔架等主要部件的振动。

（5）减小风电机组整机的不平衡载荷控制。

（6）应用传感系统进行状态检测、故障处理和数据统计等。

变桨变速风电机组从变桨距控制上划分，可分为集中变桨距控制CPC（Collective Pitch Control）和独立变桨距控制IPC（Individual Pitch Control）。集中变桨距控制是

指各个叶片的桨距角根据变桨指令，同步调整到相同角度，也是目前世界范围内应用最广、最为成熟的技术。

独立变桨距控制是指根据各个叶片的实际载荷发出不同的变桨指令，控制桨距角的变化，使每个叶片能够获取不同的目标位置，以达到降低风轮面不均衡疲劳载荷的目的，从而调节风电机组速度进而控制风电机组的功率输出。独立变桨距控制具有较高的风能利用效率，提高风电机组的稳定运行，延长风电机组的使用寿命。

在风电机组集中变桨距控制中，桨距角的给定是由发电机的功率调节给定的，实质上是通过桨距角的调节来保证发电机的额定功率输出。集中变桨在功率控制的同时无法兼顾叶片受力产生拍打和挥舞。随着风轮直径和塔架高度增大，导致风剪切、塔影效应和湍流风况等因素对风电机组的风轮不对称载荷、轮毂载荷、塔架载荷和机舱载荷等影响也随之增大。这些附加载荷对风电机组的安全稳定运行产生较大影响，以致缩短风电机组的使用寿命。独立变桨距控制系统可以分别对风电机组叶片进行单独调节，不仅能够保证发电机输出额定功率，而且可以有效减小因风剪切和塔影效应等对风电机组产生的不平衡载荷，提高整个机组的耐疲劳寿命。

当发电机并网后，风电机组即进入欠功率状态。此时，风速低于额定风速，发电机在额定功率以下运行。由于风速较小，叶片的挥舞和摆阵等不平衡载荷对风电机组稳定运行影响不大，系统优先考虑风电机组的运行效率，以获得最大风能捕获控制为主。但当风电机组受风切变、塔影效应和湍流等随机风速影响较大，超过叶根载荷传感器的检测下限时，则叶根载荷传感器发出信号，独立变桨控制器根据发电机转速和叶片的桨距角调节每个叶片的入流角，以保证叶片处于最优桨矩角，减少不平衡载荷的短期影响。

当风速达到或超过机组额定风速时，风电机组的控制方式由恒转速控制改变为恒功率控制方式。这时，独立变桨距风电机组从转速控制转换为功率控制，变桨系统首先根据发电机的功率信号进行统一变桨控制，给出桨距角的统一调节值。同时，叶根载荷传感器检测叶根载荷，通过坐标变换对叶根载荷进行反馈，变换为三个叶片的独立桨距角反馈输入调节信号，进行独立叶片调节，以减少风电机组不平衡载荷的影响。

在独立变桨运行控制中，独立变桨距控制主要对应三个控制量：每个叶片的桨距角、发电机转速和发电机的输出功率。独立变桨的实现和调节能够协调风电机组稳定运行和发电机功率稳定输出。因为独立变桨距控制中，叶片除了受风速大小影响外，还受风轮的重量、叶片的大小、几何结构等因素的影响。因此，风电机组独立变桨控制系统是一个复杂的多变量控制系统，需要在控制方法和控制策略方面深入研究。

第9章　风电机组生产制造

风电机组的质量是否满足安全性、经济性、适用性的要求，不仅取决于其本身的设计水平，还取决于生产制造工艺、质量控制等。我国早期大多采用国外技术、本土生产的方式制造整机，随着技术水平的提升，我国整机生产制造已趋向于全面国产化。

本章主要介绍风电机组关键部件的生产装配工艺及质量控制要求，风电机组装配完成后出厂调试的要求及方法。

9.1　制造工艺及质量控制

9.1.1　叶片

叶片是风力发电机组接收风能，并将风能转化为机械能的关键部件，也是风力发电机组主要载荷的来源。其可靠的质量及优越的性能是保证风电机组转换效率、稳定运行的决定因素。叶片的外形决定了叶片整体的空气动力性能，叶片生产制造过程的控制又在很大程度上影响叶片的外形，一个具有良好空气动力外形的叶片，可使机组的能量转换效率更高，获得更多的风能。同时，叶片又承受着很大的载荷，自然界中的风况复杂多变，使得叶片承载的载荷也很复杂，因此叶片必须具有足够的强度和刚度。叶片的生产制造须严格按照工艺要求进行，以保证实际产品与设计的一致性。

1. 制造工艺

大型商用化叶片的制造一般都采用真空灌注成型工艺，这种工艺是将纤维增强材料直接铺放在模具上，在纤维增强材料顶上铺设一层剥离层。剥离层通常是一层很薄的低孔隙率、低渗透率的纤维织物，上铺放高渗透介质，然后用真空薄膜包裹及密封。

叶片的成型过程如下：

(1) 选择合适的清洗剂，将模具内表面清理干净，在内表面均匀喷涂脱模剂和胶衣层。

(2) 在模具内铺放好按照结构和性能设计要求的纤维、芯层材料、防雷件和叶根构件等预成型体。

(3) 使用真空泵对模具内腔抽真空，借助大气的压力和高渗透率的介质将树脂浸入到结构层中。

(4) 启动热水循环泵对模具进行加温，加速叶片固化，缩短在模具内的固化时间。

(5) 利用黏合剂将叶片上、下壳体，内部纵向翼梁和叶根部黏合成完整的叶片。

(6) 喷涂面漆，形成叶片成品。叶片制造方式示意如图 9-1 所示。

(a) 纤维增强材料铺设

(b) 真空灌注成型

图 9-1 叶片制造方式示意图

2. 质量控制

叶片的生产是一个复杂过程，通常情况下叶片的质量控制主要包括原材料控制、制造过程控制和成品质量检验控制。

(1) 原材料控制。原材料控制是产品质量控制的源头，主要材料的供应商应符合《质量管理体系》(GB/T 19001—2016) 的要求。所选材料的性能指标以及化学成分应符合现行相关标准的要求。主要材料进场后应进行性能复检，复检合格后方可用于生产制造。

(2) 制造过程控制。生产管理、质量控制人员需要经过相关培训，考核合格者持证上岗。对有特殊要求的关键岗位，必须选派对工作和质量认真负责的人员担任；应对叶片材料的特性有深刻认识；能够领会生产工艺的要求，才能对生产过程进行有效控制。

先进的设备是叶片质量的有效保障。生产设备、检验设备、工装工具、计量器具等应符合工艺规程的要求，能够满足工序能力的要求，时刻确保设备处于完好状态和受控状态。

(3) 成品质量控制。成品质量控制文件必须跟随生产过程，并由负责每一阶段的

工作人员签字。叶片性能的检验应用随机试件或从部件上直接切取试样的方式进行检验。

9.1.2 轮毂

轮毂是连接叶片和主轴的零件。通常有两种形式：刚性轮毂和柔性轮毂。其中刚性轮毂是风力发电机组最常见的结构。轮毂一端连接叶片，将叶片载荷传递到风力发电机组的支撑结构上；另一端连接到主轴上，带动发电机旋转发电。因此轮毂是风力发电机组重要的零件之一。

1. 材料

轮毂的结构一般较为复杂。通常采用铸造的方法制造。材料应按照《球墨铸铁件》（GB/T 1348—2019）和《灰铸铁件》（GB/T 9439—2010）选用铸铁材料，优先选用球墨铸铁，也可选用HT250以上的普通铸铁、铸钢等。采用铸铁轮毂可发挥其良好的金属疲劳、易于切削加工等特性，适用于批量生产。

2. 加工工艺

轮毂是结构特殊、体积较大、加工难度大、加工质量风险高的零件。轮毂的制造工艺如下：

（1）要对轮毂的铸造毛坯进行喷丸除锈处理，表面喷涂防锈漆。

（2）将与主轴连接的法兰面向上吊装在立式车床的转盘上，用专用卡具固定轮毂后按照图纸要求车出法兰孔及端面。

（3）以法兰孔的内径和端面为基准加工出与主轴连接的安装孔。

（4）将加工好的轮毂法兰面向下，吊装在镗洗加工中心的平台上，利用加工好的法兰面及面上的安装孔，采用一面两销定位的方式定位固定，加工出叶片变桨轴承安装用的三个法兰面及一圈安装螺纹孔。

（5）加工变桨驱动装置、控制箱，轴承润滑装置等需要加工的平面或者孔。

加工完成后做轮毂动平衡实验，用钻孔方式在规定部位去除多余重量，经检验合格后按要求表面喷漆后入库。轮毂加工示意如图9-2所示。

图9-2 轮毂加工示意图

3. 质量控制

轮毂的设计要求严格、制造精度高，因此轮毂的质量控制显得尤为重要。轮毂应逐台进行检验，轮毂质量控制点见表9-1。

表 9-1 轮毂质量控制点

序号	检验项目	型式检验	过程检验	出厂检验	检验方法
1	材质	○	○	△10	Q/JF 2JY1500.113
2	附铸试块制备	○	○	△2	DIN EN 1563—2005
3	附铸试块位置	○	○	△2	目测
4	附铸试块抗拉试验	○	○	△10	GB/T 228—2010
5	附铸试块夏比摆锤冲击值	○	○	△10	GB/T 229—2010
6	附铸试块的硬度	○	○	△10	GB/T 231.1—2018
7	石墨球化级别	○	○	△10	GB 9441—2009
8	金相组织	○	○	△10	GB 9441—2009
9	铸件质量评定	○	○	—	JB/T 7528—1994
10	铸件尺寸公差	○	○	△2	GB/T 6414—2008
11	铸件重量公差	○	○	—	GB/T 11351—2017
12	铸件表面质量	○	○	△2	DIN EN 12454—2017
13	铸件表面粗糙度	○	○	△2	DIN EN 1370—2012
14	超声波探伤	○	○	*	DIN EN 12680.3—2012
15	磁粉探伤	○	○	*	DIN EN 1369—2013
16	喷砂防锈	○	○	△2	ISO 8501-1—2007
17	未注尺寸公差	○	△5	—	GB/T 1804—2000
18	未注形位公差	○	△5	—	GB/T 1958—2017
19	平行度	○	○	△2	GB/T 1958—2017
20	孔的位置度	○	○	△2	GB/T 1958—2017
21	垂直度	○	○	△2	GB/T 1958—2017
22	防腐范围	○	—	○	目测
23	防滑区检验	—	△	△2	目测
24	标记沟检验	—	—	△2	目测
25	漆涂层厚度的测量	○	○	△2	GB/T 13452.2—2008
26	漆涂层结合强度	○	○	△2	GB/T 9286—1998/ISO 4624—2016
27	面漆颜色检验	○	○	○	JB/T 5000.12—2007
28	包装	—	—	○	GB/T 13384—2008

注 “*”表示文件检验（厂家提供的检验文件）；“○”表示全检；“△”表示必检项目，“△”后数字表示抽检的比例，如“△5”表示5%；“—”表示不作规定的检验项目。

9.1.3 主轴

主轴是风力发电机组上连接轮毂与齿轮箱的重要部件，其作用一方面是将旋转轮毂的气动载荷传递给齿轮箱或者直接传递给发电机；另一方面将载荷传递给机舱的支撑系统。此外主轴还要承受来自轴承、齿轮箱或发电机的反作用力。为实现以上作用并保证正常使用寿命，要求主轴的设计应考虑配合表面硬度高，芯部韧性好的特性。

1. 材料

为了提高承载能力，轴的材料应在强度、塑性、韧性等方面具有较好的综合力学性能，一般都采用中碳钢或合金钢，通常采用锻造方法制造。采取合理的预热处理以及中间和最终热处理工艺，以保证材料的综合力学性能达到设计要求。常用的热处理方法为调质处理，而在重要部位作淬火处理。要求较高时可采用优质低碳合金钢进行渗碳淬火处理，或中碳合金钢进行表面淬火处理，以获取较高的表面硬度和较高的芯部韧性。

在某些情况下，主轴也可采用铸件。铸件为主轴的成型提供了很大的自由度，但也面临一些限制因素，如相对较低的极限强度和失效延展率。

2. 加工工艺

通常主轴锻造后需要在卧式车床、深孔钻床、落地镗床上完成加工。除此之外还要进行多种拉伸、冲击实验等。主轴的加工为了减少应力集中，对轴上台阶处的过渡圆角、花键及较大轴径过渡部分均应做必要的处理，如抛光用以提高轴的疲劳强度。

3. 质量控制

主轴是风电机组中最关键的部件之一，需对关键配合尺寸进行全面检查；非关键性尺寸进行抽样检查。通过一些恰当的检测程序，保证性能满足设计要求。主轴质量控制点见表9-2。

表9-2　主轴质量控制点

序号	检验项目	型式检验	出厂检验	检验方法
1	材质（原始检验报告、复检报告）	△	△	GB/T 3077—2015、GB/T 222—2006、GB/T 223—2008
2	试样取样位置	△	△	按照要求
3	材料机械性能试验（原始检验报告、复检报告）	△	△	GB/T 228.1—2010
4	材料V形缺口试验（原始检验报告、复检报告）	△	△	GB/T 229—2010
5	硬度试验	△	—	GB/T 231.1—2018
6	晶粒度（原始检验报告、复检报告）	△	△	GB/T 6394—2017
7	非金属夹杂物（原始检验报告、复检报告）	△	△	GB/T 10561—2005
8	低倍组织检查	△	△	GB/T 226—2015、GB/T 1979—2001
9	未注尺寸公差	△	—	GB/T 1804—2016
10	未注形位公差	△	—	GB/T 1184—2008、GB/T 1958—2017
11	探伤	△	△	JB/T 5000.15—2007
12	涂层厚度	△	△	GB/T 13452.2—2008
13	涂层结合强度	△	—	GB/T 9286—1998，GB/T 5210—2006
14	涂层外观检验	△	△	目测
15	几何形状及其尺寸公差	△	△	GB/T 1958—2017、GB/T 1804—2016
16	包装	—	△	GB/T 13384—2008、JB/T 5000.13—2007

注：“△”表示必检项目；“—”表示不作规定的检验项目。

9.1.4 齿轮箱

齿轮箱的主要作用是将叶轮在风力作用下所产生的动力传递给发电机并使其得到相应的转速。由于机组受无规律的变向变负荷的风力作用以及强阵风的冲击，常年经受酷暑严寒和极端温差的影响，加之齿轮箱安装在机舱的狭小空间内，一旦出现故障，修复非常困难。故对其可靠性和使用寿命都提出了比一般机械高得多的要求，因此其所用的材料要在强度、塑性、硬度等方面具有较好的综合力学性能。

1. 齿轮箱的材料

根据 GB/T 19073—2018 齿轮箱体的制造技术要求的规定，箱体类零件的材料应按照 GB/T 1348—2019 和 GB/T 9439—2010 的规定选用铸铁材料，宜选用球墨铸铁。采用铸铁箱体可发挥其减震性，易于切削加工等特点，适用于批量生产。常用的材料有球墨铸铁和其他高强度铸铁。

齿轮材料通常为优质低碳或中碳合金结构钢，外齿轮推荐采用 17Cr2Ni2A、17Cr2Ni2MoA、20CrNi2MoA 等材料。内齿轮材料推荐采用 34Cr2Ni2MoA、42CrMoA 等材料。其力学性能应分别符合 GB/T 3077—2015、JB/T 6395—2019、JB/T 6396—2018 的规定，也可采用其他具有等效力学性能的材料。

为了获得良好的锻造组织纤维结构和相应的力学特征，齿轮毛坯通常使用锻造方法制造，并采取合理的预热处理以及中间和最终热处理工艺，保证材料的综合力学性能达到设计要求。太大尺寸的齿轮毛坯允许采用铸钢工艺，但必须有理化性能合格的试验报告。铸钢齿轮毛坯的轮齿和孔一般都是铸造出来的，锻造齿轮必须把轴孔锻出，这样可以节省材料并减少切削工作量。

加工人字齿轮的时候，若是整体结构，半人字齿轮之间应有退刀槽；若是拼装人字齿轮，则分别将两半齿轮按普通圆柱齿轮加工，最后用工装将两者准确对齿，再通过过盈配合套装在轴上。

在一对齿轮副中，小齿轮的齿宽应比大齿轮略大一些，这主要是为了补偿轴向尺寸变动和便于安装，为减小轴偏斜和传动中弹性支撑变形引起载荷不均匀的影响，应在齿形加工时对轮齿作修形处理。

2. 箱体加工工艺

风力发电机组齿轮箱体属于大型箱体，根据风电机组功率的不同，轮廓尺寸为 2～4m，大部分为剖分结构。为了减小振动，风电机组的齿轮箱通常采用浮动安装方式，并且它的传动结构以行星轮为主，所以箱体加工工艺是以中心圆为基准进行加工，与传统的以底面未安装基准的加工方法完全不同，齿轮箱箱体加工过程如下：

齿轮箱箱体的铸造毛坯必须进行退火和时效处理，以消除内应力。清砂后喷丸处理，然后表面喷涂防锈漆。将齿轮箱箱体毛坯的剖分面向上吊装在立式车床的转盘上，按图样要求车出法兰孔、端面及剖分法兰孔在一条轴线上的所有孔、端面和内圆面。箱体结合表面的表面粗糙度通常不大于6.3μm。箱体剖面应结合，用0.05mm的塞尺检查其缝隙时，塞尺塞入深度不得超过结合面宽度的三分之一。在数控钻镗铣床上采用中心芯轴定位卡紧方式进行装夹，加工出剖分面法兰孔、浮动安装耳环孔及与中心孔不在一条轴线上的其他全部孔。再将齿轮箱箱体剖分面向下采用一面两销定位的方式装夹，使用数控钻镗铣床加工出箱体前、后端面及其端盖安装孔。数控钻镗铣床工作台旋转相应角度，加工出箱体侧面窗口平面及其压盖安装孔。齿轮箱上所有安装螺栓孔的位置精度不允许大于0.2mm。机械加工完成后，全部外露表面应喷涂防护漆，涂层应薄厚均匀，表面平整、光滑、颜色均匀一致，检验合格后入库。

3. 齿轮加工工艺

通常风力发电机组齿轮箱内的齿轮模数很大，使齿轮的加工量很大，需要对大型齿内圈、圆柱直齿轮和斜齿轮等进行批量生产。风电机组齿轮主要加工设备为数控立式滚齿机、数控成型铣齿机、数控插齿机、数控磨齿机等。这些齿轮加工机床中，数控齿轮机床要求具有高效、重载、重切、刚性好的特点。数控成型铣齿机要求大切深、大进给、滚速高；数控成型磨齿机要求精度达到5级以上，自动化程度高、自动调心、自动测量、自动修形、稳定性好。

齿轮的加工从在车床上车制齿轮毛坯开始，然后外齿轮用内孔和端面定位，装夹在滚齿机的芯轴上进行齿面加工。内齿轮用外圈和端面定位，装夹在插齿机的转盘上进行齿面加工。轴齿轮加工时，常用顶尖顶紧轴端中心孔进行齿面加工。滚齿齿轮在精滚时一般采用修缘滚刀。

齿轮热处理后必须进行磨齿加工以提高精度。齿轮的精度直接影响齿轮箱的寿命和齿轮箱的噪声，因此要求齿轮箱内用作主传动的齿轮精度，外齿轮不低于5级，内齿轮不低于6级。磨齿齿轮应做齿顶修缘，磨齿齿轮副应做齿向修形。

4. 齿轮箱质量控制

齿轮箱的样机试验与型式试验要求完全相同，齿轮箱质量控制点见表9-3。

表9-3 齿轮箱质量控制点

序号	检验项目		型式检验	过程检验	出厂检验	检验方法
1	箱体	材质	○	△5/*	*	GB/T 1348—2009
2		机械性能及冲击值	○	△5	*	GB/T 229—2020
3		金相检验	○	△5	*	GB 9441—2009
4		产品表面等级	○	○	*	JB/JQ 82001—1990
5		铸件质量评定	○	△5	*	JB/T 7528—1994
6		箱体硬度	○	○	*	GB/T 231.1—2018
7		箱体探伤	○	○	*	DIN EN 12680.3—2003

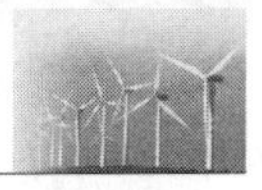

续表

序号	检验项目		型式检验	过程检验	出厂检验	检验方法
8	轴	材质	○	△5/*	*	GB/T 3077—2015
9		机械性能及冲击值	○	△5	*	GB/T 3077—2015 GB/T 229—2010
10		金相检验	○	△5	*	GB/T 10561—2005
11		探伤	○	○	*	JB/T 5000.15—2007
12	齿轮	材质	○	△5/*	*	GB/T 3077—2015
13		精度等级	○	△5	*	GB/T 10095.1（2）—2008
14		热处理检验	○	△5	*	GB/T 8539—2000
15		齿面硬度	○	△5	*	GB/T 230.1—2018
16		探伤	○	○	*	JB/T 5000.15—2007
16	输入轴行星架	材质	○	△5/*	*	JB/T 6402—2018 GB/T 1348—2009
17		位置度	○	△5	*	GB/T 1184—2008
18		探伤	○	○	*	JB/T 5000.15—2007 DIN EN 12680.3—2003
19	轴承	品牌	○	△5	*	目测
20	外形尺寸，联接尺寸		○	△5	*	GB/T 1804—2016 GB/T 1184—2008
21	齿轮齿面接触率		○	○	*	JB/T 5000.10—2007
22	齿侧间隙		○	○	*	图纸或工艺文件
23	清洁度		○	△5	*	JB/T 7929—1999
24	涂层厚度		○	○	*	GB/T 13452.2—2008
25	涂层结合强度		○	○	*	GB/T 9286—1998
26	外观检验		○	○	○	目测
27	型式试验		○	○	○	JB/T 9050.3—1999
28	出厂试验		○	○	○	JB/T 9050.3—1999
29	性能试验		○	○	○	JB/T 9050.3—1999
30	包装		—	—	○	GB/T 13384—2008

注 “△5”表示抽检，每批次抽检比例不低于5%；“△5/*”表示全检毛胚供方随产品的质检文件同时抽样复检，每批次抽检比例不低于5%；其他符号意义同前。

9.1.5 底座

1. 底座材料

大型风电机组底座一般重量较大，它所需要支撑的重量通常超过100t，为满足对底座的强度和刚度要求，底座一般采用铸造或焊接成型的方式制造。

铸造成型底座的材料可按照GB/T 1348—2008和GB 9439—2010的规定选用铸

铁材料，宜选用球墨铸铁，也可选用 HT250 以上的普通铸铁，或其他具有等效力学性能的材料。常用的牌号为灰铸铁：HT250、HT300、HT350 和球墨铸铁：QT400－15/18、QT450－10、QT500－7、QT600－3、QT700－2。

焊接成型底座的材料一般采是钢板，选择金属结构件的材料依据环境温度而定，可选择使用 Q235B、235C 及 Q235D 结构钢，或根据 GB/T 1591—2018 选择使用 Q345B、Q345C 及 Q345D 低合金高强度结构钢。钢板的尺寸、外形及允许偏差应符合 GB/T 709—2019 的规定。

2. 底座加工工艺

铸造成型底座属于大型件，一般由规模比较大的专业铸造厂生产。铸造底板可以是整体的，也可以分为几个部件装配成形。其生产过程如图 9－3 所示。

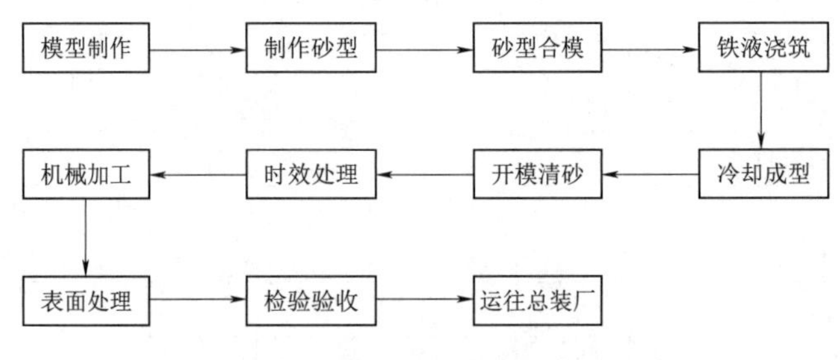

图 9－3 铸造成型底座生产过程

焊接成型底座安装偏航轴承的底部使用的钢板厚度为 80～150mm。箱壁四周、主轴支撑安装平面及传动链设备安装延伸段钢板的厚度，大约为箱底钢板厚度的三分之二；其他设备安装部位的钢板厚度大约为箱底钢板厚度的三分之一，用于安装润滑系统、冷却系统、控制系统等。

下料应保证切口质量，减少机械加工工作量。厚板焊接通常使用设备加工出双 V 形焊接坡口。焊接时一般使用自动气体保护焊机，以避免产生过多热量，造成变形太大和应力集中，必要时应使用工装减小热变形。

钢结构的组焊应严格遵循焊接工艺规程，关键部位的焊接应使用装配定位板。为保证焊接质量，焊接构件用的焊条、焊丝与焊剂都应与被焊接的材料相适应，并符合焊条相关标准的规定。

3. 底座加工的质量控制

不管是铸造底座还是焊接底座，与风电机组整机装配有关的关键部位必须进行机械加工，以保证其位置精度及平面贴合。

偏航轴承的安装面是整个底板的加工基准平面。加工后的安装面既消除了焊接变形，又保证了偏航轴承安装时的贴合要求。对于有齿轮箱的机组，也要加工齿轮箱扭力臂弹性支撑的安装面，这个平面决定了齿轮箱的受力状态，必须确保与齿轮箱扭力臂平行。

9.1.6 机舱罩与导流罩

机舱罩和导流罩是风电机组的防护结构，使风电机组能在恶劣的气象环境中正常工作，保护内部设备和人员不受风、霜、雨、雪、光和沙尘等外部因素的侵害。为了减小风电机组各构件的载荷，要求机舱罩与导流罩的重量尽可能轻，并具有良好的空气动力学外形。

9.1.6.1 材料选择

玻璃纤维增强复合材料的加工性能好、成型容易，制成的产品重量轻、成本低、外形光滑美观、耐侵蚀性能好，成为行业内的优先选择材料。

也有个别机型的机舱采用金属材料，金属材料一般使用铝合金或不锈钢。使用金属材料制成的机舱罩与导流罩工艺复杂，加工难度较大，材料的利用率较低，成本较高。

9.1.6.2 加工工艺

风电机组玻璃纤维增强复合材料机舱罩和导流罩的厚度一般为5～8mm，加强筋及法兰面的厚度为20～25mm。制作最常用的方法是手糊法和真空灌注成型法。

1. 手糊法

手糊法的第一步是模具的制作。根据部件的形状和结构特点、操作难易程度及脱模是否方便，确定模具采用凸模还是凹模，决定模具制造方案后根据图样画出模具图。一般凸模模具的制作比较容易，采用较多。

对于机舱罩与导流罩这样的大型模具，模芯的制作必须考虑到制作成本和重量。一般采用轻质泡沫塑料板或轻钢骨架作为模架，再在模架上手糊一定厚度的可加工树脂，经过打磨修整，样板检验合格后即可用于生产。

机舱罩与导流罩部件的加强筋是在糊制过程中，在加强部位加入高强度硬质泡沫塑料板制成的。这种泡沫塑料板的特点是闭孔结构的，使树脂无法渗入其中。部件中需要预埋的螺栓、螺母及其他构件较多，应在糊制过程中准确安放，不要遗漏和放错。手糊法生产效率低，产品一致性较差，修整工作量大，不适用于批量生产。

2. 真空灌注成型法

采用真空灌注成型法生产的产品一致性好，生产效率高，适宜批量生产。但一次性投资大，整套模具费用需要几十万元。真空灌注成型法属于闭模成型，一套模具由模芯和模壳两部分组成。关键技术有：①模具的灌注口和流道设计，好的灌注口和流道设计可以保证浸渗饱满且时间短；②树脂的黏度控制，若黏度大，树脂的流动性差，无法饱满填充；若黏度小，虽然流动性好，但固化时间会很长。因此工艺参数的确定，往往需要大量的试验。下面将工艺进行简要描述。

首先在模芯上按图样要求将增强材料的层数、位置铺覆好，需要预埋的加强筋及

其他构件准确安放好。然后将模壳与模芯合模，均匀固定，再用密封胶将模壳与模芯合模部位密封。使用真空泵对模具内腔抽真空。借助大气的压力和高渗透率的介质将树脂浸入到结构层中，充满模具内部。在室温条件下至少固化48h，然后开模取出产品。如需提高生产效率，可在模具上增加加热系统提高固化速度减少模具内的固化时间。出模后需要对产品进行修整飞刺毛边处理，然后喷涂胶衣、聚氨酯面漆以及规定的标志。

9.1.6.3　质量控制

每个部件均应进行外观质量检查。外表面应光滑，无飞边、毛刺，应特别注意气泡、夹杂起层、变形、变白、损伤、积胶等。允许修补部件外表面气泡和缺损的缺陷，但应保持色调一致。对于内部开胶、胶接处缺胶、分层等缺陷可通过注胶修补。对于部件表面的皱褶可用环氧树脂进行修补，打磨抛光。

部件均要对预埋件的位置进行检验，避免有遗漏、歪斜、错放等，还要对各部件之间的连接尺寸进行检验，并对重心位置进行标记，以方便吊装。

9.1.7　塔架

塔架是风电机组中尺寸最大的部件，其加工需要使用大型设备，研究其制造中的工艺问题对节省材料、降低成本、提高生产效率及质量控制具有十分重要的意义。

大型的钢制圆锥形塔架若在制造厂整体焊接成型，存在超长和超高的运输困难问题。考虑整体塔架表面防护处理和运输的困难，钢制圆锥形塔架可以采用分段的结构设计，分段制造后分段运输，到风电现场再进行组装。

目前我国主要公路桥梁涵洞的限高为4.5m，考虑运输车辆的底盘还有一定高度，一般塔筒的最大直径不能超过4.3m。

9.1.7.1　塔架的材料

钢制圆锥筒形塔架是目前塔架的主要形式，所选材料应能够满足设计使用要求，还应适合加工制造，且经济性要好。

选择金属结构件的材料时应依据环境温度而定，可根据GB/T 700—2006选择使用Q235B、Q235C及Q235D等结构钢，或根据GB/T 1591—2018选择使用Q345B、Q345C及Q345D等低合金高强度结构钢。在高风沙磨蚀、高盐碱腐蚀的环境下，也可以考虑使用不锈钢。钢板的尺寸、外形及允许偏差应符合GB/T 709—2019的规定。钢板的平面度不大于10mm/m。

9.1.7.2　塔架的加工

1. 塔筒的加工方法

塔筒通常由一系列的金属板卷成两个竖直焊缝连接而成。如此制成的每个锥台由于滚弯设备的能力所限，高度一般被限制在3～5m的范围内，一个塔架需分段制造

然后拼接。

锥形结构的塔架需要确定的重要参数是塔基的直径和壁厚。在塔架内部中等高度，其壁厚通常为塔基值和塔顶值的平均值，这种情况下塔架消耗的材料最少。塔架的顶部直径由偏航轴承尺寸决定。塔架底部的最大直径受公路运输限高制约。塔基直径的限制导致材料消耗量增加。

兆瓦级风电机组的塔筒使用的材料属于中厚钢板。当前中厚钢板的最大宽度为6m，一般宽度为3m。下料时合理套裁是降低成本的关键。下料的切割一般使用数控切割机以保证切割尺寸的准确性和切口质量。下料后使用刨边机加工出双V形焊接坡口，然后在滚弯机上弯出半圆锥形。

两个半圆锥形的对焊应使用自动气体保护焊机，以保证焊接质量和效率。焊接完成后，需进行二次滚圆整形来保证圆度。在专用设备上加工出上下段面的焊接坡口，接着进行各锥台段的拼焊，在此需要注意的是，上下段的纵焊缝应当错开90°，以避免焊缝集中所造成的应力集中。

焊接过程中应采用分段焊接的方式减小焊接应力，有条件的应使用去应力设备消除焊接应力。

塔架的底部开有门洞，门洞的大小以方便维修人员及塔底柜体的出入为准。由于塔筒被切割了一部分，塔筒的结构强度被削弱。为此塔门的一周必须焊接补强支撑。补强支撑一般使用厚钢板拼接。塔筒加工示意图如图9-4所示。

(a) 钢板滚弯

(b) 塔筒焊接

图9-4 塔筒加工示意图

2. 法兰的加工方法

法兰是塔筒结构中最关键的部件，直径一般为3～5m，厚度为60～200mm，通常采用低合金钢Q345D或Q345E。目前法兰制作主要采用整体锻造的方法，这种方

法成本高，周期较长。

风电机组塔筒与法兰的焊接工装采用可移动的龙门吊，可实现 X、Y、Z 轴的位移；使用旋转变位机或精度高的辊轮架，配上跟踪系统实现全自动焊接。

焊接工艺应采用双丝自动气体保护焊技术，此技术拥有较高的熔敷效率。焊接30mm 的普通板材时，焊接速度最高可达 6m/min；焊接 35mm 以上的厚板时，平均速度可达 1m/min。这种高效的焊接速度使热输入非常小，平均热输入小于单丝气体保焊的热输入。

9.1.7.3　塔架的质量控制

塔架样件试组装是塔架生产制造过程中一个必不可少的环节，其目的是验证塔架设计的正确性，塔架加工工艺的正确性及质量保证体系运转的可靠性，将问题发现、解决在批量生产前，为用户提供合格的塔架产品。

塔架的样件试组装是在进行表面处理前，对不同类型的第一台塔架的各段和内部布置进行试组装，连接所有法兰接头，拧紧螺栓直到接合面紧贴的过程。试组装时拧紧至额定力矩的高强度螺栓，在正式安装塔架时不允许再使用。试组装时，所有扶梯、平台等也应试装，并按塔架运输分段进行试装。钢结构在表面处理前，纠正所有不符合要求之处。

制造厂应按照《质量管理体系要求》（GB/T 19001—2016）的标准进行生产，并遵守《风力发电机组　塔架》（GB/T 19072—2010）等标准。

9.1.8　电缆

风电机组工作环境恶劣，可靠性要求高，使用年限要求长，风电机组电缆作为连接各个电气设备的“血管”和“脉络”，在前期选型过程中除根据电流大小和耐压等级来选择电缆外，还必须考虑电缆工作环境（极限高温、低温，振动量大，耐扭和耐油污要求高等）、铺设方式、电流谐波量等外部条件。因此，风电机组电缆在生产及连接使用过程中都必须严格把控。

9.1.8.1　电缆材料

风电机组目前主要使用铜导体电缆和铝合金电缆。铜导体电缆主要使用 5 类铜和 6 类铜，铝合金电缆主要使用退火铝合金。每根导体的单线应具有相同的标称直径，根据应用需求，电缆可采用非紧压绞合方式和紧压绞合的方式，电缆导体表面应光洁、均匀、圆整、无油污、毛刺、松股、断股、擦伤等现象。

电缆绝缘材料主要有矿物绝缘、热塑性绝缘和热固性绝缘。电缆绝缘及护套应满足国标要求且表面无毛刺、无凸起、无压伤破损等现象，电缆绝缘及护套应满足耐扭、耐寒、耐油污、抗拉等要求，电缆绝缘及护套应具有低烟、无卤、阻燃等性能。

9.1.8.2 电缆加工

1. 铜导体加工方法

使用扁铜带通过拉丝设备拉成所需直径的铜丝，利用退火设备进行退火处理，再通过弓绞机将每根铜丝绞成相应数量的半成品。半成品通过绝缘挤塑设备将电缆包裹绝缘线芯，通过编织机进行编织带的编制，通过护套挤塑设备进行电缆护套的包裹，铠装电缆通过铠装机在线芯外包装铠装层。通过标识喷涂设备在电缆护套外喷涂电缆型号、长度、厂家信息等形成成品。

2. 铝合金导体加工方法

将铝锭加热熔化后，加入适量中间合金及添加剂，通过冶炼、轧制形成合金铝杆，通过拉丝设备将铝杆拉拔成所需铝单丝，通过绞丝机将铝单丝按一定规则排列组合，绞制成导体，将铝合金导体线芯按工艺要求高温加热退火，改善导体线芯导电性能和机械性能。通过绝缘挤塑机制作绝缘线芯，通过编织机进行编织带的编制，通过护套挤塑设备进行电缆护套的包裹，铠装电缆通过铠装机在线芯外包装铠装层，通过标识喷涂设备在电缆护套外喷涂电缆型号、长度、厂家信息等，形成成品。

9.1.8.3 电缆制作

线缆制作应标明电缆用途，不能有线芯外漏现象。接线要做到横平竖直不交叉，多层接线，先里后外，层次清晰，横向走线的线缆弯曲半径应大致保持一致，同一接线排上的电缆应大致位于同一水平面上，走线铺设要有层次感，避免交叉。不允许高度不一、前后错乱不齐，进而提高电气接线的可视化效果。布线结束要进行清理及检查工作，保证干净、整齐、美观。所有接线完成后，对每一个接线点均应进行检查，防止出现虚接、漏接问题，测试实验后要将电气开关恢复到原状。

电缆取线前，应该确认电缆的规格、型号和检查电缆表面有无损伤、质量缺陷。取线完成后，应标明此电缆用途，根据要求电缆剥除相应的长度，剥线时不可损伤线芯，有屏蔽层的线缆需对屏蔽层保留并做相应处理。线芯应套入相应规格的号码管，对应需要接的端子号，号码管字迹应清晰易辨，长度统一。端子的压接应以线芯完全充满端子内为宜，并选用相同规格的工具进行压接。对于铜接线端子或铜铝过渡端子压接完成后，应去除毛刺并缠绕高压防水胶带及电工绝缘胶带，并热缩相应的相序热缩管。涉及油污、磨损等安装位置，电缆应套波纹管或缠绕管进行防护，以免侵蚀，损坏电缆。

电缆安装排布要求牢固、整齐、美观、便于维护。电缆应横平竖直，均匀排布，拐弯处自然弯弧，不能低于电缆最小弯曲半径。电缆排布不允许有铰接、交叉现象，并用规定的绑扎带进行固定。发电机至塔下电缆应呈“品”字形排布，减少电磁环流。动力电缆、接地电缆、信号电缆应分开排布，减少电磁干扰。易磨损及晃动位置

可使用抱箍及防护胶片进行机械固定。电缆进控制柜应按设计要求与接线端子相对应，保证电缆整齐划一。

接线前，应仔细核对线缆及线芯数与图纸相符，保证接线的准确性。线芯连接可采用压接、焊接、插接及螺栓等方式，必须保证接线牢固不松动。线芯连接不能有线芯外露现象，以防造成短路。接地端子连接前应涂抹导电膏或类似导电产品，保证接触面良好接触。接线完毕后，应把号码管等标识调整至统一位置，且编号朝外，易于辨认。

9.1.8.4 电缆性能检测

同一批次电缆应多次取样对电缆进行如下测试：对导体、绝缘层、护套及外径尺寸进行测量，保证各尺寸在技术要求范围内；使用绝缘厚度测试仪，对线缆绝缘层及护套进行厚度测试；使用直流电阻测试仪，测量线缆导体的直流电阻；使用绝缘电阻测试仪，测量线缆的绝缘性能；使用串联谐振系统，对线缆进行耐压试验；使用高低温试验箱，测量线缆可生存的环境温度；使用高温老化试验箱，测量线缆耐老化性能；使用热延伸试验仪，测量线缆的延展性；使用自动卷绕仪，测量线缆耐扭性能；使用拉力机，测量线缆抗撕裂性能；使用垂直燃烧试验箱，测量线缆阻燃性。

9.1.9 控制系统

9.1.9.1 控制柜的生产

控制系统是风电机组的指挥控制中心，需要极高的可靠性。风电机组的控制系统是一个复杂的计算机控制系统，它被安装在若干个控制柜内。这些控制柜由专门的风电机组控制系统生产企业制造。机舱内的一部分控制柜在风电机组工厂装配时安装在机舱和轮毂内，塔架内的控制柜在现场安装。

风电机组控制柜是风电机组控制系统的安装载体，同时具有安全保护作用，控制柜是风电机组的指挥中心，是风电机组的最重要的组成部分。控制柜安装使用方便，适合专业厂家批量生产，生产周期缩短。控制柜运行安全可靠，外表整齐美观，维护工作量小，便于操作检修。

1. 技术文件的编制

技术文件的编制是控制柜的生产准备工作的基础。技术文件编制过程包括制造方接收图样后对图样的分册编制、消化核对，以及对生产过程中发现的问题和解决方法的记录，要求能够长期保存和方便查询。

(1) 技术文件。接收图样后，应将技术文件装订成册，直至项目结束，要保持图样的完整性、真实性、整洁性和过程信息记录的完整性。

1）第一套应装订成全图，包括系统图、原理图、材料表、面板布置图、底板布置图和端子图等，用于全过程包括调试和图样的存档。

2）第二套图样包括材料表、面板布置图、底板布置和端子图，主要用于材料核对、排版、放样、粘贴标签等过程。

3）第三套装订包括原理图和接线图。

（2）工艺文件。在原理图中每个元件旁标明型号和附件规格，以方便工艺安排。当安装的辅料为特殊规格时，需要在布置图中显著标明。在图样工艺安排过程中注意与材料表核对型号。检查线路线号的完整性和正确性。对主电路连接所用的接触器、开关、端子的接线柱螺纹直径和进深进行统计确认。对主电路需标明所用导线的截面面积。按照设备配套明细表或施工用图样进行领料配套。

（3）元件标签。元件标签按照材料清单统计并保存，对电源线标明所需线号管数量，以方便统计。原则上每一控制柜线号统一设定为一个打印页，以方便每个控制柜线号的包装。

（4）电缆手册。现场安装电缆手册由电缆总清册、电缆排放表、电缆规格和各柜电缆使用情况表、总接线手册和各柜的接线手册组成。

电缆总清册把现场每一根电缆的规格、编号、起始点等相关信息编制成表。通过此表，现场人员可以知道总的电缆排放数量，每个柜的电缆引出数量等电缆排放总体工作量。

总接线手册中把系统中每一根电缆连线的相关信息集中地编制在一起，通过此表可以知道总的接线工作量，并可以通过表中的线号栏把所有所需的线号预先打印出来，就免去拿着整套图样前后找线号的麻烦。备注栏中可以随时记录安装过程中的其他情况，这些信息对日后设备的维护修理和转场后的再次安装有着非常重要的作用。

各分柜的接线手册的作用和总接线手册一样，但更强调各个单柜的接线工作量。这样有助于工艺及生产主管的现场协调。

2. 绘制安装布线图

控制柜柜内各个电气元件的位置安排习惯上称为排版。控制柜的元件排版首先应考虑到元件的布置对线路走向和合理性的影响。对大截面导线转弯半径的考虑，对强弱电气元件之间的距离配置，对发热元件的方位布置。为最大限度地防干扰，对工控计算机、PLC和其他仪器仪表相对于主回路和易产生干扰源元件之间的布置等。一般电气设备电气间隙和爬电距离见表9-4。集中控制台元件最小电气间隙和爬电距离见表9-5。主配电板裸主汇流排电气间隙和爬电距离见表9-6。

表9-4 一般电气设备电气间隙和爬电距离

额定绝缘电压/V	最小电气间隙/mm	最小爬电距离/mm
<250	6	10
250～500	8	14

表9-5 集中控制台元件最小电气间隙和爬电距离

额定电压/V	最小电气间隙/mm		最小爬电距离/mm	
	额定电流<63A	额定电流>63A	额定电流<63A	额定电流>63A
<60	3	5	3	5
60～250	5	6	5	8
250～380	6	8	8	10

在制作图库时要注意字体、线型、线条颜色和宽度、涂层设置这些因素的统一性。规范统一的要求将给以后的使用、扩展都会带来极大的方便。

表9-6 主配电板裸主汇流排电气间隙和爬电距离

极件间或相同额定电压/V	最小电气间隙/mm	最小爬电距离/mm
<250	15	20
250～660	20	30
>660	25	35

为使柜内布置结构有统一性，把基本元素的间隔距离进行明确的规定是必要的。因此控制柜排版应遵循的原则和要求如下：

（1）可靠性原则。电气设备应有足够的电气间隙及爬电距离以保证设备安全可靠的工作。

有防振要求的电器应增加减振装置，其紧固螺栓应采取防松措施。设备安装用的紧固件应用镀锌制品，并应采用标准件。螺栓规格应选配适当，电器的固定应牢固、平稳。电器的接线应采用铜质或有电镀金属防锈层的螺栓和螺钉，连接时应拧紧，且应有防松装置。当元件本身预制有导线时，应用转接段子与柜内导线连接，尽量不使用对接方法。

（2）散热原则。发热元件宜安装在散热良好的地方，两个发热元件之间的连接线应采用耐热导线或裸铜线套瓷管。二极管、晶体管及可控硅、IGBT等功率半导体器件，应将其散热面或散热片的风道呈垂直方向安装，以利于散热。电阻器等电热元件一般应安装在板子或箱柜的上方，安装方向及位置应考虑到利于散热，并尽量减少对其他元件的热影响。柜内的工控计算机、PLC等电子元件的布置要尽量远离主回路、开关电源及变压器，不得直接放置或靠近柜内其他发热元件的对流方向。

（3）安全原则。主令操纵电器元件及整定电器元件的布置，应避免由于偶然而触及其手柄、按钮而引起误动作或动作值变动的可能性。整定装置一般在整定完成后应以双螺母锁紧并用红漆漆封，以免变动。

电源侧进线应接在进线端，即固定触头接线端；负荷侧出线应接在出线端，即可动触头接线端。采用在金属底板上攻螺纹紧固时，螺栓旋紧后，其搭牙部分的长度一般不小于螺栓直径的0.8倍，以保证强度。当铝合金部件与非铝合金部件连接时，应使用绝缘衬垫隔开，避免直接接触，以防止电解腐蚀的影响。

强、弱电端子应分开布置；当有困难时，应有明显标志并设空端子隔开或设加强

绝缘的隔板。有机玻璃的螺杆支撑要在元件安装后立即完成，安装位置必须和带电导体的最短直线距离符合最小电气间隙和爬电距离的规定。

设备的外壳应能防止工作人员偶然触及带电部分。导轨端头处均需剪斜口并倒角，以防工作时对人的意外伤害。

（4）方便、互不影响原则。电气元件及组装板的安装结构应尽量考虑进行正面拆装，元件的安装紧固件应做成能在正面紧固和松脱。各电器元件应能单独拆装更换，而不影响其他元件及导线束的固定。端子应有序号，端子排应便于更换且接线方便，离地高度一般大于350mm。用于连接控制柜进线的开关或熔断器座的排版位置要考虑进线的转弯半径距离。

（5）熔断器排版要求。不同系统或不同工作电压的熔断器应分开安装，不能交错混合排列，熔断器应便于溶体的更换。熔断器使用中易损坏，与偶尔需要调整及复位的零件的安装位置及相互间距离，应不经拆卸其他部件便可以接近，以便于更换及调整。

有熔断指示器的熔断器，其指示器应装在便于观察的一侧。当熔断器的额定电压高于500V，而其熔断器座能插入低额定电压的熔断器芯时，则应设置专用警告牌。瓷质熔断器在金属底板上安装时，其底座应垫绝缘衬垫。低压断路器与熔断器配合使用时，熔断器应安装在电源侧。

（6）线槽排版要求。线槽的连接应连续无间断。每节线槽的固定点应不少于2个。在转角、分支处和端部均应有固定点，并紧贴柜墙或安装板固定。线槽敷设应平直整齐，允许水平或垂直偏差为其长度的2‰，允许全长偏差为20mm。并列安装时，槽盖应便于开启。固定或连接线槽的螺钉或其他紧固件，紧固后其端部应与线槽内表面光滑相接。接触器和热继电器、断路器和漏电断路器等元件、其他载流元件、动力元件的接线端子与线槽直线距离不小于30mm。控制端子、中间继电器和其他控制元件与线槽直线距离不小于20mm。连接元件的铜接头过长时，应适当放宽元件与线槽间的距离。

（7）电气元件排版要求。电气元件的安装应符合产品使用说明书的规定。固定低压电器时，不得使电器内部受额外应力。低压断路器的安装应符合产品技术文件的规定，无明确规定时，宜垂直安装，其倾斜度不应大于5°。

具有电磁式活动部件或借重力复位的电气元件，如各种接触器及继电器，其安装方式应严格按照产品说明书的规定，以免影响其动作的可靠性。

低压电器根据其不同的结构，可采用支架、金属板、绝缘板固定，金属板、绝缘板应平整。当采用导轨支撑安装时，导轨应与低压电器匹配，并用固定夹或固定螺栓与壁板紧密固定，严禁使用变形或不合格的导轨。电器元件的安装紧固应牢固，固定方法应是可拆卸的，元件附件应齐全、完好。

电气元件的紧固应设有防松装置，一般应放置弹簧垫圈及平垫圈。弹簧垫圈应放置于螺母一侧，平垫圈应放于紧固螺钉的两侧。若采用双螺母锁紧或其他锁紧装置时，可不设弹簧垫圈。

（8）按钮排版要求。面板上安装按钮元件时，为了提高效率和减少错误，应先用铅笔直接在门后写出代号，再在相应位置贴上标签，最后安装器件并贴上标签。

按钮之间的距离宜为50～80mm；按钮与箱壁之间的距离宜为50～100mm；当倾斜安装时，其与水平线的倾角不宜小于30°。

“紧急”按钮应有明显标志，并设有保护罩。

（9）标记。控制柜中的标记系统犹如城市中交通道路的指示牌。指示语言的统一性将影响到使用者对整个系统的理解；标记是否明显，直接影响到操作及维修者对系统的操作和维护时的方便性。

标签在元件附近的底板和元件本体上粘贴。位置要明显，易于发现，以尽量不遮盖元件主要型号为准，且不应靠近人员操作位置。面板元件背面要贴上与板前铭牌一致的中文标签。

安装具有几种电压和电流规格的熔断器，应在底座旁详细标明其规格。熔断器应具有标明其熔芯的额定电压、额定电流、额定分断能力的耐久标志。集中在一起安装的按钮应有编号或不同的识别标志，“紧急停机”按钮应有明显标志。对组合式元件要在其安装座和元件主体上都贴上标签，以使其在任何状态下都能起到标示作用。在柜内贴上柜内熔断器的相关信息表格，包括熔断器标号、熔断器的电压等级、熔断器所使用熔芯的规格，所通断回路的中文定义等，且此表格贴在柜内熔断器位置附近。

柜内如有PLC的I/O模块，则要在柜内贴上此PLC的地址表，以方便现场调试和维护人员查找地址。表中包括每一I/O口的中文定义，所对应的元件标号。

9.1.9.2 控制柜的制造工艺

1. 控制柜的分类

风电机组的控制柜由柜体、开关、熔断器、PLC控制器等构成。风电机组的控制系统包括控制强电部分的一次开关电路和二次弱电控制电路。因为风电机组控制柜内的控制系统工作电压小于1200VAC，控制柜属于低压控制柜。风电机组的控制系统包括主控制柜、开关柜、变流器柜及各部分的控制箱。

控制柜和控制箱一般是按照以下原则划分：凡是安装在地面上或平台上，人需要站立操作的称为控制柜，一般控制柜的体积和重量都比较大。凡是处于悬挂状态安装的称为控制箱，一般控制箱的体积和重量都比较小。

（1）轮毂控制箱。轮毂控制箱是风电机组轮毂变桨驱动控制箱，在发电系统的启动、运行、停机的整个过程中，轮毂控制箱由通信接口与机组控制器交换数据，完成对风电机组叶片迎风角的调整来获取风能驱动发电机发电，完成轮毂设备的保护。

(2) 机舱控制柜。机舱控制柜具有适当的抗电磁干扰能力，主要由通信接口与机组控制器交换数据，完成对主轴承及偏航轴承润滑泵、偏航电机、液压系统、加热和冷却系统、风速风向监测和齿轮箱、发电机等设备的控制和保护，是整个风电机组控制系统的中转站。

(3) 塔基控制柜。塔基控制柜安装在塔筒的底部，是整个风电机组的控制中心和监控中心，系统具有友好的控制界面。能显示机组的运行数据和运行状态，可以通过它了解风电机组的状态和整个风电场的运行情况，修改风电机组控制参数的设定值，并及时显示机组运行过程中发生的故障并记录下故障时的状态参数。

(4) 变流器控制柜。系统通过通信总线和变流器通信，变流器系统开始进行扭矩加载，待发电机输出电能与电网同频、同相、同幅时，合闸出口断路器实现并网发电。变流器实现并网/脱网控制、发电机转速调节、有功功率控制、无功功率控制，同时控制柜具有自动停机、自动和手动复位、急停和异地操作等功能。

2. 控制柜柜体材料

控制柜柜体材料一般使用普通薄钢板制作，成形后具有重量轻、强度高、成本低的优点，但普通结构钢钢板抗腐蚀能力差，需要进行良好的防腐处理。由于海上水汽的腐蚀性很强，海上工作环境的风电机组对防腐要求很高，有些企业不得不使用价格较高的不锈钢薄板制作控制柜体。一些企业则使用镀锌薄钢板制作控制柜体，其价格适中，防腐效果较好。

薄钢板有热轧和冷轧之分。热轧表面有一层氧化层，这一层氧化层在表面处理时成本较高，另外热轧板的结构强度较低，正因如此其加工性能较好。冷轧板由于冷作硬化结构强度高，加工性能稍差，但表面光滑平整，是制造控制柜柜体的首选材料。

3. 控制柜柜体结构要求

控制柜柜体结构是用薄钢板和型钢或由薄钢板弯制成的型钢组合起来的箱体。控制柜的外形尺寸、结构、内部构件已经标准化，只需要根据机组控制系统的特殊要求加工出控制柜面板，根据内部安装支撑要求安排好内部结构。

由于在各柜体内安装的各种电器不同及使用环境不同，因此不同的控制柜会有不同的结构形式，如高风沙环境需要密封性好的控制柜，而在低温环境需要保温性好的控制柜。不管哪种结构形式，都必须保证所安装电器能够正常工作，并能使人员在操作、监视和维护时能安全地进行。

对控制柜的钣金制作要求，首先是能够为柜内电控板提供一个可靠的保护箱体，既能使柜内电器免受恶劣自然环境的侵蚀，又能保障工人操作和维修时的安全，同时必须有良好的接地。对于柜内的接地螺栓，在海上运行的风电机组规定必须使用铜制螺钉，对陆上风电机组控制柜的柜内接地螺钉没有硬性规定。控制柜的柜门应全部焊上接地桩而取代过去的接地螺钉。

4. 控制柜接地钣金加工要求

保护及工作接地的接线柱螺纹直径应不小于6mm。专用接地接线柱或接地板的导电能力，至少应相当于专用接地导体的导电能力，且有足够的机械强度。箱体上应设有专用接地螺柱，并有接地标记。

控制柜内的接地螺栓应采用铜制。若采用钢质螺栓，必须在电气箱外壳上漆前用包带可靠地将其紧密包扎，以防止油漆覆层影响接地效果，必须保证箱壳完工时接地螺钉无锈迹。无论控制柜柜门上是否安装元件，都必须安装接地螺钉。

9.1.9.3 电子控制部分的生产技术

风电机组中大量使用计算机控制技术，计算机控制技术属于弱电的电子技术控制，在生产过程中有独特的工艺特点。

1. 电子器件的筛选

在工业化生产中，应设有专门的元器件筛选检测车间，备有许多通用和专门的筛选检测装备和仪器。若在安装之前不对它们进行筛选检测，一旦发现电路板上电路不能正常工作，再去检查，不仅浪费很多时间和精力，而且反复拆装很容易损坏元件及印制电路板，造成生产效率的下降及生产成本的上升。

2. 弱电元器件的安装

弱电元器件的安装应符合合理布置、正确安装、插接可靠、维修方便等要求。对功率较大的发热元器件还要考虑散热问题及对临近电路的影响。

3. 电子控制部分的抗干扰措施

交流端稳压，供电电压稳定。交流端用电感、电容滤波，去掉高频、低频干扰脉冲。变压器双隔离措施：变压器一次输入端串接电容；一次、二次线圈间，屏蔽层与电容中心点接地；二次外屏蔽层接印制电路板，这是硬件抗干扰的关键手段。变压器二次加低通滤波器，吸收变压器产生的浪涌电压。

采用集成式直流稳压电源，因为集成电源有过电流、过电压、过热等保护。I/O口光电、磁电继电器隔离，去掉公共地线。通信线使用双绞线，排除平行互感。A/D转换，用隔离放大器或采用现场转换，减少误差。控制柜体接地，解决人身安全及防外界电磁场干扰。加复位电压检测电路，防止复位不充分。

9.1.9.4 电器元件的安装与接线

1. 电器元件的安装

风电机组控制柜中的电器分为配电电器和控制电器。配电电器的要求：在正常工作及故障情况下，工作可靠，有足够的热稳定性与动稳定性。配电电器包括刀开关或刀熔开关、自动断路器及电网保护继电器。对控制电器的要求是工作准确可靠，操作频率高，寿命长等。控制电器有接触器、各种主令开关、控制继电器、电磁铁等。

（1）安装前电器元件检查。核对电气设备及其保护元件的型号，规格和整定值应与配套明细表及图样相符。所有电气设备应有制造厂产品合格证，所有产品合格证及说明书必须保存完整，以作为竣工资料的必备文件。低压电器元件在安装前应进行外观检查和绝缘电阻测量。

熔断器及熔体的容量应符合设计要求。核对所保护电气设备的容量与熔体容量是否匹配。后备保护、限流、自恢复、半导体器件保护等有专用功能的熔断器，严禁替代。逐个检查电器元件的活动部分，操作应灵活、可靠、无卡阻。

（2）电器元件的安装要求。所有低压电器元件必须有检验合格证，经检查后方可进行安装，并应符合该电器安装使用说明书的有关安装规定。运行中需要操作的低压电器，安装的操作高度不得高于1.9m，不得低于0.4m。对于如刀开关类带有操作手柄的电器，其手柄中心距离地面一般为1.2～1.5m。

低压电器元件应按照制造厂规定的安装要求，包括使用条件、需要的飞弧距离、拆卸灭弧罩需要的空间等进行安装，对于手动操作的电器，必须保证电弧对操作者不产生危险。

所有低压元器件均应牢固地固定在骨架上或支架上（重量小于15g的除外）。控制柜内所装的电器件，带电体之间和带电体与金属骨架间的电气间隙和爬电距离应不小于相关国家标准的规定。低压电器元件的安装，应使其正常功能不导致相互作用，如发热、电弧、振动、能量场等而受到损害或误动作。对于底座为胶木板或塑料壳的低压电器，应防止旋紧安装螺钉时或运输过程中因振动而损坏，安装时应垫相应的橡胶垫圈。各电器安装时应能单独拆卸更换，而不影响其他电器及导线束的固定。低压电器的安装位置，一般应使静触头部分接电源，动触头部分接负载；为连接母线方便，上下元件A、B、C三相接线座应尽量对正。元件安装螺钉紧固后，螺钉露出的螺牙在3～5牙内为宜，以便保持整齐美观。

2. 控制柜柜内接线要求

按图施工连接正确。接线的连接，包括螺栓连接、插接、焊接等，均应牢固可靠。线束应横平竖直、配置坚固、层次分明、美观整齐。接线应采用满足载流量要求的铜芯绝缘线，导线的绝缘应按工作电压来选取。在经常受到弯曲的地方（如门上电器与柜内的连线），应在可动部分两端使用多芯软绝缘线，应有卡子固定。所有控制回路的仪表、继电器、电器的二次连接端子、端子排、小母线及连接导线均应予以标号，标号应完整、清楚、牢固、不褪色。所用连接导线不应有接头；每个端子板的每侧接线一般为一根，不得超过两根。对电子元件回路或其他弱电装置回路采用锡钎焊连接时，在满足载流量和电压降及有足够机械强度的情况下，可使用较小截面的导线，一般为0.5mm^2。绝缘导线穿越金属构件时，应有保护绝缘导线不被破坏的措施。同一型号的产品所用的导线，应色泽一致，布线格式一致。

3. 典型接线工艺

接线过程一般由以下工序组成：下线→剥线头→套标号管→接头处理→接线→走线→捆扎线束→检查。

(1) 下线与剥线头。

(2) 导线的选用。导线的选用应考虑“导线截面、导线种类与绝缘电压等级、导线颜色”。

(3) 下线。根据走线方案量材下线，下线长度要比试连的线路长 40～50mm，以防导线经捆扎后长度不够。

(4) 勒直。将下好的线用圆木棒勒直，不得用台虎钳、钢丝钳强行拉直。

(5) 剥线头。剥出导线绝缘层时，应使用专门剥线工具，不得损伤线芯，也不得损伤未剥除的绝缘。切口应平整，线芯和绝缘层断面应整齐并尽可能垂直于线芯轴心线。线芯上不得有油污、残渣等。

设导线端部的绝缘剥除长度为 L，当导线端部用管状接头（闭口）时，L 为线芯插入管状接头套管的长度 L_1 再加上 2～3mm，即 $L=L_1+(2\sim3)$mm；当导线端部用板状接头（开口）时，L 取线芯插入管状接头套筒的长度 L_1 再加上 1～2mm，即 $L=L_1+(1\sim2)$mm。

导线端部无压接头的插入式接头，绝缘剥除长度 L 取插入式接线板的插接长度。对用电器部件接线板上螺钉压接的环形接头，L 取环形接头的长度以及适当直线部分。直线部分的长度应按平垫圈半径考虑，使平垫圈恰好紧靠绝缘切口压在上面，而不能压到绝缘层上。

4. 套标号管与接头处理

(1) 套标号管。按照图样的要求选取相应的塑料标号管套上，注意不能将标号管套反，并不得互相错位。标号套管字迹视读方向，以板面为准，自上而下，自左而右。标号套管的字体应用号牌打字机打出，然后用固色剂喷涂，这样标号管上的字就不会因为各种原因而掉色使字体模糊不清。主电路导线头、尾端部及中间一律用彩色塑套管进行标示相序（黄、绿、红）。

(2) 接线头的处理。电柜内所有接线柱除专用接线设计外，必须用标准压接钳和符合标准的铜接头连接。压板或其他专用夹具，应与导线线芯规格相匹配。压接前检查接头，不得有伤痕、锈斑、裂纹、裂口等妨碍使用的缺陷。应除去铜芯线上的橡皮膜、残渣及油污。套管连接器和压模等应与导线线芯规格相匹配。压接时，压接深度、压口数量和压接长度应符合产品技术文件的有关规定。连接导线端部一般应采用专用电线接头。当设备接线柱结构是压板插入式时，使用扁针铜接头压接后再接入。截面积为 10mm^2 及以下的单股铜芯线可直接与设备、器具的端子连接。若进入断路器的导线截面面积小于 6mm^2，当接线端子为压板式时，先将导线作压接铜接头处理，

防止导线的散乱；若导线截面面积大于 $6mm^2$，要将露铜部分用细铜丝环绕绑紧后再接入压板。截面面积为 $2.5mm^2$ 及以下的多股铜芯线的线芯应先拧紧搪锡，或压接端子后再与设备、器具的端子连接。截面面积大于 $2.5mm^2$ 的多股铜芯线的终端，除设备自带插接式端子外，应焊接或压接端子后再与设备、器具的端子连接。

当导线为单芯硬线时，则不能使用电线接头，应将线端制作成环形接头后再接入。弯圆圈的方向应与压紧螺母拧紧方向一致，即右旋；其内径应比螺母的内径大1～2mm。

5. 接线的具体要求

导线应严格按照图样，按接线端头标志进行，正确地接到指定的接线柱上。导线与电器元件间采用螺栓连接、插接、焊接或压接等，均应牢固可靠。各紧固螺钉紧牢后，露出 3～5 牙螺纹为宜；螺钉头起子槽应完整。接线应排列整齐、横平竖直、层次清晰、美观，不得任意歪斜交叉连接。应保证导线绝缘良好、无损伤。备用线长度应留有适当余量，避免将几根导线接到同一接线柱上，一般元件上的接头不宜超过2～3 个。当几个导线接头接到同一接线柱上时，两个接头之间应加垫一个与螺钉直径相称的垫圈，以保证接触平贴、良好。每个端子的接线点只允许接一根线；如果端子间需要连接，应将线完成“Ω”形用螺钉压接。

导线截面积不大于 $8mm^2$ 时，其弯曲半径应大于其外径的 3 倍。配电板面板等活动部分的过渡导线，应有足够的裕量不致过分拉进。在一般情况下，导线不允许弯许多类似弹簧样的圆圈后接线，但接地线例外。在一次母线上连接二次线时，应在母线上钻 $\phi 6$ 孔用 M5 螺钉连接。母线与电器连接时，接触面和连接处不同相的母线最小电气间隙应符合国家标准《电气装置安装工程母线装置施工及验收规范》的有关规定。有半导体脱扣装置的低压断路器，其接线应符合相序要求，脱扣装置的动作应可靠。

控制器的工作电压应与供电电源电压相符。螺旋式熔断器的安装，其底座严禁松动，电源应接在熔芯引出的端子上，防止更换熔断器芯时触电。对于带有接线标志的熔断器，电源线应按标志进行接线。引入盘柜的电缆应排列整齐、编号清晰、避免交叉，并应固定牢固，不得使所接的端子排受到机械力。外部接线不得使电器内部承受额外应力。锡钎焊连接的焊缝应饱满，表面光滑。焊剂应无腐蚀性，焊接后应及时清除残余焊剂。铜焊连接的焊缝，不应有凹陷、夹渣、断股、裂纹及根部未焊合的缺陷。焊缝的外形尺寸应符合焊接工艺评定文件的规定，焊接后应及时清除残余焊药和焊渣。

6. 走线与绑扎线束

(1) 走线。自上而下地将线束整理成方形或长方形（线束太大也可整理成圆形），然后将上下笔直的线路放在外挡，上下折弯的线路顺序放入内挡。导线需要弯曲转换方向时，应用手指进行弯曲；不得使用金属工具弯曲，以保证导线绝缘层不受损伤；导线弯曲半径不得小于导线外径的2倍。走线途中如遇金属障碍，则应弯曲越过，之间保持3～5mm的距离。分路到继电器的线束，一律按水平居中向两侧分开的方向行走；到继电器接线端的每根线应略带圆弧状，同一安装板上的圆弧应力求一致。分路到双排的仪表、按钮、信号灯、熔断器、控制开关的线束，采用中间分线的对称布置。分路到单排的仪表、按钮、信号灯、熔断器、控制开关的线束，采用单侧分线的布置。门部分的线束两端固定后，线束余量以门打开不大于100°时不致过分拉紧，并在转动中碰不到箱体。

(2) 捆扎线束与走线槽。控制柜内走线一般采用主电路捆扎线束，控制线缆走线槽的方式。

7. 接地要求

柜内元件的接地导线要专放，如果采用并联方式将可能因为某一并点短路而产生危险。对接地线的线端处理应按照电力检修时对接地挂线的要求。

(1) 接地连接要求。接地处应设有耐久的接地标记。所有接地装置的接触面均需光洁平贴，紧固应牢靠保证接触良好，并应设有弹簧垫圈或锁紧螺母，以防松动。接地装置紧固后，应随即在接触面的四周涂以防锈漆，以防锈蚀。柜内所有需接地元件的接地柱要单独用接地线接到接地体。元件间的接地线不得采用跨接方式连接。

具有铰链的金属面板上安装电器元件时，面板与金属箱体之间应设置安全跨接线。在盖板、门、遮板和类似部件上面，如果没有安装电气设备，通常金属螺钉连接和金属铰链连接应足以保证接地电路的连续性。在接地的导体上，不应设置熔断器以及与绝缘极不相联动的开关。利用机体做回路的工作接地导体的型号和截面面积应与绝缘敷设的那一极（或相）的导线相同，不得使用裸线。柜门与柜体的柔性接地导体应使用镀锌6mm^{2}屏蔽带，不得直接将屏蔽带穿孔固定。端头处理使用O形铜接头压接，屏蔽带的固定要使用倒齿垫片。

当柜内有电子元器件的接地或屏蔽线的接地时，一般弱电信号的接地铜排使用绝缘子与底板绝缘，但要预留一根与主接地排可靠连接的至少6mm^{2}的接地线，如果在调试时觉得此种接地悬空不利于系统运行时，再将此接地铜排与接地线连接，以提高弱电接地系统的灵活性。

(2) 接地元件的处理。用于连接外部保护导体的端子和电缆套的端子应是裸露的，若无其他规定，应适合于连接铜导体。接地导线的截面积应按中性导线（N）一样的方式确定，最小截面积应是10mm^2。保护及工作接地的接地接线柱螺纹的直径应不小于6mm。专用接地接线柱或接地板的导电能力，至少应相当于专用接地导体的导电能力，且有足够的机械强度。保护接地不应与工作接地共用接地线和接地螺钉。二次回路接地应设有专用螺栓。柜内自制铜排上的螺钉最小螺纹直径为6mm。接地

铜排上的端子允许多根导线共用一接地螺钉，但导线必须使用标准铜接头进行处理，且拧接紧密。电柜内所有接地线线端处理后不得使用绝缘管遮盖端部。

8. 绝缘要求

金属软管不能用来保护导体。有机玻璃的支撑螺杆必须套绝缘管。主触头在断开位置时，同极的进线端及出线端之间应进行绝缘测量。主触头在闭合位置时，不同极的带电部件之间、触头与线圈之间以及主电路与同极不直接连接的控制或辅助电路（包括线圈）之间进行绝缘测量。主电路、控制电路、辅助电路等带电部件与金属支架之间进行绝缘测量。在标准大气条件下，配电板对地的冷态绝缘电阻应不小于1MΩ。二次回路接线施工完毕测试绝缘时，应有防止弱电设备损坏的安全措施。测回路的绝缘电阻时检查控制板上有无不能承受实验电压的元件，如某些仪表、半导体器件等。

9.1.9.5 控制柜的测试

控制柜制作完毕后的检查是针对整个过程的，其中线路连接的正确性是基本要素。检查将按照图样的技术要求进行。

1. 装配质量检查

检查各个元件型号和图样是否与材料表相符。设备铭牌、型号、规格应与被控制线路或设计相符。检查连接导线的型号、规格及使用的正确性。检查线端接头的制作质量，从垂直方向看，导线不得有明显露铜情况，连接应牢固。检查导线端标记的正确性及完整性。检查螺钉是否松动。有机玻璃板安装固定时两面都要垫纸垫片，以达到防震效果。检查导线布线和捆扎的质量。当配电板额定电压大于500V时，其背面还应有不低于防护等级IP2X的防护措施。配电板用电气元件应牢固地安装在构架或面板，并有防松措施，便于操作和维修。与元件直接连接在一起的裸露带电导体和接线端子的电气间隙和爬电距离至少应符合这些元件自身的有关要求。面板和柜体的接地跨接导线不应掺入线束内。橡胶绝缘的芯线应外套绝缘管保护。

2. 接线质量检查

主电路（接触器、热继电器、开关、熔座、端子）螺钉检查时用的力矩应符合相关要求。具有主触头的低压电器，触头的接触应紧密，采用0.05mm×10mm的塞尺检查，接触两侧的压力应均匀。铜排的连接检查用0.05mm塞尺插片检查，插入部分应小于6mm。检查电路时，检查完一路断开一路，以防止假回路的产生。当用万用表电阻档检查线路时，要断开变压器端子的一端。检查主电路的相位连接，重点检查接地线的连接。连接质量的检查也可以使用试灯或蜂鸣器，对接线的两端通电，见到试灯亮或听到蜂鸣器响时，表明接线正确，反之则表明接线错误。

3. 通电试验

通电时必须至少有两人在场。初次通电检查时，不要同时合上两个回路。先检查所有电源回路电压，再检查控制回路的动作情况。检查电源回路时，应同时填写电源回路检查表格。电磁启动器热元件的规格应与电动机的保护特性相匹配。热继电器的电流调节指示位置应调整在电动机的额定电流值上，并应按设计要求进行整定值校验。

4. 调试安全守则

调试工作必须按安全操作规程进行。工作前检查所有调试用设备仪器，严禁使用不符合安全要求的设备和工具。各电气设备和线路的绝缘必须良好，非电工不准拆装电气设备和线路。严格按设计要求进行控制系统硬件和线路安装，全面进行安全检查。电压、电流、断流容量、操作次数、温度等运行参数应符合要求。

控制柜安装好后，试运转合闸前，必须对设备及接线仔细检查，确认无问题时方可合闸。操作刀开关和电气分合开关时，必须戴绝缘手套，并要设专门人员监护。电动机、执行机构进行实验或试运行时，也应有专人负责监视，不得随意离开。若发现异常声音或气味时，应立即停止调试，切断电源进行检查修理。更换安装电器时，必须检查绝缘电阻是否合格，活动部分是否灵活，零部件是否齐全。有接地要求的安装时要接地线。拖拉电缆应在停电情况下进行，若因工作需要不能停电时，应先检查电缆有无破损之处，确认完好后，戴好绝缘手套才能拖拉。带熔断器的开关，其熔丝应与负载电流匹配，更换熔丝时必须先拉开刀开关。低压电器的金属外壳或金属支架必须接地，电器的裸露部分应加防护罩，双头刀开关的分合闸位置上应有防止自动合闸的位置。

9.1.10 变流器

变流器是风力发电系统中与发电机配套使用，以获取最佳的发电效率和发电质量的设备。当风速变化导致发电机转速变化时，变流器通过机侧模块控制发电机的转矩，将发电机能量传输到直流母线侧，再通过网侧模块将能量传输到电网，以达到发电的目的。

9.1.10.1 变流器的生产

各元器件及辅助部件应符合有关标准的规定和安装规程。印制电路板应符合国家相关标准的规程。指示灯和按钮的颜色应符合《人-机界面标志标识的基本和安全规则 指示器和操作器的编码规则》（GB/T 4025—2003）的规定，导线及母线的颜色应符合《人-机界面标志标识的基本和安全规则 导体的颜色或数字标识》（GB 7947—2006）的规定。焊装后的印制板、插件等应能承受规定条件的振动与工作温度循环试验，其电气性能应符合有关标准的要求，元器件不得有虚焊、脱焊或脱落，紧固件不得有松动等缺陷。焊装的导线截面应按规定的截面载流量选取，导线的绝缘电压应与电路额定工作电压相对应。变流器柜内，强、弱电电器部分的生产工艺要求与其他控制柜完全相同。

9.1.10.2 母线的要求

母线通过的电流一般较大，要求能承受动稳定和热稳定电流。矩形母线与其他形式的母线相比，具有散热面积大，节省材料，便于支撑和安装的优点。变流器柜中的一次线必须使用母线。

母线材料表面应光洁、平整，不得有裂纹及夹杂物等。母线落料，钻孔或冲孔后的毛刺应加工整平，母线表面不得有明显的锤痕、划痕。母线弯曲后不应有裂纹或裂口。母线表面必须涂漆，油漆应涂均匀，黏合牢固，不应有起层、皱皮、流漆等缺陷。

母线涂漆的作用是防止母线生锈或被氧化腐蚀。提高母线表面的热辐射系数，改善母线的散热条件。便于识别母线的相序。使母线装置更为明显，增加母线的美观，引起人们的注意，以防触电。

三相交流母线的涂漆颜色要求：A 相为黄色；B 相为绿色；C 相为红色；地线为黄绿双色；中性线为浅蓝色。直流母线的涂漆颜色要求：正极为棕色，负极为蓝色。单相母线的涂漆颜色要求：与引出相颜色相同；独立的单相交流母线，一相涂黄色，一相涂红色。另外，母线在螺栓连接处及支持连接处，母线与电器连接处以及距离所有连接处 10mm 以内的地方不应涂漆。

母线的排列顺序（以人面对控制柜正面来确定）见表 9－7。

表 9－7 母线的排列顺序

组别		A相	B相	C相	正极	负极	中性线
母线安装相互位置	垂直布置	上	中	下	上	下	最下
	前后排列	远	中	近	远	近	最近
	水平排列	左	中	右	左	右	最右

母线与母线之间的间隙，母线与柜体及支持绝缘子的漏电距离（包括裸露的导体）要求低压控制柜电气间隙不小于 10mm，漏电距离不小于 12mm。

变流器柜中，母线一般采用贯穿螺栓搭接，母线连接应严密，接触良好，配置整齐美观。变流器柜中只允许使用铜母线，以免出现电化学腐蚀问题。母线连接用的紧固件应采用符合国家标准的镀锌螺钉、螺母和垫圈。

母线平置时，贯穿螺栓应由下向上穿，在其余情况下螺母置于维护侧。螺栓的长度在压平弹簧垫圈后露出 2～3 扣为宜。螺栓的两侧都要有平垫圈，相邻螺栓的垫圈应有 3mm 以上的净距离，以防止构成磁路发热，螺母侧要加弹簧垫圈。

母线接触面连接应紧密，用 0.05mm×10mm 塞尺检查，母线宽度在 56mm 以下者不得塞入 4mm，母线的宽度在 63mm 以上者不得塞入 6mm。母线与螺杆端子连接时，母线的孔径应比螺杆直径大 1mm，丝扣的氧化膜应除净。螺母与母线间应加铜质搪锡平垫圈，但不应加弹簧垫圈。需要两片以上矩形母线并联时，其并联母线间应保持厚度相同的间隙，以便散热。母线的固定装置应无明显的棱角，以防尖端放电。

1. 母线接头防腐蚀要求

铜母线在运行中会产生化学腐蚀。化学腐蚀是由于母线周围介质中的氧，会从表面和接触点附件与金属起化学作用，形成金属氧化物，使连接处电阻增加、温升增高。解决办法一般是在清除接触面氧化物后搪锡，或涂以导电膏或复合脂再进行搭接。涂凡士林油可以阻止氧和空气中的水分进入搭接面，即能防止化学腐蚀。

母线之间及分支母线与电器端子连接处的温升要求见表9－8。

表9－8　母线之间及分支母线与电器端子连接处的温升要求

母　线　类　别	铜-铜	铜搪锡-铜搪锡	铜镀银-铜镀银	母线本体
最高允许温度/℃	85	100	120	70
周围介质温度＋40℃时的允许温升/℃	40	60	80	30

2. 母线的选取

（1）按长期允许发热条件选择。控制柜的母线截面通常是按控制柜正常工作时的最大长期负载电流来进行选择的，也就是按母线正常工作时允许的最高发热温度来选择。这种选择方式必须满足的条件是：在正常运行中，任何负载电流长期通过母线时的发热温度，不应超过母线的最高允许发热温度。因此所选取的母线额定工作电流必须大于或等于长期负载电流。当母线安全载流量的环境温度不是25℃时，应乘以温度校正系数 K 进行修正，母线的环境温度校正系数 K 见表9－9。

表9－9　母线的环境温度校正系数 K

环境温度/℃	－5	0	5	10	15	20	25	30	35	40	45	50
校正系数 K	1.29	1.24	1.20	1.15	1.11	1.05	1.00	0.94	0.88	0.81	0.74	0.67

（2）按经济电流密度选择。当正常连续工作电流流过母线时，在母线中将引起电能损耗。母线截面越大电能损耗越小，然而母线截面越大母线成本越高，年维修折旧费用就高。年运行费用最小时的母线截面称之为经济截面。母线截面尺寸按经济电流密度来选择，母线截面尺寸$=\dfrac{\text{正常连续工作电流}}{\text{经济电流密度}}$。导体经济电流密度见表9－10。

表9－10　导体经济电流密度　　单位：A/mm^2

导体材料	最大负荷年利用小时数/h		
	3000以下	3000～5000	5000以上
裸铜导线和母线	3.0	2.25	1.75
裸铝导线和母线	1.65	1.15	0.9
铜芯电缆	2.5	2.25	2.0
铝芯电缆	1.92	1.73	1.54
钢线	0.45	0.4	0.35

3. 母线的加工

(1) 母线的校正及下料。母线本身要求很平直，对于弯曲不正的母线材料必须矫正。矫直后的母线，宽面的弯曲度不大于 2mm/m，窄面的弯曲度不大于 3mm/m。母线下料尺寸的确定，应先用硬铜芯线弯折成母线连接样板，然后用卷尺测量样板各段的尺寸，加起来就得到母线的尺寸。下料时应留有适量的裕度，以免弯曲时产生误差而造成整根母线报废。下料的切断面应平整无毛刺，否则应进行修锉。

(2) 母线的弯曲。矩形母线的弯曲有三种：平弯（宽面方向的弯曲）、立弯（窄面方向的弯曲）和扭弯（麻花弯）。母线的弯曲一般采用冷弯，若需热弯时，加热温度不应超过以下规定：

母线开始弯曲处，距离最近绝缘子的母线支撑夹板边缘不应小于 50mm，不应大于母线两支点间距离的 1/4（两支点间的距离一般为 1m）。母线开始弯曲处，距母线搭接位置不应小于 30mm。母线不宜直角弯曲。

母线允许的最小弯曲半径见表 9-11。

表 9-11 母线允许的最小弯曲半径

弯曲种类	母线截面积/mm×mm	最小弯曲半径 R		
		铜	铝	钢
平弯	50×5 及以下	$2b$	$2b$	$2b$
	125×10 及以下	$2b$	$2.5b$	$2b$
立弯	50×5 及以下	$1a$	$1.5a$	$0.5a$
	125×10 及以下	$1.5a$	$2a$	$1a$

注： a 表示母线宽度；b 表示母线厚度。

弯曲母线扭转 90°时，其扭转部分的长度不应小于母线宽度的 2.5 倍。同一回路三相母线的平弯、立弯和扭弯的起点应在一条直线上。同一相的两条并联母线，其弯曲度应一致。母线弯曲时，注意不可用力过猛或速度过快，以免产生裂纹。立弯时最好使用专门的弯曲工具，以保证弯曲质量。

(3) 母线钻孔及接触面加工。母线与电气设备或两母线搭接一般都是用螺栓连接，因此必须先将母线钻孔，母线连接螺栓数目和钻孔直径的选取有如下要求：

母线与母线搭接连接钻孔要求参阅母线的相关标准。母线与电器元件搭接母线应按电器接线端的孔数、孔位与孔大小钻孔。母线宽度大而长度短不能弯立弯时，可在不影响搭接面积的情况下，偏向母线的一侧划线打孔。用螺钉直接固定在绝缘子上的母线、其固定孔应打成长孔，长度为螺钉直径的 2 倍。这是考虑到母线运行发热时，可有一定的移动调节量。接触面加工的主要作用是消除母线表面的氧化膜、褶皱和隆起部分使接触面平整而略呈粗糙。接触面的加工方法可以手工挫削，机械加工可以用压力机压平，也可以用磨床磨光，然后脱脂、搪锡。

9.1.10.3 变流器的试验条件

若无特殊要求，变流器的全部试验应在符合 JB/T 10300—2001 规定的外部条件下进行。试验应在与实际工作等效的电气条件下进行，若达不到这一要求，应在满足变流器技术要求的条件下进行。试验用仪器、仪表，应经校验合格，其精度等级应符合 JB/T 7143.2—1993 中附录 A 的规定。

9.1.10.4 变流器的试验内容和试验方法

1. 输出电压、频率和输出波形的测定

电压应能在变流器输入电压允许范围内连续可调。试验可按下列步骤进行：

(1) 将变流器的输入电压调整至额定电压值。

(2) 调整负载使变流器的输出功率为额定功率。

(3) 调整输入电压在额定电压的 85%～120%范围内变化。

(4) 测量其电压、频率，共测 3 次记录测量数值并计算算术平均值。

(5) 将示波器的探头接至变流器的输出端，观测其输出波形。

2. 效率的测定

(1) 将变流器的输入电压调整至额定值。

(2) 调整负载使变流器的输出功率为额定功率。

(3) 测量输入电压、电流，输出电压、电流，连续测量 3 次，记录测量数值。

效率 η 的计算式为

$$\eta = r_{\mathrm{o}} \frac{I_{\mathrm{o}}}{r_{\mathrm{i}}} I_{\mathrm{i}} \times 100$$

式中 r_{o}——输出电压；

I_{o}——输出电流；

r_{i}——输入电压；

I_{i}——输入电流。

3. 温升试验

温升试验可以与效率测定同时进行，试验按以下步骤进行：

(1) 在额定负载下变流器连续工作 2h 以上，即可进行测量。

(2) 用半导体点温计测量晶闸管、硅整流器、IGBT 等元器件的最热点的温度。

(3) 变压器、电抗器用电阻法测定。

(4) 用电桥或数字毫欧表测定绕组的热态电阻和同一绕组的冷态电阻，以及绕组的冷态温度。

(5) 每次测定进行 3 次，记录测定数据及算术平均值。

铜绕组温升计算式为

$$T = \left(\frac{R}{r} - 1\right)(235 + t)$$

式中 T——绕组热态温升,℃;

R——绕组热态电阻,Ω;

r——绕组冷态电阻,Ω;

t——绕组冷态温度,℃。

4. 保护性能试验

(1) 短路保护试验。调整输入电压及负载使变流器达到额定状态。将负载短路,测量短路自保护系统动作时间,连续进行5次,记录测试结果。

(2) 欠电压保护。当输入电压降到额定电压的85%以下时,观测变流器的保护装置是否可靠,显示是否正确,记录观测结果。

5. 负载等级试验

在额定条件下变流器应能24h连续工作。在1.2倍的额定电流下应能连续工作20min不损坏,记录测试结果。

6. 振动和自由跌落试验

振动试验和自由跌落试验按《环境试验 第2部分:试验方法》(GB/T 2423.10—2019)和《电子电工产品跌落试验方法》(GB/T 2423.8—2008)规定的程序和试验条件进行。

变流器置于振动试验台,承受振动的频率为20Hz、振幅峰值为0.38mm、峰值加速度为6.0m/s²,持续时间不少于10min,记录试验结果。

自由跌落试验条件:自由跌落试验冲击高度为25mm,自由跌落次数为2次,样机地面与水泥地面夹角不大于3°,记录试验结果。

经振动和自由跌落试验后,变流器应能正常启动、正常工作。

7. 绝缘电阻与介电强度试验

(1) 绝缘电阻的测定。用绝缘电阻表测量绝缘电阻。电压等级选用见表9-12。

表9-12 电压等级选用

额定绝缘电压等级/V	<50	50~250	250~500	500~1000
绝缘电阻表的电压等级/V	50	250	500	1000

测量电气回路与壳体的接地部件之间及彼此无电连接的导电部件之间的绝缘电阻,记录测量数值。

(2) 介电强度试验。介电强度应在电路与接地之间和彼此无电连接的导电部件之间进行。试验时开关处于断开位置。试验时施加的功率不小于0.5kV·A/50Hz,使用正弦交流电压为1500V,试验历时1min,记录测量结果。

8. 噪声的测量

噪声的测定可与负载等级试验同时进行。测试按《声学 声压法测定噪声源声功率

级和声能量级　采用反射面上方包络测量面的简易法》(GB/T 3768—2017) 中第6.4条的规定进行。声功率级按GB/T 3768—2017中第7条的规定进行计算，记录测量结果。

9. 温度试验

(1) 低温试验。低温试验按GB/T 2423.1—2008中试验A.b规定的程序和试验条件进行。被试验样机置入试验箱内，然后开动冷源使试验箱温度保持在−30℃±3℃，变流器负载连续工作8h。在此期间每隔4h，测量一次变流器的输出值，记录测试结果。

(2) 高温试验。低温试验按GB/T 2423.2—2008中试验B.b规定的程序和试验条件进行。被试验样机置入试验箱内，然后开动热源使试验箱温度保持在+50℃±3℃，变流器负载连续工作8h。在此期间每隔4h，测量一次变流器的输出值，记录测试结果。

10. 首次故障前平均运行时间的测定

应在实际使用时现场进行测试。记录变流器自安装使用开始至首次出现故障时的累计工作时间，记录测定结果。

9.2　关键部位装配工艺及质量控制

9.2.1　主轴轴承装配

主轴承是风电机组重要部件之一，其稳定性决定着该机组的收益，对于主轴承的安装，不同型号有不同的要求。轴承内圈、外圈不可拆分时，通常采用热装的方式进行装配，优先选用电磁感应加热器、将加热杆位于轴承中心处，轴承加热温度应严格按照厂家的要求控制。轴承内圈、外圈可拆分时，通常采用内圈加热、外圈冷冻的方式进行装配，加热设备优先选用电磁感应加热器，冷冻设备优先选用冷柜，外圈装配时要特别注意不断地将表面凝结的水珠擦拭干净。轴承加热与冷冻都要与支撑座之间加绝缘垫层。轴承电磁感应加热如图9-5所示。

图9-5　轴承电磁感应加热

针对首次装配的轴承，应进行工艺试验确定，用内径千分尺分别在轴承加热或冷冻前后测量轴承内径，获取实际的数据。装配单列圆锥滚子轴承时，应保证轴承的负游隙，这对轴承的寿命至关重要。通常情况下，轴承内圈端面与轴肩或轴套端面应接触均匀，贴合间隙应不大于0.05mm。装配完成后，应尽快按轴承厂家要求注入适当清洁润滑脂。

9.2.2 主轴与齿轮箱装配

除直驱机组外，风电机组都有齿轮箱。通常情况下，主轴与齿轮箱的连接分为法兰连接和锁紧盘连接。

(1) 法兰连接。法兰连接最为关键的是保证主轴轴线和齿轮箱轴线重合，通常情况下，使用激光对中仪来测量，利用调中设备进行对中，最终结果应符合设计要求。

(2) 锁紧盘连接。锁紧盘本身具有导向作用，因而不用考虑对中环节，但锁紧盘的紧固有更高的要求，一般受力应均匀，对称拧紧螺栓。

锁紧盘的工作原理与膨胀螺栓类似，是靠拧紧高强度螺栓使两个锥面相互挤压，使内、外两个面产生压力和摩擦力来传递负载的一种方式。

锁紧盘连接具有很多独特的优点，制造和安装简单，由于锁紧盘能把较大配合间隙消除，而不需要像过盈配合那样，要求具有很高精度的制造公差，而且安装锁紧盘也不需要加热、冷却或加压设备，只需将螺栓按规定的扭矩拧紧即可。拆卸时将螺栓拧松，即可使被联接件拆开，有良好的互换性，可传递转矩、轴向力或两者的复合载荷，承载能力高，稳定性好，可避免零件因键联接而削弱强度，提高了零件的疲劳强度和可靠性。

9.2.3 变桨、偏航轴承装配

每套轴承在装配使用前，都应对配合表面进行必要的检查。运输支架除具有足够的刚度外，其与轴承接触表面还应进行加工处理，以保证与轴承的贴合。

轴承的内、外圈一般具有淬火软带，在装配时应将软带位置安装在低载荷区。通常情况下，采用做标记的方式来装配，装配时应先将轴承径向定位，紧固螺栓时应采用对角多次紧固的方式。

变桨和偏航轴承要承受很大的倾覆力矩，且部分裸露在外，易受沙尘、水雾、冰冻等污染侵害，因此，在力矩紧固完成后，对被破坏的防腐层进行满足整个使用寿命期的表面防腐处理。

9.2.4 偏航制动器装配

偏航制动器是具有使运动部件减速、停止或保持停止状态等功能的装置。风力发电机组一般采用液压钳盘式制动器为机舱提供必要的制动力，以保证机组平稳运行。主要由闸体、摩擦片和驱动装置等组成。偏航制动器通常装在风力发电机组的底座上，在工作时，液压油进入闸体，在油压的作用下闸体内的驱动装置推动摩擦片做相向运动，摩擦片在制动力矩下卡住刹车盘，使机组减速、停止或保持状态等，从而实现制动作用。

在装配偏航制动器时要注意摩擦片的环境，时刻保证摩擦片不被油类污染。通常情况下，摩擦片的摩擦系数为0.4，如果摩擦系数大于0.4，在偏航过程中摩擦片的磨损量会增大，导致偏航过程中热量增大，热量将导致摩擦片表面烧结，表面材质变硬，摩擦系数降低。如果摩擦系数小于0.4，偏航时阻尼力矩与制动力矩减小，将影响机组偏航过程中的准确定位。在多次偏航后的压力和温度双重作用下，制动盘和摩擦片接触面出现硬化、碳化等异化现象，摩擦系数明显下降，偏航时甚至会产生机组滑移。机组滑移导致偏航轴承大齿与驱动齿频繁撞击，严重时容易出现偏航大齿发生断裂。因此，对摩擦片的保护尤为重要。

9.2.5 偏航、变桨驱动装配

变桨驱动装置的作用是当风速过高或过低时，通过调整叶片角度，从而改变风电机组获得的空气动力转矩，使机组的功率输出保持稳定。

偏航驱动装置主要有两个作用：①使风电机组跟踪风向的变化进行对风；②由于偏航，机舱内引出的电缆发生缠绕时，自动解缆。

装配时需平稳且缓慢，防止齿与齿磕碰。装配完成后需调整驱动齿与被驱动齿啮合的间隙。通常情况下，会使用压铅丝的方法来测量。首先按照要求给电机通电，将驱动齿旋转到被驱动齿的标记齿中间，然后在驱动齿的齿面上放置铅丝，控制电机进行旋转，齿与齿在啮合的过程中会挤压铅丝变形，然后用游标卡尺测量变形后的铅丝厚度，从而得到齿与齿之间的间隙数据。尺寸必须满足设计要求，若不满足，拆除固定驱动装置的连接螺栓，通电旋转，再重新进行调整，直至满足要求为止。轴承齿侧游隙调整如图9-6所示。

(a) 放置铅丝

(b) 啮合挤压铅丝

图9-6 轴承齿侧游隙调整

9.2.6 齿轮箱弹性支撑装配

齿轮箱作为风电机组中一个关键的部件，在运行期间同时承受静态和动态的载荷。利用齿轮箱弹性支撑可以减少从齿轮箱传递到机舱结构和塔架的振动，从而将零部件的机械振动控制在规定的范围之内。目前兆瓦级风电机组一般采用液压式弹性支撑。

齿轮箱弹性支撑装配前需要确认弹性体无裂纹、破损现象。将弹性体分别放置在齿轮箱扭力臂的两侧，然后安装支撑弹性体的框架，由于被连接件较长，此处多采用双头螺柱的形式，采用拉伸器进行紧固。螺柱紧固完成后需进行液体加注，加注时需要先将弹性体内部的空气排空，然后大气压的压力将液体加注，满足设计灌注的要求。灌注完成后再对所有接口进行检查，保证所有接口无漏液现象。

9.2.7 机舱罩、导流罩装配

机舱罩和导流罩组装前应储存在清洁、通风的地方，应避免阳光长期直接暴晒，不应在上面堆压杂物，各组成部分不得叠加存放。

机舱罩和导流罩装配时应进行同轴度调整，偏航密封内径与偏航轴承外径的同轴度公差，主轴密封内径与主轴前部法兰外径的同轴度公差、叶片密封内径与变桨轴承叶片安装螺栓孔中心线的同轴度公差应满足要求。

机舱罩、导流罩法兰之间宜用密封胶条进行密封，同时在机舱罩、导流罩装配完成之后应在法兰接缝处涂抹密封胶，密封胶的宽度应一致，外表光滑。

9.3 出 厂 调 试

调试是保证所提供的设备能够正常运行的必须程序。整机装配完成后，虽然已经把所有的零部件按照设计图纸的要求装配起来，但是由于每一个零部件的加工也有一定的公差，在装配过程中也会产生各种对产品质量影响的因素，因此必须进行调试才能使功能和各项技术指标达到规定的要求。

9.3.1 安全操作注意事项

在整机出厂调试前，需要对工作人员进行调试安全事项的明确。工作人员应认真学习和严格遵守《电业安全工作规程》（GB 26164—2010）和有关高压试验的规定，并经考试合格后方可参加调试工作。所有调试都应按照《电力设备预防性试验规程》（DL/T 596—2005）及有关部门批准的调试规程进行。为了保证调试质量、提高效率，调试前应做好准备工作，提出调试方案和安全、组织措施，经批准后，安排调试人员认真学习、充分讨论，做到任务明确。调试前应查阅被试设备的相关资料，调试所需的设备、仪表、连接线及工具应提前准备齐全，放到安全地点。调试现场周围若有围栏，必须是封闭的。警告牌及标示牌应悬挂在明显位置。调试工作至少有两人参加，操作时应戴干净的电工手套。工作负责人应负责现场设备和人员的安全，工作人员必须听从工作负责人的指挥。工作人员在通电过程中，相关人员应集中注意力，时刻监视调试设备和仪表指示。一旦发现异常现象，应先切断调试电源，然后将设备恢复至初始状态，停止调试。待查明原因、及时处理后，方可接通电源继续调试，不得盲目重试。调试所需的接地部位应可靠，不得随意接在铁丝网或管道上，接地线的连接必须牢固可靠。

9.3.2　总装厂调试

在总装厂进行台架试验具有现场试验无法比拟的优越条件，不仅技术力量强、设备条件好、零部件充裕，而且出现问题便于处理。台架试验有利于提高产品质量，减少安装现场调试时间。

台架试验可以进行除控制系统总调整及各分系统的自动控制功能以外的几乎所有试验项目。因此，总装厂都十分重视台架试验工作。总装厂调试一般分为变桨距系统调试、主传动系统调试、其他系统功能调试和并网运行调试几部分进行。

9.3.3　总装厂调试的方法和步骤

9.3.3.1　接线检查及设备送电

控制系统主要由机舱控制柜、塔底控制柜、变流器柜、变桨距控制箱、多个被控制对象（如变桨伺服电动机、偏航伺服电动机等）和各类模拟、数字传感器等部分构成。在进行调试前，调试人员需要对照图样依次检查各部分之间的接线，确认系统接线正确。接线检查完成后进行送电工作，送电顺序是先塔筒柜，然后机舱柜。系统送电完成后，再进行通信状态测试，确保各被控系统与风电机组主控制柜的正常通信。

9.3.3.2　各系统静态测试

风电机组各系统静态测试涉及机组的各个方面，具有代表性的系统静态测试要求和方法如下：

1. 安全链静态测试

安全链静态测试必须在机组维护状态下进行。调试前必须保证安全链系统接线正确完好，在测试中尽可能完全地手动测试安全链的功能。在此环节，同时还要测试变桨距系统在蓄能设备驱动下的动作性能及限位开关的作用。

2. 偏航系统静态测试

偏航系统静态测试的目的是检查偏航系统的动作性能，确保偏航系统能够实现正

确方向偏航以及能以额定速度自动对风。调试过程中，还应调整编码器的校零参数。查看润滑系统和液压制动系统工作正常。

3. 变桨距系统调试

变桨距系统调试主控系统应将风电机组切换到维护模式，然后分别对三个叶片进行调试并校零。按下机舱柜的“开桨”“顺桨”按钮，检查变桨距系统是否正常。再将叶片位置分别转至80°、50°、0°进行测试，调试中必须保证伺服电动机电气制动释放。将叶片位置转至规定角度按下急停开关，叶片应顺桨至限位开关动作。

9.3.3.3 空运转试验

空运转试验需要切断机舱控制柜对各系统供电的开关，然后将电源连接到机舱控制柜电源输入端。通电后观察机舱控制柜的状态，试验给各系统供电的控制功能。通过机舱控制柜给齿轮箱液压泵通电，观察液压泵启动之后电动机转向、出入油口压力、高速轴温度等。给发电机冷却风扇、发电机集电环冷却风扇通电，观察风扇转向、绕组温度等。给液压站送电，观察液压站的电动机转向、油位、油压、电磁阀动作情况、高速轴制动钳和各个偏航制动钳动作情况、液压管路是否有渗漏等。给变桨距系统通电，观察变桨距驱动电动机转向、机械传动装置工作情况，以及行程开关动作是否正常等。给偏航系统通电，观察各个偏航驱动的电动机转向、机械传动装置工作情况。

9.3.3.4 主传动链拖动试验

主传动链拖动试验是采用将发电机转子绕组短路的方法进行试验，使发电机以电动机方式运行，来调试整个主传动链运行。通过变流器将380V的工频电压变换成690V，然后接至发电机定子接线端。通过变流器控制电动机转速，启动电动机运转。分别在静止、低速旋转5min、高速旋转15min。在开始拖动前及拖动过程中，对各个设备及机组进行振动、噪声等项目的观察。记录发电机、齿轮箱、主轴等设备的状态，如温度、压力等。

9.3.3.5 并网运行试验

并网运行试验在并网运行试验台上进行。并网运行试验台是由一台直流电动机通过齿轮箱减速经挠性联轴器连接在被试机组风轮轴法兰上。通过调整直流电动机的转速来模拟风轮转动。并网运行试验台上装备有测量风电机组输出电压、电流、频率、功率因数、功率等电气指标的测量仪表。试验步骤如下：将并网运行试验台上的挠性联轴器连接在风轮轴法兰上，然后将应该连接的电力、控制、通信线路全部连接好，并检查确认无误。

起动直流电动机，使风轮轴转速调整到切入风速对应的风轮转速，记录被试风电机组输出的电压、电流、频率、功率因数、功率，观察风电机组并网情况是否正常。逐步提高主轴转速，最终使风轮轴转速调整到额定风速对应的风轮转速。在调整过程中，风轮轴转速每提高一转就记录一次被试风电机组输出的电压、电流、频率、功率因数和功率。通过调整拖动电动机转速逐步降低风轮轴转速，最终使风轮轴转速调整到低于切入风速对应的风轮转速，观察机组脱网情况是否正常。根据试验记录绘制出机组的输出功率曲线。

第10章　风电机组安装与运维

风电机组的安装是风电机组生产制造的现场最后环节，零部件现场安装的质量一定程度上决定了机组运行的安全性和经济性。机组运行过程中须加强各零部件状态的监测监控和定期维护，以最大限度地提高运行效率，延长使用寿命。

本章主要介绍风电机组中超重、超长、超宽的部件的运输方案，整机的安装及调试方案，以及运维方案。

10.1　运　　输

10.1.1　运输主要设备

我国各地风电场情况相同，中东南部区域风电市场当前主流机型为3.×MW风电机组产品，但各主机厂商的机型设计存在差异，项目现场情况与道路状况也各有不同，因此在进行运输设备选择时，需综合考虑详细的车辆信息特点。如从重量维度考虑，通常最重的部件是机舱，预计总重会达到90～140t。如从长度维度考虑，通常最长的部件是叶片，预计总长能达85m左右。如从高度维度考虑，在陆地运输，根据道路建设限高一般都不超过5m（海运不存在限高影响）。

10.1.2　风电设备运输道路的要求

1. 定义

场内道路指连接风电机组之间、风电机组与升压变电站之间的道路。场外道路指已有国家、省（自治区、直辖市）、市、县、乡镇等地的道路。一般国家、省（自治区、直辖市）、市级道路基本能满足大型设备的运输，县、乡镇等级的道路需要适当修正才能满足大型设备运输要求。

2. 影响运输道路的因素

影响运输的因素主要有风电机组设备的尺寸、重量，运输车辆的尺寸、重量等。另外，吊装设备的类型、尺寸、重量等因素也同样对运输道路提出一定要求。也就是运输道路选择需考虑以下条件：场内、场外道路都需满足风电机组设备和吊装设备的正常通行需求（一般运输设备的尺寸宽度和高度方向大于运输车辆的尺寸）。场外道路需满足运输车辆的进场、会车、掉头等需求。场内道路需满足主起重机设备的通行、吊装、转场等需求。

3. 风电设备运输道路基本要求

近几年风电机组设备单机容量逐渐增大，我国中东南部区域风电市场当前主流机型为3.×MW风电机组产品，以此类产品为例进行运输道路要求的介绍。通常对运输道路的地面承载力、宽度、横向坡度、坡度、转弯半径、净空都有所要求，以确保车辆和设备顺利通过，并能实现转弯、会车和掉头。

场内道路要平整，路面宽度原则上不小于5.5m。在道路条件允许的情况下，履带式承载起重机可选择不进行拆解，直接转场。若要满足承载起重机的通行，场内道路的宽度约为12m，或路宽为5.5m加一个压实肩，便于起重机的通过。当有必要增加排水量时，才需要设计横向坡度，横向坡度大多数设计不超过2°，道路坡度不大于5°。路面足够坚实和满足路面压实系数要求，路面材料足以避免卡车轮子打滑。如果路面坡度超过这一值，路面材料最好是混凝土或沥青材料，同时应有必要牵引设备。路面应考虑材料自身的特点和功能，弯道和坡道的半径必须结合起来考虑。风电机组设备运输中以叶片运输对转弯半径要求最高，叶片及其他设备可通过。实际施工中可适当加大并灵活运用，第一次叶片运输车辆进场时准备一辆铲车，以备填路用。如运输道路不具备叶片超长的运输条件，也可使用叶片托举车进行叶片倒运，减少道路施工，如图10-1所示。

为了使设备顺利通过，所有运输车辆都应避免高空物体的妨碍，例如桥梁和电线等。运输车辆的最小净空高度通常为4.5m（乡镇道路最小净空高度应增加至5m，防止因道路不平造成运输困难）。所有高空物体都应做好标记，表明其离路面的高度。

超长运输车辆掉头是相当困难的事情，尤其是运输60～70m大型叶片的运输车辆，因此在场地允许的情况下，场内道路需为此类车辆设置掉头路段。掉头一般需要如图10-2所示的道路类型。掉头附近道路加宽到6m，三叉路每段需保证有50m以

图10-1　叶片托举车运输叶片示意图

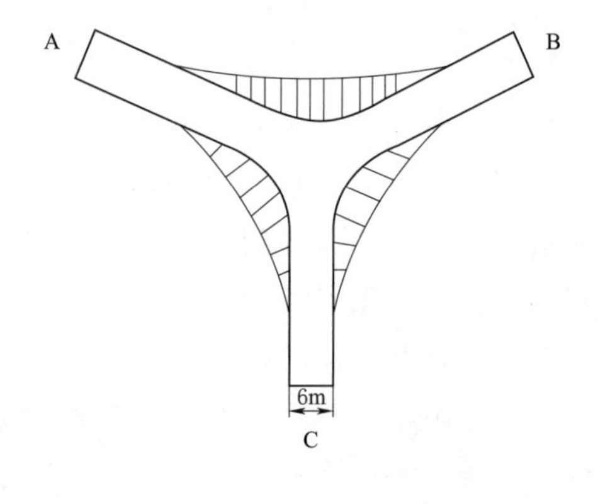

图10-2　场内掉头道路要求示意图

上的距离。阴影部分根据实际情况加宽，宽度最大处约为10m。运输叶片车辆从A口进到C口，卸完货后倒车，车尾到B口，车头从A口驶出。

10.1.3 运输、装卸车过程中的注意事项

为保证运输作业人员的人身安全，运输单位应制定完善的安全作业实施方案，保证工作过程无安全死角，作业应按照预定方案进行。在运输过程中及设备吊卸装车中，要切实遵循现场劳动纪律，并严格执行相关的规程和规范。作业现场应有统一的指挥信号，各岗位人员要协调一致，现场指挥应做到号令明确。所有作业人员在现场必须正确佩戴安全帽及其他安全装备。

实行文明安全施工，作业前，要对所有机具进行全面点检，确保施工设备正常。严禁不加防护地将物件直接放置在地面，车体或船上，避免造成货物的损伤。物件摆（堆）放要整齐、稳定，放置货物时要注意观察部件的重心位置，判断稳妥后，捆扎固定或松绑卸物，否则应采取支、垫等有效措施进行处理。吊车司机和运输车司机必须熟悉所使用设备的性能和状况，具有熟练操作设备的技能，并应充分了解所运货物的构造特点，切实采取措施避免在运输和吊卸过程中造成部件的变形。运输应防止设备剧烈震动，做好防止设备刮擦、磕碰的措施，在运输及吊卸过程中要切实避免产生大的摆动，尤其在运送机舱、轮毂等关键部件时更要小心注意，必要时应派专人监督，指挥。

风电机组设备运输车辆速度要按照路段要求行驶，不得超速，道路行驶速度不应大于40km/h，在山路上行驶速度不应大于30km/h。

由于叶片属超长设备，运输时可能遇到转弯困难问题，运输车队中应配备合适的吊车。封车时索具不可与机舱、轮毂直接接触，必须在索具下方加衬垫，保证索具不会对设备造成伤害。

运输方案的制定和审查应考虑充分，委托方和承担运输方应对运输路线的全程及对包括中转在内的各个过程进行考察，运输承担方据此制订运输预案，提交委托方审核。委托方接到预案后，应该对承运方制定的运输方案（运输实施计划）书中的大部件装车（船）、设备的绑扎固定、设备保险、设备卸货、交货时间接口等各项细节进行审查，提出合理建议，并监督执行。运输方案和实施计划书均应得到委托方的审核后才能进行后续工作。

承运方应以工作联系单形式及时向委托方提供货物运输工作进展情况。内容包括：起运日期、包装形式、装车重量、数量、设备名称、车船班次、中转活动、到达日期及地点的计划以及实际执行状况等。运输单位必须按交通管理等有关部门要求办理好超限大件的运输许可、占道许可等各种手续，并准备好各类标志。运输工作开展前应要求运输单位提供相应资料，确保设备合法上路。

10.1.4 卸货

10.1.4.1 塔筒

1. 卸货

卸货时要求：风速不大于10m/s，无雨雪、雷电等恶劣天气；建议采用2辆50t及以上吊车（起重设备规格由设备厂家根据参数决定），同一台机位卸车时，必须确保各节塔筒成套（查看塔筒编号、组号）；禁止使用圆吊带卸载塔筒，必须使用塔筒卸货专用扁平吊带；选择塔筒卸货区域应考虑塔筒后续的安装工作；放置区域地势选择较平坦、地面硬实（满足设备对地面强度要求）；严禁将塔筒放置于冻土层上、悬崖边、山体旁等存在危险隐患的区域。

2. 检查

按照清单进行检查，零部件、随机件必须齐全完好。

3. 工具

塔筒卸货工具和消耗品清单见表10-1。

表10-1 塔筒卸货工具和消耗品清单

序号	名称	规格/型号	数量	备注
1	沙袋		适量	支撑塔筒使用（袋口绑扎牢靠）
2	塑料布		适量	塔筒防护使用

4. 吊具

塔筒卸货吊具清单见表10-2。

表10-2 塔筒卸货吊具清单

名称	数量	单位	备注
双眼扁平吊带	2	根	塔筒卸货

5. 卸货

卸货方法一般为双车抬吊卸车。将塔筒运输车停摆在吊车作业范围内，两辆吊车就位于塔筒两端，如图10-3所示在塔筒两端分别兜两根扁平吊带并分别挂于相应吊车吊钩上。由现场卸货负责人指挥两吊车同时水平起吊塔筒至板车上方1.5m，运输车驶离现场，吊车落钩至指定摆放位置。在塔筒两端每一侧使用沙袋做好支撑防护措施，并在塔筒和沙袋接触面垫塑料布防护。

塔筒卸车前须注意核实清楚吊车额定载荷是否满足卸塔筒（重量）最低要求。

第Ⅰ段塔筒卸载时吊带吊点靠近上下法兰面即可，第Ⅱ段、第Ⅲ段塔筒多为圆锥筒，由于重心位置靠近塔筒下端，因此建议根据重心位置适当调整吊点，第Ⅱ段、第Ⅲ段及后续各节塔筒卸载时吊点分布如图10-4所示。

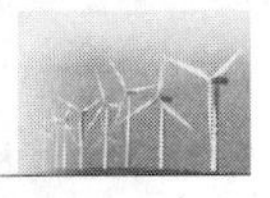

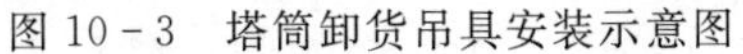

图 10-3 塔筒卸货吊具安装示意图

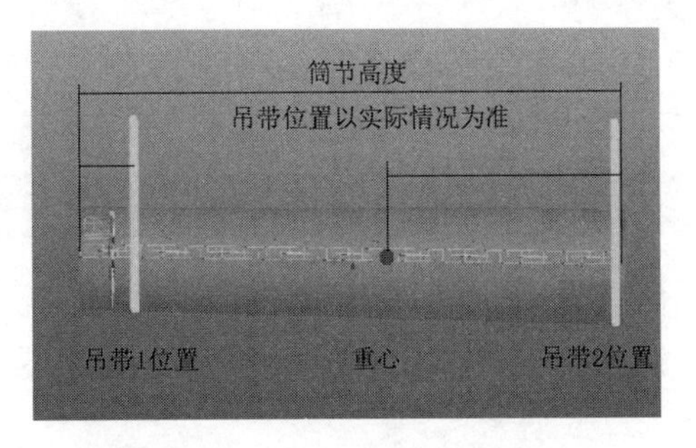

图 10-4 塔筒卸货吊点分布示意图

卸塔筒时，建议试吊多次，以便找准、找正塔筒重心位置，两吊车须由一人指挥、起吊移动落钩一致，避免塔筒一端高一端低等不平衡情况出现。塔筒起吊后塔筒下方严禁站人，吊车吊臂下严禁站人。塔筒卸车后做好防护措施，防止由于地势沉陷等导致塔筒滚动撞坏周围设备的事故。如不立即吊装，对包装破损部位及时修补，确保包装密封完好。

10.1.4.2 叶片

1. 卸货

卸货时要求：风速不大于 8m/s，无雨雪、雷电等恶劣天气；使用两台吊车卸货，一台吊车吊叶片根部，另外一台吊车起吊距离叶根位置 34m 处（以某厂家 59.5m 叶片为例），或按照叶片标识进行装卸（起重设备规格由设备厂家根据参数决定）；同一台机位卸车时，须确保三只叶片成套（查看叶片编号、组号）；同时，必须确保叶片与轮毂总成匹配（查看轮毂总成上粘贴的标示）；禁止使用圆吊带起吊叶片，必须使用叶片专用扁平吊带；叶片吊点位置以叶片厂家要求为准，吊带与叶片接触部位要求使用叶片护具；起吊叶片时须在叶根部位和叶尖部位至少各拴一根缆风绳；摆放区域地势选择较平坦、地面硬实（满足设备对地面强度要求）；严禁将叶片放置于冻土层上、悬崖边、山体旁等存在危险隐患的区域。

2. 检查

按照进场检验单进行检查零部件、随机件。若叶片表面有划痕或损伤、防雷器和漏水小孔有损坏或丢失，则必须由专业人员在吊装前完成修复。

3. 吊具

叶片吊具组成见表 10-3。

表 10-3 叶片吊具组成

序号	名 称	数量	单位	备注
1	双眼扁平合成纤维吊装带	2	根	
2	揽风绳	2	根	借用风轮吊具

续表

序号	名　称	数量	单位	备注
3	叶片后缘护具	1	套	
4	叶尖护套	1	条	

4. 卸货

使用两辆吊车（吊车型号根据叶片吨位进行选择），两点安装吊带，卸载叶片，如图10-5所示。

叶根侧离叶根法兰1m处安装一根扁平吊带，吊带可以缠绕两圈，然后与吊车连接。叶根吊带处连接一根缆风绳。叶尖运输支架吊环处安装一根扁平吊带，吊带与运输支架接触部分需要用胶皮防护，然后与吊车连接。如有必要，安装叶片后缘护具。叶尖护套安装示意如图10-6所示，使用一根缆风绳与叶尖护套相连。

图10-5　双车抬吊卸载叶片示意图

图10-6　叶尖护套安装示意图

两辆吊车配合，指挥吊车将叶片平稳缓缓提升离开运输车板，指挥运输车辆立即驶离现场，然后缓慢卸到地面上。

需要注意的是，放置地势一定要选择较平坦地方，若出现凸凹不平，则需要用铁铲进行回填或是开挖，若是沙土地或其他土质松软地，应用夯实工具夯实前支架及后支架摆放区域或垫放枕木等以保证有足够的承载力，避免前、后支架下陷，以保证叶片不接触地面，否则会损坏叶片，如图10-7所示。

图10-7　叶片摆放示意图

叶片的摆放需要平行于风向摆放，卸货过程保证叶片平稳，设专人拉叶尖护套处的缆风绳进行角度调节。特别要注意检查叶片与地面之间距离，必要时采取措施使叶片前缘离地面有足够的安全距离。夜晚光线不足时不允许进行叶片卸载作业，以免发生意外。

叶片摆放在预先指定的地方，不能影响塔筒、机舱、叶轮的吊装。为防止叶片倾翻，摆放时应注意现场近期内的主风向，叶片顺风放置，且叶片根部呈迎风（主风向）状态，必要时用沙袋对叶片进行加固或采取有效措施，防止叶片随意摆动。叶尖部位保护支架与叶片接触部位应放置适当的保护材料（如软橡胶垫、纤维毯等）进行必要的保护，避免叶片损坏。存放时要保证叶片法兰口的封闭，防止叶片内进入砂石等杂物。

10.1.4.3 机舱

1. 卸货条件

卸货条件要求风速不大于 10m/s，无雨雪、雷电等恶劣天气；履带吊或汽车吊（起重设备规格由设备厂家根据参数决定）；确保机舱、塔筒、轮毂成套匹配。机舱卸货区域的选择应考虑后期的机舱吊装位置；摆放区域应地势平坦、地面硬实（满足设备对地面强度要求）。要求机舱总成平稳放置，且无雨雪、风沙回旋积聚情况。严禁将机舱总成放置于冻土层上、悬崖边、山体旁、河流及海水潮汐周期性浸泡等存在危险隐患的区域。对机舱总成做好防护，防止雨雪风沙进入机舱。

2. 检查

按照进场检验单进行检查。零部件、随机件必须齐全完好。

3. 吊具

机舱总成吊具清单见表 10－4。机舱吊具安装示意如图 10－8 所示。

表 10－4 机舱总成吊具清单

名　　称	数量	单位	备　注
机舱吊具（风场专用）	1	套	

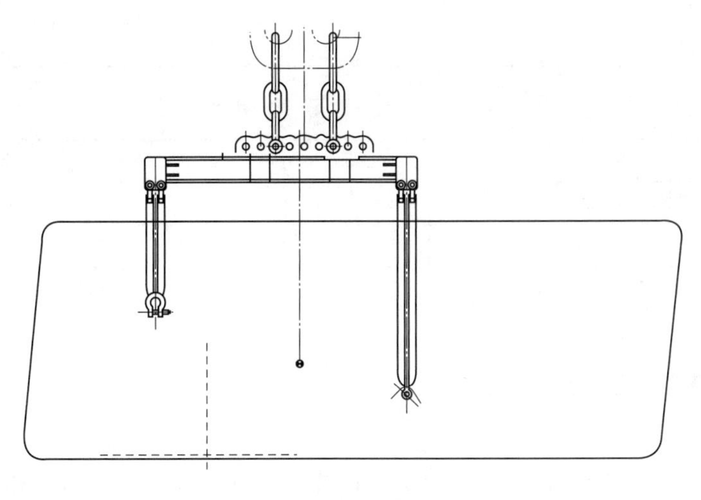

图 10－8 机舱吊具安装示意图

4. 卸货

起重机就位，运输车停靠在起重机吊臂作业半径范围内。按图 10-8 安装好机舱吊具。缓慢起吊机舱至运输车上方 1.5m 左右时停止，然后指挥运输车离场。起重机平稳缓慢吊至机舱指定摆放位置（摆放位置由安装经理根据安装场地条件确定），落钩、松钩、拆卸吊具。

需要注意的是，起重机起吊前，检查吊带和卸扣的受力、水平等情况。摆放时机舱安装面应避开现场主风向摆放。机舱摆放必须平稳，如有倾斜，必须立即重新摆放。卸车后如不立即吊装，必须恢复机舱包装，对包装破损部位及时修补，确保包装密封完好。

10.1.4.4　轮毂

1. 卸货条件

卸货条件要求风速不大于 10m/s，无雨雪、雷电等恶劣天气；履带吊或汽车吊（起重设备规格由设备厂家根据参数决定）；摆放区域应地势较为平坦、地面硬实（满足设备对地面强度要求）；要求轮毂总成平稳放置，且无雨雪、风沙回旋积聚情况。严禁将轮毂总成放置于冻土层上、悬崖边、山体旁、河流及海水潮汐周期性浸泡等存在危险隐患的区域。

2. 检查

按照进场检验单进行检查。检查零部件、随机件。

3. 吊具

轮毂总成卸货吊具清单和轮毂吊梁明细分别见表 10-5、表 10-6。

表 10-5　轮毂总成卸货吊具清单

名　称	数量	单位	备　注
轮毂吊梁	1	套	

表 10-6　轮毂吊梁明细

序号	零件名称	数量	单位	备　注
1	梁体	1	件	
2	铜垫板	2	件	
3	弓形带母卸扣	1	件	
4	A 类环形吊带	1	件	
5	十字槽沉头螺钉	6	个	

4. 卸货

吊车就位，将轮毂总成运输车停靠在吊车吊臂作业半径范围内。组装好的吊具示意如图 10-9 所示。轮毂吊梁梁体与轮毂法兰面接触面示意如图 10-10 所示。

缓慢起吊轮毂总成至平板车上方 1.5m 左右时停止起吊，然后运输车辆开走，落钩使轮毂总成摆放在预先确定的区域，方便叶轮组对，不能影响机舱的卸货和吊装，如图 10－11 所示。

保持运输支架水平，确保地面有足够的承载力，并做好防范措施，防止因雨水冲刷使支撑地面失去稳定作用而产生危险，如果不吊装需做好防护，防止风沙雨雪进入设备，重新包装好轮毂总成。

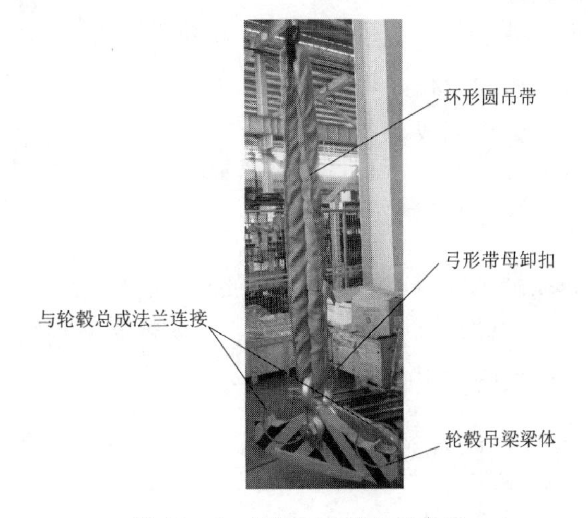

图 10－9 组装好的吊具示意图

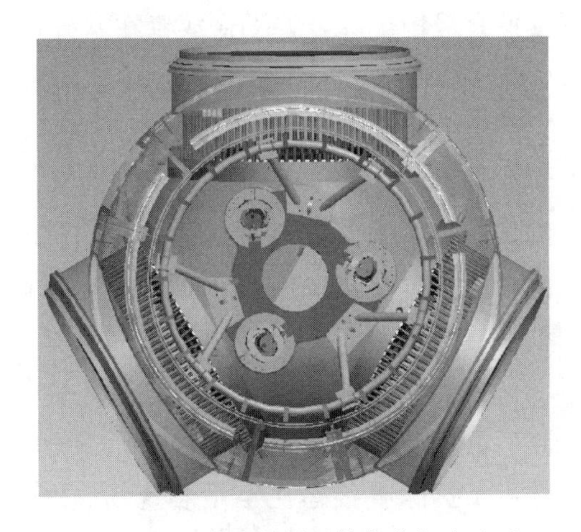

图 10－10 轮毂吊梁梁体与轮毂法兰面接触面示意图

图 10－11 轮毂总成卸货示意图

卸车操作人员、运输司机、吊车司机必须听从指挥人员指挥。吊具安装及拆卸过程保持缓慢、平稳，防止磕碰损坏轮毂总成内零部件。轮毂总成摆放的地面要求硬实、平整，轮毂总成放置后无倾斜迹象，若出现摆放倾斜现象，则必须及时进行重新摆放，直至轮毂总成平稳放置无倾斜为止。

10.2 吊 装

10.2.1 吊装条件

一般要求轮毂中心高度 10min 平均风速不大于 8m/s，无雨雪、雷电等恶劣天气。

塔筒安装前应完成风电机组基础建设和电气柜安装。机舱总成吊装前应完成塔筒吊装并完成塔筒螺栓力矩的拧紧。为了保证塔筒内部设备的安全，建议塔筒安装和机舱安装在一天内完成。

10.2.2　安装前准备工作

在吊装安装前，基础需要经过检测及验收，合格后才可同意吊装安装。现场应提前准备塔筒吊具和安装工具，以及塔筒及塔底设备标准件，清点数量并检查物料状况，确保安装工作顺利进行。

10.2.3　塔基平台及平台上设备安装

1. 塔基平台安装

将风电机组塔底平台用螺栓拼装好，并用水平仪测试平衡，在确定平台重心后，调整吊带位置和长度保证起吊后平台水平即可。平台缓慢下降，将平台放置在基础环内，下降过程中尽量保证平台与基础环同心，以方便后续平台位置调整，如图10－12所示。

图10－12　塔基平台安装示意图

调整平台与基础环同心度，将同心度误差调整在5mm以内即可。通过平台支脚调整平台上端面高度，使其与塔筒环板的高度误差在10mm以内，将平台地脚调整螺栓锁紧。

需要注意的是，所有零部件均需在塔筒厂内试装，确认试装无误后，部分零部件可不拆除直接运送至吊装现场。安装时使用自锁螺母的紧固件可不涂螺纹锁固胶，其他紧固件需涂螺纹锁固胶防松，保证连接紧固可靠。平台拼装完成时，整个平面应平坦，不得有翘曲等缺陷。焊接围板连接座耳时需要根据塔筒对应座耳配合焊接。边缘保护条用工业胶稳固黏接在平台面板上。

2. 塔基平台柜体设备准备

以某风电整机生产厂的布局为例。安装前，将变流器、冷却水泵、塔基控制柜、塔基变压器、电梯等设备拆箱检查，确认无误后，按照风电机组厂家塔底布局图进行安装，同时准备好安装过程需要的所有工具、螺栓，如图10－13所示。

3. 变流器安装

通常变流器等柜体设备是四点吊装，所以将卸扣安装在柜体吊耳上，将吊带中间挂在吊钩上，垂下的4个吊带头分别连接在卸扣上。吊装过程保证吊带与柜体可靠连接，并保持设备不发生倾斜。正式起吊后缓慢将柜体吊运至塔基平台正上方约100mm处，调整柜体位置，使柜门朝向塔基平台中心缓慢放下。安装孔位对准平台的柜体安装孔，安装紧固螺栓，将柜体与平台连接紧固。固定好后，起重机脱钩，拆除吊带和卸扣。

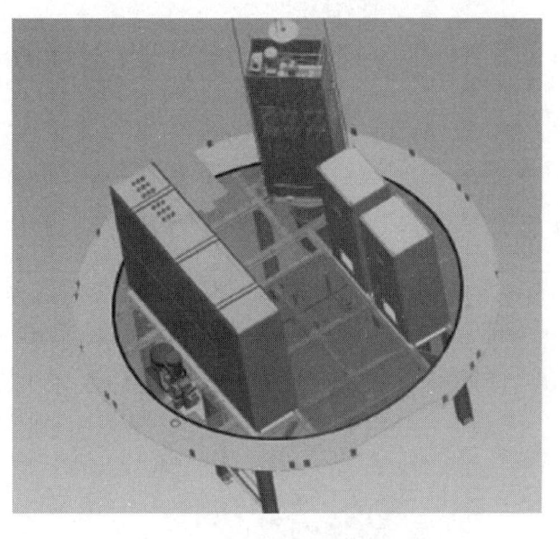

图10-13　塔底设备安装示意图

需要注意的是，检查柜体底部进线口与底层平台的开孔是否相对应，再用螺栓将其与平台固定。柜体在吊装的全过程中必须保持竖直位置。在拆箱、调运和安装过程中最小限度地破坏原有密封包装，尽量保持密封。

4. 电梯（如有）以及附件

先将卸扣安装在电梯吊耳上，将吊带中间挂在吊钩上，垂下的2个吊带头分别连接在卸扣上。试吊过程保证吊带与电梯可靠连接，并保持电梯水平。正式起吊电梯，将电梯摆放在塔基平台预留的位置。

塔基其他附件都按照上述步骤依次安装，确保吊装前全部塔基设备安装到位。

10.2.4　塔筒安装前准备工作

检查塔筒法兰面是否变形（法兰面内十字对角测量），需满足塔筒订货技术要求，如变形，及时通知塔筒厂家处理。检查塔筒表面是否有防腐漆破损，如有外观防腐受损，应按照规范进行补漆。对塔筒内外壁进行清洁，如图10-14所示。检查爬梯螺栓是否都已紧固牢靠，并松开塔筒内电缆夹螺栓，但不拆卸。将螺栓、垫圈、螺母摆放在法兰周围，并涂抹固体润滑膏。在底端法兰面涂抹密封胶（参照风电机组厂家密封胶涂抹要求）。将下一段塔筒连接用的螺栓、垫圈、螺母、安装工具固定于塔筒上平台处，以便于下一段塔筒安装，所固定货品一定要绑扎牢固，防止塔筒安装过程中滑落。将导向绳均布绑扎在塔筒下法兰孔上，以便于塔筒吊装过程中使用。

图10-14　清扫塔筒

1. 塔筒吊装工作

为了使塔筒平稳安全的从水平状态转换成垂直状态，风电整机厂商通常会根据不同类型的塔筒，设计不同承载结构的吊具，由主辅两台吊车进行配合作业。主吊车使用专用吊装工装，连接塔筒上法兰，配合滑车，保证塔筒姿态转变时的平衡。辅助吊车使用连接下法兰，在塔筒竖直时，可迅速拆卸。

2. 第Ⅰ段塔筒吊装

将主起重机和塔筒上法兰吊具连接，辅起重机与塔筒下法兰吊具连接，如图10-15所示，并按照吊具螺栓设计要求打紧力矩。

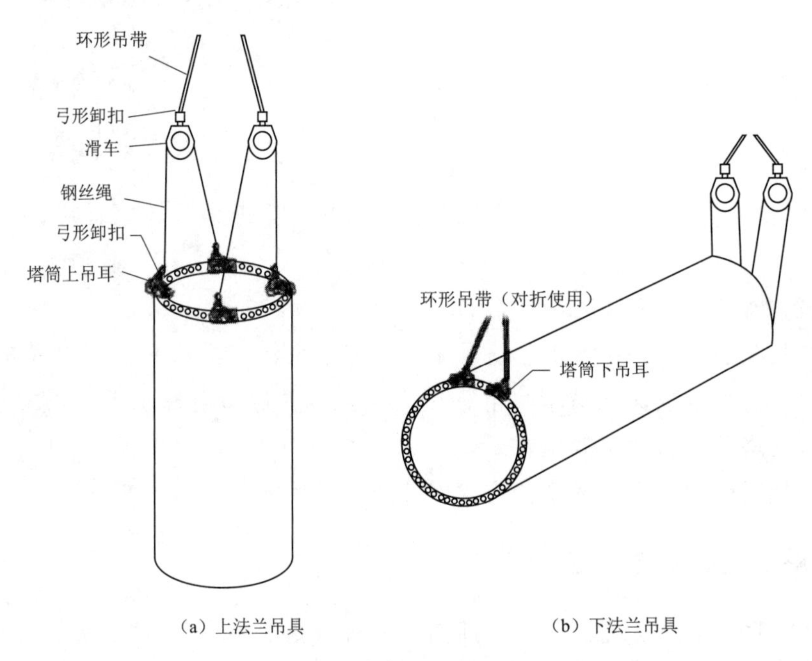

图10-15 塔筒吊具连接示意图

两辆起重机同时起钩，上升1.5m，主、辅起重机停止上升，清洁塔筒下部，检查塔筒是否有掉漆。辅起重机停止上升，主起重机继续上升直到塔筒处于竖直位置，如图10-16所示，工作人员迅速拆除下法兰吊具。

将塔筒提升至略高于底端法兰（锚栓法兰）的上方，确认塔筒标识对齐，指挥起重机缓慢下降至与底端法兰有一个间隙，如图10-17所示，确认上段塔筒下法兰螺栓孔与下段塔筒上法兰螺栓孔全部对齐，迅速安装一部分螺栓、垫圈、螺母并拆掉导向绳，然后落下塔筒（此时起重机仍保持在受力状态），安装完剩余螺栓组，螺栓紧固（按照风电机组厂家高强度螺栓紧固程序要求）。

力矩完成75%后起重机松钩，拆卸塔筒的上法兰吊具，由起重机吊下吊具并放置于吊装平台规定位置。吊装需要注意以下事项：①滑车安装正确；②确定钢丝绳在滑车滑轨内；③确定上、下法兰吊具紧固螺栓安装到位；④起吊前，应检查滑车、各吊

图 10-16　塔筒起吊过程示意图

带与卸扣的受力、水平等情况；⑤起吊过程中，禁止任何人停留在塔筒内；⑥起吊时人员不得站在塔筒下方；⑦由 3～4 名工作人员在平台上做塔筒的拼接工作，并指定专人在塔筒内负责用对讲机指挥安装。

图 10-17　对接两段塔筒法兰示意图

3. 后续塔筒安装

与第Ⅰ段塔筒安装类似，但需要注意的是，在顶段塔筒安装前需要将风电机组主电缆先铺设在顶段塔筒内，并固定牢靠，根据厂家现场安装作业手册进行电气布线。

10.2.5　机舱吊装

1. 机舱总成地面安装工作

用吊机将机舱相关附件吊至指定安装区域。

根据安装指导书安装风速仪、风向标组件，如图 10-18 所示。风速仪、风向标组件安装，安装人员操作时应当佩戴安全带、安全绳。风向标在设计之初，为了统一安装和便于调试，通常在风向标上有 N 点标识。安装时，风向标 N 点朝向正对机尾，M16 以下连接螺栓涂螺纹锁固胶。

风速仪、风向标组件安装螺栓，其底座一圈应用密封胶密封。将风向标、风速仪以及航空灯安装完成后，将线缆从支架内部穿过进入机舱，放在机舱柜上。将机舱顶部开孔处用玻璃胶密封，防止雨水流入。

2. 机舱总成吊装前准备

在地面将主轴与轮毂连接螺栓等物品预先放置在机舱内，机舱内物品摆放须确保

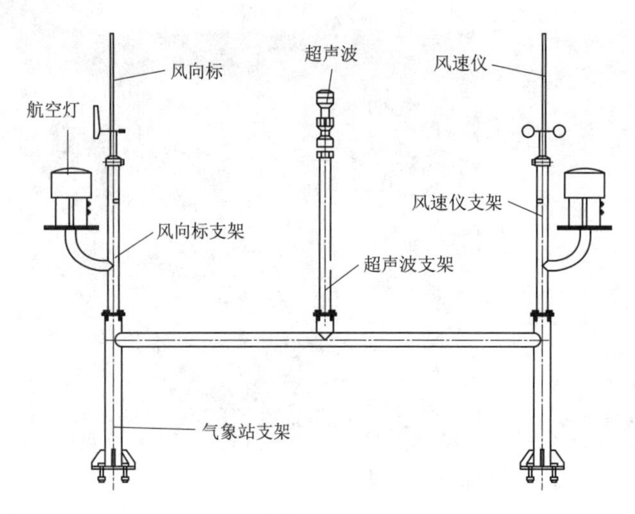

图10-18 风速仪、风向标组件部件示意图

对称，以防机舱重心跑偏影响吊装，并注意防止物品掉落。

3. 机舱总成吊装

起重机和机舱专用吊具连接好，吊至机舱上方，专用吊具下方的四根卸扣与机舱内的吊点连接。

用液压扳手拆除与运输支架的连接螺栓。起吊机舱至1.5m，用毛刷和大布清理轴承外圈表面和螺纹孔，同时应注意观察螺纹是否存在问题，如果有异常须及时处理。在塔筒顶端法兰用胶枪均匀涂两圈密封胶。

在机舱偏航轴承上均匀安装3根导向棒（根据安装单位经验，可以考虑不用导向棒，但螺栓孔对齐后，需要用导正棒确保塔筒的孔与机舱螺纹孔对齐）。将机舱提升至略高于塔筒顶端的上法兰的上方，确认全部螺栓孔都对准塔筒法兰面螺栓孔，指挥起重机缓慢下降，使机舱偏航轴承法兰面与塔筒顶段法兰面贴上（此时起重机仍保持在受力状态），迅速对接法兰的螺栓组，并紧固螺栓。螺栓力矩完成75%后，起重机松钩，工作人员进入机舱拆卸下机舱的卸扣，由起重机吊下，完成100%力矩。

4. 机舱总成吊装注意事项

吊装时，随着机舱上升，机舱与吊臂之间的距离逐渐减少，为了避免机舱总成碰到起重机主臂梁，甚至相互干涉而无法到达预定高度，通常从机舱的侧面吊装。起钩使链条处于拉紧受力状态即可，检查各链条与卸扣的受力状况、水平等情况。吊装过程中，禁止任何人站立于机舱内。起重机提升时不得站在机舱下面。由3～4名工作人员在平台上进行塔筒顶端法兰面与机舱偏航轴承法兰面的对接工作，并指定1人在塔筒顶端负责用对讲机指挥安装。为了便于后续叶轮总成的安装，如需机舱偏航（依据主吊吨位确定），从塔底连接电源，使用电缆接690V交流电连接到偏航电机，给偏航系统供电偏航，控制偏航电机动作，完成机舱偏航至适合位置，使机舱偏航至叶轮总成安装位置，如图10-19所示。

10.2.6 叶轮总成吊装

1. 叶轮准备工作

使用软毛刷清理轮毂与主轴连接法兰面，清理螺纹孔，如有必要，可用丝锥过丝处理，如图10-20所示，旋入部分的螺纹表面不涂抹固体润滑膏。

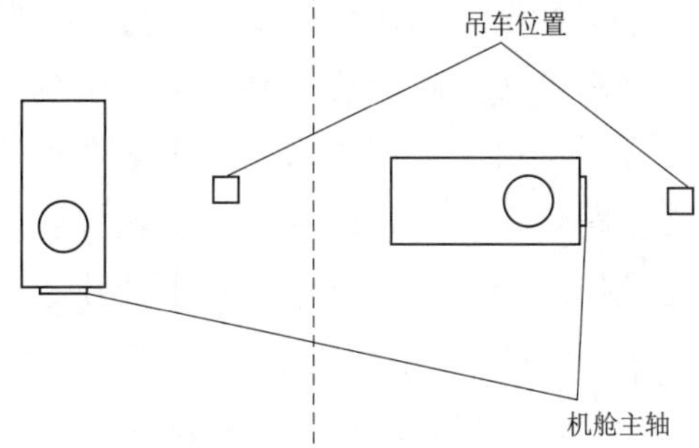

图 10-19　机舱偏航位置图

图 10-20　轮毂总成安装螺柱位置示意图

清理检查组对好的叶轮，将轮毂总成内部遗留的工器具、螺栓等清理干净。检查叶轮吊具和主吊车的连接，确保连接安全可靠。安装叶尖护套：在 2 个主吊叶片的叶尖适当部位各安装一个与叶片匹配的叶尖护套，通过叶尖护套各绑扎 2 根缆风绳，以便于往两个方向拉。

在第三个叶片（即辅助吊叶片，或称“溜尾叶片”）的辅助吊点标识位置，往叶尖方向依次安装叶尖护套以及吊带。要求吊带与叶片后缘接触的地方，安装叶片后缘护具，并用毛毡对叶片后缘进行防护，如图 10-21 所示。在吊带扣上绑 2 根缆风绳，便于将吊带取下，为防止护具卡在叶片上，护具上也要绑一根缆风绳，拆卸护具用。同时在叶尖护套上系 2 根缆风绳。

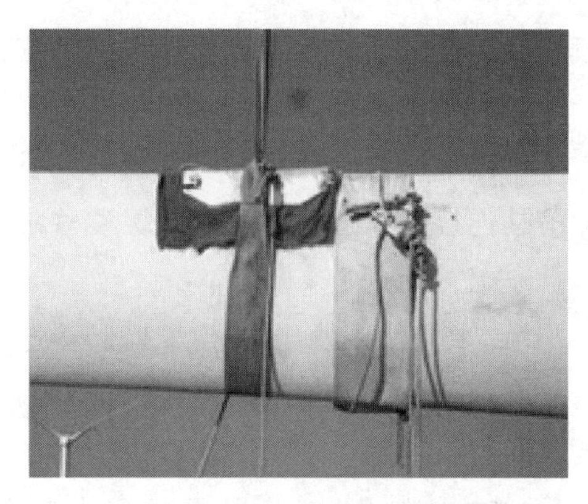

图 10-21　辅吊带安装示意图

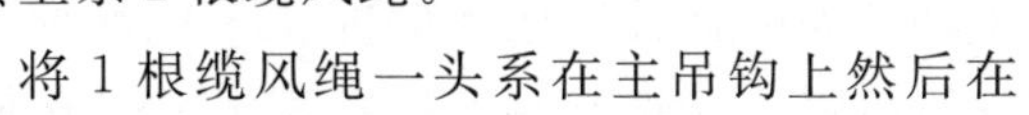

将 1 根缆风绳一头系在主吊钩上然后在辅助吊叶片上绕几圈（5 圈左右），以便在叶轮轮毂法兰与主轴法兰对接时减少开口方向拽紧，便于叶轮对接安装。起吊前检查：检查确定主吊车、辅助吊车各自挂置正确无误，检查确定所有缆风绳挂置正确合理，将需要放入叶轮内的物资放置合理正确，各作业环节人员分配到位。叶轮起吊前，不得拆卸变桨柜包装，待调试时由调试人员拆卸，并检查确认叶片螺栓力矩已完成。

2. 叶轮吊装

如有导流罩配件需要安装，则确保力矩紧固并涂抹密封胶。叶轮起吊：现场吊装经理指挥主吊车和辅助吊车同时匀速徐徐起吊。辅助吊车配合主吊车将叶轮由水平状态慢慢调整至竖直状态，确保叶尖不触地。待第三个叶片完全垂直向下时，将辅助吊

车脱钩并拆除叶片护具、护带，松钩需匀速、缓慢，防止松钩过快而导致叶轮倾角过大。辅吊脱钩后，缆风绳提前拉住叶片以便于控制叶轮倾角，主吊车继续匀速提升，地面人员设专人拉住两根叶尖缆风绳使叶轮平稳起吊至主轴法兰面安装位置。机舱中的安装人员通过对讲机与吊车保持联系，指挥吊车平移，轮毂法兰靠近主轴法兰时暂时停止。轮毂法兰与主轴法兰对接：地面人员遵循机组上指挥要求，吊车配合使轮毂法兰面与主轴承法兰面保持平行对接状态。必要时可通过手拉葫芦帮助对接。若两法兰螺栓孔错孔时可松开主轴锁定装置，通过盘车使螺栓穿入螺纹孔。要求叶片竖直向下，主轴与轮毂连接螺栓安装孔错位不允许超过2个。待轮毂法兰面与主轴法兰面吻合贴紧、螺栓孔对齐后方可人工穿入剩余螺柱，如图10－22所示，安装轮毂与主轴联接螺栓，紧固螺栓力矩根据厂家设计力矩值进行施工。

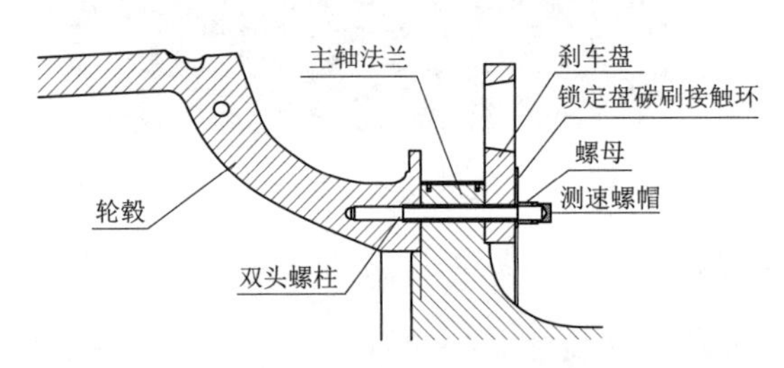

图10－22 轮毂法兰与主轴法兰连接体示意图

紧固螺栓：螺栓分3次紧固，可以按照扭矩要求的50％、75％和100％紧固，一般厂商对螺栓紧固有具体要求，施工依据要求执行。完成所有螺柱力矩紧固，锁定叶轮，使主吊钩保持10t左右的力，然后吊车向左或向右转动吊臂，使锁定盘上的孔对准叶轮锁定销，然后插入锁定销，完成叶轮锁定。拆卸叶轮吊具。拆卸叶轮吊具，拆卸吊具连接螺栓，提升吊具，缓慢移出吊具。

3. 叶轮总成吊装注意事项

吊车的配置由施工单位根据起重零部件的尺寸、重量、吊点位置以及现场的实际情况确定。三支叶片组对完成，且紧固所有叶片螺柱到100％预紧力。解除叶轮锁定状态同时松开维护刹车，能够进行手动建压操作，灵活的叶轮锁定操作，保证轮毂法兰与主轴法兰对接时可以通过手动转动主轴，同时保证叶轮安装完毕后能够锁定叶轮，在安全的情况下拆除叶轮吊具。负载的吊臂底下严禁站人。在提升和安装叶轮时，所有涉及人员必须保持无线电联系。在将叶轮从水平位置提升到竖直位置之前，确保缆风绳不受任何阻碍。安装轮毂与主轴连接螺栓时，若电动扳手预紧不动，应立即停止预紧（严禁强行旋入，以免损坏螺栓孔内螺纹），退出该螺栓，检查孔内螺纹是否损坏，确认是否可以攻丝后重新安装。适度地通过溜尾叶片缆风绳及吊车配合调整叶轮上下张口，能够更快速地完成组对工作。地面人员帮助观察叶轮组对情况，及时反馈叶片、轮毂可能出现磕碰吊车吊臂、揽风绳拉拽受力等高空指挥不易观察的情况。所有螺栓力矩未完成终拧扭矩之前，不得松吊钩，确保主吊维持提升力等于叶轮总重量。叶轮吊具拆卸时操作人员必须穿全身安全衣，并将安全绳固定在机舱内部可靠的位置。拆卸吊具时，注意拆卸速度与拆卸方式，以免损伤叶片

及吊具。

4. 螺栓防腐防松

叶轮连接处螺栓紧固完成1～48h进行双头螺柱力矩检验。力矩合格后涂冷刷锌防腐。表面防腐层充分固化后将每个双头螺柱顶端拧上测速螺帽，测速螺帽紧固后需要防腐，防腐层充分固化后叶轮与主轴紧固螺母、测速螺母一起做好防松标记。

10.3 现场电气安装

风电机组电气安装与调试是风电机组可以正常并网发电的重要前提之一，也是风电机组安全可靠、性能稳定的重要检验步骤之一。通过风电机组电气安装环节，可以将风电机组的所有电气系统可靠连接起来。通过风电机组电气调试环节，可以排除机械装配以及电气安装环节存在的各种问题，同时有效检验风电机组控制系统的控制功能，确保其符合设计要求。

10.3.1 接线前的准备

(1) 安装接线前先熟悉整个配电系统，了解机组各部分之间的连接。

(2) 按照图纸根据工序要求备齐所需的材料，并核对每个器件的规格、数量。

(3) 根据工序要求备齐所需的工具，并核对每个工具的规格、数量。

10.3.2 工艺通用要求

1. 防腐要求

环形预绝缘端头和铜接线端头用压线钳压好后，在电缆芯与端头的结合部用绝缘胶带均匀紧密缠绕，防止电缆内部进入潮气腐蚀线芯，最后套热缩管防护。

铜接线端头连接前需要在端头上以及接触面上一层薄的导电膏，以达到填平表面不平整之处以增加接触面积的目的。

接地部分连接时（包括接地排、接地扁钢、接地耳板连接），在所有端头紧固好以后需要在端头及周围裸露的金属表面喷镀铬自喷漆，注意喷涂均匀。喷镀铬自喷漆要求喷2遍且间隔4h以上。

2. 绑扎带使用要求

根据绑扎电缆的整体外径及重量选取合适长度、宽度的绑扎带，绑扎带断口长度不得超过2mm，并且位置不得向维护面。电缆应远离旋转、移动部件，避免电缆悬挂、摆动。相同走向电缆应并缆，用规定的绑扎带固定；动力电缆选择适合位置按照要求的间距进行固定。绑扎带间距可根据路线适当调整，但须保证间距排布均匀。

3. 电缆安装排布要求

电缆安装排布要求牢固、整齐、美观、利于维护。电缆应横平竖直，均匀排布，拐弯处自然弯弧，不能超过电缆最小弯曲半径。电缆最小弯曲半径见表10－7。

表10－7　电缆最小弯曲半径

电缆型式		多芯	单芯
控制电缆	非铠装型、屏蔽型软电缆	6D	—
	铠装型、铜屏蔽型	12D	—
塑料绝缘电缆	无铠装	12D	15D
	有铠装	15D	20D
胶皮绝缘电力电缆	无钢铠护套	10D	
	有钢铠护套	20D	

注　电缆不允许有铰接、交叉现象，并用规定的绑扎带进行固定，冬季电缆需完全释放后才可进行铺缆；D表示电缆外径。

4. 螺栓力矩要求

螺栓力矩要求见表10－8。

表10－8　螺栓力矩要求　　单位：N·m

螺栓规格	紧固力矩	检查力矩	螺栓规格	紧固力矩	检查力矩
M8－8.8	25（接地20）	20	M16－8.8	120（接地120）	100
M10－8.8	40（接地35）	34	M20－8.8	160	130
M12－8.8	70（接地60）	60			

5. 电缆接头及接线端头制作要求

剥切多芯电缆外层橡套时，应在适当长度处用电工刀（或美工刀）顺着电缆壁圆周划圆，然后剥去电缆外层橡套，注意切割时用力要均匀、适当，不可损伤内部线缆绝缘。

单芯1.0～2.5mm^2的线缆应用剥线钳剥去绝缘层，注意按绝缘线直径不同，放在剥线钳相应的齿槽中，以防导线受损，剥切长度根据选用的接线端头长度加长3mm。注意剥线时不可损伤线芯。

管式预绝缘端头须选用专用压线钳压接，注意压线钳选口要正确，线缆头穿入前先绞紧，防止穿入时线芯分岔，如图10－23所示，线缆绝缘层需完全穿入绝缘套管，线芯需与针管平齐，如有多余需用斜口钳去除，压接完成后需用力拉拔端头，检查是否牢固。做240mm^2和120mm^2电缆接线端子时，要求剥切横截面平齐铜丝无散乱，长度正确。

6. 电缆铜接线端子制作要求

对于风电机组电缆铜接线端子的制作要求如下：电缆在剥离外层绝缘时，注意不

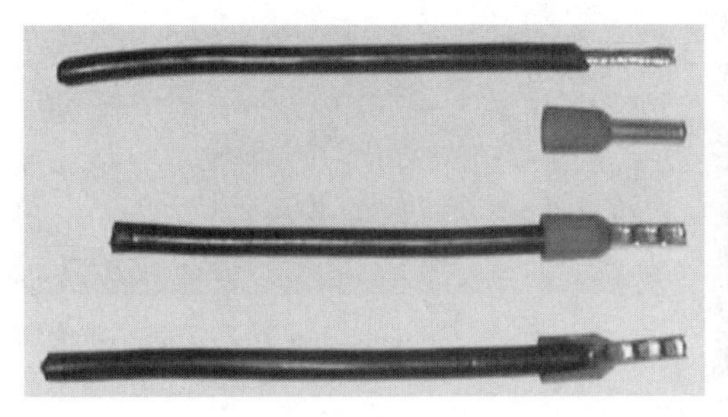

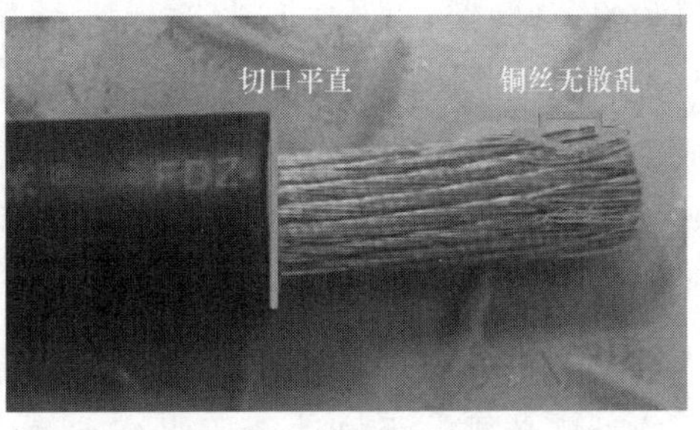

图 10-23　电缆接头做法示意图

得损伤内部电缆铜芯，且切口应平整，绝缘层剥离长度 Y 要比插入铜接线端子长度 L_1 长出 3～4mm，如图 10-24、图 10-25 所示，电缆铜接线端子尺寸对照表见表 10-9。

图 10-24　电缆绝缘层剥离尺寸

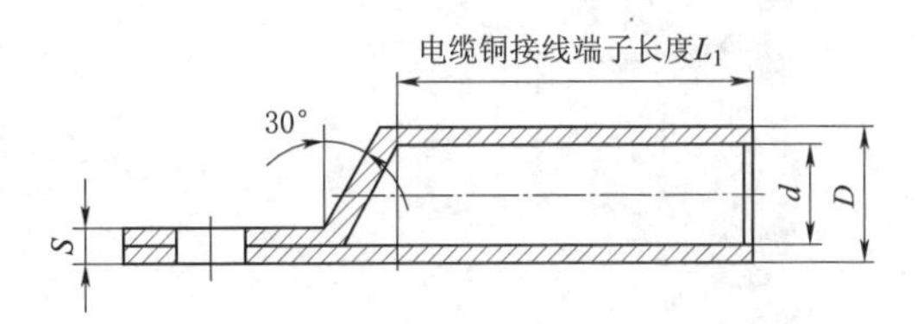

图 10-25　电缆铜接线端子深度

表 10-9　电缆铜接线端子尺寸对照表

序号	电缆规格 /mm²	铜接线端子规格	插入电缆铜接线端子尺寸 L_1 /mm	绝缘层剥离长度 Y/mm	电缆铜接线端子内径 d		电缆铜接线端子外径 D	
					标称值	偏差	标称值	偏差
1	35	35	36	39～40	8.5	±0.3	12	0 −0.16
2	50	50	40	43～44	10	±0.4	14	
3	70	70	42	45～46	12		16	
4	95	95	46	49～50	13		18	
5	120	120	48	51～52	15	±0.5	20	0 −0.24
6	150	150	52	55～56	16		22	
7	185	185	55	58～59	18		25	
8	240	240	60	63～64	20	±0.6	27	

电缆铜接线端子压接要求，压接前要检查压接工具、铜接线端子、铜连接管和电缆是否符合要求（适用于国标），电缆在穿入铜接线端子时不得松散有漏丝现象，压接方向由前向后压接三道，第一道在距离前沿 15mm 位置，压痕之间的间隔为 5mm 误差范围±0.5mm，如图 10-26～图 10-28 所示（以上尺寸适用于国内项目，国外

项目以此为参照，可根据当地标准做调整）。压接时要确保模具闭合到位，压接完成后要测量压痕尺寸满足要求，要求压接处无毛刺。

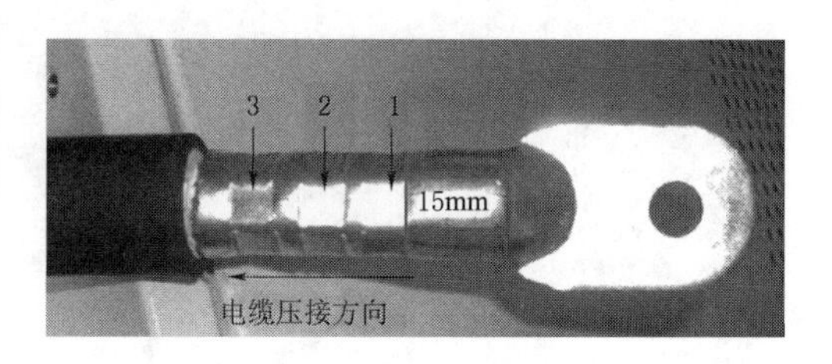

图10-26 电缆铜接线端子压接示意图

7. 中间接头接线要求

机组采用堵油式电缆铜连接管，铜连接管的对接必须采用电动液压钳，压接由中间往两侧压接，第一道压痕距离中心位置10mm，压痕与压痕之间的距离为5mm误差范围±0.5mm，如图10-29、图10-30所示（以上尺寸适用于国内项目，国外项目以此为参照，可根据当地标准做调整），铜连接管国家标准见表10-10。

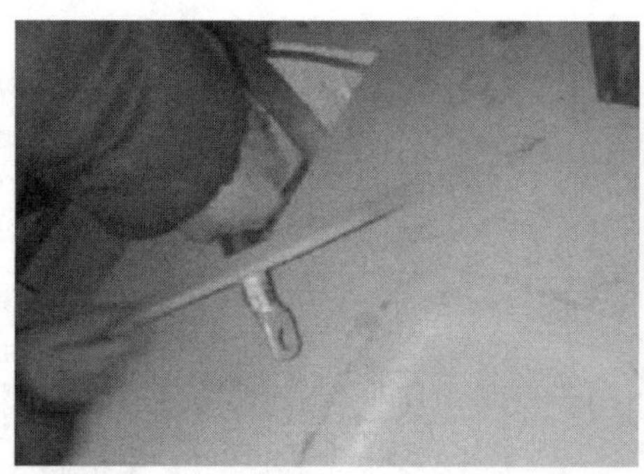

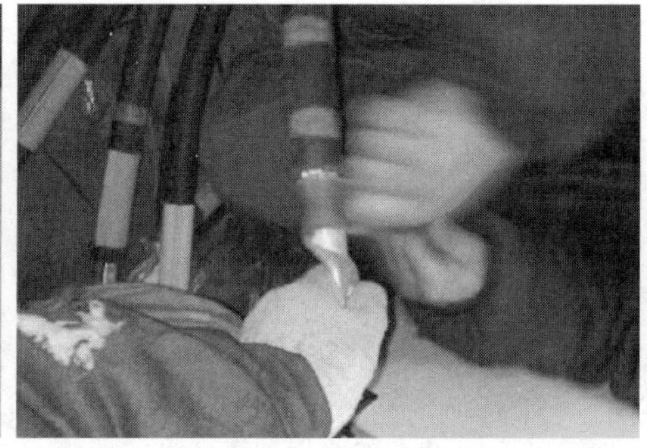

图10-27 电缆头制作过程（一）

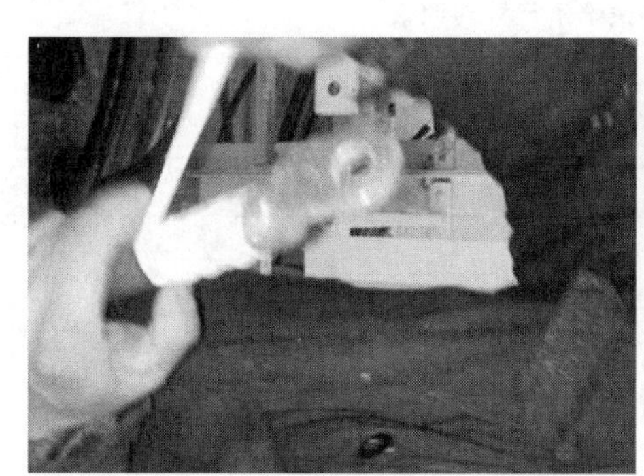

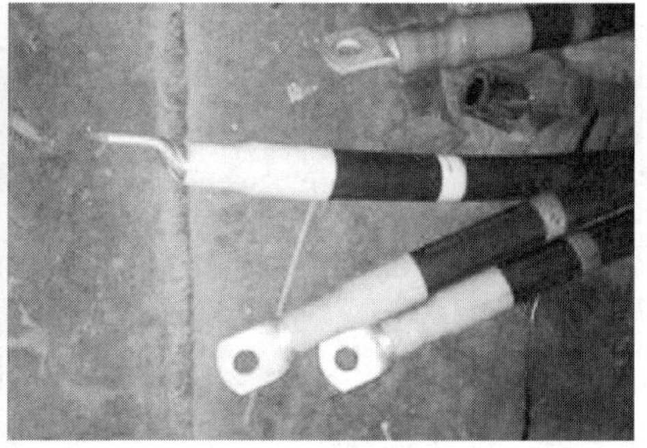

图10-28 电缆头制作过程（二）

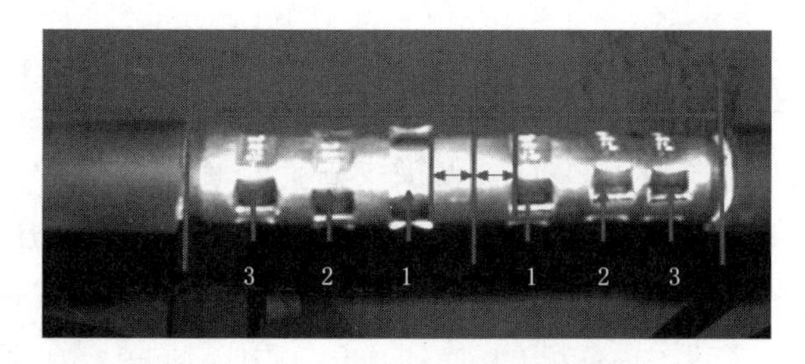

图10-29 铜连接管压接示意图

以上对照表内标准针对国内项目，对于国外项目不同规格铜连接管，可根据当地标准执行。

中间接头接线前要进行校线，保证240mm²电缆的接线正确。发电机开关柜和变流器电缆接线时，也要进

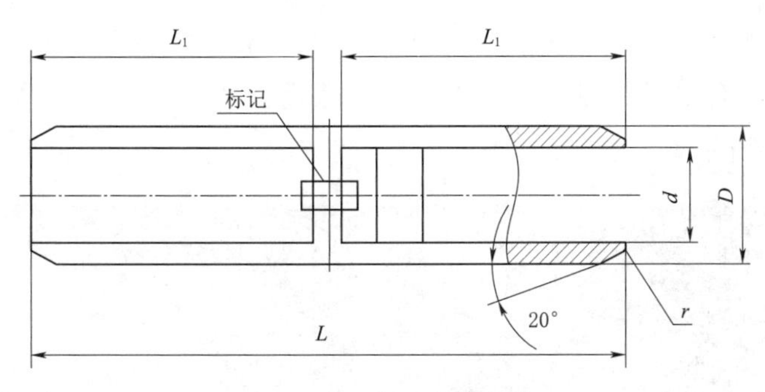

图 10-30 铜连接管规格

表 10-10 铜连接管国家标准表

<table>
<tr><th rowspan="2">序号</th><th rowspan="2">导体标称
截面积/mm²</th><th colspan="2">d</th><th colspan="2">D</th><th>L</th><th>L₁</th></tr>
<tr><th>标称值/mm</th><th>偏差/mm</th><th>标称值/mm</th><th>偏差/mm</th><th>最大值/mm</th><th>最小值/mm</th></tr>
<tr><td>1</td><td>70</td><td>12</td><td rowspan="4">+0.43</td><td>18</td><td>+0.3
−0.17</td><td>105</td><td>46</td></tr>
<tr><td>2</td><td>95</td><td>13</td><td>21</td><td rowspan="4">+0.3
−0.2</td><td>110</td><td>50</td></tr>
<tr><td>3</td><td>120</td><td>15</td><td>23</td><td>115</td><td>52</td></tr>
<tr><td>4</td><td>150</td><td>16</td><td>25</td><td>120</td><td>55</td></tr>
<tr><td>5</td><td>185</td><td>18</td><td rowspan="2">+0.52</td><td>27</td><td>125</td><td>57</td></tr>
<tr><td>6</td><td>240</td><td>20</td><td>30</td><td>+0.4
−0.2</td><td>130</td><td>61</td></tr>
</table>

行校线保证相序正确。连接马鞍弧处的 240mm² 电缆，在马鞍弧面最低点与电缆夹块上表面之间的中心点取一处对接点进行对接，由此处再分别向上和向下的 200mm，作为另外两处对接点的始端，如图 10-31 所示。

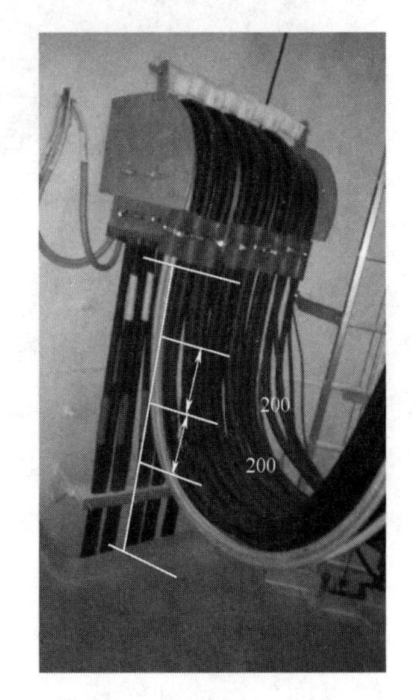

图 10-31 马鞍弧处电缆头对接

连接塔筒与塔筒之间的 240mm² 电缆，一般要求在塔筒与塔筒接触面接缝下方 300mm 处对接，每相电缆（5 根）对接位置差 200mm，截掉多余的电缆，保留 100mm 余量，剪开面必须是平面，不能是斜切面。套入两层热缩管。第一层（内层）热缩管长度要求比中间接头管两端各长出 20mm，第二层（外层）热缩管长度要求比内层热缩管两端各长出 40mm。电缆头绝缘皮剥去中间接头管 1/2 长度+5mm，电缆丝不能散开，将剥出的电缆插入中间接头管内，如图 10-32 所示。

240mm² 电缆压接时用一对 240mm² 压模压接，如压接松动，用填充硬缆铜丝的办法处理（也可以采用1个$240mm^2$压模1个$185mm^2$压模压接）。压接完后在压痕处会出现铜毛刺，毛刺用锉刀磨掉，要求手感平滑。中间接头管交界处要用缠绕带包裹，如图10-33所示。

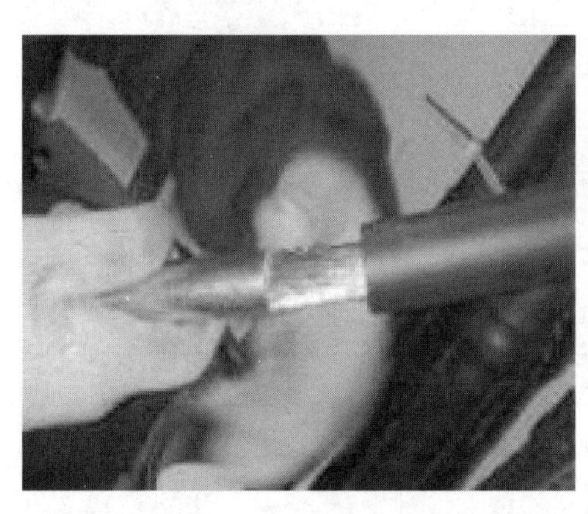

图10-32　中间电缆头制作示意图（一）

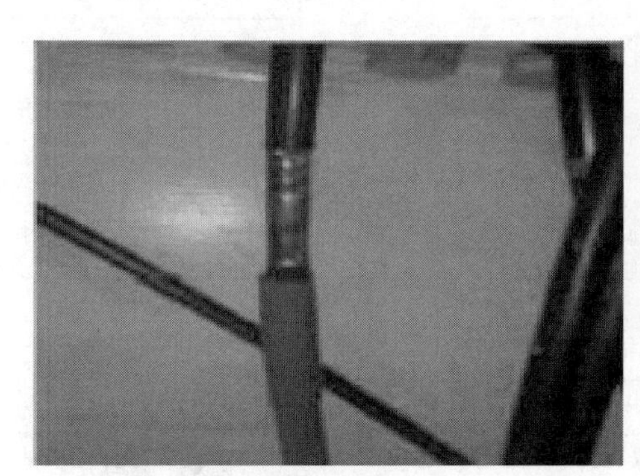
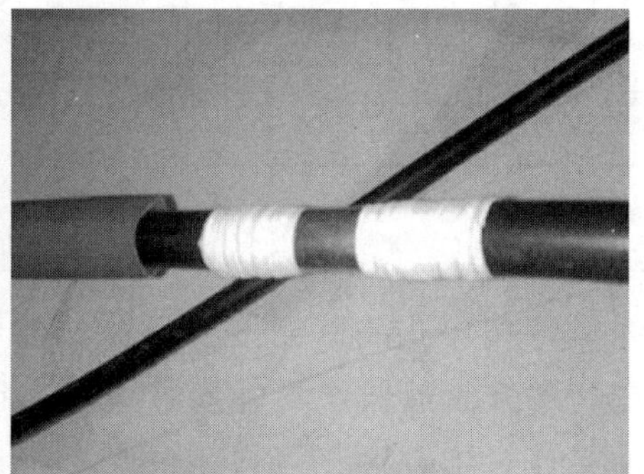

图10-33　中间电缆头制作示意图（二）

注意：中间接头管需要多层缠绕带包裹并平滑过渡到电缆绝缘上，中间接头管上如有不平滑的地方，也要用缠绕带包裹，直至平滑。热缩处理，吹热缩管时，要受热均匀，不能长时间集中加热，以免损坏热缩管，影响绝缘。热缩完后要保证所有电缆的热缩管在同一水平线上，上下不能超出10mm，保证美观。

8. 接地系统安装通用要求

吊装工作完成后，第一时间要完成主要设备的接地，防止雷击等造成电气设备损坏。基础环接地连接柱通过接地横梁等电位连接，扁钢与接地横梁良好接触固定，去除接触表面的污渍和锈迹。

各接地螺丝孔部位、接地扁钢、平台支架接地部位必须双面彻底清理干净。全部地线沿电气平台支架走线，美观，整齐。接地系统使用的螺栓如没有特别注明均为达克罗螺栓，8.8级以上。接地系统的安装中凡没有注明螺栓型号的地方，表面螺栓已

随机自带。对于需带螺母的螺栓，须配垫圈，垫圈配套并且方向正确，压接可靠。在剥电缆头时，要根据接线端头长度加 2mm 剥除，注意不要将电缆芯打散。按螺栓规格要求施加力矩，并做好防松标记。电缆与接线端头的连接，要求先涂导电膏后，用专用工具从外往内接三道，并去除毛刺，注意两端接线端头的方向，不要扭绞。铜编织带两端分别套上长 100mm 的热缩套，用热风器缩紧。接地两端接触面要求除漆、除锈、除渣并涂抹导电膏。扁钢焊接部位保证焊接面积，高度不能影响后续施工。

9. 通缆放线要求

电缆安装排布要求牢固、整齐、美观、利于维护。电缆应横平竖直，均匀排布，拐弯处自然弯弧，电缆应远离旋转、移动部件。固定电缆夹板时要注意把电缆放在夹板槽内，用扳手紧螺栓时要仔细查看电缆夹板有没有挤压电缆的绝缘层，如图 10－34 所示。

图 10－34　电缆夹板安装示意图

避免电缆悬挂、摆动。电缆不允许有铰接、交叉现象。敷设电缆时避免出现电缆缠绕、磕碰和摩擦等现象。若电缆在马鞍前面出现扭曲，则将预留的电缆全部放到马鞍另一侧，把电缆中的扭曲应力完全释放后，再进行安装。如果电缆夹板孔太小，需要将孔扩大到适合尺寸。如果电缆夹板孔太大，需要用胶皮垫护，防止电缆不能紧固向下滑落。如果电缆和其他设备有摩擦和干涉现象，要进行防护。

10. 光缆布置要求

光缆接到光电转换模块以后，不可直接目视光缆，以免伤害眼睛（安装光缆前要进行检验，保证光缆完好无损）。光缆在运送和布线的过程中，不使光缆外层橡套受力，光缆线不得承受载荷，光缆最小弯曲半径 50mm。在机舱柜内光缆线按照正确方式接入光缆转换器，恰与主控柜内光缆接线方式相反。自上而下捆扎光缆和网线，每个点捆扎时将光缆和网线稍稍提起约 5mm，然后再将扎带扎紧，以防止某一点受力过大损坏线缆。

11. 电缆校线方法

电缆接线完成后，要对所有已接电缆进行校验，主要有以下两种方法（建议二者结合校验）：对地校线法和公共线校线法。

对地校线法将需要校线的电缆一端接地（机架）；另一端用万用表测量此根电缆和地之间的通断，从而判断接线是否正确。

公共线校线法将其中一根电缆作为公共线，被测电缆一端与其短接；另一端用万用表测量此两根电缆之间的通断，从而判断接线是否正确。校线时要求塔底机舱有两部对讲机，确保通信无误，保证校线正确。

10.4 调　　试

风电机组在吊装后，最重要的一个步骤就是调试工作，现场调试对于机组后期能否安全稳定运行起到了至关重要的作用。由于工作人员疏忽或者准备不足等原因，往往会对机组运行产生各种遗留问题，所以调试前的准备工作是不可或缺的。

10.4.1 调试条件

接地系统需达到风电机组生产厂商所提出的文件要求。机组吊装、接线完毕并通过检查验收。箱变低压侧已经上电，相序正确，相间、单相对地均无短路现象且相间电压值为（690±10%）VAC。

10.4.2 机组调试注意事项

操作过程注意安全，以现场安全规范要求进行。现场人员必须按要求佩戴安全带以及个人保护装置。箱变给机组送电合闸过程，全体工作人员撤出风电机组，待上电后无异常现象方可进入风电机组。测量网侧电压和相序时必须佩戴绝缘橡胶手套。对临近的带电部位，高压电区域做好防护措施。只可以在允许的风况范围内进行机舱和轮毂作业。如遇雷电天气，全部人员须撤离风电机组。大多数风电场要求风速大于12m/s禁止进入轮毂，风速大于18m/s禁止登塔。必须确保塔底没有任何人，塔底风扇才可以启动。进入轮毂作业时，必须先锁定风轮。进入轮毂后，必须确定导流罩连接螺栓及垫片完备且紧固，导流罩舱门固定紧固，才可以进行作业。进行变桨操作时，轮毂外必须有人配合观察叶片角度变化情况，且执行变桨操作时外部配合人员不得接近变桨旋转部件。调试变桨时严禁同时调试多支叶片，每次只能调试一支叶片，且调试下一支叶片时需将其他叶片调回90°。

机舱人员进入轮毂之前，必须提前和轮毂内作业人员沟通，得到允许后方可进入。调试人员退出轮毂时必须将轮毂内打扫干净，轮毂内不得留下任何工具及杂物。严格按照各种测试仪器的使用说明进行操作。机组上电前做好接线检查和参数整定工作。为防范现场出现异常情况造成工作人员的意外伤害，规定各控制柜上电为整体上电。

10.4.3 上电前检查

风电机组在上电前均需按照要求进行检查，调试人员需在上电前对机组做包括但是不限于表10-11～表10-17中的各项检查。

表 10-11　外 观 检 查

序号	事　项	检查结果		备　注
		否	是	
1	风电机组安装检查结束，并经安装负责人签字确认	□	□	
2	风电机组现场清扫整理完毕	□	□	
3	连接塔底至开关柜的 690VAC 电缆相序正确	□	□	
4	连接开关柜至发电机的 690VAC 电缆相序正确	□	□	
5	35kV 电缆所有接头接触良好	□	□	
6	690V 电缆所有接头接触良好	□	□	
7	400V 电缆所有接头接触良好	□	□	

表 10-12　风 电 机 组 接 地

事　项	检查结果		备　注
	否	是	
接地电阻满足 IEC 61400-24 标准要求，电阻大于 10Ω 实际接地电阻：__________ Ω	□	□	

表 10-13　螺 栓 紧 固 度

事　项	检查结果		备　注
	否	是	
螺栓紧固度已经达到设计要求 力矩记录报告验收合格	□	□	

表 10-14　35kV 电压等级线路的耐压、绝缘

事　项	检查结果		备　注
	否	是	
35kV 等级线路的耐压、绝缘试验合格	□	□	

表 10-15　690V 电压等级线路的耐压、绝缘

序号	事　项	检查结果		备　注
		否	是	
1	确认变流器主断路器 Q_1 处于断开位置	□	□	
2	用万用表测量变压器的相间无短路 用万用表测量变压器的相地无短路	□	□	
3	用 2500V 兆欧表测量变压器 690V 电压端子对地 绝缘电阻大于 1MΩ　绝缘电阻：__________ Ω	□	□	
4	用万用表测量发电机的每根电缆相间无短路 用万用表测量发电机的每根电缆相地无短路	□	□	
5	用 2500V 兆欧表测量发电机端子 U/V/W 对地 绝缘电阻大于 1MΩ　绝缘电阻：__________ Ω	□	□	

续表

序号	事　项	检查结果		备　注
		否	是	
6	用万用表测量变频器内部的直流母排之间无短路	□	□	
7	用万用表测量变频器的母排正负极分别对地的电阻大于100kΩ 正极对地电阻：________Ω 负极对地电阻：________Ω	□	□	

表10-16　400V电压等级线路的耐压、绝缘

事　项	检查结果		备　注
	否	是	
用万用表测量变压器400V端子相间无短路 用万用表测量变压器400V端子对地无短路	□	□	

表10-17　35kV系统（根据实际箱变作修改）

序号	事　项	检查结果		备　注
		否	是	
1	负荷柜带电指示器的$L_1/L_2/L_3$指示灯全亮	□	□	
2	负荷柜的负荷开关合闸			
3	断路器柜的三工位开关处于合闸位置	□	□	
4	断路器柜的断路器合闸			
5	断路器柜带电指示器的$L_1/L_2/L_3$指示灯全亮	□	□	
6	把负荷柜和断路器的指示器连接起来， 确认开关柜的线序正确性	□	□	

10.4.4　机组调试

按照调试步骤完成所有测试，且测试结果达到整机生产厂机组文件的要求。操作机组配置调试屏及软件，通信正常后，根据调试大纲设置软件中的参数，按照机组调试大纲设置对应的数值后，启动风电机组进行测试。测试过程中，机组出现异常噪声、烟味、灼烧味、放电、漏水现象，立即按下紧急停机按钮，待检查机组正常后方可继续并网测试，机组并网运行中在规定时间内无故障运行方可进行下一测试项目。

10.5　运　　维

10.5.1　安全措施

风电机组运行维护属于高空高压危险作业，在进行机组现场作业时，必须使用个

人防护设备。确保自身安全以及设备安全。一套完整的安全防护装备包括安全帽、安全带、加长绳、绝缘安全鞋以及手套等。常规注意事项如下：

(1) 风电场运行一般要求风速不小于12m/s时，禁止进入风轮作业。风速超过18m/s时，禁止登塔工作。

(2) 在雷雨天气时，严禁上风电机组作业。雷击过后至少1h才可以接近风电机组。在空气湿润时，机组叶片有时因受潮而发出杂音，这时不要接近风电机组，以防止感应电伤人。

(3) 如果发现风电机组叶片有结冰，决不允许靠近塔筒下方和机组附近。

(4) 在攀登塔筒作业前，应确保无人在塔筒周围滞留，应将写有“当心坠物、严禁靠近”的警示牌挂在塔筒外。

(5) 不要一个人单独上风电机组作业，两个人以上作业时，应相互告知各自要做的工作内容，并和地面工作人员通过对讲机联系，确保关联操作前相互告知。

(6) 进入轮毂作业，必须锁紧风轮锁紧装置。

(7) 上机组机舱作业时应戴安全帽和安全带，应穿胶底有防滑纹的工作鞋。

(8) 塔筒门应在完全打开的情况下固定，避免被风吹动意外伤人。

(9) 若风电机组发生失火事故，必须按下紧急停机键，并切断主控开关及变压器闸刀，进行力所能及的灭火工作，同时拨打火警电话。当机组发生危及人员和设备安全的故障时，值班人员应立即拉开该机组线路侧的断路器，并组织工作人员撤离险区。

(10) 若风电机组发生飞车事故时，工作人员需立刻远离机组，通过远程控制将风电机组侧风90°。

10.5.2　人员要求

所有参与风电机组维护有关的工作都应由专业人员完成。风电机组进行维护工作的人员必须由风电机组制造厂商指定或经过相关专业技术培训，维护工作人员应了解风电机组设备、熟知相关工作规定、遵循常规安全细则、熟悉风电机组设备的性能。风电机组维护工作人员需要具备必要的资格证，包括但不限于登高证、高压电工证及低压电工证等。维护人员除了对机组设备了解外，还必须具备下列知识：

(1) 所有的维护人员要熟悉并注意风电机组（贴在风电机组上）的警告及安全细则。

(2) 维护人员应熟知风电场内风电机组的名字（代号）、特征及准确的位置。

(3) 维护人员应了解风电机组运行维护工作中潜在的危险及预防措施，并熟知在危险情况下应采取的安全措施，应能够正确使用防护设备及安全设备。

(4) 维护人员要熟悉使用救生和安全用具（高空救援），以保护自己和他人。

（5）电气工作人员应受过电气相关专业知识的学习并经过充分地培训和指导。

（6）维护人员要熟悉风电机组设备的运行手册和维护手册内容，掌握风电机组和内部运行设备的停机步骤以及安全，防止意外合闸或无意中启动设备。

（7）维护人员要熟悉操作程序、操作规程和风电机组及其设备的装配，掌握工具的正确使用方法，了解风电机组相关故障及其处理方法，以便出现事故时能作出正确的决定来避免伤害。

10.5.3　风电机组维护分类

为确保风电机组健康稳定的运行，延长风电机组工作寿命，正确及时有效地检查及维护工作是必不可少的。检查及维护应从风电机组第一次运行1周后就开始。运行1周后对风电机组塔筒、机舱及轮毂内进行检查，并在机组首次运行1个月后进行500h维护。根据风电机组运行及维护项目内容进行分类可分为A类、B类、C类维护等。

（1）A类：风电机组安装调试完成并运行500h或1个月后进行全面维护，即500h维护。检查的内容包括：按照螺栓力矩表检查所有的螺栓力矩并将其打满规定力矩值；检查液压回路是否泄漏；检查各轴承的润滑是否正常；检查是否存在机舱或轮毂内松动和转动部件产生的噪声；检查冷却回路是否存在泄漏；检查电气连接是否可靠，开关柜、变频柜内动力电缆接线是否有打火现象。清理机组卫生及各处油渍。

（2）B类：风电机组正常运行发电后，经过相应的间隔时间需做定期保养维护，A类维护做完后，B类维护是风电机组间隔半年的定期维护。B类维护主要是检查机组的运行状况、抽检风电机组螺栓力矩情况以及检查风电机组各个润滑点并及时加注润滑脂。

（3）C类：C类维护是风电机组间隔一年的定期维护。C类主要是按比例抽检20%～50%螺栓力矩（各个厂家有差异），如抽检时发现螺栓有松动现象，则应该对该处的螺栓进行全部检查。

10.5.4　一般要求

维护工作开始前，应根据机组实际运行情况制定维护计划，备齐所需物料及工具，满足维护工作使用要求。机组添加油品、润滑脂时应保证油品清洁，避免二次污染。所加油品应与原油品型号一致且在有效期内。如需更换油品，应满足机组技术要求和更换工艺，并经过厂家人员确认后方可更换。

其他维护物料如碳刷、滤芯等应与机组原有物料型号类型一致或确认可替代，满足机组技术要求和工艺要求。使用清洁剂清洁机组卫生时应保持通风良好。更换较重的备件时，应该使用机组内的辅助起重设备，防止人力操作时产生人身、设备

等安全隐患。维护工作结束后，打扫施工区域卫生，保持作业环境清洁，并解除机组锁定。风电场遭受强对流天气（雷暴、台风）后，应对机组塔筒、叶片、变桨距系统和电控系统等进行全面检查，检查无误后才可进行风电机组运行操作。维护作业的记录文件应按规范及时填写，确保记录信息准确、真实，记录格式规范，便于汇总分析。

操作规范及说明：在检修维护期间，每项工作需做好记录，填写在相应的表格中。风电机组维护按照维护周期划分可分为A类500h维护；B类半年维护；C类全年维护。根据机组的运行周期，选择相应的项目进行检查。

操作过程中安全注意事项严格按照安全规程执行。使用仪器、工具操作时，严格按照各种操作仪器及工具的使用手册文件执行。使用力矩扳手时，须确保其力矩值误差在±3%范围内。紧固螺栓时，如果螺母转动超过20°时，则该项所有剩余的螺栓必须重新紧固。如果螺母转动超过50°时，则需更换所有螺栓。500小时维护时，需紧固全部螺栓，半年维护主要查看螺栓的防松标记，C类按比例进行抽检，抽检比例原则上不得低于10%，且不得少于2个。螺栓的抽检要成十字交叉均匀分布操作。在检修过程中，发现螺栓断裂的，一般要将断裂螺栓的左右各5颗螺栓全部更换。

维护要求：检查所有螺栓连接紧固力矩时，在所有螺栓上标记第二条防松线，使其与吊装或装配时所画的防松标记线进行区分。

每半年维护要求：每半年维护即从首次维护开始计算每半年进行的维护。检查所有螺栓的防松标记线，如果有一颗螺栓的标记线发生位移，则说明该螺栓出现松动，需对该项所有的螺栓按照规定的力矩进行检查，并记录预紧力不够的螺栓数量，并分析螺栓松动情况。如果检查发现所有的螺栓防松标记线都没有发生位移，则按规定的力矩和抽检比例进行螺栓维护。

记号笔颜色要求：在维护过程中，螺栓防松标记统一使用规定颜色的记号笔。

防腐要求：在对塔筒、叶片及主轴等高强度螺栓维护过程中，对其防腐层造成破坏的螺栓，在维护完毕后需重新涂冷刷锌进行防腐，做好风电机组螺栓防腐工作。

10.5.5　风电机组日常维护

定期维护周期应依据机组设计和运行要求确定，可包括：首次维护、半年维护、全年维护。机组半年维护和全年维护的时间间隔一般为6个月。定期维护应做好维护过程记录，并形成维护总结或报告，过程记录文件应存档。对维护中所发现的问题应及时处理，形成问题处理记录并存档。风电机组在日常工作中，也会出现一些故障需要到现场处理，同时可以进行常规的普通检查而不对发电量造成大的损失。

目视：观察风电机组内部平台与梯子是否牢固，辅助攀登设备是否正常，有无连接螺栓松动；控制柜内有无异常；电缆有无破损和不正常位移；夹板是否松动；扭揽是否正常；各处润滑是否缺失；各处油液是否正常；液压压力是否正常；转动部件有无磨损；油管接头有无渗漏；传感器是否脱落或损坏等。

听觉：观察柜体是否有放电声音，判断是否接触不良；转动部件是否有干磨；轴承是否异响；刹车部件是否正常；叶片扫风是否正常；风轮内部是否有异物等。

痕迹：清理工作现场，擦拭接头和元件及存在油渍的地方，以便后期上塔观察是否会出现新的漏油或者放电痕迹。

1. 耗品和备件

每年列出机组常用的耗品和备件计划，并根据其消耗频次，按季度补充备件库的耗品和备件，备件库需单独存放并认真做好出入口管理工作。化学品类物料应根据化学品存储规范单独存储，存储地点和环境应符合消防安全要求。

机组供应商提供的耗品和备件清单应包括以下内容：物料安装位置、机组厂家物料号、物料名称和品牌、规格型号、关键特性指标和推荐数量等信息。机组维修更换下来的备件应使用不易丢失的标签进行区别管理，分别存储，避免混用。标签需记录机组号、作业人员、故障状态、备件故障点、更换时间等信息。

2. 缺陷处理

按照可能发生的电量损失或对生产可能造成的影响程度，一般将缺陷分成三类，具体如下：

(1) 一类缺陷。设备或设施发生直接威胁安全运行并需立即处理，随时可能造成设备损坏、人身伤害、大面积停电、火灾等事故或已造成发电量降低影响外送电力的缺陷。

(2) 二类缺陷。对人身、电网和设备有严重威胁，尚能坚持运行，不及时处理有可能造成事故的缺陷。

(3) 三类缺陷。短时间内不会劣化为一类缺陷、二类缺陷，对运行虽有影响但尚能坚持运行的缺陷。

维护过程中，应记录发生的缺陷，形成缺陷项目汇总表单。维护人员应及时跟进技术方案及整改物料进度，同时按照整改计划完成缺陷整改。应对缺陷处理的过程、内容及数据进行记录。记录的内容宜包括风电项目名称、机组编号、日期、缺陷名称、解决方案、缺陷发现方式、缺陷等级分类、缺陷发现日期、缺陷关闭日期、缺陷关闭消耗的物料和数量、确认签字。

3. 故障处理

机组故障处理需要根据各个机组厂家的作业指导文件进行处理。机组故障处理应有固定的响应流程、处理规范，应对故障处理的过程、内容及数据进行记录。记录的内容包括但不限于风电场名称、机组编号、风速、故障名称及发生的日期和时间、维护和修理的人员日期和时间、更换的物料的信息、故障消除时间等，如有备注信息，

应如实填写，并与运行人员及交接班人员及时明确沟通，见表10－18。

表10－18　维护作业记录文件示意表

维护作业记录文件							
风电场名称		机组编号		开始时间		作业类型	
维护结果		发电量		结束时间		风速	
作业人员							

一、安全措施

序号	措施描述
1	
2	
3	

二、校验工具

序号	名称	型号	数量	批号	校验报告编号	来源
1						
2						
3						

三、物料消耗

序号	名称	型号	数量	单位	序列号	来源
1						
2						
3						

四、作业内容

序号	作业描述	作业标准	检查结果	问题描述
1				
2				
3				

4. 紧急状况停机

如遇以下状况之一，应该立即采取紧急停机措施：

(1) 变压站进水。

(2) 油泄漏，特别是刹车部件已产生污染。

(3) 异常噪声，包括但不限于轴承、齿轮箱、发电机、轮毂及叶片。

(4) 生锈或裂纹，特别是承担载荷的部件。

(5) 电气设备灼烧。

(6) 关键部件的螺栓松动。

10.5.6　重要零部件的维护

10.5.6.1　叶片

由于叶片是处于暴露环境下的大型零部件，维护成本与风险较高，更换不便，也就造成定期检查的效率较低。突发天气或遭遇撞击时，都有可能造成叶片严重损坏；逐渐的风化磨损，也会造成叶片损坏。不注重此类风险，会有隐藏问题造成事故发生的危险。

一旦故障发生，往往需要较长时间的停机检修。且发生事故往往在多风季节，会给风电场造成较大的发电量损失。风电场应建立停风季节的预防性维护检查制度，及时发现问题并处理。一个早期发现的裂纹可用几小时修复；但如果忽视问题，经过一个大风期，裂纹扩大至内部，则需要数十倍成本去维护。严重的甚至需要更换整支叶片，给风电场造成较大的经济损失。

随着无人机技术的发展成熟，目前叶片检修已经不再是一个需要耗费大量人力物力的工作，投入专业人员和设备，以很小的成本和很少的时间，就可以做到每支叶片的无死角检查，如再从制度上规范检查期，及时发现隐患，及时维修，损失将能降至最低。

为了增加叶尖的耐磨度，叶尖为实心质料，风沙吹打后易没有弹性，是整个叶片磨损最快的部位。通常暴露在风沙环境运行4～5年后，叶尖会因为磨损，固合能力下降，发生开裂或脱落现象。如果需要解决风电机组叶片开裂的问题，就要在运行几年后定期检查，发现达到维护标准后，立即做叶尖的加长加厚保护，延长叶片寿命。对于损坏的叶尖应及时更换，防止损坏扩散。

为保护叶片，一般使用胶衣作为其保护层。胶衣的硬度优于叶片本身的复合材料，对防风沙冲击能力也远高于叶片本身的复合材料。根据环境的不同，通常3～5年后，由于风沙的磨损，外层胶衣已无法起到保护作用，叶片随之失去光泽，出现麻点，严重的甚至造成纤维布外露，形成砂眼或裂纹。

砂眼随着机组运行，向内部延伸，出现杂音、哨音，同时在雨季，防雷能力下降。由于胶衣还起到整体固定的作用，当其磨损后，叶片开裂就会发生。及时修复叶片胶衣，对叶片整体的性能都有益处。

观察叶片时，检查叶片根部及表面是否有裂纹或损伤，特别是最大弦长位置附近处的后缘位置，检查叶片是否有遭雷击的痕迹。叶片遭雷击后可能存在雷击部位产生小面积的损伤，叶片表面有火烧黑的痕迹，叶尖或叶片边缘开裂，叶片在旋转的过程中会发出异响。如存在上述情况，应做好机组编号、叶片编号、问题隐患位置等相关记录。对于叶片出现问题的机组应立即停机，将问题修复完毕后，机组才能运行。

叶片的异常噪声通常是由于表面不平整或叶片边缘开裂造成，也有可能是叶片内部存在脱落，例如黏连的结构胶脱落。发现异常噪声，需查找噪声来源，并进行处理。

检查防雷保护系统线路是否完好。检查防雷线路是否固定可靠，雷击记录卡是否脱落。检查叶片盖板是否安装牢固，紧固的螺栓是否齐全。检查叶片内是否存在脱落物，如有需清理。

10.5.6.2　齿轮箱

由齿轮箱故障或损坏引起的机组停运事件时有发生，带来的直接和间接损失也较大，维护工作量也有上升趋势。因此，加强齿轮箱的日常监测和定期保养工作尤为重要。随着风电机组单机容量的提升，风轮直径加大，转速就相对降低。由于机舱尺寸限制，风电机组机械传动系统一般都沿机舱轴线布置，齿轮箱也多采用紧凑的行星齿轮箱。对风电齿轮箱的维护检修要求也不断提高。

齿轮箱日常保养包括设备外观检查、油位检查和电气接线检查等。登机人员应对齿轮箱表面进行清洁，检查箱体和润滑管路有无渗漏。润滑管道有无松动。由于风电机组振动，如固定不良将导致管路松动油液泄漏，严重的导致管路断裂。检查油位是否正常，油色是否正常，发现缺油应及时补油。如果缺油量异常，应寻找泄漏点。若发现油色明显异常，应考虑油品检测，加强机组监测。遇到滤芯堵塞，应及时更换。检查线路是否有损坏和脱落，传感器是否正常，机组运行时是否有异响。发现问题及时排查解决隐患。

定期维护需要检查连接螺栓的力矩、齿轮磨损情况、传感器功能、润滑和散热、滤芯及油品等。如果有条件，可以借助有关设备对其噪声和振动进行分析，便于发现早期隐患。

不同厂家，对油液的监测要求不同。一般运行的齿轮箱油液每年或两年采样监测1次，由于工况不同，往往硬性地按照时间点的监测并不能保证机组经济安全的运行，因此要求维护人员注意收集机组各项情况，综合评定，找出符合当前工况机组的维护周期。

需要注意的是，随着技术发展，实时监测成为了机组的标准配置，通过多种传感器配合，输出齿轮箱实时数据并进行分析，发现前期问题和隐患，将损失降至最低。

齿轮箱的日常检查包括：检查齿轮箱表面防腐层是否有脱落现象，检查齿轮箱端盖、各管接头部位是否有漏油、渗油现象，检查齿轮箱油位是否正常，当机组停止转动稳定后，油位应在2/3以上，清理齿轮箱表面油污。维护人员在机舱内部，通过手操盒手动开桨，让机组缓慢转动，检查齿轮箱是否有异常噪声及振动，如有异常，立即停机查找原因；目测齿轮箱弹性支承外观是否有裂纹、老化及损坏现象；查看液压油管接头是否有漏油、渗油现象。

齿轮箱油在机组运行一定时间后进行检测，观察有无水和乳状物。检查黏度，与原来相比如差值超过 20%或减少 15%，说明油失效。检查不溶解物，如超过 0.2%，则应换油或过滤。抗乳化能力检验以发现油是否变质。检查添加剂成分是否下降。如检测有问题需排查原因，然后更换新油。

分别启动齿轮箱冷却系统的润滑泵高、低速模式，观察电机是否有振动及异响，从主控系统和分配器上的压力表查看油压是否正常。检查所有管路接头连接情况，是否有漏油、漏液、松动、损坏现象，检查油管是否有老化现象。当机组主控报齿轮箱滤芯堵塞或压力低故障时，检查滤芯及相应管路，必要时更换滤芯。齿轮箱维护见表 10－19。

表 10－19　齿轮箱维护表

维护表格	启动开始后的时间/月							
	试运行	3～8 周	6	12	18	24	30	36
漏油	●	●	●	●	●	●	●	●
油位	●	●	●	●	●	●	●	●
油压	●	●	●	●	●	●	●	●
过滤器	●	●	●	●	●	●	●	●
油量	●							
过滤器更换		●		●		●		●
油样分析		●	●	●	●	●	●	●
换油								●
轴承温度	●	●	●	●	●	●	●	●
检查齿轮	●		●	●		●		●
检查控制和报警	●		●	●		●		●
震动水平	●		●	●	●	●	●	●
噪声水平	●		●	●	●	●	●	●
在机舱内的视觉检查	●	●	●	●	●	●	●	●
中分面及齿圈螺栓		●		●		●		●

10.5.6.3　发电机

发电机是风电机组能量转换的主要部件，其稳定性直接关系到整机发电量。由于运行温度较高，油脂易变质，导致发电机轴承磨损，故定期维护时必须每次都对轴承油脂进行补加。另外，发电机轴承的补加剂量一定要严格按要求添加，不可过量，防止太多后挤入电机绕组，导致绕组温度升高，发电机烧坏。

发电机在工作时，内部处于旋转状态，因而需要特别注意发电机内部，不能有杂物进入。如果杂物混入发电机内部，旋转带动其损坏磁钢，维护起来成本十分高昂。

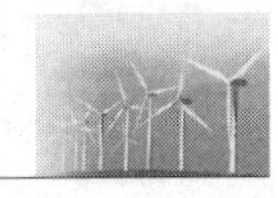

同时，要始终确保发电机接地牢靠；检查风道及滤网通畅，保证散热效率，防止过热造成的故障；确认传感器是否正常，电缆连接是否松动，螺栓是否松动等事项。

对发电机的异响及振动，应给予重视。因其内部不易观察，往往会忽视隐患，等到运行一段时间后，事故发生，维修成本将会极高。随着技术发展，实时监测成为了机组的标准配置，通过多种传感器配合，输出发电机实时数据并进行分析，发现前期问题和隐患，将损失降至最低。

发电机日常检查包括检查发电机表面是否清洁，油漆是否脱落。检查发电机辅助接线盒内，接线是否可靠。手动开桨，使发电机缓慢转动，观察发电机在转动过程中是否存在异响及振动。当发电机正常运行时，通过主控界面观察发电机轴承温度是否在正常范围内，如温度异常，检查发电机润滑是否正常。启动发电机内冷却风扇，观察是否有异常振动及异响。检查冷却风扇电机接线盒内接线是否牢固可靠。

如发电机采用水冷系统，启动发电机水冷系统，检查各管路接头是否有渗漏现象，压力是否正常；检查水冷系统软管是否完好，有无开裂磨损的迹象，如有需及时处理。

启动发电机冷却系统，观察是否有异常振动及异响；检查冷却风扇电机接线盒内接线是否牢固可靠；手动启动润滑泵，检查润滑系统、管路及各接头是否正常；检查发电机刹车盘上有无油污异物，如有需清理干净；检查维护刹车夹钳液压管路是否正常，有无渗油漏油现象。发电机螺栓力矩见表10-20。

表10-20　发电机螺栓力矩表

位　置	紧固件规格	紧固力矩/(N·m)	工具	备注
后端盖与机座	M20	320	扭力扳手	
附端盖与后端盖	M12	70	扭力扳手	
D端压圈与转轴	M16	170	扭力扳手	
前端盖与轴承座	M16	170	扭力扳手	
前端盖与机座	M24	490	扭力扳手	

10.5.6.4　塔筒

1. 常见问题

塔筒在风电机组中主要起支撑作用，同时吸收机组振动。日常运维中塔筒表面防腐层常见如下问题：

(1) 因涂层使用寿命超限产生的旧涂层粉化、脱落、起泡、松动等原因。

(2) 原始施工时表面处理不彻底或没有进行表面处理的情况下进行了油漆施工而造成的涂层脱落、松动、污物湿润空气渗透至底材的现象。

（3）涂装施工过程中，由于漆膜厚度没达到施工质量要求，漆膜过厚可能会出现脱离等现象。

（4）设计防腐配套系统失败所造成的涂层过早失效。

（5）由于自然灾害（特大风沙等）使得涂层损伤。

（6）运输、吊装过程中没有得到很好的保护造成涂层损伤。

经过长时间的风雨侵蚀，这些不受保护的地方，很快就会被锈蚀。单从工艺讲是比较容易处理，但因塔筒高度限制，维护作业难度也较高。

2. 处理方法

局部锈蚀部位表面处理，采用喷射的方法完全去除锈蚀部位被氧化的锈蚀层和旧涂层露出金属母材达到S2.5级，被处理部位边缘采用动力砂轮打磨形成有梯度的过渡层以便进行油漆施工后有一个平滑光顺的表面。喷射的方法较传统的手工打磨相比，它可以完全彻底地去除被氧化甚至产生坑蚀钢板深层的锈蚀和旧涂层，并可以形成良好的锚链型的粗糙纹，有利于与底漆形成良好的结合力。

喷射处理后应按原始配套方案手刷（滚涂）底漆达到规定的漆膜厚度。手刷、滚涂可以控制底漆施工时的部位控制，不污染边缘的原始涂层，也可以有效地控制底漆的消耗。

中层漆施工可采用刷涂或喷涂达到原始配套的施工漆膜厚度，采用喷涂需对边缘区域进行保护遮挡，遮挡的形状应为“口”字形，形成有规则的外观效果。中涂漆施工进行边缘保护既可以有效控制消耗又可以保证外观效果。

面漆施工如果采取局部修补的方案，在中间漆施工达到厚度标准可直接喷涂或刷涂面漆达到原始的设计厚度要求。如果采取全部施工面漆的方案在中间漆施工达到厚度标准后应对整个塔筒外边面进行彻底的清洁。清洁方法采用80～100目砂纸进行被涂表面磨砂，去除旧涂层外表的粉化层、灰垢、污物，存在油垢的部位采用化学清洗的方法去除油污，使得被涂表面彻底清洁后整体进行面漆的喷涂。

需要注意的是，通常情况下，对待塔筒的防腐，需将关注重点放在运输过程的防护和吊装之前的处理，能以较小的成本预防损失。另外，塔筒内部的附件，与人员作业安全有密切关系，爬梯与电梯状况，也要列入日常运维的范围中，防止安全事故的发生。保持筒内环境，也是定期运维工作之一，同时可以开展如下检查：

（1）基础环检查。检查塔筒基础是否干燥、塔筒底部无积水；检查混凝土结构有无受损痕迹；检查电缆接入口是否密封完好。表10－21为塔筒螺栓施工力矩表。

（2）爬梯、平台紧固螺栓检查。梯子和攀爬保护系统必须全部进行检查，确保安全；检查所有与塔筒壁的连接和梯子部分之间的连接是否紧固。检查攀爬保护系统的钢丝绳是否紧固可靠、无受损；如发现梯子及任何一层平台上沾有油液、油渍，须清理干净。

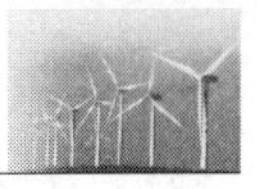

表 10-21　塔筒螺栓施工力矩表

螺栓连接部位	螺栓型号	数量	力和力矩
基础锚栓与Ⅰ段塔筒	M42	176	F=635kN
Ⅰ段塔筒与Ⅱ段塔筒	M48×280-10.9	120	T=6000N·m
Ⅱ段塔筒与Ⅲ段塔筒	M42×240-10.9	120	T=4000N·m
Ⅲ段塔筒与Ⅳ段塔筒	M36×180-10.9	112	T=2500N·m
Ⅳ段塔筒与机舱底座	M30×350-10.9	108	T=1400N·m

(3) 塔筒焊缝与塔筒防腐。所需工具为手电筒、毛刷、防腐漆。检查塔筒焊缝是否有裂纹或塔筒掉漆现象，主要检查塔筒壁与法兰的焊缝，如发现塔筒有大面积掉漆现象须及时补漆；检查上下段塔筒法兰连接处是否有缝隙，可通过从里往外的目视来进行评估。若有缝隙，必须查找原因并消除。

(4) 塔筒照明。检查塔筒内照明系统是否全部完好，检查并维护每一盏灯。维护检修照明灯时，须将机组停机，并对照明灯进行断电。正常情况下，将照明系统电源断电后，应急灯能正常启动，若不能需检查原因并排除。

(5) 塔筒门检查。检查塔筒门是否可以有效防止渗水及尘土等杂物，密封条是否损坏，确保塔筒门在开关的过程中活动自如。

(6) 塔筒内灭火器检查。在塔筒底部主控柜平台和变流器平台各有一瓶灭火器，检查灭火器压力是否在正常范围并处于有效使用期内。

10.5.6.5　变流器

变流器采用三相电压型交—直—交双向变流器技术，核心控制采用具有快速浮点运算能力的“双 DSP 的全数字化控制器”；在发电机的转子侧变流器实现定子磁场定向矢量控制策略，电网侧变流器实现电网电压定向矢量控制策略；系统具有输入输出功率因数可调、自动软并网和最大功率点跟踪控制功能。功率模块采用高开关频率的 IGBT 功率器件，保证良好的输出波形。这种整流逆变装置具有结构简单、谐波含量少等优点，可以明显地改善双馈异步发电机的运行状态和输出电能质量。这种电压型交—直—交变流器的双馈异步发电机励磁控制系统，实现了基于风电机组最大功率点跟踪的发电机有功和无功的解耦控制，是目前双馈异步风电机组的一个代表方向。

变流器与其他电子设备一样需要定期检查和维护，而且必不可少。变流器运行是否良好可靠，运行周期的长短与其定期的巡视和维护有着密切的关系，也能够避免因检查、维护不到位或不及时产生的故障，在控制变流器故障率的同时为风电机组的稳定运行提供强有力的支撑。

1. 定期巡视

定期巡视检查包括以下项目：

(1) 检查周围环境，无水凝结现象，无电解质气体腐蚀和粉尘。

(2) 检查变流器声音和振动，应无异常现象；冷却系统应正常，检查所属辅助电气元器件应无过热现象。

(3) 检查变流器运行电流、电压、频率正常；变流器输出端电流，不应超过额定电流，且相位电流差应小于±10%。

(4) 发现故障显示，应按照故障排除方法进行处理。

(5) 停用时间较长的，在投入运行前需进行带电静态实验，以使机内主回路滤波电容器的特性得以恢复；带电时间2小时以上。

2. 半年期维护

半年期维护包括以下项目：

(1) 确认安装环境，确认温度、湿度、有无特殊气体、有无液体。

(2) 确认电抗器、变压器、冷却风扇等有无异常声音，有无振动。

(3) 确认有无异味、绝缘物的气味及各电路元件特有的气味。

(4) 确认空气过滤网脏污情况，清洁空气过滤网。

(5) 清洁柜内。

(6) 确认电路部件的变色、变形、漏液现象。

(7) 确认和清洁控制板。

(8) 确认配线情况。

(9) 确认螺栓紧固。

需要注意的是，进行主电路部分的检查时，断开箱变电源、断开变流器UPS，10min后进行测量。装置内部的电容器在将输入电源断开后电荷仍会残留一段时间。为防止发生触电事故，在设备运转的状态下请不要打开门。

3. 一年期维护

一年期维护包括以下项目：

(1) 确认冷却风扇风量有无异常，检查转动是否平稳，风扇的噪声是否增加。

(2) 检查功率模块电容是否漏液，清理散热器风道灰尘，清理组件灰尘，检查功率器件连接点是否有放电现象。

(3) 检查绕线电阻是否损坏、变色。

(4) 目视检查空气滤清器是否堵塞。在室外轻轻拍打，去掉粉尘，用水冲洗后晾干。

(5) 检查机壳内有无灰尘堆积，变压器、导体紧固部分、保险丝、电容器、电阻有无变色、发热、异常声音、异味、损坏。仔细检查配线、安装零件有无断线、紧固有无松动、是否有损坏。

(6) 滤波器电容器容量检查。

(7) 断电10min后检查电阻、电容器的变色、变形、焊接的老化等。用防静电刷

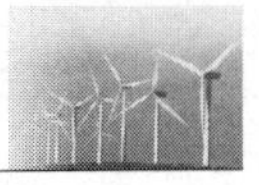

清理板件灰尘。

(8) 检查铁芯、绕组、线片等是否清洁有无损伤和局部变形，特别是各铜焊处有无开裂现象。各紧固处是否紧固并焊牢，如铁芯夹紧，接地片的连接，压紧结构及高低压接线是否焊接好。变压器接地是否可靠，引线位置是否正常，绝缘距离有无改变。运行过程中有无局部过热现象，各部位是否正常，噪声有无异常。

(9) 检查空气断路器、接触器、继电器等，触点是否氧化，检查接线是否松动，检查断路器断开是否灵敏，接触器、继电器动作是否灵活。

(10) 检查断路器整定值是否正常，检查断路器触点是否氧化，接线是否松动。

(11) 主回路绝缘电阻是否大于 5MΩ。

(12) 检查辅助设备是否完好，螺栓是否松动，接地是否良好。

变流器维护见表 10-22。

表 10-22 变流器维护表

检查部位	检查项目	检查事项	处理措施	检查周期
整体检查	整体	主回路端子与接地端子间电阻是否正常	整机检查或咨询厂家	12个月
		各个部位是否有烧损、过热痕迹	检查相应器件的情况	
		整机内外部是否有灰尘、异物	清理异物，灰尘	
		电线屏蔽层是否破裂、老化	更换线缆	
连接部分	电网、机侧、PE 接线	力矩校验	用规定的力矩重新拧紧螺栓，电缆连接力矩要求	12个月
	线缆表皮	外皮是否损伤，尤其是与结构件有接触的地方，是否有划伤痕迹	更换已损伤的线缆，并用扎带扎好	12个月
	信号防雷板的线缆，端子	控制板电缆是否松动	重新插紧电缆	12个月
	变流器内部功率部分的连接	螺栓是否松动	用规定的力矩重新拧紧螺栓	12个月
	金属元件	检查腐蚀情况	腐蚀则需要更换对应部件	12个月
冷却系统	散热器	模块散热器是否存在灰尘累积	清洁散热器，更换散热器	12个月（环境中灰尘的含量大时，增加频率）
	水路部件	水路是否存在漏液情况	更换对应部件	6个月
	风扇	风扇噪声是否存在异常，轴承是否正常	更换对应的风扇	6个月
	冷却介质	检查冷却介质的酸碱度	如果呈碱性，则需要更换冷却液	12个月

续表

检查部位	检查项目	检查事项	处理措施	检查周期
冷却系统	安装空间	检查安装空间空气入口过滤器功能是否正常	及时完善过滤器功能	6个月
控制部分	继电器	继电器是否松动，继电器是否过热，有无烧损现象	重新插紧，更换继电器	12个月
	电路板	单板是否有异味、变色、烧损现象，单板是LED灯是否正常显示	更换电路板	12个月
	急停电路	检查紧急停机电路功能是否正常	检查维护电路	12个月
器件检查	熔断器	熔断器是否已损坏	更换熔断器	6个月
	防雷器	是否损坏	更换防雷器	雷雨天后需检查
	变压器，电感	是否有灰尘或异物附着	清理异物和灰尘	6个月
	滤波电容	滤波电容是否存在漏液现象 滤波电容是否有膨胀现象 滤波电容的电容量测量是否正常	更换滤波电容	6个月

参 考 文 献

[1] Burton T. 风能技术 [M]. 武鑫，译. 北京：科学出版社，2007.

[2] 赵丹平，徐宝清. 风力机设计理论及方法 [M]. 北京：北京大学出版社，2012.

[3] 叶杭冶. 风力发电机组的控制技术 [M]. 北京：机械工业出版社，2015.

[4] 杨倩彭. 发电技术现状与发展趋势 [M]. 北京：中国电力出版社，2018.

[5] GWEC. Global Wind Report 2019 [R]. Brussels：Global Wind Energy Council，2020.

[6] 薛迎成. 风力发电机组原理与应用 [M]. 北京：中国电力出版社，2018.

[7] 姚兴佳. 风力发电机组设计与制造 [M]. 北京：机械工业出版社，2012.

[8] 赵万清. 风力发电机组结构及原理 [M]. 北京：中国电力出版社，2018.

[9] 风能专委会 CWEA. 2018 年中国风电吊装容量统计简报 [R]. 北京：中国可再生能源学会风能专业委员，2019.

[10] John D. Anderson. 空气动力学基础 [M]. 北京：北京航空学院出版社，1987.

[11] 蔡新，潘盼，朱杰. 风力发电机叶片 [M]. 北京：中国水利水电出版社，2014.

[12] 赵振宙，王同光，郑源. 风力机原理 [M]. 北京：中国水利水电出版社，2016.

[13] A. P. Schaffarczyk. 风力机空气动力学 [M]. 北京：机械工业出版社，2016.

[14] 陈进，王旭东，沈文忠，等. 风力机叶片的形状优化设计 [J]. 机械工程学报，2010 (3)：131 - 134.

[15] 李德源，叶枝全，陈严，等. 风力机叶片载荷谱及疲劳寿命分析 [J]. 工程力学，2004，21 (6)：118 - 123.

[16] Guildelines for Design of Wind Turbines，1st Edition. Det Norske Veritas，Copenhagen and Wind Energy Department，Ris₵ National Laboratory 2001.

[17] Guideline for the Certification of wind Turbines Edition 2010. Germanischer Lloyd Wind Energie GmbH.

[18] G. Bywaters，V. John，J. Lynch，et al. Northern Power Systems Wind PACT Drive Train Alternative Design Study Report，April 12，2001 to January 31，2005.

[19] R. Poore and T. Lettenmaier. Alternative Design Study Report：Wind PACT Advanced Wind Turbine Drive Train Designs Study [R]. November 1，2000 - February 28，2002.

[20] 赵丹平，徐宝清. 风力机设计理论及方法 [M]. 北京：北京大学出版社，2012.

[21] 苏绍禹，苏刚. 风力发电机组设计、制造及风电场设计、施工 [M]. 北京：机械工业出版社，2013.

[22] 何显富，卢霞，杨跃进，等. 风力机设计、制造与运行 [M]. 北京：化学工业出版社，2013.

[23] 林长斌. 大功率风力发电机液压变桨距系统设计与动态特性分析 [D]. 沈阳：沈阳工业大学，2012.

[24] 张玉. 2.0MW 风电机组电动独立变桨关键技术研究与系统优化设计 [D]. 上海：上海交通大学，2017.

[25] 陈爽. 风电机组液压变桨控制技术研究 [D]. 乌鲁木齐：新疆农业大学，2017.

[26] 张晓琳，刘衍选，栗荫帅，等. 风力发电机组的轮毂强度与疲劳寿命分析 [J]. 机械管理开发，2016 (6)：25 - 27.

[27] J. F. Manwell，J. G. McGowan，A. L. Rogers. Wind energy explained [M]. A John Wiley and

Sons，Ltd，Publication，2009.

[28] BS EN 1993-1-6：2007，Eurocode 3-Design of steel structures [S].

[29] IEC 61400-1 Ed. 3-2005，Wind turbines-Part 1 Design requirements [S].

[30] Tony Burton，Nice Jenkins，David Sharpe，et al. Wind Energy Handbook [M]. A John Wiley and Sons，Ltd，Publication，2010.

[31] 鲁一南，程耿东，刘晓峰. 高柔风电塔残余振动控制优化设计 [J]. 大连理工大学学报，2018，58 (6)：551-558.

[32] 刘胜祥，宋晓萍，陈习坤，等. 大型风力发电机组塔架优化设计 [J]. 水电能源科学，2012，30 (7)：210-213.

[33] 史美中，王中铮. 热交换器原理与设计 [M]. 南京：东南大学出版社，2009.

[34] 王松汉. 板翅式换热器 [M]. 北京：化学工业出版社，1984.

[35] 刘雄亚，晏石林. 复合材料制品设计及应用 [M]. 北京：化学工业出版社，2003.

[36] 沈观林，胡更开. 复合材料力学 [M]. 北京：清华大学出版社，2013.

[37] 梅卫群，江燕如. 建筑防雷工程与设计 [M]. 北京：气象出版社，2008.

[38] 刘其辉，贺益康，赵仁德. 变速恒频风力发电系统最大风能追踪控制 [J]. 电气系统自动化，2003，20 (14)：62-67.

[39] 林勇刚，李伟，陈晓波，等. 大型风力发电机组独立桨叶控制系统 [J]. 太阳能学报，2005，26 (6)：780-786.

[40] John J D Azzo，等. 基于MATLAB的线性控制系统分析与设计 [M]. 张武，等，译. 北京：机械工业出版社，2008.

[41] 胡寿松. 自动控制原理 [M]. 北京：科学出版社，2013.

[42] 韩兵，周腊吾，陈浩，等. 大型风电机组激光雷达辅助模型预测控制方法 [J]. 中国电机工程学报，2016 (18)：5062-5069.

[43] 姚兴佳，李缓，郭庆鼎. 基于坐标变换的独立桨距调节技术 [J]. 可再生能源，2010，28 (5)：19-22.

[44] 挪威船级社. 风力发电机组设计导则 [M]. 杨校生，何家兴，刘东远，等，译. 北京：机械工业出版社，2011.

[45] 何显富，卢霞，杨跃进，等. 风力机设计、制造与运行 [M]. 北京：化学工业出版社，2009.

[46] 廖明夫，宋文萍，王四季，等. 风力机设计理论与结构动力学 [M]. 西安：西北工业大学出版社，2014.

[47] 周小猛，任文明，贺成. 丘陵地区风力发电场的道路工程优化设计方法 [J]. 能源技术，2017 (1)：39-40.

[48] 张金月，金世森，邓智勇. 云南石洞山风电场风机机组吊装施工 [J]. 水利水电工程技术，2015 (2)：35-38.

[49] 李兴华，杨祖亮，占学东. 浅谈永磁直驱风力发电机组安装技术及吊车选型 [J]. 青年科学，2014 (35)：256.

[50] 白豪杰. 风力发电机组塔筒安装质量控制 [J]. 中国科技博览，2014 (25)：39.

《风电场建设与管理创新研究》丛书
编辑人员名单

总 责 任 编 辑　营幼峰　王　丽

副总责任编辑　王春学　殷海军　李　莉

项 目 执 行 人　汤何美子

项 目 组 成 员　丁　琪　王　梅　邹　昱　高丽霄　王　惠

《风电场建设与管理创新研究》丛书
出版人员名单

封面设计　李　菲

版式设计　吴建军　郭会东　孙　静

责任校对　梁晓静　黄　梅　张伟娜　王凡娥

责任印制　黄勇忠　崔志强　焦　岩　冯　强

责任排版　吴建军　郭会东　孙　静　丁英玲　聂彦环